国家哲学社会科学成果文库
NATIONAL ACHIEVEMENTS LIBRARY
OF PHILOSOPHY AND SOCIAL SCIENCES

科学与人文新论

孟建伟　著

科学出版社

内 容 简 介

关于科学与人文两种文化的融合问题，是当今世界亟待解决的重大理论问题和现实问题。本书首先对科学与人文两种文化的分离和对立的现象、倾向和思潮，做了深入的历史考察和哲学分析，并揭示了其多种根源，特别是科学观和人文观的根源；接着，从多个角度揭示了科学与人文的关联，并探讨了如何在两种文化之间架起桥梁的问题；最后，构建了一种人文化的科学观和科学哲学，以及与此密切相关的关于创新文化的理念，还有与此密切相关的教育观和教育哲学，从而在理论与实践两个方面阐明了实现科学与人文两种文化相融合的途径。

本书可供科技哲学、文化哲学、教育哲学等相关专业的研究生阅读；也可作为通识教育读物，供对科学与人文感兴趣的读者参考。

图书在版编目（CIP）数据

科学与人文新论 / 孟建伟著. —北京：科学出版社，2017.3

（国家哲学社会科学成果文库）

ISBN 978-7-03-051948-1

Ⅰ. ①科… Ⅱ. ①孟… Ⅲ. ①科学学-关系-人文科学-研究
Ⅳ. ①G301 ②C

中国版本图书馆 CIP 数据核字（2017）第 040394 号

责任编辑：邹 聪 程 凤 / 责任校对：何艳萍
责任印制：张克忠 / 封面设计：肖 辉 黄华斌

编辑部电话：010-64035853
E-mail:houjunlin@mail.sciencep.com

科学出版社 出版
北京东黄城根北街 16 号
邮政编码：100717
http://www.sciencep.com

中国科学院印刷厂 印刷

科学出版社发行 各地新华书店经销

*

2017 年 3 月第 一 版 开本：720 × 1000 1/16
2019 年 2 月第三次印刷 印张：27 插页：3
字数：414 000

定价：148.00 元

（如有印装质量问题，我社负责调换）

作者简介

孟建伟1955年生，浙江绍兴人，哲学博士，中国科学院大学人文学院教授、博士生导师，中国自然辩证法研究会科学技术文化专业委员会副理事长，北京市自然辩证法研究会副理事长，中国高等教育学会大学文化研究分会常务理事、学术委员会委员。1982年1月毕业于浙江师范大学数学系，获理学学士学位；1988年6月毕业于南开大学哲学系，获哲学硕士学位；1999年7月毕业于中国人民大学哲学系，获哲学博士学位。2004年5～9月，加拿大多伦多大学高级访问学者。主要学术领域包括科学哲学、文化哲学和教育哲学。著有《科学技术哲学研究》、《论科学的人文价值》等。在《哲学研究》、《教育研究》、《自然辩证法研究》、《自然辩证法通讯》、《中国人民大学学报》等刊物发表学术论文百余篇。曾被《新华文摘》、《中国社会科学文摘》、《高等学校文科学术文摘》、《中国学术年鉴》、《中国哲学年鉴》、《哲学动态》、《人民日报》、《光明日报》、《中国教育报》、《人大复印报刊资料》等转载学术论文或介绍学术观点百余次。曾获省部级以上哲学社会科学优秀成果奖6次，获中国科学院朱李月华优秀教师奖。1995年首批入选北京市跨世纪理论人才“百人工程”。享受国务院颁发的政府特殊津贴（2002年度）。

《国家哲学社会科学成果文库》

出版说明

为充分发挥哲学社会科学研究优秀成果和优秀人才的示范带动作用，促进我国哲学社会科学繁荣发展，全国哲学社会科学规划领导小组决定自 2010 年始，设立《国家哲学社会科学成果文库》，每年评审一次。入选成果经过了同行专家严格评审，代表当前相关领域学术研究的前沿水平，体现我国哲学社会科学界的学术创造力，按照“统一标识、统一封面、统一版式、统一标准”的总体要求组织出版。

全国哲学社会科学规划办公室

2011 年 3 月

目 录

Contents

导　论

科学与人文源远流长。它们都是人类最富有创造性的活动，本身有着深刻的关联。充分认识和理解科学与人文两种文化的关联，消除两者之间的分离和对立，促进其相互融合，无论是对于科学与人文两种文化的共同繁荣和发展，或是对于经济与社会的全面进步，还是对于人自身全面而自由的发展，都具有十分重要的意义。

一、科学与人文共同繁荣

科学的发展需要人文，人文的发展也需要科学。科学与人文的融合，有助于大大推进两种文化的共同繁荣与发展。

首先，科学的发展不但需要人文，而且也离不开人文。

其一，科学不可能在真空中成长，它需要一个能促进其发展的良好的人文文化背景。

正如斯蒂芬·梅森所说，从历史根源看，科学有两个伟大传统：一是“技术传统，它将实际经验与技能一代代传下来，使之不断发展”；二是“精神传统，它把人类的理想和思想传下来并发扬光大”[①]。齐尔塞尔进一步断言，科学起源于文艺复兴时期，当时智识氛围的变化造就了这样一种融合的环境：它将在学术界经过思想方法训练但缺乏技能的理性思想家，与拥有实验、技术与计算技能的“高级工匠”结合在一起。现代科学的兴起无法脱离这些社会环境要素。[②]

从科学的外部环境看，科学进步的主要动因有两个：一是社会需要；二是人文背景。如果说，前者主要涉及科学的技术层面，并与科学的技术传统

① 斯蒂芬·F. 梅森：《自然科学史》，周煦良等译，上海译文出版社，1980年版，第1页。

② Zilsel E，*The Social Origins of Modern Science*，Dordrecht：Springer，2003，p. 7.

密切相关的话，那么，后者则主要触及的是科学的文化层面，并与科学的精神传统密切相关。以往，人们常常将科学的外部动因单纯地归结为社会对技术的需要，这种看法显然是不全面的。的确，社会对技术的需要给了科学无比巨大的推动力，但是，毕竟科学不等于技术，况且，社会需要对科学的推动作用往往是间接的，而不是直接的。

事实上，科学进步既有其经济的和技术的根源，又有其思想的和文化的根源。一方面，科学作为一种潜在的生产力，它对社会的技术创新和经济发展产生决定性的影响，因而社会需要毫无疑问成了科学进步与发展最重要的外部动因；另一方面，科学作为一种特殊的文化，它又是整个人类文化系统的重要组成部分，与其他文化有着深刻的关联，因而触及人类的理想和思想深层的人文背景，这也对科学的发展起着不可估量的作用。因此，从科学的外部环境看，科学进步往往是由上述两种动因共同促成的。离开社会需要，科学就失去经济的和技术的动因；离开人文背景，科学就缺少思想的和文化的动因。尽管与经济和技术相应的社会需要对于科学进步来说具有根本性的意义，但是，与思想和文化相应的人文背景也往往对科学产生更为直接而深刻的影响。而且，社会需要也只能在思想文化条件具备的情况下，才能真正对科学起到巨大的推动作用。

例如，近代西方科学的产生与发展就有两个十分明显的外部动因：一是资本主义的兴起及其生产的发展；二是包括文艺复兴、启蒙运动等在内的人文背景。前者在经济上和技术上给科学注入了巨大的活力，后者则给科学提供了有利于其成长的精神文化氛围。

正如加林所描绘的，在文艺复兴时期，

> 围绕各种问题和研究工作的呼声是：艺术家、科学家、传教士和政治家们在工作中运用人的尺度。……神学化的哲学框架已经破碎，一般概念的科学已在学院体系的空谈里消失，而仅在一切具体的研究中保持着活力：从这里升起了现代思想的曙光。[①]

① 加林：《意大利人文主义》，李玉成译，生活·读书·新知三联书店，1998年版，第216页。

他甚至认为，“如果说人文主义真的重新发现了对人、人的能力和人对各种事物的理解力的信念，那么科学试验的新方式、革新了的世界观、企图征服和利用自然的新努力也应当归功于人文主义的影响”[①]。戈克罗格尔也指出，文艺复兴时期的人文主义对人文主义者提出了“责任”的问题，这导致哲学家更关注“德行”与“实际生活”，而不是“无用的学问”[②]。人文主义者面向现实的品质为科学的发展提供了相当有利的精神氛围。

文德尔班则从另一个角度阐述了文艺复兴对科学的影响，他说：

> 人文主义哲学运动内在的推动力也就是对崭新的世界知识的迫切需求，此种需求最后在自然科学的建立和自然科学按原则而扩展的过程中获得了实现。但是此事发生的方式和赖以完成的思想形式，在所有重要观点上，都表现出依赖于由于吸收了希腊哲学而产生的刺激因素。近代自然科学是人文主义的女儿。[③]

文艺复兴如此，启蒙运动也如此。法国数学家让·勒龙·达朗贝尔曾经生动地描述了当时启蒙运动的场景。他说：

> 我们的世纪被称为……卓越的哲学世纪……新的哲学化方法的发现与应用，与各种发现相伴随的那种热情，宇宙奇观在我们身上引起的理念的某种提升——所有这些原因造成了心智的强烈骚动，就像冲破了堤坝的江河一样从各个方向蔓延穿透大自然。[④]

于是，开启了一场伟大的科学革命。这场革命同伽利略、开普勒、笛卡

---

① 加林：《意大利人文主义》，李玉成译，生活·读书·新知三联书店，1998年版，第215页。

② Gaukroger S，*The Emergence of a Scientific Culture：Science and the Shape of Modernity 1210-1685*，Oxford：Clarendon Press，2006，p. 199.

③ 文德尔班：《哲学史教程》，罗达仁译，商务印书馆，1993年版，第472～473页。

④ 转引自托马斯·L. 汉金斯：《科学与启蒙运动》，任定成等译，复旦大学出版社，2000年版，第1页。

儿和牛顿这样的伟大名字紧密地联系在一起[①]。

由此可见，科学的产生与发展有其深刻的人文背景，它们是科学成长不可忽视的重要动力。离开包括文艺复兴、启蒙运动等在内的人文背景来理解科学的产生与发展，显然是不恰当的，也是相当肤浅的。

其二，科学在本质上也是一种文化活动，它像人文活动一样，也需要有包括理想、精神、境界、信念、意志、兴趣和激情等在内的人文动力。

科学的产生与发展既有其外部动因，也有其内部动因。从科学的外部环境看，科学的产生与发展有其深刻的人文背景；从科学活动内部看，科学的探索与创新还需要有包括理想、精神、境界、信念、意志、兴趣和激情等在内的人文动力。由于科学与人文及其科学研究与人文研究的分离，人们往往不仅忽视科学赖以产生与发展的人文背景，而且也不能深刻理解科学活动本身的人文底蕴和人文动因。

逻辑实证主义者将科学单纯地理解为关于“逻辑”与“实证”的事业。他们不仅不关心科学活动本身的人文底蕴和人文动因，反而通过所谓的认识(科学)世界与体验(人文)世界的截然区分，断然切断了科学与人文两者之间的关联。波普尔的批判理性主义似乎已经触及科学的动力学问题，他强调科学的批判精神，认为批判是科学和理智发展的主要动力，但是，他的“猜想与反驳”模式显然又是一个缺乏人文底蕴的过于简单化的逻辑模式。尽管历史主义的科学哲学较为深刻地揭示了科学与人文两者之间的关联，但是，对于绝大多数哲学家们来说，他们关注的依然只是关于科学进步与合理性的逻辑，并没有真正揭示科学活动的人文底蕴和人文动因。默顿关于科学的精神气质的研究本应当更多地涉及科学的人文底蕴，可是，他只是将科学的精神气质归结为普遍性、公有性、无私利性和有条理的怀疑主义四条科学家行为规范，这四条规范的核心是为科学而科学，而没有进一步研究和阐明科学家为何要遵守这四条规范，为何能做到为科学而科学。

其实，科学的内部动因要比外部动因更多地体现人文性。如果说科学外

① 托马斯·L. 汉金斯：《科学与启蒙运动》，任定成等译，复旦大学出版社，2000年版，第1页。

部的人文背景给了科学以巨大的推动力的话，那么，科学内部的人文动因对科学所起的推动作用则更大。在某种意义上可以说，正是那种包括科学的理想、精神、境界、信念、意志、兴趣和激情等在内的人文因素构成了“科学的生命”，推动科学生生不息地向前发展。

无疑，科学需要崇高的理想。有了那种对真理和知识的追求并为之奋斗的崇高理想，有了那种促进人类智力的发展、永远朝着“更快、更高、更强”的方向迈进的崇高理想，有了那种为人类造福、为人类的自由和解放而奋斗的崇高理想等，默顿所说的普遍性、公有性、无私利性和有条理的怀疑主义规范才能得以确立；科学需要有为崇高理想而奋斗的精神和境界。有了为崇高理想而奋斗的精神和境界，科学家们才能遵守上述行为规范，并献身于科学；科学需要有坚定的信念和顽强的意志。有了坚定的信念和顽强的意志，科学家们才能远离现实生活和功利，去攀登人类智力的一个又一个高峰；科学还需要有无穷的兴趣和激情。有了无穷的兴趣和激情，科学家们才会有无穷的探索精神、无穷的想象力与创造力。

理想、精神、境界、信念、意志、兴趣和激情等因素，不仅在本质上属于人文的范畴，而且对它们的培育和激发在很大程度上也需要依靠艺术等人文文化。爱因斯坦认为，虽然音乐和物理学研究有着不同的起源，但具有共同的目标。这个目标就是“对表达未知的东西的企求。它们的反应是不同的，可是它们互相补充着”[①]。他还强调，教育不能仅仅局限于专业知识。要将学生培养成为“一个和谐发展的人”，关键是，要使学生“对价值有所理解并且产生热烈的感情，那是最基本的。他必须获得对美和道德上的善有鲜明的辨别力”[②]。可见，爱因斯坦十分重视人的和谐发展，特别是人对美和善有鲜明的辨别力和理解力，并产生热烈的感情。他甚至认为，科学家“每天的努力并非来自深思熟虑的意向或计划，而是直接来自激情”[③]。

由此可见，从表面上看，科学家们走的似乎纯粹是理性的和逻辑的道路，

---

① 爱因斯坦：《爱因斯坦文集》第一卷，许良英等译，商务印书馆，1976 年版，第 284～285 页。

② 爱因斯坦：《爱因斯坦文集》第三卷，许良英等译，商务印书馆，1979 年版，第 310 页。

③ 爱因斯坦：《爱因斯坦文集》第一卷，许良英等译，商务印书馆，1976 年版，第 103 页。

然而，在理性和逻辑道路的背后却有着深刻的人文动因。对科学活动具有真正动力意义的往往不是前者，而是后者。这些包括理想、精神、境界、信念、意志、兴趣和激情等在内的人文因素往往在科学家的世界观、人生观和价值观层面产生重大影响，从而给科学家以巨大的精神动力。当然，这些人文因素已经大大超出了传统意义上的科学的范畴，对它们的培育也不是单靠科学本身就能解决的。因此，科学与人文两种文化的融合，无疑有助于为科学培育和营造更好的人文环境，给科学家以更多的人文激励，从而推动科学活动的蓬勃发展。

其三，科学创造过程本身也并非纯粹是“科学”的，它需要各种人文因素的积极参与。

科学内部的人文动因，不仅通过理想、精神、境界、信念、意志、兴趣和激情等形式，作用于科学家的世界观、人生观和价值观层面，从而给科学以巨大推动力，而且还常常变成科学家的灵感、直觉和想象，直接参与科学的创造活动。

当代西方科学哲学的重大缺陷在于，重科学的辩护过程，轻科学的创造过程；重科学及其发展的逻辑，轻人文因素及其作用。例如，逻辑实证主义的科学哲学其侧重点是关于“证实”的逻辑。它将科学合理性还原为“理性辩护的方法”[①]，而将科学方法仅仅简单地归结为归纳法。波普尔的科学哲学虽然提出了科学的“猜想”问题，但其侧重点还是关于“证伪”或“反驳”的逻辑，其意图仍然主要是“以合理性的理论取代知识理论”[②]。而历史主义的科学哲学的侧重点显然还是关于科学进步或科学合理性的逻辑。可是，事实上，科学创造无疑要比科学辩护或评价更为重要，因而关于科学及其进步的中心议题应当是科学创造，而不应只是科学辩护或评价。当然，科学创造活动要比科学辩护或评价活动复杂得多。因为从经验材料上升到普遍原理，几乎没有直接的逻辑通道，在很大程度上需要依靠直觉、灵感和想象。而直

---

① Putnam H，*Reason，Truth and History*，Cambridge：Cambridge University Press，1981，p. 105.

② Agassi J，*A Philospher's Apprentice：In Karl Popper's Workshop*，Amsterdam：Rodopi，2008，p. 164.

觉、灵感和想象本身就包含着极为丰富并无限广阔的人文内涵。因此，科学创造与哲学、艺术等文化创造有某种相似的地方，都需要有诸多人文因素的积极参与。

例如，科学创造也需要自由地创造概念，也需要理论思辨，在这方面与哲学创造有相似之处。爱因斯坦曾经指出，科学不能仅仅纯粹建立在经验的基础上。在科学创造过程中，“我们免不了要自由地创造概念，而这些概念的适用性可以后验地用经验方法来检验”[①]。在他看来，“任何理论研究都具有思辨的性质”[②]。也许，正是由于科学与哲学的深刻关联及科学创造与哲学创造的某种相似性，所以在历史上涌现出无数包括笛卡儿、莱布尼茨、爱因斯坦等在内的“哲人科学家”。这些“哲人科学家”既有极高的科学素养，又有很高的哲学素养；既是伟大的科学家，又是哲人。这从一个侧面反映了人文因素对科学的积极作用。

科学创造也是一种对美的追求。它也需要极强的美学敏感性。在这方面，它又同艺术创造有相似之处。钱德拉塞卡说，对于一个极富有美学敏感性的科学家来说，即使他提出的理论“看来好像不那么真，但结果可能是真的”[③]。的确，历史上有许多科学创造都同科学家的美感和对美的追求紧密地联系在一起。从远的说，开普勒受毕达哥拉斯关于美的概念的影响，将他的行星运动定律与最高的美联系在一起。[④]从近的看，相对论与量子力学的创立也同科学家的美感和对美的追求相伴。爱因斯坦的体验是，“从那些看来同直接可见的真理十分不同的各种复杂的现象中认识到它们的统一性，那是一种壮丽的感觉”[⑤]。而海森堡的体验是，“透过原子现象的表面，我看到的是异常美丽的内部结构。当想到现在我面对的是大自然如此慷慨地向我展示的珍贵的数

---

① 爱因斯坦：《爱因斯坦文集》第一卷，许良英等译，商务印书馆，1976 年版，第 309 页。

② 爱因斯坦：《爱因斯坦文集》第一卷，许良英等译，商务印书馆，1976 年版，第 310 页。

③ Chandrasekhar S，*Truth and Beauty*，Chicago：The University of Chicago Press，1987，p.66.

④ Chandrasekhar S，*Truth and Beauty*，Chicago：The University of Chicago Press，1987，pp. 52～53.

⑤ 爱因斯坦：《爱因斯坦文集》第三卷，许良英等译，商务印书馆，1979 年版，第 347～348 页。

学结构时，我感到几乎眼花缭乱了”[①]。他还说：“如果大自然把我们引向人们先前从未遇到过的极其简单和美的数学形式，那么，我们将不得不认为它们是‘真的’。”它们所揭示的是“大自然的真正奥秘。”[②]虽然，“美就是真，真就是美”这种说法未必正确，但它的确也从一个侧面揭示了人文因素对科学创造的积极作用。

综上所述，人文对科学发展的意义是多方面的：从科学的外部动因看，科学需要一个能促进其发展的良好的人文文化背景；从科学的内部动因看，科学家需要包括理想、精神、境界、信念、意志、兴趣和激情等在内的人文因素的激励。此外，人文因素还往往变为科学家的灵感、直觉与想象，直接参与科学的创造活动。

其次，人文的发展也需要科学，而且离不开科学。

其一，人文也不可能在真空中成长，它需要有一个能促进人文发展的良好的科学文化背景。

如果说，包括文艺复兴和启蒙运动等在内的人文背景，是培育科学成长与发展的沃土的话，那么，反过来也一样，科学的发展又为人文的发展提供了良好的文化背景。

亚·沃尔夫在《十八世纪科学、技术和哲学史》一书指出，科学在 17 世纪所取得的惊人进步，又“激励它们也同科学、技术和哲学以外的问题发生关系”。18 世纪的启蒙思想家们正是从科学那里获得巨大的灵感，掀起了一场伟大的启蒙运动。于是，“他们猛烈批判教会要求权威的一切教条”，“尽力使自己的时代成为彻头彻尾的‘理性时代’”[③]。而“这一切促成了一种宽容人文主义的诞生”[④]。

---

① 转引自 Chandrasekhar S，*Truth and Beauty*，Chicago：The University of Chicago Press，1987，p.65.

② 转引自 Chandrasekhar S，*Truth and Beauty*，Chicago：The University of Chicago Press，1987，p.65.

③ 亚·沃尔夫：《十八世纪科学、技术和哲学史》，周昌忠等译，商务印书馆，1991 年版，第 11 页。

④ 亚·沃尔夫：《十八世纪科学、技术和哲学史》，周昌忠等译，商务印书馆，1991 年版，第 10 页。

当然，也有学者更加明确地强调科学对启蒙运动的作用，指出："启蒙运动的意识形态倾向于把自然哲学家变成英雄。"于是，"启蒙运动的科学就是'牛顿的'，其哲学就是'牛顿主义'的哲学"[①]。

罗素和怀特海进一步阐述了科学对近代世界，特别是对近代人文观念的重大影响。罗素在《西方哲学史》中指出，近代世界之所以同以前各个世纪有着重大区别，其根本原因就在于科学。正是天文学和物理学的方法与成果，特别是以哥白尼、开普勒、伽利略和牛顿为代表的科学伟人，导致近代哲学产生的精神气氛。[②]怀特海在《科学与近代世界》序言中也强调，包括科学、美学、伦理学和宗教等在内的人类活动都可能产生自己的宇宙观，同时又受其他宇宙观的影响。而近代以来"科学方面所产生的宇宙观压倒了其他方面所形成的旧观点而独步一时"[③]。可见，科学对人文的影响不仅是巨大的、深远的，而且是长期的、持续的。

科学对近代世界影响如此之大，以至人们常常将其称为"科学的时代"、"理性的时代"或"分析的时代"。于是，各种文化都或多或少被打上"科学"、"理性"或"分析"的印记。例如，哲学领域有"分析哲学"、"作为严格科学的哲学"、"逻辑实证主义"和"批判理性主义"等；相应地，美学、伦理学、历史学等也被称为"科学"，如"艺术科学"、"道德科学"和"历史科学"等，也有"理性主义美学"、"分析美学"、"理性主义伦理学"、"分析伦理学"、"实证主义伦理学"和"实证主义历史学"等受科学影响较深的各种流派或学说。尽管这些流派或学说不同程度地存在着种种缺陷和不足，但是，它们对推动各门人文学科的发展无疑有着十分重要的意义。

总的说来，从某种角度看，人文文化史也是一种思想史、观念史和学术史，在"科学的时代"里，人文文化就是在科学文化的熏陶中成长起来的，因此受到科学思想、科学观念和科学学术的强有力的影响。在某种意义上可以说，没有近现代科学文化，就没有多姿多彩的近现代人文文化。

① 托马斯·L．汉金斯：《科学与启蒙运动》，任定成等译，复旦大学出版社，2000年版，第10页。

② Russell B，*A History of Western Philosophy*，New York：Simon and Schuster，1972，pp.525～526.

③ 怀特海A N：《科学与近代世界》，何钦译，商务印书馆，1959年版，第iii页。

其二，人文的发展，特别是艺术的发展在很大程度上取决于材料、工艺和技术的进步，因而在很大程度上依赖于科学的进步。

人文文化史特别是艺术史，从一个角度看是一种思想史、观念史和学术史，但从另一个角度看，又是一种材料史、工艺史和技术史。艺术史学家恩斯特·贡布里希指出，“艺术”这个词至少有两种意义：一是制作图像；二是制作好的图像。所以，他的《艺术的故事》实际上讲述了两件事：一件是讲述人们制作图像的故事，即关于“从史前洞穴到埃及人直到现代人制作图像的故事”；另一件是将“那些可以在价值上做判断的艺术品作为例子”，讲述关于“制作好的图像的故事”[①]。贡布里希特别强调，艺术史有赖于技术，因为没有好的技术，就制作不出好的图像。因此，从技术的角度说，“艺术史类似于其他的科技发展，比如金属制作”[②]。他还说，“音乐史上确实有真正的发明，和声法是一种改变了音乐创作历史的发明”。还有，“建筑也是一样，希腊人不知道怎么样在房屋上建拱顶”[③]。在这个意义上，“艺术意味着技巧，而科学意味着知识”[④]。的确，包括建筑、音乐、雕塑、绘画等在内的艺术，都不同程度地存在着材料、工艺和技术问题，也正是科学(特别是近现代科学)帮助其实现了材料、工艺和技术的巨大进步，从而有力地推动了艺术的发展。

我们从威廉·弗莱明关于19世纪末和20世纪科学对艺术的影响的描述，不难领悟科学对艺术的巨大影响。他对19世纪末艺术发展的背景做了这样的描述：

> 现代科学知识在工业中的运用开辟了许多新的艺术表达手段。诸如铸铁等新型材料……提供了能迅速大批生产且价格低廉的装饰部件，从而满足了功能和美术上的要求。……化学颜料在绘画中的运用也要归功于现代科学。……钢琴家有了更为耐用的大型乐器。……印象派画家们

① 贡布里希 E H：《艺术与科学》，杨思梁等译，浙江摄影出版社，1998年版，第59页。

② 贡布里希 E H：《艺术与科学》，杨思梁等译，浙江摄影出版社，1998年版，第59页。

③ 贡布里希 E H：《艺术与科学》，杨思梁等译，浙江摄影出版社，1998年版，第59～60页。

④ 贡布里希 E H：《艺术与科学》，杨思梁等译，浙江摄影出版社，1998年版，第59页。

也在寻求将有关光的性质和人眼对光的感觉的物理学上的新发现结合进已被接受的绘画艺术的框架的方式。……德彪西等作曲家们试图将物理声学上的新发现与已被接受的调性概念和音乐形式统一起来。[①]

弗莱明对20世纪又做了这样的描述：

现代材料和新技法使艺术的突破成为可能。钢筋混凝土、建筑钢材、玻璃和夹板已取代了砖和灰泥，悬臂式结构已应用于柱和楣的连接。……雕塑家开始用焊接吹管取代了传统的锤子、凿子和金属铸法。夹板、复杂的合金、有机玻璃、聚酯树脂、氖光灯管和塑料已取代了原来的大理石和青铜。……画家用多种手段在夹布胶木板和塑料表面上作画。合成颜料、丙烯和各种调合剂代替了已使用了几个世纪的土制颜料和天然油画颜料。……戏剧由舞台进入了电影和电视屏幕……[②]

由此可见，现代艺术之所以取得迅猛发展，各种作品、各种流派、各种风格层出不穷，缤纷缭乱，交相辉映，很大程度上应归功于现代科学突飞猛进的发展。科学不仅带来新思想、新观念和新视角，而且也带来了新材料、新工艺和新技术，这一切都为艺术的发展开辟了无限广阔的天地和前景。

其三，人文创造过程本身也并非纯粹是“人文”的，它需要各种科学因素的积极参与。我们已经谈到，科学创造不仅仅只是运用理性、逻辑和数学的过程，它还需要直觉、灵感和想象等人文因素的积极参与。反之亦然。人文创造也不仅仅只是直觉、灵感和想象的过程，它也需要理性、逻辑和数学等科学因素的积极参与。哲学、历史学、美学、伦理学等人文学科之所以被称为人文科学，关键是因为它们同自然科学一样，研究方式也是理性的和逻辑的，并包含很强的科学因素。即使是离科学较远并且反差较大的艺术创造，

① 威廉·弗莱明：《艺术和思想》，吴江译，上海人民美术出版社，2000年版，第518～519页。

② 威廉·弗莱明：《艺术和思想》，吴江译，上海人民美术出版社，2000年版，第552～554页。

也离不开理性、逻辑甚至数学等科学因素的积极参与。

例如，古希腊艺术的主导思想之一，就被称作“理性主义”。正如威廉·弗莱明所阐述的，尽管当时的哲学家们普遍瞧不起艺术，但是，“古希腊艺术家在追求一种理想的秩序上并不次于柏拉图。他们认为这种理想的秩序可以通过感觉为人的思维获得”[①]。古希腊建筑在“结构上所用的数字符合逻辑”[②]。例如，“帕特农神庙和谐的比例反映出了比例和谐的希腊宇宙形象，它酷似一个逻辑系统”[③]。雕塑也是如此，“作品的局部或整体均可由数学上的比例表现出来”[④]。

在15世纪，文艺复兴时期的艺术，它的主导思想之一，被称作“科学自然主义”。弗莱明写道，15世纪的自然主义充满数学和实验精神，转而产生新的试验性态度和空间概念。“随着建筑学家成为数学家，雕刻家成为解剖学家，画家成为几何学家，音乐家成为声学家，艺术和自然科学被紧密地联系在一起了。”[⑤]正是由于科学自然主义的发展，“绘画和雕塑艺术与几何学和科学定律紧密相关”。而“这两者的统一，一直延续到20世纪的表现主义和抽象派艺术。”[⑥]

由此可见，艺术创造不仅渗透着理性、逻辑和数学等科学因素，而且还体现着那种对自然现象的自由探索、细微观察和精心实验的科学精神。于是，达·芬奇将绘画视为一门科学，将雕塑视为一种力学的艺术。音乐界则将对希腊音乐理论的兴趣与声学试验结合在一起。[⑦]又如，19世纪末，现实主义和印象主义艺术的主导思想之一，也体现了“艺术与科学的契合”。正如弗莱明所概括的，当时“各领域的艺术家都非常关注科学方法上的巨大成功”。特别是，“现实主义和印象主义将新的客观态度带入了艺术，并重视技法的作用，

① 威廉·弗莱明：《艺术和思想》，吴江译，上海人民美术出版社，2000年版，第68页。
② 威廉·弗莱明：《艺术和思想》，吴江译，上海人民美术出版社，2000年版，第68页。
③ 威廉·弗莱明：《艺术和思想》，吴江译，上海人民美术出版社，2000年版，第69页。
④ 威廉·弗莱明：《艺术和思想》，吴江译，上海人民美术出版社，2000年版，第69页。
⑤ 威廉·弗莱明：《艺术和思想》，吴江译，上海人民美术出版社，2000年版，第279页。
⑥ 威廉·弗莱明：《艺术和思想》，吴江译，上海人民美术出版社，2000年版，第281页。
⑦ 威廉·弗莱明：《艺术和思想》，吴江译，上海人民美术出版社，2000年版，第280页。

强调艺术家应成为在其领域中具有一技之长的专家……”[①]

尽管以上所举的时期和事例对于整个西方艺术史来说，只是一些片断，尽管在艺术创造过程中，一般来说其直觉、灵感和想象等因素要比理性、逻辑和数学等因素多得多，但是，无论如何也不能否认，艺术创造需要理性、逻辑和数学等科学因素的积极参与。艺术创造不仅需要借鉴科学的理性精神，而且需要借鉴科学的实验精神。

综上所述，科学对人文发展的意义也是多方面的：从思想、观念和学术的角度看，人文的发展需要一个能促进其发展的良好的科学文化背景；从材料、工艺和技术的角度看，人文的发展在很大程度上取决于科学的进步；从人文创造过程看，人文的发展还需要理性、逻辑、数学、实验等多种科学因素的积极参与。

二、经济与社会全面进步

科学与人文的融合，不仅有助于促进两种文化本身的共同繁荣，而且也有助于更好地发挥其经济与社会的功能和价值，从而促进经济与社会的全面进步，推动物质文明和精神文明的共同发展。

首先，经济的发展不仅需要依靠科学，而且也需要依靠人文。科学与人文两种文化的融合，将更有力地推动经济蓬勃而健康的发展，从而大大提高物质文明的发展水平。

无疑，“科学技术是第一生产力”。科学巨大的技术价值和经济价值及其对生产力和经济发展的巨大推动作用，可以说越来越为世人所公认。正如布鲁诺·拉图尔所承认的，即便现代科学存在着一些问题与缺陷，但是，在那些充满争议的领域，对于那些必定会导致成千上万人的生存发生彻底变化的知识来说，依赖于科技体制，也肯定要比依赖于那种所谓的“无可争议的确定性”更加安全。[②]相比之下，人文是否也具有技术价值和经济价值，经济的发展是否也需要依靠人文，在这个问题上，人们往往持怀疑的态度。在许多

① 威廉·弗莱明：《艺术和思想》，吴江译，上海人民美术出版社，2000 年版，第 545 页。

② Latour B，*An Inquiry into Modes of Existence*，Cambridge：Harvard University Press，2013，p. 4.

人看来，只有科学才同技术、经济及人们的物质生活密切相关，人文所涉及的只是人们的文化和精神生活领域，因而与技术、经济及人们的物质生活几乎没有任何关联。因此，经济的发展只需要依靠科学，不需要依靠人文。其实，这种观念和想法是相当肤浅的，也是经不起推敲的。

尽管科学对经济发展的影响和作用要比人文大得多和深远得多，但我们不能因此否认人文也有其独特的技术价值和经济价值，对经济的发展也有其不可忽视的重要意义和价值。事实上，科学与人文一样，也是一种文化，科学对经济发展的巨大影响和作用主要是通过技术来实现的。那么，究竟什么是技术？对技术概念进行深层分析，显然有利于我们对人文的技术价值和经济价值，以及其对经济发展的意义和价值的理解。

关于“技术”的概念，如同“科学”、“人文”这些概念一样，要对其下一个准确的定义，是十分困难的。大致说来，对“技术”可以有两种理解：一种是狭义的理解；另一种是广义的理解。

所谓对技术的狭义的理解，是指那种直接应用科学原理或与科学原理和科学方法密切相关的技术，也就是我们通常所说的“科学技术”这一概念中的“技术”的含义，其实质就是“科学的技术”。例如，17 世纪对空气热膨胀和压力等的研究，促使蒸汽机的发明；18 世纪开始的电学研究，促使 19 世纪发电机和电动机的发明；20 世纪电子计算机、雷达、集成电路等相继开发，并朝着大容量、小型化和高速度的方向发展；还有核电、航天、卫星、基因重组等。[①]所有这些可以说是最典型的直接应用科学原理或与科学原理和科学方法密切相关的技术。每一项技术的背后，往往都有其严密的科学理论或体系联系着和支撑着。要是没有划时代的重大的科学发现和理论推进，就往往不可能有划时代的技术发明、技术进步和技术革命。这种划时代技术发明、技术进步和技术革命，对社会生产力和经济的发展往往起着决定性的作用，以致人们常常将技术理解为“科学的技术”，特别是自工业革命以来，甚至将科学与技术直接等同起来。

所谓对技术的广义的理解，就是指不仅仅将技术局限在“科学的”范围

① 伊东俊太郎等：《科学技术史词典》，樊洪业等编译，光明日报出版社，1986 年版，第 337～338 页。

内，而是对其做更为综合的理解，将其理解为包括“科学的”和“人文的”在内的一切应用于生产实践领域的智慧。事实上，尽管科学与技术密切相关，但科学并不等于技术，至少相对来说，科学侧重于理论或原理，而技术则偏重于实践或应用；尽管在技术中“科学的”成分占很大比例并占有主导地位，但并不能因此说一切技术都是“科学的”，故不存在或不需要其他类型的技术。

对技术的本质和意义的考察始于古希腊。亚里士多德曾将“技术(technē)看作是关于制作(poiēsis)的卓越智慧”[①]。显然，亚里士多德对技术的理解是广义的。海德格尔也说：

> 曾有过这样的时代，那时，不仅仅只有技术才称作为technē。那种使真理显露灿烂光辉的揭示也被称作technē。曾有过这样的时代，那时，使真进入美被称之为technē。而美的艺术的poiēsis也被称作technē。在古希腊，在西方天命之开端，诸艺术翱翔到给予它们揭示的最高的境界。[②]

这里，海德格尔进一步揭示了古希腊人对technē概念的理解，指出除了狭义的技术以外，更重要的是，technē还包含艺术的含义。反过来说，art(艺术)这个英文词，的确也具有“技术”、“技艺”、“技能”等含义。如果我们追溯艺术的起源，不难发现，艺术的源头也是技术的源头，在那里，艺术与技术基本上是一回事，它们都属于工匠传统中的工艺的范畴。正如格罗塞所说的，原始的艺术作品大多并不单纯出自审美的目的，主要还是源于实用的目的。同实用的目的相比，审美的目的还是次要的[③]。

如果说，我们将古时候科学与哲学(人文)不分、技术与艺术不分的原因归结为科学的不成熟或不发达，那么，自近代以来，随着科学的真正确立和

---

① 参见伊东俊太郎等：《科学技术史词典》，樊洪业等编译，光明日报出版社，1986年版，第339页。

② Heidegger M，*The Question Concerning Technology and Other Essays*，New York：Harper & Row，1977，p.34.

③ 格罗塞：《艺术的起源》，蔡慕晖译，商务印书馆，1984年版，第234页。

“科学的技术”日益发达，是否再也不存在或不需要其他类型的技术了呢？答案显然是否定的。因为技术的目的是服从人的需要，而人的需要又是多方面的，既有物质层面的实用上的需要，又有精神层面的诸如审美、伦理、宗教等方面的需要。即便在原始时期，人们对各类制作尚有审美的要求，尽管这种要求在当时只是“次要的欲望”。随着社会的不断进步和物质文明水平的不断提高，人们对精神文化的各种要求无疑也会不断提高。而要满足人的多方面的需要，光靠“科学的技术”是远远不够的。除了应用科学原理之外，技术还应当融入人文的思想和艺术的技巧等。如果我们将应用科学原理的技术称为“科学的技术”，那么，不妨可将融入人文思想和艺术技巧的技术称为“人文的技术”。当然，这种区分只是概念上的，事实上二者是相辅相成、不可分割地联系在一起的。更确切地说，它们是统一的技术中的“科学”与“人文”两个方面、两种要素或两个维度。这时，我们需要对技术做广义的理解。

建筑就是一个典型的例子。梁思成说，2000 年前，罗马的一位建筑理论家维特鲁维斯(Vitruvius)就概括出“建筑的三要素”，即“适用、坚固、美观”。他从学科配合的角度，得出这样一个公式：“建筑⊂(社会科学∪技术科学∪美术)。”[①]他认为，“一个建筑师必须同时是一个美术家”。整个建筑创作过程，不但“要从社会科学的角度分析并认识适用的问题，用技术科学来坚固、经济地实现一座座建筑以解决这适用的问题”，而且“还必须同时从艺术的角度解决美观的问题。这也是一个艺术创作的过程”[②]。

的确，古往今来，诸多有名的建筑几乎都是科学与人文(艺术)融合的结晶。如果我们将建筑看作是一门技术，那么，它就是一门综合性的技术，也就是广义的技术。它既包括科学的因素，又包括人文的因素，而且二者是不可分割地联系在一起的。其实，不仅建筑业如此，几乎所有制造业都是如此。它们都不同程度地存在着产品的适用、坚固和美观问题，都存在着科学因素与人文因素的融合问题，因而都需要把它们当成一项综合性技术来看待。只有这样，才能切切实实地推进整个产业的进步，从而推进经济的发展。反之，若将科学因素与人文因素截然分离开来并且对立起来，只承认一种因素，排

① 梁思成：《凝动的音乐》，百花文艺出版社，1998 年版，第 75 页。

② 梁思成：《凝动的音乐》，百花文艺出版社，1998 年版，第 79 页。

斥另一种因素，显然都不利于真正的技术进步和整个产业的发展。

20 世纪蓬勃兴起的现代设计，凸显了那种综合性技术的普遍性和重要性，表明人们在给科学技术以特别重要的地位的同时，也应当高度重视那种综合性技术，特别是密切关注科学与人文两种文化的融合对推动技术进步和经济发展的重大意义。英国前首相玛格丽特·撒切尔夫人曾经对现代设计予以高度评价，她说："正是好的设计使人们愿意购买产品，并给予产品良好的声誉。设计是我们工业前途的根本。"①

《20 世纪风格与设计》一书的作者将现代设计归结为"新技术"：

> 工业设计现在兼具工程、材料科学、创造发明、艺术、商业、人体测量学、人类工程学和社会科学的因素。所谓"好设计"的概念诞生于 30 年代。在 50 年代，当人们试图用把它归因于某种风格，尤其是道德态度的方法，将工业生产统一到现存的品味价值中时，它变得突出起来。②

该作者预言：在 21 世纪，"使工业的能力与人的需要之间相配合的工作将落在设计师的身上。"③

显然，现代设计充分体现了科学与人文两种文化的融合。它既有工程、材料科学、创造发明等科学因素，又有艺术等人文因素。尽管《20 世纪风格与设计》一书的作者只将艺术列为构成现代设计的诸多因素之一，然而，纵观 20 世纪设计史，人们不难发现，实际上艺术在现代设计中几乎起着灵魂作用。从建筑与城市设计到装饰艺术，再到工业设计，几乎都成了 20 世纪形形色色的各种现代艺术的实验场所。

正如有的学者所概括的，"从'新艺术'的软弱的流线型与花哨的装饰，到'功能主义'冷酷的几何形式与摈弃装饰，进而到'自然主义'等风格的

---

① 转引自斯蒂芬·贝利，菲利普·加纳：《20 世纪风格与设计》，罗筠筠译，四川人民出版社，2000 年版，译者的话第 2 页。

② 斯蒂芬·贝利，菲利普·加纳：《20 世纪风格与设计》，罗筠筠译，四川人民出版社，2000 年版，第 496 页。

③ 斯蒂芬·贝利，菲利普·加纳：《20 世纪风格与设计》，罗筠筠译，四川人民出版社，2000 年版，第 505 页。

重新复兴”，正是这些思潮和样式的潮起潮落，使得“西方的城市呈现出如今这种多样化的风格”[①]。当然，在现代设计史上也的确存在着一股潮流，这股潮流崇尚“设计师就是一个艺术家”，并且“设计精神更接近于设计作为艺术的精神”[②]。

彼得·多默的以下这段话比较深刻地揭示了现代设计的人文内涵，尽管他将设计师定位于“一个团体的成员，从属于制造商、市场和消费者”，而把设计看作是“一个发展变化的过程，而不是一系列的灵感发挥”，强调不能把“艺术家”和“设计家”相混淆。[③]他说：

> 设计师们把一个公司的观念转化为视觉形象，并传达给世界。设计师们为世界一流的公司增添光彩。但设计并没有彻底模式化，设计已经发展成为艺术，或者，正像埃托·索托萨斯，一个具有巨大影响力的设计家曾经所说的那样：“设计对我而言……是探讨生活的一种方式”。[④]

值得注意的是，有的学者将现代设计看作是连接艺术世界和技术世界的“边缘领域”，认为：

> 在以往的工业社会(或现代社会)中，当人与机器发生关系时，总是“工具理性”或“计算理性”占主导，为克服这种片面性，一向作为“工具理性”之典型表现的设计领域，一反常态，越来越追求“一种无目的性的、不可预料的和无法准确测定的抒情价值”，大量设计的是“种种能引起诗意反应的物品”[⑤]。

---

① 斯蒂芬·贝利，菲利普·加纳：《20 世纪风格与设计》，罗筠筠译，四川人民出版社，2000 年版，译者的话 2～3 页。

② 彼得·多默：《1945 年以来的设计》，梁梅译，四川人民出版社，1998 年版，第 22～23 页。

③ 彼得·多默：《1945 年以来的设计》，梁梅译，四川人民出版社，1998 年版，第 6 页。

④ 彼得·多默：《1945 年以来的设计》，梁梅译，四川人民出版社，1998 年版，第 4 页。

⑤ 滕守尧：《审美心理描述》，四川人民出版社，1998 年版，总序第 3～4 页。

很明显，人们对现代设计的理解不尽相同，有的偏重于科学，有的偏重于商业，有的偏重于艺术，但是就现代设计越来越体现艺术化和人性化、越来越趋向于科学与人文的融合而论，几乎不会有任何疑问。

总的说来，现代设计如同一个窗口，通过这个窗口，我们至少可以从一个侧面看到某种现代技术的结构与内涵。一方面，技术毫无疑问与科学相联系。技术必须捕捉一切有用的科学信息，并把全部的工程和工业设计建立在可靠的科学依据基础之上，从而使产品有保障；另一方面，技术又与人的需要相联系。如果说，科学对技术的意义在于，侧重于关注人的物质层面的实用上的需要的话，那么，人文对技术的意义在于，侧重于关注人的精神层面的文化上的需要。因而，技术也应当捕捉一切有用的人文信息，把艺术的美、道德的善和哲学所揭示的时代精神等融合到全部的工程和工业设计中去，从而使人们愿意购买产品，并给予产品良好的声誉，最终使产品获得价值。因此，从现代设计这个窗口，我们不但能看到科学的技术价值和经济价值，而且能看到人文的技术价值和经济价值，特别是看到科学与人文的融合对推动技术进步和经济发展的重大意义。

随着“知识经济”时代序幕的开启，可以认为，人文的技术价值和经济价值将得到更加有力的证明，科学与人文两种文化的融合将对技术进步和经济发展起到更加巨大的推动作用。因为“知识经济”时代被称为“高技术与高文化联姻”的时代，而“知识经济”被认为是“高技术与高文化联姻”的经济。在这方面，已有学者研究表明：

> “人文知识”不仅作为渗透因素对现代经济各环节发生着重要的影响，而且直接成为有待于生产、传播和消费的产业对象。更重要的是，以文化产业为代表的文化创新能力、评价能力和传播能力，成为任何一个面向“知识经济”的国家不可不重视的、关乎国家兴衰的重要战略资源。[①]

① 中国社会科学院哲学研究所“国家创新体系”研究小组：“国家创新体系与人文社会科学”，《中国社会科学文摘》2000年第1期，第70～71页。

需要补充的是，这里要强调的不仅仅是“人文知识”，而是整个人文文化。例如，正如以上所分析的，艺术也具有重要的技术价值和经济价值，但不能将艺术仅仅归结为某种“人文知识”。

科学与人文两种文化的融合，不仅有助于直接推动技术进步和经济的蓬勃发展，而且有助于把握科技发展及其应用的正确方向，防止或克服科学技术对人、自然和社会可能或已经产生的负面影响，使经济和社会获得可持续的、健康的发展。随着现代科技突飞猛进的发展，一方面，科学技术给经济与社会的发展带来了前所未有的机遇和强有力的推动力；另一方面，由于种种不恰当的应用，特别是狭隘的功利主义的应用等因素，科学技术的确也对人、自然和社会造成诸多负面影响，甚至带来全球性问题。

如何使科学技术更好地服务于人的需要？特别是如何防止或应对科学技术(尤其是现代高科技)对人、自然和社会可能或已经产生的负面影响？这已经成为当今时代所面临的重大课题。正如《科学技术史词典》在解释“技术”时所提及的，当各种各样的新技术的开发正在开创一个伟大的新时代的同时，也带来了资源浪费、能源不足、环境污染等一系列全球性问题。于是，“当前技术开发中的一大课题是：如何掌握适宜技术和进行技术评估，而这本身也是一种技术”①。而对“适宜技术”和“技术评估”的最重要的价值标准就是是否真正能够服务于人，更确切地说，是否有利于人的生存、发展、自由和解放。至于怎样建立一套真正能够有利于人的生存、发展、自由和解放的价值评价体系，显然已经大大超越了传统意义上的科学技术本身的范围，需要大大借助那些对人们的审美趣味、行为准则、生活信念和各种价值判断具有强烈影响的人文知识。因此，科学与人文两种文化的融合，有助于形成一种“掌握适宜技术和进行技术评估”的技术，从而正确把握科技发展及其应用的方向，防止或克服科学技术的负面影响，使经济和社会获得可持续的、健康的发展，最终使科学技术更好地服务于人类和社会。

其次，社会的发展不仅需要依靠人文，而且需要依靠科学。科学与人文两种文化的融合，将大力促进整个文化和精神文明建设，从而更有力地促进

① 伊东俊太郎等：《科学技术史词典》，樊洪业等编译，光明日报出版社，1986 年版，第 338 页。

整个社会蓬勃而健康地发展。

大致说来，社会的发展包括物质文明的发展和精神文明的发展两个方面。以上我们讨论了经济和物质文明的发展，这里主要讨论文化和精神文明的发展。文化和精神文明的发展需要依靠人文，正如经济和物质文明的发展需要依靠科学一样，几乎没有人会加以否认。相比之下，文化和精神文明的发展是否也需要依靠科学，换句话说，科学是否也具有重要的文化价值和精神价值，在这个问题上，人们往往持怀疑态度。正如人们对经济和物质文明的发展是否也需要依靠人文，换句话说，人文是否也具有重要的技术价值和经济价值这个问题持怀疑态度一样。在许多人看来，只有人文才同文化、理想及人们的精神生活密切相关，科学所涉及的只是人们的经济和物质生活领域，因而与文化、理想及人们的精神生活几乎没有任何关联。因此，文化和精神文明的发展只需要依靠人文，不需要依靠科学。更有甚者，将科学与人文、科学精神与人文精神截然对立起来，认为科学及科学精神的发展，不仅无助于人文及人文精神的发展，反而是一种对人文及人文精神发展的遏制或损害，从而也是一种对文化和精神文明发展的遏制或损害。例如，在20世纪20年代中国思想界那场关于“科学与玄学”的论战中有这类观点；在20世纪90年代我国学术界关于“人文精神”的大讨论中也有类似观点；在整个现代西方人文主义思潮中，这类观点则显得更为突出。其实，这种观念和想法也是相当肤浅的，是经不起推敲的。

产生这种观念和想法的重要根源之一是，由于科学具有巨大的技术价值和经济价值，它对社会生产力和经济的发展越来越起着决定性的作用，于是，自工业革命以来，人们往往对科学的技术价值和经济价值给以压倒性的关注，而对科学的文化价值和精神价值则常常严重忽视。因此，在许多人的心目中，科学往往被划入技术和经济的范畴，而科学精神则常常被归结为“功利主义”，甚至被置于“人文精神”的对立面。科学社会学家约翰·齐曼曾经分析过“作为工具的科学”这种观点的社会根源及其局限性。他说，“这种观点从根本上说是把科学看作一种实现目标的手段，而不是获得知识”。其危害性在于，“在我们社会中传播非常广泛并且居于统治地位，因此遮蔽了关于科学社会功能的其他观点”[①]。但是，“科学知识和思维方式的影响，要远比研究和开发对工业、医学、农业、战争和其他类型的人类事业的贡献广泛得多”[②]。他特别指出，科学也是“文化的源泉”，“具有重大的、超出直接由技术革新而产生的社会影响”[③]。

科学史学家乔治·萨顿则更加重视和关注科学的文化价值和精神价值。在他看来，科学的主要目的和主要回报“是真理的发现”，而它所产生的无穷无尽的财富和力量“只不过是副产品而已”。科学的发现与创造同“美的发现与创造非常相似。”[④]可见，不能由于科学具有巨大的技术价值和经济价值，而否定科学是一种高尚的文化和精神活动，正如艺术同样具有重要的技术价值和经济价值，而不能因此否定艺术是一种高尚的文化和精神活动一样。

我们在第一节已经讨论了关于科学与人文两种文化互相推动和互相支撑的关系，表明科学的发展需要人文，人文的发展也需要科学。科学与人文的融合，有助于大大推进两种文化的共同繁荣与发展。这已从一个角度阐述了文化的发展不仅需要依靠人文，而且也需要依靠科学，特别是依靠科学与人文的融合。的确，科学是一种非常重要而又非常独特的文化，在整个人类文化中担当着非常重要而又非常独特的角色。它对整个人类文化和精神文明的发展所起的重要作用，是别的文化无法替代的。

科学代表着人类文化追求真善美崇高理想中的求真这个维度。尽管道德和艺术在求善和求美的过程中也有求真的因素，但是真正能代表求真这个维度的只有科学，正如尽管科学在求真的过程中也有求善和求美的因素，但科学不能代替道德和艺术代表求善和求美这两个维度一样，因为求真、求善和求美分别是科学、道德和艺术三种文化理想最本质的特征。当然，这三个维度在最高的境界上又是相通的，是相互融合在一起的。它们共同构成人类文化所追求的最高理想。这是人类文化生生不息向前发展的精神动力。正如萨顿所说，“生命的最高目的是造成一些非物质的东西，例如真、善、美”。对

① 约翰·齐曼：《元科学导论》，刘珺珺等译，湖南人民出版社，1988 年版，第 163～164 页。

② 约翰·齐曼：《元科学导论》，刘珺珺等译，湖南人民出版社，1988 年版，第 259 页。

③ 约翰·齐曼：《元科学导论》，刘珺珺等译，湖南人民出版社，1988 年版，第 259 页。

④ 乔治·萨顿：《科学史和新人文主义》，陈恒六等译，华夏出版社，1989 年版，第 21 页。

于真、善、美这些崇高目标来说，“无论是否有一个最高的顶点，无论这个顶点最终能否达到，我们都必须朝着这些理想奋勇前进”[①]。这也是文化的精神意义和精神价值，是精神文明的重要内容。在萨顿看来，“人类的主要目的是要创造像真、善、美那样一些无形的价值”[②]。

科学和艺术、道德等人文文化一起共同肩负着崇高而神圣的使命，为人类创造着这些价值。科学对于整个文化的发展如此重要，以致失去科学，整个文化就会留下无法弥补的根本性的缺陷，也失去了一种十分重要的文化上的推动力。因为不仅探求知识和真理是人类最深刻的本性之一，人类文化中不能没有探求知识和真理这一部分内容，而且科学文化与人文文化两者是相互渗透、根深蒂固地联系在一起的。科学中包含着重要的人文因素，人文中也包含着重要的科学因素。例如，在道德和艺术中也存在着探求知识和真理的问题。因此，失去科学意味着，不仅在整个人类文化中缺少了科学这一部分文化，而且也使得人文文化由于失去了重要的科学因素而变得残缺不全。科学对于精神文明的发展如此重要，以致如果失去科学，人类追求真善美的崇高理想和境界就会顷刻间坍塌下来。因为人类追求真善美的崇高理想和境界，从根本上来说，不是孤立的，而是相互支撑、不可分割地联系在一起的。道德上求善和艺术上求美，需要科学上求真来支撑，否则，这种求善与求美只是虚幻的；反之，科学上求真，也需要道德上求善和艺术上求美来支撑，否则，这种求真缺乏人文意义和人文价值。

科学代表着人类文化中人的理智发展这个层面。尽管道德和艺术等文化也包含重要的理智因素，但是，最典型、最恰当地代表人的理智发展的文化无疑是科学，正如尽管科学也包含重要的道德因素和艺术因素，但是，最典型、最恰当地代表提高人的道德修养和艺术修养的文化无疑分别是道德和艺术一样。恩斯特·卡西尔曾高度评价科学对于人的智力发展的意义，他说：

> 科学是人的智力发展中的最后一步，并且可以被看成是人类文化最高最独特的成就。它是一种只有在特殊条件下才可能得到发展的非常晚

① 乔治·萨顿：《科学史和新人文主义》，陈恒六等译，华夏出版社，1989年版，第9页。
② 乔治·萨顿：《科学史和新人文主义》，陈恒六等译，华夏出版社，1989年版，第17页。

而又非常精致的成果。……它被看成是我们全部人类活动的顶点和极致，被看成是人类历史的最后篇章和人的哲学的最重要主题。[①]

莫里茨·石里克也称，科学代表着人类智力的高度和认识的深度，同其他任何文化活动相比，“其知识的材料或实体更是来源于智力活动——这种活动能使我们抵达抽象的最高峰。而一门科学所达到的抽象程度越高，它洞察实在的本质就越深”[②]。

当然，科学的意义不仅仅在于证明它自身在攀登人类智力的最高峰，更重要的是，它给整个人类文化和精神文明提供了强有力的智力支持，大大提升了它们的认识水平、思想水平和智力水平，使其变得更加全面、更加深刻和更加富有理性和创造性。试想，假如没有科学提供强有力的智力支持，整个文化和精神文明建设将能够到达什么样的水平？也许还是处在比较原始的状态，在那里，艺术、道德、哲学等人文文化还是同原始思维，甚至同巫术、图腾和迷信相伴，真正意义上的人文科学和社会科学也许根本不可能产生，充其量只是一些缺乏科学根据的直观或猜测。毫无疑问，当人们的认识水平、思想水平和智力水平尚处在非常低下的情况下，要使整个文化和精神文明的水平处于高度发达的状态，这是绝对不可能的。正如约翰·齐曼所说，“科学的世界观和现代的社会的、政治的、宗教的和美学的思想不可分解地交织在一起，因此不能把科学简单地看作是达到基于‘非科学’理由选择的目的的手段。”[③]这就是说，科学不仅是手段，更重要的是，它本身也是目的。科学不仅是整个人类文化不可缺少的重要组成部分，而且它与其他文化不可分割地联系在一起。科学世界观的产生与发展，在很大程度上推动着社会的进步、文化的进步和精神文明的发展。

科学最深刻地体现了人类文化和文明的进步。乔治·萨顿常常拿科学与艺术做比较，说明二者最明显的差别在于科学是逐渐进步的，而艺术则不然。他形象地说：

---

① 恩斯特·卡西尔：《人论》，甘阳译，上海译文出版社，1985年版，第263页。
② 莫里茨·石里克：《自然哲学》，陈维杭译，商务印书馆，1984年版，第7页。
③ 约翰·齐曼：《元科学导论》，刘珺珺等译，湖南人民出版社，1988年版，第164页。

> 只有科学活动是累积和渐进的，因而阅读科学史使我们产生一种犹如登山般的振奋之情……每个科学家都可以从前人达到的最高水平上起步，而且如果他成功的话，还可以爬得更高。相反地，艺术史则是一片冰天雪地，在这块平地上，参差不齐地散布着许多小山。你可以攀登这些山峰中的一个，并达到极点——但却不能继续登高……[①]

在他看来，“科学史是唯一的能说明人类进步的历史”[②]。这个观点显然是值得商榷的。断定只有科学才是进步的，而其他文化都没有进步性，未免过于绝对化。事实上，即便是艺术也具有进步性。这主要取决于人们用什么样的标准来衡量进步。如果用实证的观点来衡量进步，那么，艺术难以说是进步的。然而，如果用创新的观点来衡量进步，那么，艺术显然也具有显著的进步性。但是，尽管如此，无论是从实证的角度，或是从创新的角度，还是从智力的角度看，科学的确要比别的文化更明显、更全面和更深刻地体现其进步性。从某种意义上说，正是由于科学的进步，我们才强烈地感受到人类文化和文明的进步，于是，萨顿说，“科学是我们精神的中枢；也是我们文明的中枢”[③]。因此，科学的进步是人类文化和文明进步的象征，也正是科学的进步在很大程度上带动了整个文化和文明的进步。至少，科学不仅为整个文化和文明奠定了牢固的物质和技术基础，而且也为其提供了不断进步的智力支持，而这二者对整个文化和文明的进步起着至关重要的作用。当然，科学的进步不仅仅是人类文化和文明进步的一种象征，它也是精神文明建设的一种重要资源：它给整个社会带来一种榜样的力量，一种理想主义、英雄主义和乐观主义的精神，一种乐观、健康、积极、向上的精神文化氛围，永远鼓舞人们锐意进取、顽强拼搏和蓬勃向上，在各项事业中取得更大的成就。

科学是近现代教育中不可缺少的重大主题和重要内容。科学教育和科学

---

① 乔治·萨顿：《科学的生命》，刘珺珺译，商务印书馆，1987年版，第22页。

② Sarton G, *The Study of the History of Science*, Cambridge: Harvard University Press, 1936, p.5.

③ 乔治·萨顿：《科学史和新人文主义》，陈恒六等译，华夏出版社，1989年版，第124页。

专业在近现代教育体系中所占的比重，足以表明科学在整个人类文化和精神文明中的重要地位。近代自然科学教育运动倡导者赫伯特·斯宾塞在论什么知识最有价值这一问题时指出：“一致的答案就是科学。”

> 为了直接保全自己或是维护生命和健康，最重要的知识是科学。为了那个叫作谋生的间接保全自己，有最大价值的知识是科学。为了正当地完成父母的职责，正确指导的是科学。为了解释过去和现在的国家生活，使每个公民能合理地调节他的行为所必需的不可缺的钥匙是科学。同样，为了各种艺术的完美创作和最高欣赏所需要做的准备，也是科学。而为了智慧、道德、宗教训练的目的，最有效的学习还是科学。[①]

显然，斯宾塞对科学知识的价值和教育的理解过于功利化，但同时他的确也深刻地揭示了科学的文化价值，特别是揭示了科学对智慧、道德、艺术和教育的重大意义。

另一位对当时英国乃至世界教育有重要影响的教育家（也是著名的生物学家）托马斯·赫胥黎干脆将所有学科的知识划归为科学与艺术两大类。他将属于理智或推理范围的归于科学，而将属于感知和审美范围的归于艺术。在他看来，世界上几乎所有事物都是多样性的统一，既不存在绝对的“纯粹科学”，又不存在绝对的“纯粹艺术”，而往往是科学与艺术的有机统一。[②]虽然赫胥黎对所有学科的知识的分类有些过于简单化，但是，有一个思想是非常值得人们重视的，那就是自然科学与社会科学和人文科学有着深刻的关联，科学与艺术有着深刻的关联。这一思想不仅有助于促进近现代教育的发展，而且也有助于促进整个人类文化和精神文明的发展。无疑，如果不把一切学科的知识看成相互联系的有机整体，那么，近现代教育就不可能是全面而健康的教育，而只能是片面而零散的教育，同样，近现代的文化和精神文明也不可能得到全面而健康的发展，而只能是片面而零散的发展，甚至是畸形的发展。

---

① 转引自滕大春：《外国教育通史》（第四卷），山东教育出版社，1992 年版，第 168 页。

② 滕大春：《外国教育通史》（第四卷），山东教育出版社，1992 年版，第 189 页。

科学还是国际上促进人们相互理解、共同进步的重要桥梁。在萨顿看来，“科学这个精神领域是享有特权的，因为它是仅有的一个对于全人类都是完全共同的事业”。因此，“科学不只是最有力的联系，它是唯一真正有力和无争议的联系”[①]。的确，尽管在科学领域内也有各种学派之争和范式之争，但是，与其他文化相比，科学无疑是世界上最具有统一性、最具有客观性和最无争议的文化之一。它基本遵循默顿所概括的普遍性规范和公有性规范。普遍性规范主要强调科学标准的普遍性：任何科研成果的评价都应该以科学本身的价值为标准，而与政治的、人种的、社会的、文化的、宗教信仰等其他因素无关。公有性规范主要强调科学知识的公有性：研究成果不属于科学家个人，而属于整个人类。正是由于这样一种独特的文化品格，将无数不同国家、不同民族的科学家凝聚在一起。他们有着共同的科学理想，遵循共同的科学规范，去攀登共同的科学高峰。科学的这种独特的文化品格，非常类似于奥林匹克体育运动，在人类文化和文明的发展中扮演着特别重要的角色。如果说人文深刻地体现了人类文化的多样性的话，那么，科学则深刻地体现了人类文化的统一性。于是，科学可以在不同的文化背景之间架起相互沟通和相互理解的桥梁，从而推动国际的合作、和平和进步事业，促进整个人类文化和文明不断向前发展。

综上所述，科学对于人类文化与精神文明的发展也具有别的文化所无法取代的重要作用。文化与精神文明的发展不仅需要依靠人文，而且也需要依靠科学。科学与人文的融合，不仅有助于大大推动经济和物质文明的发展，而且也有助于大大推进文化和精神文明的发展。

三、人的全面而自由发展

科学与人文的融合，不仅有助于两种文化的共同繁荣和经济与社会的全面进步，而且还有助于促进人的全面而自由的发展。当然，科学与人文的共同繁荣、经济与社会的全面进步和人的全面而自由的发展，这三个主题本身就有着紧密的联系。无疑，科学与人文的共同繁荣，有利于经济与社会的全面进步，而经济与社会的全面进步，又有利于人的全面而自由的发展。反之，

① 乔治·萨顿：《科学的生命》，刘珺珺译，商务印书馆，1987 年版，第 49～50 页。

也是如此。因此，我们在论述科学与人文的融合，对于两种文化的共同繁荣和经济与社会的全面进步的重要意义的同时，实际上也就间接地论述了对人的全面而自由发展的重要意义。

追求人的全面而自由的发展，这是一个非常崇高的理想和目标。显然，科学与人文的共同繁荣和经济与社会的全面进步本身并不是最终目的，其最终目的还是服务于人，特别是使人获得全面而自由的发展。马克思和恩格斯早就完整地表达了人类追求自身全面而自由发展的崇高理想，指出，“每一个人都无可争辩地有权全面发展自己的才能”①；对于个人来说，“任何人的职责、使命、任务就是全面地发展自己的一切能力，其中也包括思维的能力”②；对于社会来说，要“使社会的每一个成员都能完全自由地发展和发挥他的全部才能和力量”③，获得“个人的独创的和自由的发展”④。在他们看来，“每个人的自由发展是一切人的自由发展的条件”⑤。无疑，要实现人的全面而自由的发展这一崇高的理想和目标，需要一个相当漫长的历史过程。这不仅仅取决于人们的主观愿望，更多地取决于客观的社会历史条件，包括社会生产力的高度发展，消除不合理的社会制度和导致劳动者畸形发展的旧式分工等，当然也包括前面所讨论的科学与人文的共同繁荣和经济与社会的全面进步等诸多因素。于是，在过去的几个世纪里，对于绝大多数人来说，追求人自身的全面而自由的发展只是一个可望而不可即的理想，几乎不具有多少现实意义。

然而，随着21世纪“知识经济时代”序幕的开启，情况发生了很大的变化。种种迹象表明，追求人自身的全面而自由的发展，将成为21世纪的一大主题、一种时尚和一个新的发展趋势。原因很简单，包括三个方面。其一，这个时代需要越来越多的能够全面而自由发展的人。所谓“知识经济”，其实质不仅仅是经济的知识化，更重要的是人的知识化。一个社会只有拥有无数有知识的专门人才，并使得劳动者普遍知识化之后，才有可能真正走向“知识经济时代”。因此，人的全面而自由的发展，这是时代的召唤。其二，这个

① 马克思，恩格斯：《马克思恩格斯全集》第2卷，人民出版社，1957年版，第614页。
② 马克思，恩格斯：《马克思恩格斯全集》第3卷，人民出版社，1960年版，第330页。
③ 马克思，恩格斯：《马克思恩格斯全集》第42卷，人民出版社，1979年版，第373页。
④ 马克思，恩格斯：《马克思恩格斯全集》第3卷，人民出版社，1960年版，第516页。
⑤ 马克思，恩格斯：《马克思恩格斯全集》第1卷，人民出版社，1956年版，第294页。

时代也将为人的全面而自由的发展，提供许多有利的并且必要的条件，开辟十分广阔的前景，包括社会生产力和生产劳动的自由度将大大提高，人们的物质生活条件将大大改善，人们的社会交往和社会联系将进一步大大拓宽，人们将拥有更加充裕的自由时间和更加丰富的生活内容，去充实、提高和完善自己等。因此，时代将造就更多的全面而自由发展的人。其三，人自身的全面而自由的发展不仅仅是手段，更重要的是，它本身就是目的。人们追求这一崇高理想和精神境界的过程，也是一种追求高尚、富足和幸福的过程。因此，一旦社会历史条件趋于成熟，追求人自身的全面而自由的发展，就会成为新时代的一大主题、一种时尚和一个新的发展趋势。

所谓人自身的全面而自由的发展，大致可分为两个层面：一是物质生活层面，主要指生产物质生活本身的人的劳动能力的全面而自由的发展；二是精神生活层面，主要指人在文化和精神生活领域获得全面而自由的发展。

讨论人自身的全面而自由的发展，我们不能不首先关注生产物质生活本身的劳动能力的全面而自由的发展。因为我们谈论的“人”，不应当是任意想象的抽象的人，而应当是“现实的人”。在马克思看来，人们首先必须吃喝住穿，然后才能从事政治、科学、艺术、宗教等活动，因此，人类的第一个历史活动就是生产物质生活本身。从这个意义上说，“全面发展的个人……也就是用能够适应极其不同的劳动需求并且在交替变换的职能中……使自己先天的和后天的各种能力得到自由发展的个人”[①]。

同时，我们也不能不高度重视人在文化和精神生活领域的全面而自由的发展。因为其一，人的劳动能力的全面而自由的发展越来越依靠人在文化和精神生活领域的全面而自由的发展。在现时代，如果没有丰富的文化和精神生活做强有力的支持和依托，那么，人要在劳动能力上获得全面而自由的发展，几乎是不可能的。其二，虽然生产物质生活本身是人类的“第一个历史活动”，但并不是人类唯一的历史活动。至少，除了物质生产和物质交往活动，人类还从事着精神生产和精神交往活动。而且，随着生产力的不断提高和社会的不断进步，从事精神生产和精神交往的人会越来越多，这种活动会发展得越来越迅猛，这就更需要有越来越多的人在文化和精神生活领域获得全面

① 马克思：《资本论》（法文版）第1卷，中国社会科学出版社，1983年版，第500页。

而自由的发展。其三，除了物质生活领域的人的劳动能力的全面而自由的发展，人的确还需要在文化和精神生活领域获得全面而自由的发展。前者是人的全面而自由发展的基础，后者则为人的全面而自由的发展注入更加完整、更加深刻的意义。

当然，这里关于物质生活和精神生活两个层面的划分，只是相对的，而不是绝对的。事实上，随着“知识经济时代”的到来及其经济知识化和知识经济化趋势的发展，人类的物质生产和物质交往与精神生产和精神交往这两种活动，也呈现相互渗透的趋势，并且其界限将变得越来越模糊，因而生产物质生活本身的人的劳动能力和人在文化和精神生活领域的全面而自由的发展将越来越趋于一体化。①

科学与人文的融合对人自身的全面而自由发展的意义，大致也可分为两个层面：一是有利于生产物质生活本身的人的劳动能力的全面而自由的发展；二是有利于人在文化和精神生活领域获得全面而自由的发展。

首先，科学与人文两种文化的融合，对于生产物质生活本身的人的劳动能力的全面而自由的发展，有着十分重要的意义。

无疑，关于生产物质生活本身的劳动能力这个范畴，具有历史性。因为劳动能力与劳动内容或劳动性质密切相关，劳动内容或劳动性质又与人和社会的需要密切相关，而人和社会的需要又与当时的社会历史条件，特别是社会生产力的发展水平密切相关。因此，不同时代关于劳动能力的界定是不相同的。

一般说来，劳动能力由体力和智慧两种因素构成。社会生产力水平越低，体力因素所占的比重就越大，而智慧因素所占的比重则越小；反之，社会生产力水平越高，体力因素所占的比重就越小，而智慧因素所占的比重就越大。例如，在远古时代，刀耕火种，所谓劳动能力主要指的是体力，而智慧所占的比重不大；相反，到了“知识经济时代”，劳动能力主要指的是知识或智慧，而体力所占的比重就不大了。当然，这只是从一般意义上来说的，事实上，任何时代的劳动能力都包含体力和智慧两种因素。即使在古代，我们也能看到无数极其富有智慧的劳动。例如，古埃及的金字塔、中国古代的万里长城、古希腊的帕特农神庙的建造等就是明证；反之，即使到了很久很久以后的未

① 参见孟建伟：《论科学的人文价值》，中国社会科学出版社，2000年版，导言和第四章。

来，也许仍有不少人将从事以体力为主的劳动。但是，无论如何，对于整个社会来说，衡量一个人的劳动能力的标准，肯定会明显偏重于知识或智慧。

毫无疑问，几乎任何时代的劳动都需要有知识或智慧，因此，科学与人文两种文化的融合，对于任何时代的劳动者的劳动能力的发展都有着重要的意义，只不过随着社会的进步和时代的发展，劳动中知识或智慧所占的比重将越来越大，因此，科学与人文两种文化的融合，对劳动者的劳动能力发展的意义也越来越大。下面，我们以“知识经济时代”为例，来说明科学与人文的融合，对于人的劳动能力全面而自由发展的重要意义。

我们今天所面临的经济和时代之所以分别被称为“知识经济”和“知识经济时代”，强调的就是这种经济和这个时代是以知识为基础的，或者是以知识为主要特征的。因此，生活在“知识经济时代”的人们，他们的劳动能力显然也是以知识为基础的或是以知识为主要特征的。从某种意义上可以说，在“知识经济时代”，所谓人的劳动能力的全面而自由的发展，实质上就是人在知识上的全面而自由的发展。于是，我们便不难理解，科学与人文两种文化的融合，对于人的劳动能力的全面而自由的发展的重要意义。假如两种文化始终处于分离甚至对立状况，显然不利于人们在知识上的全面而自由的发展，从而也就难以在劳动能力上获得全面而自由的发展。

所谓“知识经济”或“知识经济时代”中的关于“知识”的概念，是一个内涵十分丰富并且范围非常宽广的概念。经济合作与发展组织(OECD)在一项题为“以知识为基础的经济”的报告中指出，知识可区分为：

> 知道是什么的知识(know-what)，知道为什么的知识(know-why)，知道怎么样做的知识(know-how)和知道是谁的知识(know-who)。知识的概念比信息要宽得多。信息一般是知识的 know-what 和 know-why 范畴。这些也是最接近市场商品或适合于经济生产函数中的经济资源的知识类型。其他类型的知识特别是 know-how 和 know-who 方面的知识，是属于“隐含经验类知识”，更难于编码化和度量。[1]

[1] 经济合作与发展组织：《以知识为基础的经济》，杨宏进等译，机械工业出版社，1997年版，第6页。

很明显，按照这种理解，所谓“知识经济”中的“知识”，是一个非常综合性的概念。它既包括科学知识，也包括人文知识；既包括理论知识，也包括实践知识；既包括可以编码和度量的知识，也包括难以编码和度量的知识；既包括逻辑化、可推理的知识，也包括凭直觉的技艺、诀窍和能力等。除了 know-why 主要“指自然原理和规律方面的科学理论”知识，其他三种类型的知识，即 know-what（主要指“关于事实方面的知识”），know-how（主要“指做某些事情的技艺和能力”）和 know-who（“涉及谁知道和谁知道如何做某些事的信息”）[①]都可以说是科学与人文两种知识的综合及其运用。即便是 know-why，也未必完全是关于自然原理和规律方面的科学理论知识。例如，关于美和善的原理和规律方面的人文理论知识也应当属于 know-why 的范畴。

当然，用“知识”(knowledge)一词来概括一种经济形态和一个时代特征，似乎也容易引起误解。因为长期以来，人们往往将知识划归认识、理性、智力、真理、科学等范畴。关于体验、感性、实践、美、善、艺术、道德等方面的内容，则往往被排除在知识的领域以外。例如，柏拉图认为，知识的价值高于真实的意见，强调的就是知识是理智的化身。而培根宣称：“知识就是力量”，这里所说的知识其实也就是科学知识。培根坚信，科学知识所提供的方法不仅能够用来“增强人类集体发现自然律与操控自然过程的力量”，甚至还可以作为一种“攫取权力的手段”来有效操控人心，促进经济与社会的发展[②]。当然，科学知识对经济和时代的发展，的确有着无与伦比的重要意义和作用，但我们不能因此将人文排除在知识的领域之外，否定其对经济和时代发展的重要意义和作用。如果说科学知识就是力量，那么，科学知识与人文知识的融合其力量则更大。

事实上，按照经济合作与发展组织的解释，“知识”的概念似乎非常接近于某种文化的概念。这种文化既包括科学，也包括人文，确切地说，是科学与人文在经济领域中的特殊的融合。因此，从这种意义上说，所谓的“知识

---

① 经济合作与发展组织：《以知识为基础的经济》，杨宏进等译，机械工业出版社，1997年版，第 6～7 页。

② Gaukroger S，*Francis Bacon and the Transformation of Early-Modern Philosophy*，Cambridge：Cambridge University Press，2004，p. 11.

经济”，也可以称为“文化经济”，是一种科学与人文相融合的“文化经济”。所谓“高技术与高文化联姻”，反映的正是这种“文化经济”的特征。在这里，“知识”一词似乎难以概括“高技术与高文化”的一切。当然，如果对“知识”做足够宽的理解，那么，称“知识经济”也未尝不可。况且，无论如何，知识也是文化的基础和结晶。

中国社会科学院哲学研究所“国家创新体系”研究小组在“国家创新体系与人文社会科学”一文中，从技术、产品、产业和市场的角度，论证了“知识经济”是高技术与高文化联姻的经济，认为在“知识经济时代”：

> 以提高劳动生产率为唯一目标的“以物为本”的技术正在变为“以人为本”的技术；产品的物理形态日益变成某种消费概念乃至生活时尚的载体，其市场生存能力和生命周期往往不取决于它的有形的物理性能，而取决于它的无形的文化性能；在 GDP 构成中占主要部分的产业，是知识密集型产业以及以知识为基础的第三产业。所谓“知识密集型产业”，主要指高技术和高文化；就现代全球市场而言，文化市场日益成为当今世界市场的重要组成部分。[①]

因此，“我们如欲构拟自己的‘国家创新体系’，不可不关注作为经济资源和战略资源的文化，不能不处理好高技术与高文化的关系”[②]。该项研究从以知识为基础的技术、产品、产业和市场这个角度，探讨了高技术和高文化为何要联姻、何以能联姻及如何联姻等问题，从而对人文知识一向被视为不可能带来经济效益的“非经济因素”这一传统观念提出了强有力的挑战，表明科学与人文两种文化的融合，是以知识为基础的经济的发展趋势和必然要求；相应地，科学意义上的技术人与人文意义上的文化人的融合，也将成为从事“知识经济”的劳动者的一个重要的发展方向。

---

① 中国社会科学院哲学研究所“国家创新体系”研究小组：“国家创新体系与人文社会科学”，《中国社会科学文摘》2000 年第 1 期，第 70～71 页。

② 中国社会科学院哲学研究所“国家创新体系”研究小组：“国家创新体系与人文社会科学”，《中国社会科学文摘》2000 年第 1 期，第 70～71 页。

如果说，以知识为基础的技术、产品、产业和市场需要科学与人文两种文化的融合的话，那么，与“知识经济”相关联的员工、企业和社会就更应具有浓厚的人文气息，更需要科学与人文两种文化的融合了。

既然“知识经济”中的“知识”，是一个非常综合性的概念。那么，对于员工来说，既需要掌握科学知识，又需要把握人文知识；既需要掌握理论知识，又需要把握实践知识；既需要掌握可以编码和度量的知识，又需要把握难以编码和度量的知识；既需要掌握逻辑化、可推理的知识，又需要把握凭直觉的技艺、诀窍和能力等。如果说，编码化知识更多地包含科学知识的话，那么，隐含经验类知识则更多地包含人文知识。编码化知识与隐含经验类知识的结合，在某种程度上体现了科学与人文两种文化的融合。

对于企业来说，面临着需要变成一个学习的组织，不仅要学习科学知识，而且要学习人文知识；不仅要学习高技术，而且要学习高文化，从而不断改进管理模式、组织结构及技术能力的形式，逐步实现从那种“单一中心、自我控制、独立行为、纵向集成、单一机构、地方观念和看重效率”的传统模式，向“多个中心、技能至上、相互依存、多种联盟、多样结构、全球观念、强调灵活”的更加开放的模式转变，从而更具有包括“首创精神、创造力、解决问题的能力及对变革的开放性”等在内的科学与人文相融合的思想、观念和精神。①这种模式的转变，显然需要丰富企业的人文内涵，更好地体现科学与人文两种文化的融合。

对于社会来说，将更加重视教育、学习与创新，并通过大力弘扬科学精神与人文精神，为“大众创业，万众创新”营造良好的精神文化氛围。重视教育、学习与创新的目的，不仅将使人在物质生活中获得解放，而且将使人在精神生活中获得解放，而且还将使人在生产物质生活和精神生活本身的劳动中获得解放。这样一来，劳动将不仅仅只是一种谋生的手段，更重要的是，它同创新和个人的自我实现密切地联系在一起，从而有可能从一种负担变成一种快乐，变成一种吸引人的活动，变成个人的自我实现，“给每一个人提供

① 经济合作与发展组织：《以知识为基础的经济》，杨宏进等译，机械工业出版社，1997年版，第14～15页。

全面发展和表现自己全部的即体力的和脑力的能力的机会”[①]，让“他们在这个过程中更新他们所创造的财富世界，同样地也更新他们自身”[②]。当然，这一切还是需要加强科学与人文两种文化的融合。

总的说来，无论从技术、产品、产业和市场的角度看，还是从员工、企业和社会的角度看，“知识经济”和“知识经济时代”都呼唤科学与人文两种文化的融合。反之，科学与人文两种文化的融合，必将大大促进“知识经济”和“知识经济时代”的发展，特别是有力地促进人的劳动能力的全面而自由的发展。

其次，科学与人文两种文化的融合，对于人在文化和精神生活领域获得全面而自由的发展，也具有十分重要的意义。

我们在第一节已经讨论了科学与人文两种文化的融合，有助于大大推进科学与人文两种文化的共同繁荣与发展的问题。在那里，主要是从历史的角度和宏观的角度来探讨的。如果落实到个人，又何尝不是如此。科学与人文两种文化的融合，无疑有助于大大促进个人在文化上的全面而自由的发展。显然，具有丰富和深厚的人文知识和人文修养，有利于个人更加全面而深刻地理解科学，为在科学领域学习、研究和创造，带来更多的理想、激情和直觉，增添更多的想象力、创造力及攀登科学高峰的勇气。反之，具有扎实和精深的科学知识和科学修养，也有利于个人更加全面而深刻地理解人文，为在人文领域学习、研究和创造，带来更多的新思想和新观念，增添更多的理性、创造力及严谨求实的精神。更重要的是，科学与人文的融合，将彻底打破专业、知识和文化的屏障，让人们能够在更加广阔的知识和文化的天空中自由地飞翔，有更高的思想境界，更宽阔的胸怀和视野，更多的认识与体验、理性与激情、逻辑与想象、收敛性与发散性思维、真与善、真与美的相遇、碰撞和融合，结出更多、更丰硕的成果，培养出更多富有深厚的人文知识与人文修养的科学家、富有精深的科学知识与科学修养的人文学者或文化人，真正让人们能够在整个人类文化的沃土里获得全面而自由的发展。

---

① 马克思，恩格斯：《马克思恩格斯选集》第 3 卷，人民出版社，1995 年版，第 644 页。

② 马克思，恩格斯：《马克思恩格斯全集》第 46 卷(下)，人民出版社，1980 年版，第 226 页。

相反，科学与人文两种文化的分离和对立，显然非常不利于人们在文化上获得全面而自由的发展。正如萨顿指出的，遇到两类人是令人不快的：一类是某些古典学者和文人墨客，“他们没有看到，也不想看到，科学正在他们的眼前展示出整个美的世界。宏大的思想正在他们的面前发展，但他们却无动于衷，视而不见”①；另一类是某些科学家和发明家，“他们似乎对人类在最近五六千年中慢慢积累起来的全部的美和知识的财富一无所知，他们不能领略过去的魅力和高尚，而且他们还认为艺术家和历史学家都是一些毫无用场的梦想家”②。

萨顿所批评的两类人，一类是缺乏科学知识与科学素养的人文学者、作家、艺术家，另一类是缺乏人文知识与人文素养的科学家、发明家。很可惜，或许这两类人在他们各自所从事的专业或文化领域内造诣匪浅，但是，由于科学与人文两种文化的分离与对立，他们难以理解整个人类文化的统一性和人类追求真善美崇高境界的统一性，往往只能将自己局限在非常狭隘的领域和视野里，不仅以狭隘的眼光看待别的专业和文化，而且实质上也是以狭隘的眼光来看待自己的专业和文化，从而不仅很难使自己在文化上获得全面而自由的发展，而且最终也势必影响自己在自身所从事的专业和文化领域里获得更大的发展。更糟糕的是，这两类人往往分别以科学或人文的代言人、教育者、传播者或权威人士的姿态出现，并通过社会舆论、学术和教育等形式影响人们的思想观念，于是，由于他们之间的互不理解，甚至互相对立，科学与人文两种文化之间的鸿沟便被进一步人为地扩大了。科学与人文两种文化的分离和对立对教育的影响特别严重，有可能阻碍一代又一代的人在文化上获得全面而自由的发展，而将许多人变成某种“单向度的人”。

我们在第二节已经讨论了科学与人文两种文化的融合，有助于大力促进精神文明建设，从而有力地促进整个社会蓬勃而健康发展的问题。在那里，主要是从社会的角度和宏观的角度来探讨的。其实，对于个人来说，也存在着精神生活的全面而自由发展的问题。个人在文化上的全面而自由的发展大致有两个目的：一是实用的目的，即努力提高自己的素质和能力，使自己在

① 乔治·萨顿：《科学史和新人文主义》，陈恒六等译，华夏出版社，1989年版，第9页。
② 乔治·萨顿：《科学史和新人文主义》，陈恒六等译，华夏出版社，1989年版，第9页。

劳动能力上获得全面而自由的发展；二是精神上的目的，即努力提高自己的文化修养、思想境界和精神品位，使自己在精神上获得全面而自由的发展。显然，科学与人文两种文化的融合，对于个人在精神生活上获得全面而自由的发展，也是至关重要的。否则，人们往往不能跨越两种文化的鸿沟，去领略整个人类文化的博大精深，去体会其思想境界的深邃和高尚，去享受它给我们带来的无数的惊奇、震撼、欢愉和美。

萨顿所批评的两类人的状况，显然深深地影响了他们自身的文化修养、思想境界和精神品位的提高，也严重限制了他们在精神生活上的全面而自由的发展。其实，不能领略科学的魅力、高尚和伟大的人文学者和文人墨客，最终也往往很难真正领悟人文本身的魅力、高尚和伟大；同样，不能领略人文的魅力、高尚和伟大的科学家和发明家，最终也往往不能真正领悟科学本身的魅力、高尚和伟大。因为人类文化具有统一性，人类追求真善美的崇高境界具有统一性。用萨顿的话来说，“理解科学需要艺术，而理解艺术也需要科学”[①]。

爱因斯坦对人类文化的统一性和人类追求真善美的崇高境界的统一性，有着非常深刻的理解。他说：“照亮我的道路，并且不断地给我新的勇气去愉快地正视生活的理想，是善、美和真。”。他强调，“要是没有志同道合者之间的亲切感情，要不是全神贯注于客观世界——那个在艺术和科学工作领域里永远达不到的对象，那么在我看来，生活就会是空虚的”[②]。可见，爱因斯坦的视野是非常宽阔的，境界也是非常崇高的。这种宽阔的视野和崇高的精神境界显然同他的伟大的科学成就是相应的。

当然，文化和精神生活的全面而自由的发展，并不只是对于杰出人物而言的。事实上，对于普通人来说，也存在着文化和精神生活全面而自由发展的问题。这就需要我们更加关注和重视科学与人文两种文化的融合问题。让千千万万的人在普遍繁荣和全面发展的文化氛围里学习、研究和成长，接受全面的而不是片面的文化教育和熏陶，使他们在文化修养、思想境界和精神品位各方面得到全面提高，从而为在文化和精神生活领域的全面而自由的发

① 乔治·萨顿：《科学的生命》，刘珺珺译，商务印书馆，1987 年版，第 20 页。

② 爱因斯坦：《爱因斯坦文集》第三卷，许良英等译，商务印书馆，1979 年版，第 43 页。

展奠定良好的基础。

四、论著概要

(一)研究的目的、意义及方法

1. 研究的目的

论著研究的最终目的是要解决科学与人文两种文化的融合问题。全书始终围绕这个中心问题展开。具体分为以下三个步骤。

(1)弄清两种文化的分离和对立现象、倾向和思潮是何时出现的，怎样产生的，其根源是什么。主要从两个方面入手：一是通过对科学和人文及其相互关系的历史进行深入考察，从历史层面揭示两种文化分离和对立的来龙去脉及其根源(第一章)；二是通过对科学与人文主义相互关系的研究，从哲学层面揭示两种文化分离和对立的科学观和人文观的根源(第二章)。

(2)探讨两种文化融合的基础问题和桥梁问题。主要从两个角度入手：一是从科学与人文的本性的角度，探讨两种文化究竟有何关联，何以能够实现相互融合的问题(第三章)；二是从元科学及其使命的角度，探讨何以能够在两种文化之间架起相互沟通的桥梁的问题(第四章)。

(3)何以实现科学与人文两种文化的融合。主要通过三个途径来实现：一是构建一种人文化的科学观和科学哲学，从而在哲学和理论层面推进两种文化的融合(第五章)；二是提出一种同人文化的科学观和科学哲学密切相关的关于创新文化的理念，从而在科技实践层面实现两种文化的融合(第六章)；三是提出一种同人文化的科学观和科学哲学密切相关的教育观和教育哲学，从而在理论与实践两个方面不仅促进科学与人文两种教育的融合，而且促进科学与人文两种文化的融合(第七章)。

2. 研究的意义

在理论上，有助于超越狭隘的实证主义、科学主义与狭隘的人本主义、人文主义，从而为新时代树立一种新的科学观、人文观及其教育观；在实践上，有助于促进科学文化与人文文化、科学教育与人文教育、科学精神与人文精神的融合，从而促进整个人类文化的普遍繁荣和全面发展，促进社会的全面进步和人的全面发展。

3. 研究的方法

打破学科之间的界限，涉及科技哲学、外国哲学、中国哲学、伦理学、美学、艺术哲学、哲学原理、文化研究、科学史与人文艺术史等广泛领域，做了较为深入的跨学科的研究。

（二）主要内容和重要观点

1. 主要内容

在导论部分，主要探讨科学与人文两种文化融合的意义这个前提性问题，认为两种文化融合既是一个重大的理论问题，又是一个重大的现实问题。两种文化融合无论对于科学与人文的共同繁荣与发展，或是对于经济与社会的全面进步，还是对于人自身的全面而自由的发展，都具有十分重要的意义。提出了科学的发展需要人文、人文的发展也需要科学；技术具有“科学”与“人文”两个维度；科学也具有重要的精神价值和文化价值，人文也具有重要的技术价值和经济价值等一系列观点。

第一章是该研究的逻辑起点。该章主要探讨两种文化的分离和对立现象、倾向和思潮是何时出现的，怎样产生的，其根源是什么。认为从人类历史的源头一直到近代初期，科学与人文基本上尚处在某种紧密相连甚至浑然一体的状态。从 17 世纪开始，随着近代自然科学的逐步独立，两种文化之间的裂缝也逐渐显现，但直到 19 世纪中叶，科学与人文的发展在总体上还是比较和谐的。启蒙运动主要是一场新的文化综合运动，而不是文化分裂运动。堪称两种文化分离和对立的时期大致始于 19 世纪与 20 世纪之交，发展在 20 世纪。其主要根源有三个：一是科学与教育的高度专门化与专业化；二是狭隘的科学主义与狭隘的人文主义的对立；三是科学对人、自然和社会的巨大影响（包括积极的和消极的、正面的和负面的影响）。这一章的特点主要是做了深入的历史考察和哲学分析，试图弄清两种文化分离和对立的来龙去脉。

第二章是该研究的切入点。探讨科学与人文两种文化的融合，需要寻找一个切入点。科学与人文主义之间的关系这一论题就是一个重要的切入点。通过对科学与人文主义之间关系的研究，有助于深入了解各种科学观、人文观及其相互纷争，从而进一步理解科学与人文两种文化分离和对立的根源。笔者将西方人文主义传统区分出三种不同形式，即文艺复兴时期的人文主义、现代西方人本主义的人文主义和后现代主义的人文主义，并围绕“科学与人文主义”这个论题，分别做了批判性的考察。然后，又将考察的焦点会聚到“科学人文主义”，认为各种科学人文主义的观点大致可划分为三种类型：一种是“传统型”或“正统型”，它显然同自文艺复兴以来的传统的人文主义及后来的启蒙运动的精神相联系；另一种是“激进型”或“反叛型”，它显然同现代西方人本主义和后现代主义的人文主义相联系；还有一种是介于“传统型”（或“正统型”）和“激进型”（或“反叛型”）二者之间的“中间型”或“折中型”，其特点是既反对“传统”或“正统”，又反对“激进”或“反叛”，走的是一条不同于二者的中间路线。这一章的特点是，采用独特的视角和分类方法，围绕科学与人文主义这个议题，对各种西方人文主义和科学人文主义做了独到的考察和研究，并提出了自己的批判性的见解。

第三章探讨两种文化融合的基础问题。要实现两种文化的融合，首先需探讨两种文化融合的基础问题，也就是探讨科学与人文两种文化究竟有何关联，何以能够实现相互融合的问题。笔者选取人文文化中两种最为典型的文化，即艺术和人文学科，来揭示人文与科学之间的关联，认为不管科学与艺术在直观上和形式上有多大差别，但这种差别只是相对的，而不是绝对的。科学包含重要的艺术因素，艺术也包含重要的科学因素，二者之间有着深刻的关联；人文科学既具有科学性又具有人文性，它本身就是科学与人文两种文化之间的纽带和桥梁。接着，笔者又进一步探讨了科学与人文在价值上和精神上的关联，认为科学与人文两种文化的关联不仅是多方面的，而且是深刻的。这种关联不仅体现在两种文化的最终成果和方法论上，而且体现在两种文化的价值和精神上。特别是，站在价值论的高度，人们能够清楚地看到，两种文化及其精神的一致性和不可分割性。科学不仅具有重要的认识价值和技术价值，而且也具有重要的文化价值和精神价值；反之，人文不仅具有重要的文化价值和精神价值，而且也具有重要的认识价值和技术价值。科学在追求真理的同时，也在追求美与善；反之，人文在追求美与善的同时，也在追求真理。这是实现两种文化相融合的最深刻的基础。这一章的特点是从多个角度深入探讨了科学与人文两种文化之间的关联，特别是从新的视角阐述了科学的价值与人文的价值、科学的精神与人文的精神及其相互关联。

第四章主要探讨如何在两种文化之间架起桥梁的问题。要实现两种文化的融合，不仅需要从科学与人文的本性的角度，探讨科学与人文两种文化在本性上究竟有何关联，何以能够实现相互融合的问题，而且更重要的是，还需要从元科学及其使命的角度，探讨何以能够在两种文化之间架起相互沟通的桥梁的问题。笔者分别探讨了科学哲学、科学历史学、科学伦理学和科学美学等元科学的学科发展及其使命，其目的是使它们真正成为沟通科学与人文两种文化的桥梁。认为要使科学哲学真正成为沟通两种文化的桥梁，应当突破传统的科学哲学的狭隘框架，从科学哲学走向科学文化哲学；要使科学历史学真正成为沟通两种文化的桥梁，应当从根本上克服狭隘的科学主义和实证主义的历史观，真正将科学史放在更为广阔的人类文明史的背景中加以考察，实现科学史与人文史的融合；科学伦理学无论是对于推动科学、伦理与社会的发展，还是对于防止或克服科学技术对人、自然和社会潜在的或已经产生的负面影响，都负有重大的使命；科学美学的意义也是双重的：一是在理论上展开关于科学与美学、科学与艺术之间的交流和对话，二是在实践上促进科学技术与人文艺术的有机结合，从而为人类创造更好的物质财富和精神财富。这一章的特点是对各门元科学的学科发展做了新的构思，并赋予其成为沟通科学与人文两种文化的桥梁之重要使命。

第五章着重构建人文化的科学观和科学哲学。该章是对第四章的进一步深化。要实现科学与人文两种文化的融合，仅仅依靠各种元科学在两种文化之间架起桥梁，是远远不够的，关键是要构建一种人文化的科学观和科学哲学，从而在理论上特别是在科学观和科学哲学层面深层次地解决两种文化的融合问题。笔者对科学、文化及其价值，特别是对科学文化做了深层探索，认为所谓文化，在本质上属于精神生活(特别是精神创造)的范畴。它包括形而上之“魂”和形而下之“体”两个层面，是二者的有机统一。科学在本质上也是一种文化。科学的精神、理念、理想和价值观属于科学文化的形而上层面，是科学文化之“魂”；而技术的、实证的、数学的或逻辑的东西属于科学文化的形而下层面，是科学文化之“体”。正是形而上和形而下两个层面的有机统一，才构成活生生的科学文化。科学文化同别的文化一样，不仅具有形而上的作为社会精神高地的价值，而且具有形而下的作为现实生产力的价值。接着，笔者探讨了关于科学哲学的性质和定位问题，认为科学哲学既具有科学性，又具有人文性，但归根到底属于人文学科；科学哲学既具有世界性，又具有民族性，从某种意义上说，越是民族的就越是世界的；科学哲学既具有学术性，又具有现实性，关键是要从重大现实问题中寻找和发展新的理论增长点和学术制高点。沿着这个思路，笔者对科学文化哲学做了纲领性的建构，认为科学文化哲学是一种新型的科学哲学。从科学哲学到科学文化哲学的转变，是根本性的范式转变。这种范式转变包括四个方面的含义。①从知识论到文化论。科学文化哲学将彻底突破传统的科学哲学的知识论的框架，转向对科学做文化论的研究。②从“小哲学”到“大哲学”。科学文化哲学将不再局限于就科学而研究科学，而主张不仅要在整个人类文化的背景中来考察科学，而且更要从人(创造者)和人性的高度来研究科学。③让学院哲学面向社会现实。科学文化哲学将不再满足于自我封闭的学院哲学的逻辑体系，而强调面向社会现实，以新的科学观、文化观及其教育观引领科学、文化及其教育，从而推动社会的全面进步。④使科学哲学中国化。科学文化哲学将不再沿袭西方科学哲学的老路，而倡导在借鉴和吸取西方经验和教训的基础上，致力于走中国自己的科学哲学道路。其中，科学生存论研究是科学文化哲学的一个重要范例。它将科学哲学与生命哲学融为一体，充分体现西方思想和东方智慧、科学哲学与人文哲学、形而下研究与形而上探索的结合，真正将自然的发现与人的发现二者有机地统一起来，变成一种以生命为本体的科学哲学。这一章的特点是提出了一种富有原创性的人文化的科学观和科学哲学。这是实现科学与人文两种文化融合的最关键的一步。

第六章主要研究科学与创新文化的关系问题。如果说，人文化的科学观和科学哲学的构建侧重于从理论层面实现科学与人文两种文化相融合的话，那么，科学与创新文化的关系的研究则侧重于从实践层面实现科学与人文两种文化相融合。当然，人文化的科学观和科学哲学同创新文化的理论与实践又有着深刻的关联。一方面，创新文化的理论与实践，需要人文化的科学观和科学哲学来指导；另一方面，创新文化的理论与实践，又有助于人文化的科学观和科学哲学的构建。笔者探讨了自主创新与创新文化、创新文化之魂、创新文化与科学观的转变、从实证管理到人文激励、科学生活的人文复归等问题。认为关于自主创新的问题，不仅仅只是科技领域和产业领域需要应对的重大问题，更是整个国家和全社会都要应对的重大问题。如何让走自主创新道路真正成为一种国家意志和民族精神，关键是要在全社会呼唤、培育和营造一种持久而深入人心的创新文化；科技领域的创新文化，不仅要充分体现科学之魂即科学精神，而且要充分体现人文之魂即人文精神。创新文化之魂是科学之魂和人文之魂的融合，即科学精神与人文精神的融合；创新文化呼唤科学观的转变。当代流行的实证主义科学观和功利主义科学观，具有很大的偏颇性。这种偏颇性同创新文化的理念是根本不相容的。要建设一种真正意义上的创新文化以推动科技创新，首先应当克服并超越这两种狭隘的科学观，树立新的更加全面的科学观，实现科学观的根本性的转变；实证管理是一种以知识为本而不是以人为本、崇尚实证而不是崇尚创新的科研管理模式。它的理论基础是实证主义的科学观。随着科学观的重大转变，即从以知识为本向以人为本的科学观的转变，科研管理模式也应实现根本性的转变，即从实证管理向人文激励的模式转变。新的科研管理观不仅主张将以人为本和崇尚创新当作科研管理最核心的价值理念，而且强调要将其融于科研体制和机制中，变成整个科研领域乃至全社会的意志和精神，从而形成一种最大限度地激励人们去创新的文化；科学生活的人文化是一个被长期忽视的重大问题。这个问题之所以被忽视，既同知识论的科学观和科学哲学密切相关，又同工具论的科学观和科学价值观密切相关。从生存论、文化论和生命哲学的观点来理解科学，开启了研究科学的新视角和新维度，有着十分重要的理论意义和实践意义。在理论上，有助于深刻地揭示科学的文化之根和生命之根，揭示科学的人文本性，从而树立一种新的科学观、科学哲学观和科学价值观；在实践上，有助于促进科学生活的人文复归，实现科学生活的人文化，从而切实推进科学的进步。这一章的特点是，提出了一种同人文化的科学观和科学哲学密切相关的关于创新文化的理念。这又是实现科学与人文两种文化相融合的重要一步。

第七章聚焦科学教育与人文教育的融合问题。科学与人文两种文化的分离和对立最主要的根源之一在于，科学教育与人文教育的分离和对立。因此，要实现科学与人文两种文化的融合，就需实现科学教育与人文教育的融合，而要实现科学教育与人文教育的融合，不仅要构建一种科学与人文相融合的科学观和科学哲学，而且还要构建一种科学与人文相融合的教育观和教育哲学。笔者探讨了科学教育与人文教育分离的根源，认为科学教育与人文教育的分离，不仅应当归咎于狭隘的教育观，而且归根结底应当归咎于狭隘的科学观和人文观。包括实证主义和功利主义在内的狭隘的科学观与包括现代西方人本主义和现代新儒家在内的狭隘的人文观，不仅是导致科学文化与人文文化相分离的重要根源，而且也是导致科学教育与人文教育相分离的重要根源。只有从根本上转变狭隘的科学观与人文观，才能从根本上转变狭隘的教育观，从而真正实现科学教育与人文教育的相互融合。接着，笔者着力探讨了教育观的转变，即从知识教育向文化教育的转变。认为知识教育是一种以知识为本的教育，其理论基础是狭隘的知识论的教育观和科学观。随着科学观从知识论向文化论的转变，教育观也面临着重大转变。新的教育观将倡导一种真正以人为本的教育，即文化教育。这种新的教育观将更加凸显人文精神，强调在人类所有的文化活动中，教育应当是最具有人文意义的活动，理应最具有人文精神。站在人文精神的高度，我们将在有关教育的目的、方法和内容等一系列问题上获得许多新的灵感。这种新的教育观将更加凸显生命，强调教育不仅要强化技术层面的训练，而且更要切入生命层面，包括科学与人文的生命、教育者的生命和受教育者的生命。正是这三种生命的不断交流、对话和融合，构成“教育的生命”。这种新的教育观将更加凸显幸福，强调在教育与幸福之间有着深刻的关联。从最美好和最深刻的意义上说，所有的教育都应当是幸福教育。幸福教育既是一种目的论，又是一种方法论。它将生命教育、文化教育和创新教育三者有机地结合在一起，并建立在幸福论的基础之上，从而让人们最大限度地在教育中真切感受幸福，又在幸福中切实获得教育。这一章的特点是，既将科学与人文两种文化的分离和对立同科学与人文两种教育的分离和对立结合起来加以探讨，又将科学观与人文观及其转变同教育观及其转变结合起来加以探讨，并在此基础上，提出一种使科学与人文相融合的教育观和教育哲学，从而不仅促进科学与人文两种教育的融合，而且促进科学与人文两种文化的融合。

2. 重要观点

(1)两种文化分离和对立有其重要的历史节点和发展演变的逻辑。堪称两种文化的分离和对立大致始于19世纪与20世纪之交，发展在20世纪。其主要根源有三个：一是科学与教育的高度专门化与专业化；二是狭隘的科学主义与狭隘的人文主义的对立；三是科学对人、自然和社会的巨大影响。

(2) 西方人文主义传统可区分出三种不同形式，即文艺复兴时期的人文主义、现代西方人本主义的人文主义和后现代主义的人文主义。科学人文主义也可划分为三种类型：一是“传统型”或“正统型”；二是“激进型”或“反叛型”；三是“中间型”或“折中型”。对它们分别进行考察和研究，可揭示科学与人文主义之间错综复杂的关系。

(3) 从科学与人文最深刻的本性上看，科学与人文有着深刻的关联。具体表现为：科学与艺术的关联，人文科学的科学性与人文性，科学与人文的价值关联和精神关联等。这是两种文化融合的基础。

(4) 元科学的重要使命在于，在两种文化之间架起相互沟通的桥梁。而要肩负这一重要使命，科学哲学应当突破传统的狭隘框架，从科学哲学走向科学文化哲学；科学历史学应当从根本上克服狭隘的科学主义和实证主义的历史观，实现科学史与人文史的融合；科学伦理学要在真与善之间架起桥梁，从而推动科学、伦理与社会的共同进步；科学美学要在真与美之间架起桥梁，促进科学技术与人文艺术的有机结合，从而为人类创造更好的物质财富和精神财富。

(5) 以人文化的科学观和科学哲学，推进科学与人文两种文化在哲学和理论层面的融合。要实现两种文化的融合，关键在于如何理解科学。如果不把科学理解为一种文化，那么，要实现两种文化的融合，几乎是不可能的。也就是说，关键是要构建一种人文化的科学观和科学哲学。这种人文化的科学观的核心是，科学同人文文化一样，也包括形而上之“魂”和形而下之“体”两个层面。科学的精神、理念、理想和价值观属于科学文化的形而上层面，是科学文化之“魂”；而技术的、实证的、数学的或逻辑的东西属于科学文化的形而下层面，是科学文化之“体”。因此，它不仅具有形而上的作为社会精神高地的价值，而且具有形而下的作为现实生产力的价值。这种人文化的科学哲学可称为科学文化哲学。它将彻底突破传统的科学哲学的知识论的框架，转向对科学做文化论的研究；将不再局限于就科学而研究科学，而主张不仅要在整个人类文化的背景中来考察科学，而且更要从人(创造者)和人性的高度来研究科学；将不再满足于自我封闭的学院哲学的逻辑体系，而强调面向社会现实，以新的科学观、文化观及其教育观引领科学、文化及其教育；将不再沿袭西方科学哲学的老路，而倡导在借鉴和吸取西方经验和教训的基础上，致力于走中国自己的科学哲学道路。它将最大限度地体现西方思想和东方智慧、科学哲学与人文哲学、形而下研究与形而上探索、自然的发现与人的发现的有机统一。

(6) 以创新文化的理论和实践，推进科学与人文两种文化在科学活动、科学实践和科学生活层面的融合。人文化的科学观和科学哲学同创新文化的理论与实践密切相关。关于创新文化之魂、创新文化与科学观的转变、从实证管理到人文激励、科学生活的人文复归等问题的探讨，都离不开这种人文化的科学观和科学哲学，在很大程度上都是这种人文化的科学观和科学哲学在科技实践活动中的贯彻和运用。这些问题的研究不仅有助于培育科学精神与人文精神相融合的创新文化，而且有助于在科学活动、科学实践和科学生活层面实现科学与人文两种文化相融合。

(7) 以科学教育与人文教育的融合，推进科学与人文两种文化在教育理论和教育实践层面的融合。人文化的科学观和科学哲学又同科学与人文相融合的教育观和教育哲学密切相关。人文化的科学观和科学哲学，必然要呼唤科学与人文相融合的教育观和教育哲学。而科学与人文相融合的教育观和教育哲学，必然要呼唤从知识教育向文化教育的转变，必然要强调在教育中更加凸显人文精神，更加凸显生命，更加凸显创新，更加凸显幸福，从而在有力地推动科学教育与人文教育相融合的同时，也有力地推动科学文化与人文文化相融合。

（三）学术创新和应用价值

1. 学术创新

(1) 对科学与人文两种文化的分离和对立的现象、倾向和思潮做了深入的历史考察和哲学分析，并揭示了其多种根源，特别是科学观和人文观的根源。

(2) 多角度地揭示了科学与人文两种文化的关联，并探讨了如何在两种文化之间架起相互沟通的桥梁问题，从而在理论上为两种文化的融合奠定了基础。

（3）通过构建人文化的科学观和科学哲学，以及同这种人文化的科学观和科学哲学密切相关的关于创新文化的理念，还有同这种人文化的科学观和科学哲学密切相关的教育观和教育哲学，从而在理论与实践两个方面阐明了实现两种文化相融合的途径。

2. 应用价值

（1）人文化的科学观和科学哲学的构建，有助于更加全面而深刻地理解科学，理解科学的根源、动力、目的、意义和价值，特别是理解科学与人文的深刻关联，从而最大限度地利用人文的力量推动科学的进步，特别是通过创新文化推动科学的进步。

（2）人文化的科学观和科学哲学的构建，不仅有助于更加全面而深刻地理解科学，而且有助于更加全面而深刻地理解文化，从而使科学不仅作为一种生产力，而且作为一种文化的力量来推动社会的全面进步。

（3）人文化的科学观和科学哲学的构建，特别是与之密切相关的教育观和教育哲学的构建，有助于使教育更加充满文化，充满人文精神，有助于使真正意义上的文化教育、生命教育、创新教育和幸福教育成为可能，从而有助于最大限度地促进人的全面发展。

第一章

两种文化的分离和对立

要探讨科学与人文两种文化的融合问题，首先要对两种文化的分离和对立的现象、倾向和思潮，做深入的历史考察，弄清楚何以称为两种文化的分离和对立，究竟是何种意义上的分离和对立，以及造成这种分离和对立的根源是什么。本章主要包括以下两个主题：①对两种文化的分离和对立的现象、倾向和思潮的历史考察；②关于两种文化分离和对立的现象和倾向的根源分析。

第一节 历史考察

关于两种文化的分离和对立问题，特别是确定在历史上究竟何时出现可称为两种文化的分离和对立的问题，是一件非常棘手并且相当容易引起争议的事情。

事实上，科学与人文两种文化有着深刻的关联。一方面，科学的发展不但需要人文，而且也离不开人文；另一方面，人文的发展也需要科学，而且也离不开科学。二者就是在互动中发展着。迄今为止，谁也不能轻易地说科学与人文两种文化已经彻底分离和对立了。我们所说的两种文化的分离和对立，实质上主要指的是历史上从某个时期开始一直延续至今的那种科学与人文两种文化相互分离和对立的现象、倾向和思潮。毫无疑问，在科学与人文两种文化的关系史上，既存在着相互分离和对立的一面，也存在着相互靠近和融合的一面，否则，要是真的到了那种彻底分离和对立的局面，那么，科学与人文两种文化的互动关系也就彻底终止了。显然，情况并非如此。但是，历史上从某个时期开始一直延续至今的那种科学与人文两种文化相互分离和对立的现象、倾向和思潮不仅存在着，而且已经到了相当严重的地步，这的确需要人们加以高度关注和警觉，不然将引起严重的后果。这种后果不仅将导致整个文化的大分家，而且也将严重影响和制约社会的全面进步和人的全面发展，甚至有可能将社会变成“单向度的社会”和使人变成“单向度的人”。

要对两种文化的分离和对立的现象、倾向和思潮做历史的考察，真正把握其来龙去脉，我们还得从科学与人文两种文化的历史源头开始，看看在两种文化没有出现严重的分离和对立的现象、倾向和思潮之前，究竟是怎样紧密地联系在一起的。

科学史学家乔治·萨顿在他的《科学史导论》中开篇就论述荷马史诗，他称荷马为“最伟大的史诗诗人、希腊的教育者”，将荷马史诗列为“欧洲文献的最早的纪念碑”，认为“它们蕴含着关于欧洲人的知识和工匠技术的最早叙述”[①]。由此可见，按照萨顿的论述，荷马史诗不仅是“欧洲文献的最早的纪念碑”，而且也是见证科学与人文在历史源头上紧密相连、浑然一体的伟大的纪念碑。

斯蒂芬·F. 梅森在《自然科学史》一书开头就这样写道：“我们今天所知道的科学，是人类文明普遍进程中一个比较晚的成果。在近代历史以前，很少有什么不同于哲学家传统，又不同于工匠传统的科学传统可言。”于是，梅森认为，科学有两个重要的历史根源：一是技术传统；二是精神传统。[②]在梅森看来，在文明出现以前，这两种传统就已经存在了，但在青铜时代及往后的文明中，二者大都是分开的。总的说来：

> 一直要到中古晚期和近代初期，这两种传统的各个成分才开始靠拢

① Sarton G，*Introduction to the History of Science*，Huntington，New York：Robert E. Krieger Publishing Company，1975，pp.52～53.

② 斯蒂芬·F. 梅森：《自然科学史》，周煦良等译，上海译文出版社，1980 年版，第 1 页。

> 和汇合起来，从而产生一种新的传统，即科学的传统。从此科学的发展就比较独立了。科学的传统中由于包含有实践的和理论的两个部分，它取得的成果也就具有技术和哲学两方面的意义。[①]

梅森的精辟概括给我们提供了这样一些历史线索。其一，在科学历史的源头一直到近代初期这样一个极其漫长的历史时期中，科学与人文两种文化基本上处在某种浑然一体的状态，即带有科学性的技术、事实和见解或从属于哲学传统，或从属于工艺传统。也就是说，科学或者与哲学浑然一体，或者与艺术浑然一体。在这段历史时期中，甚至还没有形成比较独立的科学传统，当然也就谈不上科学与人文两种文化的分离和对立了。其二，即使到了近代初期，科学的发展比较独立了，科学与人文两种文化依然有着深刻的关联，因为科学的传统本质上是由工艺传统和哲学传统二者汇合而成的，并且它所取得的成果具有技术与哲学两方面的意义，从而深刻地影响人文的发展。

怀特海在探讨现代科学的起源问题时，更进一步揭示了科学之所以产生的人文根源。他认为，“现代科学导源于希腊，同时也导源于罗马”[②]。希腊代表着重理论的哲学传统，它是“欧洲的母亲”，在那里可以“找到现代观念的源头”。希腊天才人物富有哲学思辨，思路明晰，擅长逻辑，并对数学极感兴趣。他们热衷于一般原则，追求“清晰而大胆的观念”，并加以“严格的推理方法”。尽管这不是我们所理解的科学，但可以说是“一种观念上的准备工作”[③]。罗马人代表着重实际的工艺传统。“意大利在6世纪时有两个为未来的时代奠定基础的杰出人物，一个是圣·本笃，另一个是大格黎哥里。”[④]二者“都是重实际的人，重视平凡事物的意义。他们把这种实际的精神和自己的宗教与文化活动联系起来”。正是由于这种精神，特别是圣·本笃的努力，“当时的隐修院才成了实际农艺家、艺术家、圣哲与学者的家园”[⑤]。也正是

① 斯蒂芬·F. 梅森：《自然科学史》，周煦良等译，上海译文出版社，1980年版，第2页。
② 怀特海 A N：《科学与近代世界》，何钦译，商务印书馆，1959年版，第16页。
③ 怀特海 A N：《科学与近代世界》，何钦译，商务印书馆，1959年版，第7页。
④ 怀特海 A N：《科学与近代世界》，何钦译，商务印书馆，1959年版，第15页。
⑤ 怀特海 A N：《科学与近代世界》，何钦译，商务印书馆，1959年版，第15～16页。

由于有了重实际的精神，科学与技术、学术与事实才能结合起来。“现代科学和实际世界保持密切联系，因而在思想上增加了动力，这一点就是从罗马这一派源流得来的。”[①]

值得注意的是，怀特海还将现代科学思想与希腊戏剧作品联系在一起。他说：

> 今天所存在的科学思想的始祖是古雅典的伟大悲剧家埃斯库罗斯、索福克勒斯和欧里庇得斯等人。他们认为命运是冷酷无情的，驱使着悲剧性事件不可逃避地发生。这正是科学所持的观点。希腊悲剧中的命运，成了现代思想中的自然秩序。[②]

另一方面，怀特海认为，罗马人重实际的工艺传统首先表现在艺术方面。

> 中世纪后期自然主义兴起之后，科学发展所必需的最后一种成分也就深入了欧洲的人心。这就是对自然界物体与事态本身发生了兴趣。……中世纪晚期装饰雕刻的艺人，以及几奥图、华滋华斯、华尔特·惠特曼、罗伯脱·弗罗斯脱(新英格兰现代诗人)等人在这方面彼此都很相近。可以直接见到的朴素事实，一方面是引人注意的主题，但另一方面，它在科学思想之中就变成了“无情而不以人意为转移的事实”。[③]

显然，尽管怀特海的阐述有的只是一家之言，但是，它的确进一步印证了科学起源于哲学和工艺两种传统的观点，以及直到近代初期科学与人文两种文化紧密关联、甚至浑然一体的观点。

萨顿非常关注科学与人文的紧密关联，他的《科学史导论》不仅涉及政治史或经济史，甚至还涉及音乐史和语言学史。他认为，艺术史“有着极为重要的意义”，“艺术史学家能够在许多方面帮助科学史学家”。艺术品对我们

---

① 怀特海 A N：《科学与近代世界》，何钦译，商务印书馆，1959 年版，第 16 页。
② 怀特海 A N：《科学与近代世界》，何钦译，商务印书馆，1959 年版，第 10 页。
③ 怀特海 A N：《科学与近代世界》，何钦译，商务印书馆，1959 年版，第 16 页。

最重要的珍贵意义在于，“它们能使我们立刻理解创造这些艺术品的人们。每件艺术品都给我们一种关于他们的最深切的抱负的直观的、综合的和直接的知识”[①]。他还认为，在整个中世纪，“科学和宗教是不可分割的，我们不能期望没有另一方就能理解其中一方”[②]。至于音乐史，萨顿说：“的确，几乎直到近代，音乐理论一直被认为是数学的一部分。”[③]他还非常重视早期语言学的历史。他说：“语言的逻辑结构的发现是一种科学发现。”其意义在于，“语言的系统结构从一种本能的无意识的工具转变成日益精密的工具，是知识发展和传播需完成的最重要的开创性任务之一”[④]。

当然，我们说，在从科学历史的源头一直到近代初期这样一个极其漫长的历史时期中，科学与人文基本上处在某种浑然一体的状态，这是就总体意义而言的，并不是说在科学与人文之间不存在任何矛盾。其实，仔细分析起来，在现代社会被激化的关于两种文化分离和对立的现象、倾向与思潮，特别是表现为功利主义和理想主义、理性主义和非理性主义、客观(科学)主义与人本(人文)主义等的对立，都可以在古代找到其萌芽。例如，古希腊柏拉图与普罗泰戈拉为代表的智者的对立，就非常接近于现代的理性主义与非理性主义、客观主义与人本主义的对立。至于功利主义和理想主义的对立则可以一直追溯到科学与艺术的源头。正如萨顿在《科学的历史》开头所说的：“科学从何时开始？它从哪儿开始？它开始于人们试图解决无数的生活问题的那个时候和那个地方。最初的解决办法纯粹是权宜之计，但是，开始时必须这么做。”[⑤]然而，他又说：“好奇心(人类最深刻的品性之一，的确比人类本身还要古老)在过去如同在今天一样，也许是科学知识的主要动力。需要称

---

① Sarton G，*Introduction to the History of Science*，Huntington，New York：Robert E. Krieger Publishing Company，1975，p. 4.

② Sarton G，*Introduction to the History of Science*，Huntington，New York：Robert E. Krieger Publishing Company，1975，p. 5.

③ Sarton G，*Introduction to the History of Science*，Huntington，New York：Robert E. Krieger Publishing Company，1975，p. 7.

④ Sarton G，*Introduction to the History of Science*，Huntington，New York：Robert E. Krieger Publishing Company，1975，p. 7.

⑤ Sarton G，*A History of Science*，London：Oxford University Press，1953，p. 3.

之为技术(发明)之母，而好奇心则是科学之母。”[①]

与需要和好奇心相对应，存在两种科学的动机和目的：一种是追求实用和功利；另一种则是追求知识和理想。这就是说，科学活动中功利主义和理想主义两种取向及其对立在科学史的源头就有了萌芽。其实，艺术活动也始终存在着追求实用与功利和追求精神与理想两种动机与目的，因而也存在着功利主义和理想主义两种取向及其对立，并且同样也可以追溯到艺术史的源头。早在 16 世纪末，在弗朗西斯·培根的影响下，通过技艺来支配自然的理念就同时“盛行于艺术家与工程师的作品之中”[②]。许多现代人文主义者将科学的目的归结为实用与功利，而把艺术的目的归结为精神与理想，然后将科学与艺术对立起来，这是对科学与艺术的严重误解。

在历史上，科学与人文两种文化深刻关联的最典型事例之一是，文艺复兴对科学的巨大促进作用。的确，文艺复兴不仅表现为文学和艺术的复兴，而且也表现了科学的复兴和高涨。正如艾伦·G. 狄博斯所说的，“文艺复兴确实包含了某种知识的‘再生’——正如艺术和文学的再生一样。并且，它确实是一种新科学得到发展的时期”[③]。亚·沃尔夫指出：

> 科学的近代是跟着文艺复兴接踵而来的，文艺复兴复活了一些反对中世纪观点的古代倾向……重见天日的希腊和罗马古籍犹如清新的海风吹进这沉闷压抑的气氛之中。诗人、画家和其他人激起了对自然现象的新的兴趣；有些勇敢的人充满了一种渴望自主的理智和情感的冲动。[④]

狄博斯也认为，对文艺复兴时期包括科学史和医学史在内的知识史的任何研究，都必须重视人文主义的影响。“人文主义是《天体运行论》、《人体结构》和《心血运动论》背景中富有影响的部分。哥白尼对《至大论》的研究

---

① Sarton G，*A History of Science*，London：Oxford University Press，1953，p.16.

② Valleriani M，*Galileo Engineer*，London and New York：Springer，2010，p. 94.

③ 艾伦·G. 狄博斯：《文艺复兴时期的人与自然》，周雁翎译，复旦大学出版社，2000 年版，第 3 页。

④ 亚·沃尔夫：《十六、十七世纪科学、技术和哲学史》，周昌忠等译，商务印书馆，1985 年版，第 5～6 页。

使这一著作成了新世界体系的基础。"哥白尼的地动思想也促使一门新运动物理学的产生。医学也是如此，"从帕多瓦传统到哈维血液循环的发现中都可以看到这一点。和文学人文主义者一样，这些学者型科学家和医生也崇敬古代权威，但正是他们的工作导致了古代权威的毁灭"①。

文艺复兴的人文主义者普遍相信，每一个人都负载着整个宇宙所拥有的同一种物理的与精神的力量，通过运用人类的理智，人类就有可能成为类似于神(godlike)的存在者。②如果说，前两位学者侧重于强调在文艺复兴中重见天日的学术古籍对近代科学的影响的话，那么，萨顿则侧重于强调文艺复兴中的工艺和实验精神对近代科学的影响。他称文艺复兴是一场真正的革命，而人文主义者为此铺平了道路。在萨顿看来，"这场革命发生在此时，基本原因就是将这种工艺和实验的精神用于探求真理，这种精神突然由美术界扩展到科学界"。也正是由于集艺术家和科学家于一身的达·芬奇及其同行所做的努力，"此时此地，现代科学才得以诞生"③。由此可见，无论从哪个角度看，文艺复兴对近现代科学产生与发展的意义都是非常巨大的。

然而，在文艺复兴时期，也存在着关于自然科学与人文学科的争论。例如，被称为"掀起这场新的古典人文学科研究热潮的人"，即弗朗切斯科·彼得拉克"反对自然主义的、医学的、阿威罗伊学派式的调查研究，而主张围绕人的精神、人的生活和心灵进行调查研究"④。他认为，"上帝的世界是经过七印密封的封闭的世界，非凡人智力所能理解。要想了解其内部底细，不但徒劳无功，而且也是渎神的"⑤。于是，他主张通过"对人的研究来对抗对自然事物的研究"。正是对人性和人的精神世界的强调和关注，"使彼得拉克反对自然科学，特别是反对医学。他认为医生们只知道了解和关心人们的肉

---

① 艾伦·G. 狄博斯：《文艺复兴时期的人与自然》，周雁翎译，复旦大学出版社，2000年版，第154～155页。

② Ray M K，*Daughts of Alchemy：Women and Scientific Culture in Early Modern Italy*，Cambridge：Harvard University Press，2015，pp. 92～93.

③ 乔治·萨顿：《科学的生命》，刘珺珺译，商务印书馆，1987年版，第68页。

④ 加林：《意大利人文主义》，李玉成译，生活·读书·新知三联书店，1998年版，第22页。

⑤ 加林：《意大利人文主义》，李玉成译，生活·读书·新知三联书店，1998年版，第23页。

体”。而且，“他的《对医生的指责》一文在15世纪的自然科学和人文科学的争吵中起了不小的作用”[①]。不难看出，彼得拉克的这种观点不仅深受古代哲学“将(独有的)自然与(多元的)文化相分离与割裂”[②]的做法的影响，而且也与后来的现代西方人文主义的反科学思潮中的某些观点颇为相似。

总的来说，在从科学与人文的起源一直到近代初期这样一个极其漫长的历史时期中，尽管在两种文化之间也存在着不少矛盾，或者说存在着某些关于两种文化分离和对立的萌芽，但是，科学与人文在总体上既没有分离，更没有对立，而是处在某种相互融合、协调发展的状态中。当然，这同科学与人文二者本身不够成熟有关。要是二者处在密切相关甚至浑然一体的状态，自然也就谈不上相互分离和对立了。

大约从17世纪开始，科学与人文的相互关系有了很大的变化，主要表现在两个方面。

其一，科学比较独立了。在17世纪，自然哲学领域发生了一场革命，在18世纪这场革命完成。这场革命与伽利略、开普勒、笛卡儿和牛顿这些伟大名字紧密相关。[③]经过这场革命，科学当然比较成熟了，也比较独立了。在这里之所以加上“比较”两字，就是说，虽然已经独立，但还不能称完全独立。因为正如托马斯·L.汉金斯所阐述的，我们今天所谓的科学，在“启蒙运动期间更经常被称作自然哲学”。而“自然哲学仍然是哲学的一部分，仍然在奋力解决诸如关于灵魂的存在、物质的能动性与被动性、意志自由以及上帝的存在之类的哲学问题”[④]。再者，“古典和人文传统把自然哲学置于文学范畴之中”。直到19世纪，科学才“几乎从文学中完全分离开来，但是启蒙运动仍然把重点放在文学上。自然哲学家想以‘文人’知名。所有为善的思想家

① 加林：《意大利人文主义》，李玉成译，生活·读书·新知三联书店，1998年版，第23页。

② Latour B，*Politics of Nature*，Cambridge：Harvard University Press，2004，p. 8.

③ 托马斯·L. 汉金斯：《科学与启蒙运动》，任定成等译，复旦大学出版社，2000年版，第1页。

④ 托马斯·L. 汉金斯：《科学与启蒙运动》，任定成等译，复旦大学出版社，2000年版，第13页。

和工作者都是‘文坛’成员”[①]。

其二，科学在整个文化中，越来越占有主导地位。如果说，在近代以前，科学在很大程度上是经过人文的熏陶并借助人文的力量逐步成长起来的话，那么，到了近代以后，随着近代科学的确立和发展并在整个文化中逐步占有主导地位，反过来它又对人文产生极为重大而深刻的影响，以至于正如罗素所说的，“近代与以前各个世纪的区别，几乎一切都可归因于科学，科学在 17 世纪取得极为惊人的成就”。因此，“就精神面貌而论，近代从 17 世纪开始”[②]。

科学首先对哲学产生重大影响，这种影响主要包括以下两个方面。

第一，促使科学与哲学分离。正如沃尔夫所指出的，在近代之初，“哲学和科学是彼此不分的。哲学这个术语广义上用来泛指所有世俗的知识，包括一切今天所称的科学”[③]。科学著作中还有许多哲学的成分，甚至“科学家还常常做出形形色色的纯粹哲学假设”[④]。通过近代科学先驱者们的不懈努力，在科学与哲学之间“终于做出了一种区别”，即

> 把直接来自观察或经验事实的理论同离开这些材料比较遥远的进一步理论分别开来。前者属于科学的范畴(即通常所称的自然哲学)，后者则属于思辨哲学的范畴(它有各种不同的名称：神学、形而上学或第一哲学)……这样，经验上可证实的自然知识便同因无法证实或不能充分证实而令人可疑的思辨区别了开来。[⑤]

① 托马斯·L. 汉金斯：《科学与启蒙运动》，任定成等译，复旦大学出版社，2000 年版，第 9 页。

② Russell B，*A History of Western Philosophy*，New York：Simon and Schuster，1972，p. 525.

③ 亚·沃尔夫：《十六、十七世纪科学、技术和哲学史》，周昌忠等译，商务印书馆，1985 年版，第 703 页。

④ 亚·沃尔夫：《十六、十七世纪科学、技术和哲学史》，周昌忠等译，商务印书馆，1985 年版，第 704 页。

⑤ 亚·沃尔夫：《十六、十七世纪科学、技术和哲学史》，周昌忠等译，商务印书馆，1985 年版，第 704 页。

这就是科学与哲学最具实质性的分离，尽管一开始二者之间的界限还是非常模糊的，并且科学还是在自然哲学的名义下，因而不可避免地同从今天看来与科学完全无关的问题联系在一起。但是，随着后来科学的划时代的进步与发展，科学与哲学的界限也就被划得越来越清楚，二者之间的分离也就越来越被强化了。

第二，促使哲学发生深刻的变革，进而影响整个人文领域。自近代以来，西方哲学的两次重大转向，即哲学的重心从本体论转向认识论(被称为“认识论转向”)，再从认识论转向语言学(被称为“语言学转向”)都深受科学的重大影响，都可以说是由科学哲学发起的。

一般认为，西方哲学的第一次转向是从笛卡儿那里开始的。笛卡儿由于提出“作为普遍数学”的哲学而被称为“近代哲学的始祖”。如果说，笛卡儿以数学为模型，从知识的可靠性、清晰性和明确性出发，以“普遍数学”(mathesis universalis)[①]作为方法论，开了近代唯理论认识论的先河的话，那么，培根则是以实验科学为模型，建立起一套称为“新工具”的归纳-实验方法。培根宣称，他自己“发现了运用归纳法的正确条件”[②]，进而提出了一套借助科学的经验方法“控制自然与自然过程的模式”[③]，开了近代经验论认识论的先河。因此，培根也往往与笛卡儿一起被列为“近代哲学的始祖”。

培根确立的科学方法与笛卡儿正好各执一端：培根主张的是归纳的和实验的方法，而笛卡儿强调的是演绎的和数学的方法；培根主张科学研究从“命题金字塔”的底部即经验观察和事实出发，通过逐步的、渐进的归纳和排除法，发现一般规律，最后上升到金字塔的顶端即最一般的原理，“观察与实验必须要成为探究自然的理论的向导”[④]，而笛卡儿则试图从不可怀疑的和确定的最一般的原理即金字塔的顶端出发，通过演绎尽可能一步一步地往下研究，

---

① Gaukroger S，*Descartes' System of Natural Philosophy*，Cambridge：Cambridge University Press，2002，p. 8.

② Agassi J，*The Very Idea of Modern Science*，New York and London：Springer，2013，p. 42.

③ Gaukroger S，*The Collapse of Mechanism and the Rise of Sensibility：Science and the Shaping of Modernity 1680-1760*，Oxford：Clarendon Press，2010，p. 232.

④ Helmholtz H，*Science and Culture*，Chicago and London：The University Press of Chicago，1995，p. 182.

最后到达金字塔底部，即经验观察和事实。

这两种方法对于自然科学来说都是至关重要的，正是由于数学和实验方法的确立，近代科学才得以产生。笛卡儿和培根所做的研究，不仅对科学方法论来说具有开创性，而且对于哲学方法论来说同样具有开创性。从此，哲学实现了“认识论转向”，真正迈入了理性的时代。这里所说的“理性”，主要指近代自然科学的理性，它既包括数学方法所蕴含的理性，即对确定性、严密性和精确性的追求，同时也包括实验方法所蕴含的理性，即重事实、重根据、重效用和功利目的，反对脱离经验基础、脱离实际的空洞教条而又无实用目的的经院哲学式的研究。

随着“认识论转向”，近代哲学实质上被科学化了。从某种意义上说，近代哲学的精神实质上也就是近代自然科学的精神。因为近代哲学的理论就好似：

> 以自然科学为范式而建立起来的。笛卡儿哲学按照“普遍数学”的要求建立了近代第一个形而上学体系，斯宾诺莎按照几何学的模式建立名为“伦理学”、实为形而上学的又一体系，霍布斯把自然法的观念推广到生活政治领域，建立了近代第一个政治哲学的理论，休谟以牛顿的物理科学为榜样建立“人性科学”。[①]

还有，康德哲学被称为是“在理论方面对启蒙运动的系统陈述”[②]。而康德的思想就“充满了牛顿的物理学，同时也充满了发展牛顿思想的法国伟大物理学家如克来罗等人的理论”[③]。当然，康德本人也是一位科学家，他在哲学中倡导人们“要有勇气运用你自己的理性”[④]，这进而意味着，人们应该能

① 赵敦华：《西方哲学简史》，北京大学出版社，2001 年版，第 173 页。

② 黑格尔：《哲学史讲演录》（第 4 卷），贺麟、王太庆译，商务印书馆，1978 年版，第 258 页。

③ 怀特海 A N：《科学与近代世界》，何钦译，商务印书馆，1959 年版，第 133 页。

④ Bhaskar R，*Plato Etc.: The Problems of Philosophy and Their Resolution*，London and New York：Routledge，2010，p. 1.

够“自由地在公开场合运用自己的理性”[①]。总之，在启蒙运动中，哲学家普遍相信由知识带来的进步，科学探究将帮助人们“祛除各种传统的偏见与迷信，并让人们能够过上更高品质的生活”[②]。启蒙思想家相信，科学造就的种种进步让他们置身于一个“理性的时代”[③]。在这个时代中，自然科学将激发世俗人文主义者积极改造“启蒙版本的宗教”[④]，并逐步取代宗教信仰在社会文化中的地位。可以认为，“科学与技术在这个文明时代的崛起，对于撼动宗教根基起了重大的作用”[⑤]。随着自然科学取代宗教成了思想生活的中心，不仅一般哲学发生了“认识论转向”，而且政治哲学、伦理学、美学和其他人文研究等几乎都发生了“认识论转向”。这种“认识论转向”的实质，就是以近代自然科学为楷模，并用近代自然科学的方法和精神来理解别的文化，从事各种研究。因此，科学对人文的影响不仅仅局限于哲学，更重要的是，通过科学化的哲学影响整个人文领域。

那么，应当如何理解近代欧洲，更确切地说，在从 17 世纪开始一直到 19 世纪上半叶这个时期科学与人文两种文化之间的关系呢？

显然，这个时期的科学与人文之间的关系与 17 世纪以前有很大的差别。在 17 世纪以前，科学与人文两种文化长期以来基本上处在某种浑然一体的状态，主要表现为科学与哲学不分、技术与艺术不分，因而很难说得上科学与人文两种文化的分离和对立。但是，到了 17 世纪以后，情况发生了很大变化，至少从学科意义上说，科学与哲学逐步分离和独立。而且随着科学的不断发展，科学的技术价值越来越凸显出来并越来越受到人们关注，于是，科学性的技术与艺术性的工艺似乎也逐步分离和独立了，往后人们对技术的理解往

① Shapin S，*The Scientific Life：A Moral History of a Late Modern Vocation*，Chicago and London：The University of Chicago Press，2008，p. 37.

② Kitcher P，*Science，Truth，and Democracy*，Oxford：Oxford University Press，2001，p. 147.

③ Applebaum W，*The Scientific Revolution and the Foundations of Modern Science*，London：Greenwood Press，2005，p. 122.

④ Kitcher P，*Life After Faith：The Case for Secular Humanism*，New Haven and London：Yale University Press，2014，p. 2.

⑤ DeAngelis W J，*Ludwig Wittgenstein：A Cultural Point of View*，Hampshire：Ashgate，2007，p. 169.

往是专门指应用科学原理的技术，而不是艺术性的工艺。这样一来，科学与人文两种文化至少在形式上逐步分离了。

这种形式上的分离自然是实质性分离和对立的起点。随着近代自然科学的逐步独立，科学也在不断地强化本身的独特性、排他性和自身发展的逻辑。毫无疑问，近代自然科学谋求独立和追寻自身发展的逻辑，不仅有其充分的合理性，而且也是非常必要的，它对于科学本身的发展乃至整个人类文化的发展，都具有决定性的意义。要是科学与人文两种文化始终处在某种浑然一体的状态，显然就不可能有今天这样高度发达的科学文化，也不可能有今天这样高度发展的人文文化。

试想，为什么在近代以前极其漫长的历史岁月里，人类文化的发展如此缓慢，甚至可以说一直停留在比较原始的状态，而到了近代以后，在短短的几百年间，整个人类文化特别是科学文化的发展又如此之迅猛，以致已经发展到了被称作知识爆炸的年代？追根究源，绝对不能说与近代自然科学谋求自身独立，追求自身发展的逻辑这一事件无关。毕竟，科学有其自身发展的规律，正如人文也有其自身发展的规律一样。每一种文化要谋求发展，首先就必须取得其在文化上的相对独立性，并保持这种独立性，遵循自身发展的规律。

因此，我们要消除两种文化的分离和对立，其真实含义并不是也不应当是消除二者之间的相对独立性，而是试图在保持其相对独立性的基础上，消除两种文化之间的鸿沟及其对立或敌视状态，真正在二者之间建立起相互沟通的桥梁，达到相互弥补、相互促进和共同繁荣与发展的目的。

然而，从17世纪开始，随着近代自然科学的逐步独立，科学与人文两种文化之间潜在的裂缝的确也开始出现了。这主要表现在今天人们称为“科学主义”的那种思潮的兴起。尽管在那时还没有所谓的“科学主义”这个概念，但是，它的许多内涵，包括逻辑主义、实证主义、物理主义的客观主义，以及强调技术至上的功利主义等思想倾向都可以追溯到那个时候。正如胡塞尔在“澄清发生于近代物理主义的客观主义与超验的主观主义之间的对立的根源”时所指出的，问题的关键在于，“在近代和古代的观念交替之际所发生的关于普遍哲学的观念、任务的重大变化。从笛卡儿起，一种新的观念支配了整个哲学运动的发展，并且成为导致这些运动之间紧张关系的内在动因”[①]。在胡塞尔看来，当由数学的革新所导致的科学普遍性的新观念“被成功地实施的时候，哲学(作为关于整个世界的科学，关于一切存有者的科学)的观念就发生了变化”[②]。这种变化从某种意义上可以说是科学与人文两种文化分裂的开始。胡塞尔曾经对此做过颇为精辟的分析。在他看来，“把‘自然’理解为隔绝的、在实在方面和理论方面自我封闭的物体世界这种新观念很快引起整个世界观的彻底变化”。这样一来，“世界被分裂为二：自然世界和心灵世界”[③]。这种“世界的分裂及其意义转变”，是“从近代开始的自然科学方法、或说自然科学的理性的实际上完全不可避免的榜样作用的结果。”[④]

的确，按照笛卡儿的“普遍数学”的理念及伽利略“对自然的数学化”，人类文化实际上开始被切割成截然不同的两个世界。一个是理性世界，这种理性是“在数学或数学的自然中所获得的新的意义上的理性”[⑤]。它是“几何式的”，可以数学化的，由公理和演绎的方法来保证其必真的自明性，因而具有最高程度的客观性、确定性、严密性和精确性，是别的文化不可替代的榜样。另一个世界显然并不具有这种理性。它既不是“几何式的”，也不能数学化，又没有自然科学意义上的公理和演绎系统来保证其必真的自明性，因而是不确定的、不严密的和不精确的，是不值得别的文化效仿的。

尽管培根的观点与笛卡儿不同，但是，他对作为“新工具”的归纳-实验方法的强调和对科学的工具或功利价值的强调，实际上更进一步强化了上述两个世界的区分：一个世界不仅是通过“新工具”，即系统的归纳-实验得来的，因而具有严格的经验观察的实证依据，来保证其客观性、确定性、严密

① 埃德蒙德·胡塞尔：《欧洲科学危机和超验现象学》，张庆熊译，上海译文出版社，1988年版，第25页。

② 埃德蒙德·胡塞尔：《欧洲科学危机和超验现象学》，张庆熊译，上海译文出版社，1988年版，第27页。

③ 埃德蒙德·胡塞尔：《欧洲科学危机和超验现象学》，张庆熊译，上海译文出版社，1988年版，第71页。

④ 埃德蒙德·胡塞尔：《欧洲科学危机和超验现象学》，张庆熊译，上海译文出版社，1988年版，第72页。

⑤ 埃德蒙德·胡塞尔：《欧洲科学危机和超验现象学》，张庆熊译，上海译文出版社，1988年版，第72页。

性和精确性，而且它本身又是人类征服和控制自然的强有力的工具，它的“真正的、合法的目标”就是“把新的发现和新的力量惠赠给人类生活”[①]；而另一个世界则显然既没有作为“新工具”的系统归纳-实验方法做保证，因而缺乏硬性的实证支持，又不能充当人类征服和控制自然的强有力的工具，因而对人类生活没有重要的工具价值和功利价值。

由此可见，造成科学与人文两种文化分离和对立的一种重要因素——包括逻辑主义、实证主义、物理主义的客观主义、技术至上的功利主义等在内的科学主义的思想、观念和思潮，早在 17 世纪的笛卡儿、培根、伽利略等科学家和哲学家那里已经基本形成。尽管后来的几个世纪的发展在理论和实践上不断强化了科学主义的思想、观念和思潮，但是，其思想实质可以说并没有很大变化。

这样一来，是否可以认为两种文化的分离和对立就是从 17 世纪开始的呢？显然，这种结论是经不起推敲的。因为事实上，尽管在 17 世纪包括逻辑主义、实证主义、物理主义的客观主义、技术至上的功利主义等在内的科学主义的思想、观念和思潮已经开始兴起，这是日后导致两种文化分裂和对立的最重要的根源之一，但是，在当时并没有直接导致两种文化的大分家。正如斯蒂夫·富勒指出的，在今日被称为“科学家”的伽利略、波义耳和牛顿与在今日被称为“哲学家”的笛卡儿、霍布斯和莱布尼茨这两组人物，在当时都被统一称为“自然哲学家”[②]。显然，在 17 世纪存在着一场崭新的文化整合运动。正如胡塞尔所描述的：

> 我们已经在笛卡儿那里发现了普遍的数学的理念。……从而，世界和哲学呈现出全新的面貌：世界本身必须是理性的世界，这种理性是在数学或数学的自然中所获得的新的意义上的理性；相应地，哲学，即关于世界的普遍的科学，也必须被建筑成为一种“几何式的”统一的理性

---

① 培根：《新工具》，许宝揆译，商务印书馆，1984 年版，第 58 页。

② Fuller S, *Key Concepts in Philosophy, Science and Culture*, Trowbridge: Cromwell Press, 2007, p. 67.

的理论。[①]

不仅如此，人们似乎确信，“一切自然科学最终将成为物理学，生物学和一切具体的自然科学必须随着研究的进步日益融合到物理学中”[②]。这就是说，按照这种新的认识的普遍性和理性的理想，世界是统一的，哲学是统一的，科学也是统一的，统一的基础就是“在数学或数学的自然中所获得的新的意义上的理性”。

如果说，这场新的文化整合运动在17世纪表现得还不够明显的话，那么到了18世纪就变得非常明朗了。托马斯·L. 汉金斯这样写道：“这种对自然规律与理性的认识，给了18世纪哲学家们一个可能建立新科学的极端乐观的看法。”[③]亚·沃尔夫则对18世纪做了这样的总结，他说：

> 18世纪被冠之以各种名称：“理性时代”、“启蒙时代”、“批判时代”、“哲学世纪”。这些它都称得起，而且还不止于此。它最贴切的名称或许是“人文主义时代”。在这个世纪，人类获得的知识被传播到了空前广阔的范围内，而且还应用到了每一个可能的方面，以期改善人类的生活。这个时代的一切理智和道德的力量都被套到人类进步的战车之上，这是前所未有的。[④]

可见，直到18世纪末，科学与人文的发展在总体上还是比较和谐的，似乎并没有发生重大的、激烈的冲突，尽管在这场新的文化整合运动中，也埋下了不少以后导致两种文化分裂和对立的种子。

---

① 埃德蒙德·胡塞尔：《欧洲科学危机和超验现象学》，张庆熊译，上海译文出版社，1988年版，第72页。

② 埃德蒙德·胡塞尔：《欧洲科学危机和超验现象学》，张庆熊译，上海译文出版社，1988年版，第79页。

③ 托马斯·L. 汉金斯：《科学与启蒙运动》，任定成等译，复旦大学出版社，2000年版，第18页。

④ 亚·沃尔夫：《十八世纪科学、技术和哲学史》，周昌忠等译，商务印书馆，1991年版，第3页。

当然，即使在充满科学主义、物理主义和乐观主义的启蒙时代，也有诸多与这种氛围格格不入的声音。例如，据阿伦·布洛克考察，“早在18世纪70年代，一场新的反叛已在聚集力量，特别是在德国。它的目标针对启蒙运动的理性主义”。批判和谴责的焦点是，“理性主义把感情的自发性、人的个性、天才的灵感从属于冷冰冰的古典主义理性化规则和不自然的趣味”[①]。

布洛克还举了几个例子。第一个是新古典主义，表明新古典主义那种对质朴单纯的追求，如诉诸感情反应的绘画作品，温克尔曼对希腊倾泻的狂喜语言，皮拉纳齐对罗马遗址及崇高事物的赞叹和钦佩，还有诗人们对希腊的由衷崇拜等，都带有与当时的理性主义相抵触的浓厚的浪漫主义成分。第二个是卢梭，认为卢梭推崇“心的语言”，注重心灵深处的单纯宁静，厌恶矫揉造作，热爱自然和质朴，反感城市生活等，使他开了浪漫主义的先河，并成为一个中心人物。[②]关于卢梭，在文德尔班的《哲学史教程》中也有这样的论述：

> 他毫不客气地当面谴责启蒙运动：整个知识的增长、人生的美化只是使人越来越不忠实于他的天职和他的真正本性。纯粹理性的启蒙运动听不见或窒息了天然感情的声音因而达到它的无神论和利己主义的道德，就是在这纯粹理性的启蒙运动中卢梭看见了时代最不利的弊端和人类最令人悲痛的迷途。[③]

文德尔班和布洛克都特别地提到乔巴蒂斯特·维科和约翰·戈特弗里德·赫尔德。文德尔班写道，“维科一开始便离弃了笛卡儿的数学化主义”，并且“根本不相信自然科学”[④]。在维科看来，“人自身所创造的数学形式只是抽象化和虚构，不能掌握真实存在，不能掌握活生生的现实。人实际创造

① 阿伦·布洛克：《西方人文主义传统》，董乐山译，生活·读书·新知三联书店，1997年版，第111～112页。

② 阿伦·布洛克：《西方人文主义传统》，董乐山译，生活·读书·新知三联书店，1997年版，第113页。

③ 文德尔班：《哲学史教程》，罗达仁译，商务印书馆，1993年版，第718～719页。

④ 文德尔班：《哲学史教程》，罗达仁译，商务印书馆，1993年版，第720～721页。

的是人的历史，只有历史人才能理解”[①]。而布洛克称赫尔德是“18 世纪 70 年代狂飙运动的最重要人物”[②]。像维科一样，赫尔德认为，“研究人类现象的正确途径是通过历史科学”。而“历史科学的正确对象是群体和他们的文化”。他强调，“每一个民族、时期、文化、社会按其特点来说都是独一无二的。没有什么普遍理想对所有的人都适用”[③]。布洛克认为，这种观点“开创了一种新的思路，由后来的思想家如狄尔泰、卡西尔、克罗齐和科林伍德进一步发展，它使历史(按维科和赫尔德的广义理解)成为人文的研究，而科学成为自然的研究”[④]。

文德尔班也有类似的看法。他说，赫尔德在《关于促进人性的通讯》一书中勾画了未来的任务，那就是：“越来越丰富、越来越充实地发扬人性的一切情触，并在生气勃勃的统一中使历史发展中的成熟果实成为现实。”[⑤]他还称：

> 席勒充分意识到“世界文学”的此种任务，完全摆脱平庸的启蒙运动的矜骄，充满对新时代的期盼，他在对“哲学世纪”的告别词中，唱出欢乐之声：“人呵！你多美！/在旧世纪夕照余辉里，/挺立着/你孔武的英姿，/手持着/胜利的棕枝，/高尚，自豪”[⑥]。

由此可见，即使在启蒙时代，尤其是在启蒙时代的晚期，一种与科学主义、实证主义相对立的人文主义、人本主义思潮已经在酝酿。如果说，前者强调科学、理性、逻辑和实证，并将近代科学，特别是将牛顿的物理学作为样板推广到整个文化，使得整个文化带有明显的机械化倾向的话，那么，后

---

① 文德尔班：《哲学史教程》，罗达仁译，商务印书馆，1993 年版，第 721 页。

② 阿伦·布洛克：《西方人文主义传统》，董乐山译，生活·读书·新知三联书店，1997 年版，第 114 页。

③ 阿伦·布洛克：《西方人文主义传统》，董乐山译，生活·读书·新知三联书店，1997 年版，第 115～116 页。

④ 阿伦·布洛克：《西方人文主义传统》，董乐山译，生活·读书·新知三联书店，1997 年版，第 116 页。

⑤ 文德尔班：《哲学史教程》，罗达仁译，商务印书馆，1993 年版，第 724 页。

⑥ 文德尔班：《哲学史教程》，罗达仁译，商务印书馆，1993 年版，第 724 页。

者则强调人文(特别是历史和文学)、情感、差异和多样性，并将所谓的“人性”看作是“世界史的主题”。这两大思潮往各自方向的发展及其对立，显然是日后科学与人文两种文化分离和对立的重要根源之一。不过，在启蒙运动时期，与当时的科学主义、实证主义相对立的人文主义、人本主义思潮尚处于酝酿阶段，在思想上和理论上还很不成熟，根本无法与当时强大的科学主义、实证主义思潮相抗衡。

那么，科学与人文两种文化的分离和对立究竟是从何时开始的呢？要确定一个准确的时间，显然是非常困难的，也是一件容易引起争议的事情。但是，我们还是可以从各种学术文献中找到一些有用的线索来估计或推测一下大概的时间表。

例如，英国史学家阿伦·布洛克通过对西方人文主义传统的考察，提供给我们一条重要的线索，他认为：

> 直到19世纪中叶为止，科学还没有发展到这样专门化的程度，使得受过教育的人无法跟上最新的发现和理论。科学与人文学的分家还没有发生。……分家是在科学不仅趋于更加专门化和专业化，并且开始出现了一种关于人的明确科学观点后才发生的。[①]

布洛克所说的“关于人的明确科学观点”，即是指：

> 最初由维科提出的，后来由狄尔泰和卡西尔这样的德国思想家，由克罗齐和科林伍德发展的另一种观点，那就是自然世界以外还有一个人类参与的第二维度，用人类学的笼统术语来说，叫人类文化世界，也就是思想的、价值观的、信仰的、艺术的、语言的、象征的、神话的、制度的、历史的(包括科学史)世界。[②]

---

① 阿伦·布洛克：《西方人文主义传统》，董乐山译，生活·读书·新知三联书店，1997年版，第248～249页。

② 阿伦·布洛克：《西方人文主义传统》，董乐山译，生活·读书·新知三联书店，1997年版，第251页。

胡塞尔在论述作为欧洲人根本的生活危机之表现的科学危机时，也提供给我们一条重要的线索，他说：

> 19世纪与20世纪之交，对科学的总估价出现了转变……在19世纪后半叶，现代人让自己的整个世界观受实证科学支配，并迷惑于实证科学所造就的“繁荣”。……公众的价值判断的转变，特别是在战后，已是不可避免的了。我们知道，这种转变在年轻一代中简直发展成为一种敌对情绪。①

在这里，胡塞尔所说的“对科学的总估价出现了转变”、“公众的价值判断的转变”及“这种转变在年轻一代中简直发展成为一种敌对情绪”，可以说都是两种文化分离和对立最典型的表现，而发生的时间是“19世纪与20世纪之交”。

还有，科学家和作家C.P.斯诺对两种文化的分离和对立现象的考察，又提供给我们一条线索。尽管在斯诺之前就已经有许多人提到了两种文化的分离与对立(如柯勒律治)，但斯诺“以清晰而又合理的方式表达了这个问题”②。他在《两种文化》一书中明确指出：

> 在60年以前，两种文化已经危险地分离了，但是，像索尔兹伯里勋爵这样的首相在哈特菲尔德可能拥有他自己的实验室，阿瑟·鲍尔弗对自然科学的兴趣也有点超出业余的兴趣。……事实上，在今天的年轻人当中，科学家与非科学家之间的分离，甚至比30年以前更加难以沟通。在30年前，虽然两种文化已经长期停止相互对话，但是至少他们还设法带着勉强的笑容去跨越这条鸿沟。现在，这种礼貌已经消失，代之以公

① 埃德蒙德·胡塞尔：《欧洲科学危机和超验现象学》，张庆熊译，上海译文出版社，1988年版，第5～6页。

② Carafoli E, Danieli G A, Longo G O, *The Two Cultures: Shared Problems*, Italia: Springer, 2009, p. 260.

开的对立。①

斯诺发表这一观点的时间是1956年，因此，可以推算，60年前的时间正好也是19世纪与20世纪之交。斯诺还认为，这种文化分裂现象并没有随着后来的时间推移而减弱，反而日趋严重，而且“不仅仅只是英国的现象，而是整个西方世界的现象”②。

根据上述线索，可以认为，堪称两种文化的分离和对立大约开始于19世纪与20世纪之交，发展在20世纪。C.P.斯诺对两种文化的分离和对立现象所做的生动描述，有利于我们加深对这种现象的认识。斯诺指出，现代科学与技术的应用“为满足人类的基本需求提供了最佳的希望，然而，这种目标被两种文化彼此的无知所造成的鸿沟阻碍”③。他认为，“整个西方社会的智力生活正在日益被分裂为两个极端的团体”，而且问题是“严重的”。“文人知识分子是一极，科学家是另一极，尤其是最有代表性的自然科学家。”二者之间存在着互不理解的鸿沟，“有时(特别是在年轻人中间)互相敌视和厌恶，但他们中的大多数还是缺乏相互理解。他们彼此都荒谬地歪曲对方的形象”，而且“他们的态度如此不同，以致在情感层面上也不能找到许多共同的话题”④。

> 非科学家有一种根深蒂固的印象，认为科学家们怀着一种肤浅的乐观主义，没有觉察到人的状况。另外，科学家认为，文人知识分子统统缺乏远见，对他们的同胞漠不关心，深层意义上的反知识分子，渴望把艺术和思想限于存在经验的瞬间，等等。具有某些抨击才能的任何人都可能导致许多这种私下的反唇相讥。⑤

斯诺说，文人知识分子常常贬低科学家，喜欢“称自己为独一无二的‘知

---

① Snow C P, *The Two Cultures*, Cambridge: Cambridge University Press, 1964, p.17.

② Snow C P, *The Two Cultures*, Cambridge: Cambridge University Press, 1964, pp.16～17.

③ Leavis F R, *Two Cultures? The Significance of C. P. Snow*, Cambridge: Cambridge University Press, 2013, p. 4.

④ Snow C P, *The Two Cultures*, Cambridge: Cambridge University Press, 1964, pp.3～4.

⑤ Snow C P, *The Two Cultures*, Cambridge: Cambridge University Press, 1964, p.5.

识分子'，甚至把诸如卢瑟福、爱丁顿、狄拉克、阿德里安和哈代等这样的大科学家排除在'知识分子'之外”。与此相对立的则是科学家的声音：“这是科学的英雄时代！这是伊丽莎白的时代！”[①]特别是，年轻的科学家感到，“他们是新兴文化的一部分，而另一种文化则在衰落”。的确，现实对许多文科生来说是残酷的。年轻的科学家们知道：

> 即使他们能力一般，也能得到一份舒适的工作，而他们在英语或历史学专业的同龄人和对手们只能挣到他们的百分之六十的收入。不管水平如何，没有一个年轻科学家会感到，像《幸运的吉姆》中的男主人公那样，他是一个多余的人或他的工作是荒谬的。事实上，埃米斯和他的同伴的某些不满，恰恰就是难以找到工作的文科毕业生的不满。[②]

这就是说，这种文化分裂现象不仅表现在智力生活上，而且在很大程度上也表现在现实生活中。类似的描述在萨顿、胡塞尔和布洛克的著作中都不难找到。萨顿将两种文化的分离和对立看作是旧人文主义者和科学家之间的对立；胡塞尔称之为“作为欧洲人根本的生活危机之表现的科学危机”，也是“哲学危机”、“文化危机”和“欧洲的人性本身的危机”；而布洛克干脆称之为“西方文化大分家”。

其实，两种文化的分离和对立现象显然并不仅仅限于西方，它也深深地波及20世纪的中国。从远的说，发生在20世纪20年代中国思想界的那场著名的关于“科学与玄学”的论战，就是一个突出的例子。从近的说，在20世纪90年代开始的中国学术界关于“人文精神”及其“科学精神与人文精神”的大讨论又是一个突出的例子。这两次大讨论可以说都深刻地反映了科学与人文两种文化的深层矛盾和冲突。特别是从20世纪90年代以来各种不同观点的相互交锋中不难看出，在科学与人文之间还存在着巨大的鸿沟，两种文化的分离和对立现象依然很严重。

---

① Snow C P，*The Two Cultures*，Cambridge：Cambridge University Press，1964，p.4～5.

② Snow C P，*The Two Cultures*，Cambridge：Cambridge University Press，1964，pp.17～18.

第二节 根源分析

导致科学与人文两种文化分离和对立的根源大致有以下几个方面。

其一，从学科专业及其教育这一角度看，科学与教育的高度专门化和专业化自然是导致两种文化分离和对立的重要根源。

正如布洛克所说的，科学与人文的分家“是在科学不仅趋于更加专门化和专业化，并且开始出现了一种关于人的明确科学观点后才发生的”。的确，打开近现代科学史，我们不难发现，19 世纪末至 20 世纪初恰好是近代科学与现代科学的分水岭。在这期间，物理学发生了一次革命性的飞跃。在这以前，是以牛顿力学为代表的经典物理学；在这以后，是以相对论和量子力学为代表的现代物理学。通过这次革命性的飞跃，物理学的专门化和专业化程度显然大大提高了。现在看来，前者基本属于上中学时人人都要学习的普及性知识，后者则属于大学物理学专业或至少理工科学生才能学到的非常专业性的知识。即便是科学哲学家波普尔，在开始接触爱因斯坦的相对论时，他也感到眼花缭乱、难以理解。对于普通的文科学生来说，可能更是望而却步了。

物理学如此，其他科学也如此。直到 19 世纪中叶的近代天文学、地质学、化学和生物学等知识，其深度均属于普及性层面，所以，如布洛克所说，“赖尔的《地质学原理》(1830—1833)和达尔文的《物种起源》(1859)都一出版就得到受过教育的一般公众的普遍阅读和讨论”[①]。加缪也指出，后来，“科学的进步体现为用暂定性的概率理论来取代决定论与相当粗劣的机械论”[②]，概率理论与方法的专业性也加大了一般公众理解高度技术性的科学文献的难度。但是，到了 20 世纪，现代天文学、地质学、化学和生物学等知识已变成相当专门化和专业化了。例如，现代生物学已经广泛运用现代数学、物理学和化学的概念、理论和实验技术，变成与一般公众有很大距离、相当艰深的专业化知识了。

① 阿伦·布洛克：《西方人文主义传统》，董乐山译，生活·读书·新知三联书店，1997 年版，第 249 页。

② 转引自 Pfeifer G，*The New Materialism*，New York and London：Routledge，2015，p. 14.

科学的高度专门化和专业化是科学进步的一个重要标志，表明人类在理智或智力上达到了前所未有的高度。但是，在客观上又不能不说是导致两种文化分离和对立的一个重要根源。

首先，科学的高度专门化和专业化，将有可能切断一般公众，特别是人文知识分子与科学之间的联系，从而拉开科学与人文的距离。当代哲学家巴迪欧就曾不满地指出，当代科学“是某种只与它自身有关的东西，多样复杂的东西则在科学之外”[①]。无疑，在科学还远未达到高度专门化和专业化的时代，科学与人文两种文化的交流还是比较容易的。例如，在文艺复兴时代就有一批艺术家兼工程师，同时又对科学颇有研究的杰出人物。像波提切利、丢勒、迈克尔·安吉洛和列奥纳多·达·芬奇这些艺术家“全都通过解剖的实践，研究了人的生理构造”。此外，“波提切利和丢勒研究了光学，丢勒制定了图画上比例法则，而丢勒和列奥纳多又观测了天体；列奥纳多的活动范围还涉及当时已知的好多门科学和工艺”[②]。

又如，弗兰西斯·培根主要是一个哲学家，而不是科学家，但是，他通过对新科学方法论的探讨，却成了一个科学史上的重要人物。R. K. 默顿这样写道：

> (17 世纪) 上半叶包括有吉尔伯特和哈维，还有弗朗西斯·培根这位科学宣传家中的贵族，但是科学作为一种轮廓鲜明的社会运动，却是在后期才表现出来的。在当时鼎鼎大名的人物的圈子之外，科学又获得了大众性。新兴的实验哲学开始受到重视，探索自然奥秘成为时尚。[③]

这就是说，早在 17 世纪后期，大众对科学就产生了浓厚的兴趣，因而科学与大众的距离并不遥远。于是，在历史上许多业余爱好者有他们自己的私

---

① Hallward P，*Badiou：A Subject to Truth*，Minneapolis：University of Minnesota Press，2003，p. 32.

② 斯蒂芬·F. 梅森：《自然科学史》，周煦良等译，上海译文出版社，1980 年版，第 101 页。

③ 默顿 R K：《十七世纪英国的科学、技术与社会》，范岱年等译，四川人民出版社，1986 年版，第 61 页。

人实验室，并且对科学做出了不少的贡献。W. C. 丹皮尔认为，英国科学最显著的特点是“光辉的天才的研究成果往往是非学院出身的人物——如波义耳、卡文迪什和达尔文——完成的”。他说，“19 世纪前半期，牛津与剑桥两大学虽然已经是高等普通教育的不可比拟的学府，但仍然没有具备大陆上的研究精神”[①]。

然而，随着科学专门化和专业化的高度发展，业余爱好者和非学院出身人士大显身手的时代似乎越来越成为过去。原因很简单：一方面，科学变得越来越学术化，变得越来越抽象和艰深，对于广大业余爱好者和非专业人士来说变得越来越高不可攀，特别是对于人文知识分子来说更是如此。他们不仅难以参与包括相对论和量子力学在内的现代科学的研究，而且甚至对基本理论的理解都产生了严重的困难；另一方面，现代科学的仪器也变得越来越复杂，个人建立自己的私人实验室的可能性变得越来越小了。尽管现代科学的发展也有非专门化和专业化的一面，如它越来越依靠不同学科、不同专业的科学家之间的相互协作，也就是越来越使所谓的“小科学”变成“大科学”，但是，毫无疑问，科学与公众的距离不是在缩短，而是在拉大。从某种意义上说，科学在 17 世纪获得的大众性正在逐步丧失。尽管从表面上看，人们对科学的热情不但依然不减当年，而且还在升温，但他们所关注的往往只是科学的功利化结果，而不是科学本身。事实上，科学的高度专门化和专业化已使得包括人文知识分子在内的大众难以走近科学。

其次，科学的高度专门化和专业化，也有可能使科学家脱离“生活世界”，走进学术或技术的象牙塔，从而进一步切断了科学与人文两种文化的关联。在科学远未达到高度专门化和专业化的时代，科学与人文的距离显然并不遥远，许多业余爱好者凭个人的兴趣也可以从事科学研究，甚至有所作为；反之，许多科学家也往往有多种兴趣和爱好，并且往往同时又是艺术家（如达・芬奇等）或哲学家（如笛卡儿、莱布尼茨等）。

然而，到了科学高度专门化和专业化的时代，情况则发生了明显的变化。正如萨顿所描绘的，许多科学家和技术专家只想要知道最新的成果，而不想知道创造这些成果的整个过程；只想得到知识之树所结的新果实，而不想了

---

① 丹皮尔 W C：《科学史》，李珩译，商务印书馆，1975 年版，第 390 页。

解整棵活生生的知识之树。殊不知没有这棵知识之树，就没有这些果实。[①]这样一来，科学与人文的距离就变得非常遥远了。因为科学与人文的关系，不仅表现为这棵知识之树的分枝与分枝或分枝与根的关系，而且还更多地表现为这棵树与培育它的土壤、养分、空气和阳光的关系。正是由于这种土壤、养分、空气和阳光的存在，知识之树才表现为“不是某种僵死的和静态的东西，而是某种变化的、有活力的和动人的东西”[②]。科学的高度专门化和专业化，有可能将人们的视野锁定在知识之树的若干分枝及其最新成果上，而看不到知识之树的全貌，更看不到培育这棵树的土壤、养分、空气和阳光。因此，尽管后来也出现一些诸如爱因斯坦、玻尔等这样的“哲人科学家”，但是由于高度专业化的限制，专业科学家很难同时成为专业的哲学家，至于想要同时成为专业艺术家则变得更为困难了。正如萨顿所说的：

> 因为科学的进步已驱使大部分科学家更远地离开他们内心的堡垒，离开他们的天堂，去从事更加专门和更加技术性并且其深度日益增加而其领域却日益狭隘的研究。从广义来说，很多科学家已经不再是科学家，而是技术专家和工程师，要不然是行政上的管理者和操作者，或是在商业上的精明能干者和会赚钱的人。[③]

萨顿对此表示深深的担忧。他说，“技术专家可以如此深深地埋头于他的问题之中，以致在他眼中世上的其他事似乎并不存在，可能觉得做人也索然无味了”。这种状况“可能助长一种新的激进主义——平静和冷酷，然而是可怕的”[④]。萨顿所担忧的就是科学与人文的分离和对立及其有可能带来的严

① Sarton G，*Sarton on the History of Science*，Cambridge：Harvard University Press，1962，pp.6～7.

② Sarton G，*The Study of the History of Science*，Cambridge：Harvard University Press，1936，p.5.

③ Sarton G，*A Guide to the History of Science*，Waltham：The Chronica Botanica Company，1952，p.7.

④ Sarton G，*A Guide to the History of Science*，Waltham：The Chronica Botanica Company，1952，p.8.

重后果。

科学的高度专门化和专业化，往往是由教育的高度专门化和专业化来保障和合法化的。无疑，教育的高度专门化和专业化，有助于为社会培养和造就各种专业的高级专门人才，从而在促进各种门类、各种专业知识和文化进步的同时，也推动着整个社会的全面进步。然而，教育的高度专门化和专业化，对于科学与人文两种文化的分离和对立，也的确有着不可推卸的责任。

C. P. 斯诺在分析英国文化分裂现象表现得最为突出的原因时明确指出：

> 其一是，我们对教育专门化的盲目相信，这一点在我们心目中要比世界上任何国家(无论是东方还是西方)更为根深蒂固。其二是，使我们的社会体制固定化倾向。现在看来，这种倾向在得到加强而不是在削弱……在教育方面尤其如此。这意味着，一旦像文化分裂这样的任何事态形成，所有的社会力量的作用不是促使其减少僵化，而是促使其更加僵化。①

的确，教育的高度专门化和专业化，势必助长这样一种倾向，即将本门类和本专业的知识、方法和价值评价标准加以规范化、强化和合法化，对别的门类和别的专业的知识、方法和价值评价标准，则采取无视、排斥，甚至否认的态度。一般说来，即使在同一门类不同专业之间(例如，数学中的基础数学与应用数学、生物学中的植物学与动物学、哲学中的科学哲学与美学或伦理学、历史学中的世界史与专门史等)，也往往不同程度地存在着关于知识、方法和价值评价标准的矛盾和冲突。不同门类(如哲学、文学、历史学、经济学、法学、教育学、理学、工学、农学、医学、军事学、管理学等)之间的矛盾和冲突则更大了。当然，那些属于科学文化的门类和专业与那些属于人文文化的门类和专业之间的矛盾和冲突尤为突出。两种知识、方法和价值评价标准差别如此之大，以致在许多科学家看来，人文知识并不是真正的科学知识，因而人文学科并不是真正意义上的科学；反之，在许多人文知识

① Snow C P，*The Two Cultures*，Cambridge：Cambridge University Press，1964，p.17.

分子看来，科学知识并不是关于人的知识，因而科学家并不是真正意义上的知识分子。

由此可见，科学与人文两种文化的分离和对立，既与科学的高度专门化和专业化密切相关，也同教育的高度专门化和专业化密切相关。当然，科学的高度专门化和专业化与教育的高度专门化和专业化，二者也是紧密地联系在一起的。正是19世纪末20世纪初开始的科学的高度专门化和专业化的发展，有力地推动了教育的高度专门化和专业化的发展；反过来，教育的高度专门化和专业化的发展，又大大强化了科学与人文的高度专门化和专业化，并给以规范性、合法性和神圣性，使得人们难以在不同门类和不同专业之间进行自由的交流，从而难以获得全面而自由的发展。

其二，从科学观和文化观的角度看，狭隘的科学主义与狭隘的人文主义的对立，是导致两种文化分离和对立的重要根源。

所谓科学主义，也被称作唯科学主义，基本上代表着这样一种思潮或思想倾向，即强调：①真正的科学知识只有一种，那就是自然科学，除此之外，并不存在其他种类的科学；②科学是一种独特的文化，科学与其他文化之间存在着一条截然分明的界线，可将经验证实原则作为区分科学与非科学的划界标准；③由于科学的客观性、合理性及在经验上或实践上所取得的巨大成功，因而它在整个人类文化中应当享有特殊的地位，并且应当成为其他一切文化的典范或楷模。其他文化需要做的只是努力使自己变得更加“科学”一些。显然，这里既包含着一种唯科学主义的科学观，也包含着一种唯科学主义的文化观。

我们在前面已经谈到，这种包括逻辑主义、实证主义、物理主义的客观主义、技术至上的功利主义等在内的科学主义或唯科学主义的思想、观念和思潮，至少可以追溯到17世纪的培根、笛卡儿和伽利略那里。如果说，科学主义的经验主义因素可追溯到培根的话，那么，科学主义的理性主义因素可追溯到笛卡儿和伽利略。

当代最有影响的实证主义科学观和功利主义科学观都与培根有关。早在17世纪初，“培根已经在他的‘知识就是力量’和知识的基本目的是‘增进人类财富’这些格言中唱出了功利主义的调子”。而“归纳哲学的成果或实际应用构成了它的最终证明”[①]。培根不仅系统地提出了功利主义的科学观和控制自然的观念，而且他对亚里士多德及其经院哲学的批判和作为“新工具”的科学方法的提出，也为实证主义的经验主义奠定了重要的基础。

当然，除了经验主义因素以外，当代实证主义还有很强的理性主义和逻辑主义的成分，以至于被称为“逻辑实证主义”和“逻辑经验主义”。这种理性主义和逻辑主义的因素，以及客观主义的物理主义因素等，还可以追溯到17世纪的笛卡儿和伽利略那里。

如果说，我们今天所称的“科学主义”或“唯科学主义”在17世纪已经悄然兴起的话，那么，18世纪可称得上是“科学主义”或“唯科学主义”高歌猛进的时代。这个时代被称为“启蒙的时代”、“理性的时代”和“科学的时代”，在某种意义上，也可称为“唯科学的时代”，因为正如汉金斯所说的，启蒙运动将自然哲学家塑造成英雄，而在伏尔泰和孟德斯鸠等启蒙思想家的心目中牛顿是最伟大的英雄。[②]

总之，18世纪就是在人们极度推崇科学并对科学及其应用抱着极端乐观的态度这样一种氛围中前进的。在那个时代，毫无疑问“科学主义”的气氛很浓，但总的说来不仅没有与人文主义发生激烈的冲突或对抗，从某种意义上说二者还是比较融洽的，以致亚·沃尔夫甚至认为18世纪“最贴切的名称或许是‘人文主义时代’”。原因大致有两个：一是由于社会的进步的确需要依靠科学，而且科学的进步的确带动了整个社会的进步，这是前所未有的；二是与“科学主义”相对抗的“人文主义”还远未成熟，无法与生机勃勃的“科学主义”相抗衡。

到了19世纪，情况发生了明显的变化。一方面，“科学主义”浪潮继续向前推进。最有代表性的事件之一是，以奥古斯特·孔德为代表的实证主义哲学观点的提出。孔德认为，人类知识的发展存在着一条普遍规律，即从神学的虚构理论到形而上学的抽象理论，再从形而上学的抽象理论发展到科学

① 默顿 R K：《十七世纪英国的科学、技术与社会》，范岱年等译，四川人民出版社，1986年版，第347页。

② 托马斯·L. 汉金斯：《科学与启蒙运动》，任定成等译，复旦大学出版社，2000年版，第10页。

的实证理论。[1]在这个发展的过程中，社会科学将逐步清除神学与形而上学的残余，从而成为一门真正的科学。[2]这里面既包含一种鲜明的科学观，也包含一种鲜明的文化观。它将科学的方法归结为实证的方法，将科学精神归结为实证精神；它反对神学和形而上学，将科学推崇为真正知识的唯一来源，将科学方法看作是唯一可靠的方法并将其推广到社会、历史和文化等一切领域，从而为后来的逻辑实证主义奠定了思想基础。另一方面，与“科学主义”相对立的“人文主义”也悄然兴起。最有代表性的事件包括：叔本华和尼采提出了非理性主义的意志主义学说；基尔凯郭尔提出了关于“存在”的新概念，从而成为存在主义的思想渊源之一；等等。一般被称为“现代西方人本主义”的哲学思潮，正在积蓄力量迅速崛起。

关于科学主义与人文主义的激烈冲突和对抗，始于 19 世纪与 20 世纪之交。尼采就被称为“世纪之交的人物”。他对非理性的“强力意志”的强调，对“一切价值的重新估价”，尤其是“他带着革命的热情对有关真理、科学、哲学及论证与理论作用的传统理性主义信念进行了猛烈攻击”[3]，从而对科学主义构成了强有力的挑战。在尼采看来，科学主义幼稚地“将宗教领域中对真理的追求转化为科学领域中对真理的追求”，由此继承了宗教极端思想对真理的偏执与教条。[4]在尼采之后，包括“生命哲学”、“现象学运动”、“存在主义”、“弗洛伊德主义”和“法兰克福学派”等在内的人本主义哲学思潮得到了迅猛的发展，并且对科学主义展开了全面的攻击。

与此同时，科学主义的思潮也在进一步发展。在 20 世纪初，一些精通数学和自然科学的哲学家开始对数学的逻辑基础和语言意义进行探讨，开拓出新的哲学领域和哲学对象，实现了现代哲学的“语言学转向”。语言学的转向

---

① Comte A，*The Positive Philosophy of Auguste Comte*（Vol. 1），Kitchener：Batoche Books，2000，p. 27.

② Comte A，*The Positive Philosophy of Auguste Comte*（Vol. 2），Kitchener：Batoche Books，2000，p. 116.

③ Clark M，*Nietzsche on Truth and Philosophy*，Cambridge：Cambridge University Press，1990，p. 2.

④ Babich B E，Cohen R S，*Nietzsche，Epistemology，and Philosophy of Science*，New York：Springer，1999，p. 244.

标志着分析哲学的诞生。而分析哲学的诞生意味着哲学科学化运动的进一步升级。1922年，石里克出任维也纳大学归纳科学哲学教授，在他的周围形成了一个由诸多科学家参与的科学哲学学派，即维也纳学派。该学派成员不仅受马赫、迪昂、彭加勒等实证主义思想的直接影响，而且更受维特根斯坦等分析哲学思想的推动，开创了20世纪影响最大的哲学流派之一——逻辑实证主义，从而将科学主义的浪潮推到了历史的最高点。[①]从此，科学主义与人文主义两大思潮的较量就更加激烈了。

狭隘的科学主义与狭隘的人文主义的尖锐对立，必然导致或加剧科学与人文两种文化的分离和对立。

一方面，在逻辑实证主义者看来，科学与人文两种文化分别属于两个截然不同的世界：前者属于科学(认识)世界；后者属于人文(体验)世界。科学世界强调的是纯粹的客观性：它以认识世界为目的，试图通过数学计算和经验证实的方法，为各个研究领域建立起严密的逻辑体系；它以事实为依据，在价值上保持中立，因而在认识上是有意义的。相反，人文世界体现的则是纯粹的主观性：它以体验世界为目的，采用的是丰富的想象和兴奋的情绪，追求一种富有诗意和激情的理想境界；它依据的是价值判断，因而在认识上是无意义的。需要指出的是，科技主义的功利主义实际上是客观主义的实证主义的一个变种。如果说逻辑实证主义从认识的角度将整个人类文化切割成科学(认识)与人文(体验)两个截然不同的世界的话，那么，科技主义的功利主义则从技术的角度进一步强化了这两个世界的截然区分：似乎科学世界是纯粹客观的技术世界，而人文世界则是一个纯粹主观的精神世界。于是，当逻辑实证主义者强调科学(认识)世界和人文(体验)世界的截然区分，并竭力拒斥“形而上学”，当科技主义者将科学技术的力量加以绝对化，强调技术万能论的同时，科学与人文两种文化分离和对立的局面便彻底形成了。

另一方面，现代西方人本主义者对科学的理解似乎也没有超越狭隘的实证主义和功利主义的理解，然而，采取了与科学主义者或科技主义者截然相反的立场。他们强调科学与理性只不过是人类意志的工具，并无实在的意义；只有非理性的生命体验(或情感、意志、本能等)才是最真实的存在，是人的

① 赵敦华：《现代西方哲学新编》，北京大学出版社，2001年版，第83页。

本质。换句话说，科学主义者或科技主义者强调的是科学(认识)世界，认为只有科学(认识)世界在认识上或技术上是有意义的，而人文(体验)世界在认识上或技术上是无意义的;而人本主义者则反过来强调的是人文(体验)世界，认为只有人文(体验)世界才是真正的存在，而科学(认识)世界不但并无实在的意义，反而同人与人文精神是相对立的。于是，当人本主义者高举非理性主义的以“人”为本的大旗，对科学展开猛烈批判和讨伐的同时，科学与人文两种文化的分离和对立便大大加剧了。[①]

由此可见，狭隘的科学主义与狭隘的人文主义的对立，是导致科学与人文两种文化分离和对立的重要根源。自 19 世纪末和 20 世纪初以来，当代西方两种文化分离和对立的局面愈演愈烈，在很大程度上应当归咎于狭隘的科学主义和狭隘的人文主义二者之间的尖锐对立。这两种科学观和文化观不仅在当代西方有很大的影响，而且也深深地影响 20 世纪的中国。发生在 20 世纪 20 年代中国思想界的那场著名的关于“科学与玄学”的论战，就是一个突出的例子。20 世纪 90 年代中国学术界关于“科学精神与人文精神”的大讨论，又是一个突出的例子。尽管这两场讨论是在中国的文化背景中展开的，但是，在其思想渊源上，同当代西方的科学主义与人文主义及其对立有着很深的关联。

其三,从社会历史和现实的角度看,科学对人、自然和社会的巨大影响(包括积极的和消极的、正面的和负面的影响)，也是导致科学与人文两种文化分离和对立的重要根源。

科学对人、自然和社会所产生的巨大的正面的和积极的影响，无疑有助于科学赢得社会的支持，同时在客观上也对狭隘的科学主义的浪潮起着推波助澜的作用；反之，科学对人、自然和社会可能或已经带来的巨大的负面的和消极的影响，显然又是人文主义者批判科学和科学主义强有力的证据，同时在客观上也为狭隘的人文主义浪潮起着推波助澜的作用。

试想，为什么自 17 世纪以来，如怀特海所言，“科学方面所产生的宇宙观压倒了其他方面所形成的旧观点而独步一时”？为什么科学主义浪潮能够一路高歌猛进？关键还是在于，科学产生了别的文化无法比拟的巨大影响，

---

① 参见孟建伟:《论科学的人文价值》，中国社会科学出版社，2000 年版，第 2 章。

并且取得了别的文化无法比拟的巨大成功。正如马克思和恩格斯所说的：

> 资产阶级在它的不到一百年的阶级统治中所创造的生产力，比过去一切世代创造的全部生产力还要多，还要大。自然力的征服，机器的采用，化学在工业和农业中的应用，轮船的行驶，铁路的通行，电报的使用，整个大陆的开垦，河川的通航，仿佛用法术从地下呼唤出来的大量人口，——过去哪一个世纪料想到在社会劳动里蕴藏有这样的生产力呢？[①]

这是关于科学技术对近代社会所起的巨大作用的生动写照。毫无疑问，没有科学技术革命就没有工业革命，而没有工业革命就不可能有近代社会生产力的迅速发展，当然，更不可能实现社会的现代化。历史和现实已经充分表明，科学不仅是“一种在历史上起推动作用的、革命的力量”[②]，而且是“历史的有力的杠杆”，是“最高意义上的革命的力量”[③]。的确，科学技术对社会的巨大推动作用，无论怎样形容都不过分，应当充分肯定科学技术的巨大的社会功能和社会价值。然而，客观地讲，从某种意义上说，也正是科学的巨大的社会功能及所取得的巨大成功，为包括科技主义的功利主义、实证主义等在内的科学主义的盛行奠定了强有力的社会基础。正如希拉里·普特南所说的，“科学的成功把哲学家们催眠到如此程度，以致认为，在我们愿意称之为科学的东西之外，根本无法设想知识和理性的可能性”[④]。于是，科学主义者在突出强调科学是在认识上或技术上唯一有意义，因而也是唯一有价值的知识和文化的同时，人文知识和人文文化的意义和价值就被大大贬低甚至否定了，从而也导致了科学与人文两种文化的分离和对立。

此外，尽管科学有巨大的社会功能并且取得了巨大的成功，然而，应当看到，由于对科学不恰当的应用等多种原因，科学技术的异化现象的确是存

---

① 马克思，恩格斯：《马克思恩格斯选集》第1卷，人民出版社，1995年版，第277页。

② 马克思，恩格斯：《马克思恩格斯全集》第19卷，人民出版社，1963年版，第375页。

③ 马克思，恩格斯：《马克思恩格斯全集》第19卷，人民出版社，1963年版，第372页。

④ 希拉里·普特南：《理性、真理与历史》，童世骏等译，上海译文出版社，1997年版，第196页。

在的，并且可能或已经造成诸多对人、自然和社会的负面影响，而且显然科学所发挥的社会功能越大，它可能或已经造成的负面影响也就越大。

马克思早就深刻地揭露了资本主义条件下的科学技术异化现象。他说：

> 在我们这个时代，每一种事物好像都包含有自己的反面。我们看到，机器具有减少人类劳动和使劳动更有成效的神奇力量，然而却引起了饥饿和过度的疲劳。财富的新源泉，由于某种奇怪的、不可思议的魔力而变成贫困的源泉。技术的胜利，似乎是以道德的败坏为代价换来的。随着人类愈益控制自然，个人却似乎愈益成为别人的奴隶或自身的卑劣行为的奴隶。甚至科学的纯洁光辉仿佛也只能在愚昧无知的黑暗背景上闪耀。①

进入20世纪以后，科学技术的异化现象不仅依然存在，而且在某种意义上还进一步加剧。人类还经历了空前残酷的第一次世界大战和第二次世界大战。由于科学技术被充分利用，战争的残酷性便大大加剧了。随着科学技术的日益发展，人们还面临着诸如不断升级的军备竞赛和核战争的威胁。此外，当今时代所普遍关注的生态问题、环境问题和资源问题等全球性问题，也同科学技术的发展及其对它的不恰当的应用密切相关。

总的说来，在19世纪与20世纪之交，越来越多的人看到了科学技术的异化现象和对人、自然与社会的负面影响，同时也有更多的人将批判的矛头对准科学。例如，胡塞尔认为，“实证科学正是在原则上排斥了一个在我们的不幸的时代中，人面对命运攸关的根本变革所必须立即做出回答的问题：探问整个人生有无意义”②。于是，从那时开始，人们“对科学的总估价出现了转变”。海德格尔将现代科学的本质归结为现代技术的本质，又将现代技术的本质归结为“座架”，是对人和自然的“限定”和“强求”。他认为，在“座架”的支配下，其结果是人和自然的自身性的损坏、扭曲和丧失。法兰克福

① 马克思，恩格斯：《马克思恩格斯选集》第1卷，人民出版社，1995年版，第775页。

② 埃德蒙德·胡塞尔：《欧洲科学危机和超验现象学》，张庆熊译，上海译文出版社，1988年版，第6页。

学派将科学技术归结为“工具理性”，即在本质上关心的是手段和功利目的之间的关系，其根本任务在于“为人们在任何时候选定的目的寻找手段”[①]，却很少关心目的本身是否合理的问题。用哈贝马斯的话来说，它只是关注人的一种“技术的认识旨趣”[②]，而不是关注人的别的旨趣。马尔库塞指责现代科学技术是发达工业社会的一种新的控制形式，从而使社会变成了“单向度的社会”，使人变成了“单向度的人”。尽管这些观点存在着很大的偏颇性，但的确都从某种角度揭示了不恰当的应用等多种因素导致的科学技术异化现象，以及对人、自然和社会的负面影响。从某种意义上可以说，现代西方人本主义思潮就是在这样一种批判科学和科学主义的声浪中兴起的。这股思潮从一开始就同启蒙运动以来的科学主义、理性主义和对社会进步的乐观主义格格不入，奠定了与之截然对立的所谓以“人”为本的人文主义、非理性主义和悲观主义的基调。于是，当人本主义者以人文(特别是艺术)与非理性作为武器来对抗或打压科学与理性的同时，科学与人文两种文化的鸿沟便进一步加深了。

① Horkheimer M，*Critique of Instrumental Reason*，New York：The Seabury Press，1974. p.vii.

② Habermas J，*Knowledge and Human Interests*，Boston：Beacon Press，1972，p. 308.

第 二 章

科学与人文主义

探讨科学与人文两种文化的融合，需要寻找一个切入点。科学与人文主义这一论题就是一个重要的切入点。因为其一，近代科学的产生与西方人文主义息息相关，文德尔班甚至称，“近代自然科学是人文主义的女儿”，也正是当时的人文主义将科学与人文两种文化紧密地联系在一起；其二，科学与人文两种文化的分离和对立，也同后来的科学与人文主义的发展密切相关。正如我们在第一章所分析的，以逻辑实证主义为代表的科学主义和以西方人本主义为代表的人文主义的尖锐对立，是导致两种文化分离和对立的重要根源；其三，促进科学与人文两种文化在当代的融合，有必要批判地吸取人文主义的合理因素，特别是，批判地吸取当代人文主义发展中的一切有利于促进两种文化融合的积极因素，深化对科学文化与人文文化、科学精神与人文精神、科学价值与人文价值及其相互关系的理解。围绕科学与人文主义这个议题，本章主要探讨以下三个主题：①西方人文主义的三种形式；②科学与后现代主义；③科学人文主义。

第一节　人文主义的三种形式

什么是人文主义？要给人文主义下一个确切的定义，看来是非常困难的。

阿伦·布洛克说:“能够找到的最贴切的名词是人文主义传统。”[①]在阿伦·布洛克看来:

> 一般来说，西方思想分三种不同模式看待人和宇宙。第一种模式是超越自然的，即超越宇宙的模式，集焦点于上帝，把人看成是神的创造的一部分。第二种模式是自然的，即科学的模式，集焦点于自然，把人看成是自然秩序的一部分，像其他有机体一样。第三种模式是人文主义的模式，集焦点于人，以人的经验作为人对自己、对上帝、对自然了解的出发点。[②]

他认为，第一种模式是神学的模式，在中世纪占有支配地位。第二种模式是文艺的模式，其现代形态形成于文艺复兴时期。而第三种模式即科学的模式，直到17世纪才形成。[③]

尽管这种概括似乎过于简单化，但是，它对于我们从总体上把握西方思想的不同模式或传统，特别是把握人文主义的模式或传统，具有重要的参考价值。我们不妨将西方人文主义传统理解为“集焦点于人，以人的经验作为人对自己、对上帝、对自然了解的出发点”这样一种传统。在这个传统里，对“人”及其“人的经验”的不同理解或理解的侧重点不同，又构成各种不同形式的人文主义思潮、观点和倾向。在“科学与人文主义”的议题中，我们有必要重点探讨一下西方人文主义的三种不同的形式，即文艺复兴时期的人文主义、现代西方人本主义的人文主义和后现代主义的人文主义。这三种形式的人文主义，由于对“人”和“人的经验”理解的角度有所不同，所以对科学与人文及其相互关系的理解也有所不同。因此，仔细考察和研究这三种形式的人文主义，不仅有助于我们多角度地理解西方人文主义传统，而且

---

① 阿伦·布洛克:《西方人文主义传统》，董乐山译，生活·读书·新知三联书店，1997年版，绪论第3页。

② 阿伦·布洛克:《西方人文主义传统》，董乐山译，生活·读书·新知三联书店，1997年版，第12页。

③ 阿伦·布洛克:《西方人文主义传统》，董乐山译，生活·读书·新知三联书店，1997年版，第12～13页。

也有助于我们多角度地理解人文主义视野中的科学与人文及其相互关系，从而有助于我们充分挖掘和批判地吸取人文主义传统中的各种合理因素，用以促进科学与人文两种文化在当代的融合。

一、文艺复兴时期的人文主义与科学

首先，我们来谈一谈文艺复兴时期的人文主义。文艺复兴时期的人文主义，作为现代形态的人文主义运动的发端，同其他形式的人文主义一样，有其诸多的关于人文主义传统的共性的东西。例如，它极其鲜明地体现了“集焦点于人，以人的经验作为人对自己、对上帝、对自然了解的出发点”；它的文化基础和立足点首先是“人文”、“人文学”或“人文学科”，因而才有“人文主义”这个称谓，因而文艺复兴首先表现为文艺的复兴，因而这场运动中的绝大多数代表人物是人文学者、文学家、艺术家、诗人、历史学家、教育家、哲学家或者政治活动家等。然而，与现代西方人本主义和后现代主义的人文主义相比，文艺复兴时期的人文主义又有自身非常独特而鲜明的个性。

其一，文艺复兴时期的人文主义所强调的“人”是理想化的“完整的人”、“完全的人”或“完美的人”。

造就“完整的人”、“完全的人”或“完美的人”似乎是文艺复兴时期人文主义的主题。例如，人文主义者萨留塔蒂等“把 humanitas 理解为人的不同精神活动的综合表现”。而布鲁尼将人文学定义为“使人成为一个完整的人的手段”[①]。他强调：

> 非凡的才华只能从渊博的知识中产生。……要研究哲学、诗歌、演说、历史，以及其他方面的著作，从中汲取各方面的知识，使我们的思想丰富多彩……此外，还必须进行不可忽视的文学方面的修养。科学和文学知识是相辅相成的，同时学习这两方面的知识可以相得益彰。[②]

---

① 张椿年：《从信仰到理性——意大利人文主义研究》，浙江人民出版社，1993 年版，第 146 页。

② 丹尼斯·哈伊：《意大利文艺复兴的历史背景》，李玉成译，生活·读书·新知三联书店，1988 年版，第 138 页。

我们在雅各布·布克哈特的《意大利文艺复兴时期的文化》一书中，也能充分感受到当时追求“完整的人”、“完全的人”或“完美的人”这样一种文化氛围。布克哈特写道，15 世纪是“一个多才多艺的人的世纪”[①]。因为“当这种对于最高的个人发展的推动力量和一种坚强有力、丰富多彩并已掌握当时一切文化要素的特性结合起来时，于是就产生了意大利所独有的‘多才多艺的人’”[②]。

他特别举了但丁的例子，认为但丁不仅是位诗人，而且是位哲学家，还是位神学家。在他的伟大诗篇中，几乎探索了整个物质世界和精神世界的所有重要问题，并且道出了那个时代可称得上“最有分量的语言”。[③]特别是，他“在天文学上以学者专家的面貌出现”，甚至意大利自然科学研究者也“自豪地在《神曲》中探索出但丁对于自然科学感兴趣的暗示和证明”[④]。除了但丁以外，布克哈特还列举了像里昂·巴蒂斯塔·阿尔伯蒂和达·芬奇这样的“真正称得起是出类拔萃的全才”[⑤]。文艺复兴时期之所以人才辈出，群星灿烂，在很大程度上应当归功于当时的人文主义所倡导的对人的充分培养和教育，以及其对“完整的人”、“完全的人”或“完美的人”的追求这样一种精神文化氛围。

其二，与追求“完整的人”、“完全的人”或“完美的人”这种目标相应，文艺复兴时期的人文主义对“人的经验”的强调，也是“完整的”、“完全的”或“完美的”。

布克哈特将意大利文艺复兴时期的文化概括为“世界的发现和人的发现”，也是对“人的经验”的完整性、完全性或完美性的极妙概括。显然，“世

---

① 雅各布·布克哈特：《意大利文艺复兴时期的文化》，何新译，商务印书馆，1979 年版，第 131 页。

② 雅各布·布克哈特：《意大利文艺复兴时期的文化》，何新译，商务印书馆，1979 年版，第 130～131 页。

③ 雅各布·布克哈特：《意大利文艺复兴时期的文化》，何新译，商务印书馆，1979 年版，第 130～131 页。

④ 雅各布·布克哈特：《意大利文艺复兴时期的文化》，何新译，商务印书馆，1979 年版，第 284～285 页。

⑤ 雅各布·布克哈特：《意大利文艺复兴时期的文化》，何新译，商务印书馆，1979 年版，第 132 页。

界的发现”和“人的发现”都是“人的经验”不可缺少的重要组成部分，而且二者又是相互联系、相辅相成的。一方面，“世界的发现”有赖于“人的发现”。因为人是世界的发现者，没有“人的发现”，就不可能有人的心目中的世界，也就没有“世界的发现”；另一方面，“人的发现”又有赖于“世界的发现”。因为人生活在现实世界中，没有“世界的发现”，就不可能有生活在世界中的人的发现，也就没有“人的发现”。

关于“世界的发现”，布克哈特主要做了以下三个方面的阐述。一是通过远航或远行，获得地理上的发现。例如，哥伦布通过远航发现新大陆就是一个突出的例子。二是关于自然科学的发现。布克哈特认为，到了15世纪，意大利成了古代研究的中心，在人文主义的旗帜下会聚了这个国家最优秀的人才，于是大大推动了自然科学的研究和发展。到15世纪末，由于涌现出像保罗·托斯卡内利、卢卡·巴乔洛和达·芬奇等这样的杰出人物，在数学和自然科学领域，意大利享有无与伦比的崇高地位，使得“每一个国家的学者，就连雷吉奥蒙达努斯和哥白尼也都承认他们自己是意大利的学生”[①]。三是关于自然美的发现。在布克哈特看来，意大利人是现代人中最早的外部世界之美的发现者。[②]从但丁开始，可以看到自然界对人类精神有着深刻的影响，但从人对自然的感受力而言，佩脱拉克可谓是一个“最早的真正现代人”[③]。在15世纪，佛兰德斯画派大师的风景画不仅真实地描绘了世界，而且富有某种诗意或灵性。[④]15世纪末和16世纪初是“意大利诗歌的第二个伟大的时代，和同时期的拉丁诗歌一样”，在那里充分显示了自然对“人类心灵的巨大影响”[⑤]。而书信与哲学对话作家又“比诗人们更好地证明了人们对于自

---

① 雅各布·布克哈特：《意大利文艺复兴时期的文化》，何新译，商务印书馆，1979年版，第285页。

② 雅各布·布克哈特：《意大利文艺复兴时期的文化》，何新译，商务印书馆，1979年版，第292页。

③ 雅各布·布克哈特：《意大利文艺复兴时期的文化》，何新译，商务印书馆，1979年版，第294页。

④ 雅各布·布克哈特：《意大利文艺复兴时期的文化》，何新译，商务印书馆，1979年版，第297页。

⑤ 雅各布·布克哈特：《意大利文艺复兴时期的文化》，何新译，商务印书馆，1979年版，第300页。

然的日益增长的热爱”[①]。

布克哈特认为，除发现外部世界之外，文艺复兴所取得的一项更为伟大的成就是，首先发现和揭示了“丰满的完整的人性”[②]。关于“人的发现”，布克哈特列举了“诗歌中对于人的内心的描写”，指出但丁的《神曲》对人性的方方面面做了丰富多彩的描写，是“一切近代诗歌的滥觞”[③]。即便没有《神曲》，但丁青年时代的诗篇也已经划出了“中古精神和近代精神的界限”。因此，人类精神“向意识到它自己的内在生活方面迈进了一大步”[④]。诗歌、文学又影响造型艺术，于是，100 多年后，绘画和雕刻所内含的精神要素在各方面都获得了“可以和《神曲》相比的表现力量”[⑤]；布克哈特还列举了准确描写历史人物的“传记”；列举了关于“民族和城市国家的描写”；列举了“人的外貌的描写”和“生活动态的描写”。总的来说，从人的内心描写到外形刻画，从对个人的描写到对全民的品质和特征的刻画，从静态的描写到动态的刻画等，文艺复兴时期的人文主义对“人”取得了诸多划时代的“发现”，这些“发现”从一个侧面标志着西方中古精神向近代精神的转折。

由此可见，文艺复兴时期的人文主义对“人的经验”的关注是非常广阔的，既包括关于人的精神世界的经验，也包括关于客观世界的经验；既包括艺术经验，也包括科学经验；既包括感性的经验，也包括理性的经验；等等。正是这些经验的综合的创造性的运用，才有关于“世界的发现和人的发现”。

其三，文艺复兴时期的人文主义的主流不仅没有表现为感性(非理性)与理性、人文艺术与科学的对抗，相反，它对理性精神和科学精神有很强的包容性，在很大程度上体现了感性和理性、人文与科学的融合，以致文艺复兴

---

① 雅各布·布克哈特:《意大利文艺复兴时期的文化》，何新译，商务印书馆，1979 年版，第 300 页。

② 雅各布·布克哈特:《意大利文艺复兴时期的文化》，何新译，商务印书馆，1979 年版，第 302 页。

③ 雅各布·布克哈特:《意大利文艺复兴时期的文化》，何新译，商务印书馆，1979 年版，第 307 页。

④ 雅各布·布克哈特:《意大利文艺复兴时期的文化》，何新译，商务印书馆，1979 年版，第 307 页。

⑤ 雅各布·布克哈特:《意大利文艺复兴时期的文化》，何新译，商务印书馆，1979 年版，第 308 页。

不仅仅表现为文艺的复兴，而且也表现为科学的复兴；不仅仅是艺术家的时代，而且也是科学家的时代。原因很简单，概括如下。

第一，文艺复兴时期的人文主义深受古代希腊罗马文化的影响。当时的人文主义者们在古代希腊罗马作品中惊奇地发现了一个崇尚人和自然的新世界，它蕴藏着包括人文主义、民主思想、探索精神、理性主义、理想主义和世俗观念等在内的许多宝贵的精神财富。文艺复兴时期的人文主义就是在这些文化遗产和精神财富的基础上酝酿而成的。“人文主义者对文本的兴趣培育了我们现在可以看作为科学的思考方式。”[①]于是，“文艺复兴时代的人们向我们宣告的正是科学和人类状态的完全革新”[②]。因此，也就有了文艺的复兴和科学的复兴，有了艺术家和科学家的时代。

第二，文艺复兴运动所表现的最根本的冲突是“人”与“神”的冲突，确切地说，是以人为中心的世界观与以神为中心的世界观的冲突。人文主义者要用以人为中心、人是万物之本的思想战胜以神为中心、神主宰一切的观念，除了有必要拿起人文这个武器以外，还有必要拿起科学这个武器。在反抗宗教压迫和经院哲学的斗争中，科学与人文起着同样重要并且是明显互补的作用：科学代表着研究自然的取向，人文代表着研究人的取向，这种崇尚自然和人的取向，显然同那种崇尚超自然与人的神学和经院哲学的取向是相对立的；科学思想在很大程度上代表着用理性对抗信仰，人文观念则在很大程度上代表着通过颂扬尘世的欢乐和幸福，对抗各种清规戒律的禁欲主义，二者的联合代表着用世俗的“人性”对抗那种超世俗的“神性”。

在文艺复兴时期，科学与人文可以说完全处在同一条战线上，于是，有不少人文学者和科学家同样遭到天主教会的残酷迫害。哥白尼的太阳中心说被认为是向天主教的宣战；布鲁诺由于宣传哥白尼学说和发表宇宙无限的思想，而被宗教法庭送上火刑场；伽利略由于出版他的《关于托勒密和哥白尼两大世界体系的对话》支持哥白尼学说，被罗马教廷判处终身监禁等诸多历史事实表明，当时的科学思想不仅是对抗宗教神学的重要武器，而且也是整

① Aston M，*The Panorama of the Renaissance*，London：Thames and Hudson Ltd.，1996，p.203.

② 文德尔班：《哲学史教程》，罗达仁译，商务印书馆，1993 年版，第 498 页。

个文艺复兴时期人文主义思想中不可分割的重要组成部分。可以说，文艺复兴时期人文主义之所以最终能够战胜宗教神学，在很大程度上取决于科学对神学的宣战，取决于用理性战胜信仰。反之，文艺复兴时期的人文主义的胜利，从某种意义上说，也就是科学的胜利。

文德尔班甚至将文艺复兴时期的哲学史看作是“主要是从希腊哲学的人文主义的复兴开始逐渐形成自然科学世界观的过程史”①。于是，他以 1600 年作为界限将其分为两个时期，即人文主义时期和自然科学时期。他说：

> 第一个时期用真正的希腊思想传统取代了中世纪的传统，这两个世纪对于文化史和文学活动有极其浓厚的兴趣，但从哲学观点看，这两个世纪仅仅表现出早期思想的传递，为新的时期开辟道路。第二时期包括逐步取得独立的近代自然科学研究的初期，并包括随之而来的 17 世纪的伟大的形而上学体系。②

尽管文德尔班将 17 世纪也划入文艺复兴时期似乎有些不妥，但从历史和思想脉络看，文艺复兴运动的最终结果的确是人文主义的女儿——伟大的近代自然科学时代的开始。这也从更深层次上说明了文艺复兴时期科学与人文的深刻关联。

第三，与追求“完整的人”、“完全的人”或“完美的人”相关，文艺复兴时期的人文主义在高度关注人的感性生活的同时，势必也要高度重视人的理性生活，也就是说，在高度关注与人的感性生活密切相关的文学艺术活动的同时，势必也要高度重视与人的理性生活密切相关的科学研究活动，否则，就不可能成为“完整的人”、“完全的人”或“完美的人”。达·芬奇就是那个时代的光辉典范，他既是伟大的画家、雕塑家、建筑师和哲学家，又是伟大的物理学家、生物学家和工程师，对各种知识无不精通，对各种艺术无不精湛。他是带有科学家气质的艺术家和带有艺术家气质的科学家，被称为科学的艺术家和艺术的科学家。达·芬奇的成就及其意义，不仅在于他用科学

---

① 文德尔班：《哲学史教程》，罗达仁译，商务印书馆，1993 年版，第 472 页。

② 文德尔班：《哲学史教程》，罗达仁译，商务印书馆，1993 年版，第 472 页。

和艺术发现了世界和人，更重要的是，在他发现世界和人的同时，在他身上体现了完整而丰满的“人性”。这正是当时的人文主义者所推崇的东西。离开理性和科学，就不可能有这种完整而丰满的“人性”。

综上所述，文艺复兴时期的人文主义所强调的“人”，是理想化的“完整的人”、“完全的人”或“完美的人”，所强调的“人的经验”，也是人的“完整的”、“完全的”或“完美的”经验，因此，在它那里，在很大程度上体现了理性与感性(非理性)、科学与人文(艺术)的融合，于是，就有了关于“世界的发现和人的发现”，有了科学的复兴和文艺的复兴。

二、现代西方人本主义的人文主义与科学

接下来，我们来谈一谈现代西方人本主义的人文主义。无疑，作为整个西方人文主义传统的一部分，现代西方人本主义的人文主义，也同其他形式的人文主义一样，有其诸多的关于人文主义传统的共性的东西。例如，它毫无例外地“集焦点于人，以人的经验作为人对自己、对上帝、对自然了解的出发点”；它的文化基础和立足点也首先是“人文”，其代表人物有不少本身既是哲学家又是文学家、诗人，在表现形式上有的也采用了小说、戏剧、评论，甚至诗等非科学形式，并对西方的美学和文艺有较大影响。然而，与文艺复兴的人文主义和后现代主义的人文主义相比，现代西方人本主义的人文主义也有自身非常独特而鲜明的个性。

其一，与文艺复兴时期的人文主义截然不同，现代西方人本主义的人文主义所强调的“人”，似乎不再是“完整的人”、“完全的人”或“完美的人”，而是只关注“生存意志”、“情绪体验”、“生命之流”或“本能冲动”的“非理性的人”。

现代西方人本主义的人文主义早在其源头上，即在叔本华和基尔凯郭尔那里，就已经定下了非理性主义、悲观主义和虚无主义的基调。

在叔本华那里，人的本质就是意志。所谓意志，就是非理性的内心的冲动、欲望、期望等，简单说来，也就是欲求。而“认识本来是命定为意志服务的，是为了达成意志的目的的”[①]。他将动物的本质、人的本质乃至世界的本质，

① 叔本华：《作为意志和表象的世界》，石冲白译，商务印书馆，1982年版，第220页。

统统归结为意志，认为“一切表象，不管是哪一类，一切客体，都是现象。唯有意志是自在之物”[①]。然而，这个“自在之物”给人带来的并不是最终的幸福和快乐，而是痛苦，因为意志即欲求本身就是痛苦的制造者和根源。于是，叔本华在形而上学上肯定了人的生命意志，而在伦理上又否定了人的生命意志。

与叔本华相类似，基尔凯郭尔将人看作是“孤独个体”。所谓“孤独个体”，就是孤独个人的非理性的情绪体验。他的“孤独个体”概念的提出及其对“孤独个体”的存在状态——恐怖、厌烦、忧郁、绝望的阐述，为后来的存在主义奠定了非理性主义、悲观主义和虚无主义的基调。

当然，并非所有意志主义者和存在主义者都是悲观主义者或虚无主义者。例如，尼采显然不是一个悲观主义者。不同于许多后现代主义者，尼采并非仅仅致力于批判和解构，而是有一套“肯定生命的哲学与伦理学”[②]。尼采清醒地看到，“没有约束的悲观主义不仅无法产生伟大的艺术，而且还会导致种族的自杀”[③]。在上帝已死的虚无主义时代，尼采坚持主张用“强力意志”克服虚无主义，其克服虚无主义的策略是，“重估否定生命的支配性的传统价值”，进而在残酷的现实世界中有力地肯定生命[④]。在尼采那里，处处都可以看到生命的激昂。他用积极昂扬的“强力意志”取代叔本华的消极悲观的“生存意志”；他赞扬鼓励人们抗争、激昂、奋斗的“酒神精神”，视抗争、激昂、奋斗为生命的快乐；他用审美的态度来看待人生，将人生看作悲剧的艺术，体现悲剧美。

又如，萨特显然不是一个虚无主义者。在萨特那里，也可以看到那种积极进取和不断超越的精神。尽管他将“自为的存在”的根本规定说成是“虚无”，但这个“虚无”不是虚无主义，“只不过是自在的纯粹虚无化”[⑤]。在他看来，“自为作为虚无化，是凭借自在而被存在的；作为内在的否定，他通过

---

① 叔本华：《作为意志和表象的世界》，石冲白译，商务印书馆，1982年版，第164～165页。

② Solomon R C, *Living with Nietzsche: What the Great 'Immoralist' Has to Teach Us*, Oxford: Oxford University Press, 2003, p. 116.

③ Kaufmann W, *Nietzsche: Philosopher, Psychologist, Antichrist* (Fourth Edition), Princeton and Oxford: Princeton University Press, 2013, p. 395.

④ Reginster B, *The Affirmation of Life: Nietzsche on Overcoming Nihilism*, Cambridge: Harvard University Press, 2006, p. 9.

⑤ 萨特：《存在与虚无》，陈宣良译，生活·读书·新知三联书店，1987年版，第786页。

自在而使自己显示他不是什么，并且因此显示他应是什么”[①]。也就是说，自为什么都不是，但欲成为什么都是。然而，不管是尼采，还是萨特，他们所关注的“人”显然还是“非理性的人”。

尽管现代西方人本主义的人文主义各流派所关注的“人”的角度有所不同，例如，意志主义强调的是非理性的意志，生命哲学强调的是非理性的生命，存在主义强调的是非理性的存在，弗洛伊德主义强调的是非理性的本能等，但是，就强调“非理性的人”而言，它们是完全一致的。因此，现代西方人本主义的人文主义实质上就是，强调以“非理性的人”为本的人文主义。

其二，与关注“生存意志”、“情绪体验”、“生命之流”或“本能冲动”的“非理性的人”这种目标相应，现代西方人本主义的人文主义对“人的经验”的关注也往往局限于非理性的经验，尤其是特别注重艺术经验，并用非理性的和艺术的经验来对抗理性的和科学的经验。

叔本华说：“艺术可以称为人生的花朵。”[②]他将从事艺术创作和欣赏看作是暂时忘却生命意志，从而摆脱痛苦的重要手段。在他看来，理性只不过是意志的工具。它不仅无法使人摆脱痛苦，反而理智越发达，痛苦就越深重。

尼采将艺术看作是“生命的最高使命和生命本来的形而上活动”[③]。在他看来，“只是作为审美现象，人世的生存才有充足理由”[④]。他认为，“艺术家的至深本能岂非指向艺术，更确切地说，指向艺术的意义——生命？指向生命的热望？——艺术是生命的伟大兴奋剂”[⑤]。相反，“同艺术家相比，科学家的出现确实是生命的某种限制和降级的标志”[⑥]。

在海德格尔那里，有一个鲜明的人文主义主题，那就是“人诗意地安居”。海德格尔说：“诗首先使安居成为安居。诗是真正地让我们安居的东西。”[⑦]这

---

① 萨特：《存在与虚无》，陈宣良译，生活·读书·新知三联书店，1987 年版，第 787 页。

② 叔本华：《作为意志和表象的世界》，石冲白译，商务印书馆，1982 年版，第 369 页。

③ 尼采：《悲剧的诞生》，周国平译，生活·读书·新知三联书店，1986 年版，第 2 页。

④ 尼采：《悲剧的诞生》，周国平译，生活·读书·新知三联书店，1986 年版，第 275 页。

⑤ 尼采：《悲剧的诞生》，周国平译，生活·读书·新知三联书店，1986 年版，第 325 页。

⑥ 尼采：《悲剧的诞生》，周国平译，生活·读书·新知三联书店，1986 年版，第 363 页。

⑦ Heidegger M，*Poetry*，*Language*，*Thought*，New York：Harper & Row Publishers，Inc.，1975，p. 215.

就是说，海德格尔将人的安居和人的生存的本质同诗紧密地联系在一起，表明没有诗意，也就没有本真的安居和本真的生存。那么，“诗”的含义是什么呢？在海德格尔那里，“诗”代表着一切艺术，也代表着存在和真理本身。海德格尔强烈反对分析哲学反思真理的方法，在他看来，“只要真理问题仍然停留于判断或命题的狭隘形式之中，真理的本质就始终是不可通达的”。于是，他强调对真理的反思要以艺术为立足点。[①]“一切艺术作为所是的真理到来的揭示者，就此而言，本质上都是诗。”[②]相反，他将现代科学的本质归结为现代技术的本质，又将现代技术的本质归结为“座架”，是对人的威胁：它遮蔽了诗的意义的展现，使人无家可归，“不让人进入一种更加本源的揭示，因而使人无法感受到更加本源的真理的召唤”[③]。

马尔库塞更是将艺术与人的自由和解放紧密地联系在一起。在他看来，“如果人们是自由的，那么，艺术就是他们自由的形式和表达”[④]，因为“这是一种认识的力量，这种力量给个体在不自由的王国中得以一点儿自由和实现”[⑤]。这也是“艺术对爱欲的承诺，即在他们同本能和社会的压迫的斗争中对生命本能的深切肯定”[⑥]。于是，“与常规疏远和隔离的程度构成艺术的解放价值”，因为艺术的“审美形式揭示了在现实中受到禁锢和压制的维度，即解放的方向”[⑦]。相反，在马尔库塞那里，科学技术成了发达工业社会的新的控制形式和破坏性的政治工具。“不仅技术的应用，而且技术本身是对自然和人的统治”。这是一种“有方法的、科学的、被计算出来的和正在计算的控制”[⑧]。

① Badiou A，*Infinite Thought：Truth and the Return to Philosophy*，London：Continuum，2004，p. 58.

② Heidegger M，*Poetry，Language，Thought*，New York：Harper & Row Publishers，Inc.，1975，p. 72.

③ Heidegger M，*The Question Concerning Technology and Other Essays*，New York：Harper & Row Publishers，Inc.，1977，p. 28.

④ Marcuse H，*The Aesthetic Dimension*，Boston：Beacon Press，1978，p. 72.

⑤ Marcuse H，*The Aesthetic Dimension*，Boston：Beacon Press，1978，p. 10.

⑥ Marcuse H，*The Aesthetic Dimension*，Boston：Beacon Press，1978，pp. 10～11.

⑦ Marcuse H，*The Aesthetic Dimension*，Boston：Beacon Press，1978，p. 19.

⑧ Marcuse H，Industrialization and Capitalism in the Work of Max Weber，in *Negations：Essays in Critical Theory*，Boston：Beacon Press，1968，p. 223.

这种控制的结果是，发达工业社会陷于单向度的“病态社会”，生活在其中的人变成了单向度的人。

其三，在现代西方人本主义的人文主义那里，更多地表现为感性(非理性)与理性、艺术(人文)与科学及其人文精神与科学精神的尖锐对立，于是，科学与人文两种文化之间的鸿沟被大大加深了。

作为“非理性的思想家”[①]，尼采将艺术与科学的对抗描绘成“当代世界最高境界中进行的那场斗争”。他说，我们必须置身于“在当代世界最高境界中进行的那场斗争，即贪得无厌的乐观主义认识与悲剧的艺术渴望之间的斗争”，也就是以“始祖苏格拉底为首的、在其至深本质中是乐观主义的科学精神”与以“酒神艺术及其悲剧象征”为代表的“信仰永恒生命”的艺术精神之间的斗争。[②]

海德格尔将艺术与科学的对抗形象地描绘成诗人如何在现代科学技术导致的“世界之夜”里，“吟唱着去追寻消逝的诸神的踪迹”[③]。也就是说，诗人通过歌唱神性来对抗“世界之夜”。他说：“‘在一个贫困时代的诗人’，必须特别地在诗中凝聚诗的本性。”如果的确如此，那么，“我们就可以设想诗人存在着并顺应着世界时代的命运”[④]。

如果说，海德格尔的“诗人吟唱”式的对抗尚显得有些保守的话，那么，在马尔库塞那里，艺术与科学的对抗则变得颇为激进。在他看来，“被压抑和被扭曲的潜能只能通过一种异样的形式来体现”。而艺术的世界就是“另一个现实原则的世界，一个异样的世界，而且只有通过异样化，艺术才能实现一种认识的功能”[⑤]。因此，艺术承担着这样的使命：“使感性、想象和理性在所有的主体和客体的领域中获得解放，使这种审美的转变变成一种认识和控

---

① Sorgner S L，*Metaphysics Without Truth：On the Importance of Consistency Within Nietzsche's Philosophy*，Wiscosin：Marquette University Press，2007，p. 125.

② 尼采：《悲剧的诞生》，周国平译，生活·读书·新知三联书店，1986 年版，第 66 页。

③ Heidegger M，*Poetry，Language，Thought*，New York：Harper & Row Publishers，Inc.，1975，p. 94.

④ Heidegger M，*Poetry，Language，Thought*，New York：Harper & Row Publishers，Inc.，1975，p. 4.

⑤ Marcuse H，*The Aesthetic Dimension*，Boston：Beacon Press，1978，pp. 9～10.

诉的手段。”[①]

总的来说，现代西方人本主义的人文主义与文艺复兴时期的人文主义已大为不同。在文艺复兴时期的人文主义那里，强调的是“完整的人”、“完全的人”或“完美的人”，于是，感性(非理性)与理性都是“人性”的不可分割的重要组成部分，艺术与科学都是人的重要经验，都是人的全面发展不可缺少的重要方面，因而不仅不是相互对立的，而且是相互弥补和相互促进的。而在现代西方人本主义的人文主义那里，其立足点变成了“非理性的人”，于是，感性(非理性)与理性、艺术与科学成了对立的东西。只有非理性的生命体验(或情感、意志、本能等)才是最真实的存在，是“人性”，是人的本质；而理性只不过是外在世界的逻辑，是人类意志的工具，并无实在的意义。只有艺术才是“生命的最高使命和生命本来的形而上活动”，代表着“永恒生命”，代表“神性”，代表着对“现实原则”压抑的反抗，代表着“征服苦难和追寻永久欢乐的冲动”；而科学不但不属于生命体验，反而是对“永恒生命”和“神性”的颠覆和摧残，它代表着“现实原则的世界”，代表着“世界之夜”，控制着人和自然，使人和自然被压抑和被扭曲，从而给人带来苦难。于是，在“当代世界最高境界”中，就有了艺术对科学的反抗，“艺术精神”对“科学精神”的斗争。

除了文艺复兴时期的人文主义和现代西方人本主义的人文主义之外，还有一种形式的人文主义应当加以高度关注和研究，那就是后现代主义的人文主义。由于后现代主义的人文主义代表着当今西方人文主义发展的一股新的潮流和一种新的发展趋向，我们将把它放到下一节做专门探讨。

第二节　后现代主义与科学

后现代主义是一种非常特殊形式的人文主义，也可以说是一种非常另类的人文主义。这种另类的人文主义发展的后果是，将导致违背西方人文主义

---

① Marcuse H，*The Aesthetic Dimension*，Boston：Beacon Press，1978，p. 9.

传统，即“集焦点于人，以人的经验作为人对自己、对上帝、对自然了解的出发点”的初衷。因为在这种另类的人文主义那里，“人被消解了”。这是否可以认为后现代主义不再属于西方人文主义传统了呢？笔者认为，将后现代主义排除在西方人文主义传统之外，显然是不妥的。

事实上，后现代主义的几乎所有思想都可以在西方人文主义传统，特别是在现代西方人本主义的人文主义那里找到其基础或根源。从某种意义上说，它只不过是把这些比较零散的思想资源在后现代主义的旗号下汇合起来，并进一步将其推向极端。因此，可以说，后现代主义既是西方人文主义传统朝着片面化和极端化发展的一个方向，又是西方人文主义传统朝着片面化和极端化方向发展的一种结果。尽管后现代主义似乎违背了人文主义传统的初衷，但是，它依然属于人文主义传统，是人文主义传统中的一种非常特殊的形式，是一种走向片面化和极端化的形式。

当然，后现代主义也有与其他形式的人文主义相一致的地方。例如，它的文化基础和立足点也首先是“人文”，特别是后现代的文学（诗歌、小说）、艺术（音乐、舞蹈、戏剧、美术、建筑、摄影、电影）和包括美学领域和文学理论在内的人文社会科学。所不同的只是，文艺复兴时期的人文主义，其文化基础和立足点是古希腊罗马和文艺复兴时期的“人文”；现代西方人本主义的人文主义，其文化基础和立足点是近现代时期的“人文”；而后现代主义的人文主义，其文化基础和立足点则是“后现代”的“人文”。因此，就文化基础和立足点而言，后现代主义又是一种典型的人文主义，更确切地说，是一种以所谓“后现代”西方人文文化为基础和立足点的、反映所谓“后现代”文化特征的人文主义。与文艺复兴时期的人文主义和现代西方人本主义的人文主义相比，后现代主义的人文主义有以下几个方面的特点。

一、对“人”及其“人性”的消解

后现代主义的人文主义，不仅不再关注文艺复兴时期人文主义意义上的“完整的人”、“完全的人”或“完美的人”，也不再关注现代西方人本主义意义上的“非理性的人”，而是将现代西方人本主义所强调的“非理性”进一步推向极端，于是，西方人文主义传统所关注的“人”及其“人性”被消解了，在福柯那里变成了“身体的强力”，在德留兹那里变成了“欲望机器”，因此，在他们那里，似乎“疯癫”并不是病症，而是生而自由的人性；“精神分裂者”并不是病人，而是疯狂社会的正常人。

从一些后现代主义者对“疯癫”和“精神分裂者”的关注和理解可以看出，这些后现代主义者对“人”及其“人性”做了极为反常和极端的理解。关于人的无意识的欲望、本能及其与精神病的关联，这些问题首先是由弗洛伊德提出来的，也是现代西方人本主义者所关注的重要问题之一。尽管现代西方人本主义者对“人”及其“人性”的理解有很强的非理性主义色彩，但是，弗洛伊德及其追随者们的主导思想之一，还是怎样通过“精神分析”来治疗精神病患者。这就是说，在他们那里，精神病还是一种病，精神病患者并非是正常人。所谓精神病治疗，其实质就是如何用理性去控制非理性。然而，后现代主义者的观点显然并非如此，他们不仅反对“精神分析”，更重要的是反对用理性去控制非理性。

米歇尔·福柯的《疯癫与文明——理性时代的疯癫史》一书就表达了这种观点。他认为：

> 从中世纪到文艺复兴，疯癫是作为一种美学现象或日常现象出现在社会领域中；17 世纪，由于禁闭，疯癫经历了一个沉默和被排斥的时期。……它变得虚假可笑了。最后，20 世纪给疯癫套上颈圈……系于这个世界的真理。[①]

福柯通过对“理性时代的疯癫史”的“知识考古学”的考察，试图揭示疯癫是怎样历史地成为理性的对立面，作为“非理性的危险”而被禁闭和压制的。他似乎想要表明，疯癫状态“透露出一种生而自由的、已经获得解放的人性存在”[②]。因此，“用一种至高无上的理性所支配的行动把自己的邻人

---

① 米歇尔·福柯：《疯癫与文明》，刘北成等译，生活·读书·新知三联书店，1999 年版，第 273 页。

② 米歇尔·福柯：《疯癫与文明》，刘北成等译，生活·读书·新知三联书店，1999 年版，第 260 页。

禁闭起来，用一种非疯癫的冷酷语言相互交流和相互承认”，是“另一种形式的疯癫”。在这个意义上，他借帕斯卡的话断言：“人类必然会疯癫到这种地步，即不疯癫也只是另一种形式的疯癫。”[①]福柯所写的“理性时代的疯癫史”，从某种意义上说，就是“另一种形式的疯癫”的历史。这样一来，他在反对用理性控制非理性、用精神病学控制疯癫的同时，也对理性与非理性、文明与疯癫乃至人性与非人性等一系列传统观念做了异乎寻常的甚至截然相反的解释。

通过运用所谓“系谱学”方法，福柯还对规训与惩罚和性的历史做了解构性的考察。通过对“规训与惩罚的历史”的考察，福柯试图揭示权力机制是如何在诸如监狱、军队、医院、学校、工厂等制度中规训和改造个体的。福柯的结论是：“所有这一切都是为了制造出受规训的个人。”[②]

通过对“性的历史”的考察，福柯试图表明，“长期以来，我们一直忍受着维多利亚时代的生活规范，至今仍然如此”。因此，“我们是‘另一类维多利亚时代的人’”[③]。在福柯那里，“性的历史”就是关于性的“话语实践”、“权力技术”和“认知意愿”的历史，也就是“权力”如何通过“话语”、“知识”等手段，压抑、控制和塑造“身体自身的强力”，从而决定主体命运的历史。

总的说来，无论是对“疯癫史”的考察，或是对“规训与惩罚史”的考察，还是对“性史”的考察，福柯或是采取所谓的“知识考古学”的方法，或是采取所谓“系谱学”的方法，解构了传统意义上的“理性”、“文明”和“人性”，并将这种“理性”、“文明”和“人性”归结为“另一种形式的疯癫”。尽管福柯没有明确指出，究竟哪一种形式的“疯癫”更为疯癫，或哪一种形式的“疯癫”更符合人性，但其倾向性是不言而喻的。从更深层次看，他并不是关心“人性”，只不过是他将“疯癫”与“人性”标准解构了，甚至颠倒过来了。在他那里，也许疯癫比不疯癫更符合人性。所以，吉尔兹说，福柯

① 米歇尔·福柯：《疯癫与文明》，刘北成等译，生活·读书·新知三联书店，1999年版，前言第1页。

② 米歇尔·福柯：《规训与惩罚》，刘北成等译，生活·读书·新知三联书店，1999版，第353～354页。

③ 米歇尔·福柯：《性经验史》，佘碧平译，上海人民出版社，2000版，第3页。

是“一个反历史的历史学家，一个反人本主义的人文科学家，一个反结构主义的结构主义者”[1]。我们还可以补充说，他是一个反人文主义的人文主义者。

如果说，福柯将人性消解为“身体的强力”，而“身体的强力”这一概念与“疯癫”和“精神分裂症”似乎还有一些距离的话，那么，德留兹和加达里将人性消解为“欲望机器”，而“欲望机器”这一概念同“疯癫”和“精神分裂症”则已经十分相近了。在他们那里，“欲望机器”像是“没有器官的身体”，“无论何处都在起作用，无论何时都顺利地发挥功能，虽然有时是一阵阵或不规则的”。然而，它“在其本质上具有颠覆性和革命性”[2]。

德留兹和加达里反对用俄狄浦斯情结来解释无意识，提出一种与精神分析相对立的精神分裂分析。在他们看来，精神分析之所以行不通，关键是：第一，“它无法达到一个人的欲望机器，因为它纠缠于俄狄浦斯的图形或结构”；第二，“它无法达到利比多的社会包围，因为它纠缠于家庭包围”[3]。只有精神分裂分析，才能真正达到一个人的欲望机器和利比多的社会包围，因为精神分裂者是“一个破译了的人，一个消除了恐惧的人”[4]。而革命者就需要“有一个精神分裂的过程，一个破译的过程，一个消除恐惧的过程”[5]。

从福柯对“疯癫”与德留兹和加达里对“精神分裂者”的关注，我们不难从一个侧面看出，后现代主义者对“人”及其“人性”的特殊理解。尽管不是所有的后现代主义者都关注“疯癫”和“精神分裂者”，但是，就他们对“人”及其“人性”的消解或“边缘化”而言，其基本立场显然是一致的。例如，德里达所说的“分延”和“撒播”，可以理解为从另一个角度形象地描绘了“疯癫”和“精神分裂”的过程。

---

① 米歇尔·福柯：《疯癫与文明》，刘北成等译，生活·读书·新知三联书店，1999年版，译者后记，第272页。

② 转引自方成：《精神分析与后现代批评话语》，中国社会科学出版社，2001年版，第121～122页。

③ 吉尔·德勒兹：《哲学与权力的谈判——德勒兹访谈录》，刘汉全译，商务印书馆，2000年版，第23页。

④ 吉尔·德勒兹：《哲学与权力的谈判——德勒兹访谈录》，刘汉全译，商务印书馆，2000年版，第26页。

⑤ 吉尔·德勒兹：《哲学与权力的谈判——德勒兹访谈录》，刘汉全译，商务印书馆，2000年版，第27页。

二、另类人文主义的另类经验基础

与关注“疯癫”与“精神分裂者”等“边缘化”的非理性的人相关，后现代主义的人文主义所关注的“人的经验”，也往往是与“疯癫”或“精神分裂”状态相类似的非理性的经验，尤其是特别关注后现代的文学艺术和人文学科的经验。

从某种意义上说，后现代主义者的灵感大都来自现代艺术或后现代艺术的经验，其思想核心基本上代表着现代艺术或后现代艺术的价值观。例如，德里达将写作归结为“字符的流动”；将文本的意义归结为“分延”和“撒播”；强调“作家的死亡或(和)他能够描述的对象的消失”，这“并不阻碍‘意谓’的行文”。恰恰相反，“这种可能性使得‘意谓’本身诞生，使人们听见它并使人们去读它”[①]；强调“文字本身通过非语音因素所背叛的乃是生命。它同时威胁着呼吸、精神，威胁着作为精神的自我关联的历史”。因此，“它是它们的终结，是它们的限定，也是它们的瘫痪”[②]。这些思想显然来自他的文学体验。正如他自己所说的，重要的是“写作的体验：留下一种踪迹，这一踪迹免除了，甚至注定要免除它原初的铭写的在场，以及‘作者’的在场”，于是，“这给人一种比以往更好的方式去思考在场、起源、死亡、生命、生存”[③]。正是由于这种体验，他将写作归结为“字符的流动”，将文本归结为纯粹的“分延”和“撒播”，这意味着“作家的死亡”和赋予“文字”以生命。

在德里达看来，“文学是一种允许人们以任何方式讲述任何事情的建制”[④]。因而，“文学的法原则上倾向于无视法或取消法，因此它允许人们在‘讲述一切’的经验中去思考法的本质”。这样一来，“文学是一种倾向于淹没建制的建制”[⑤]。于是，“文学行动”成了德里达的解构主义的最好武器。

如果说，德里达的思想来自他的文学体验和审美经验的话，那么，德留

---

① 雅克·德里达：《声音与现象》，杜小真译，商务印书馆，1999年版，第118页。

② 雅克·德里达：《论文字学》，汪堂家译，上海译文出版社，1999年版，第34页。

③ 雅克·德里达：《一种疯狂守护着思想——德里达访谈录》，何佩群译，上海人民出版社，1997年版，第33页。

④ 雅克·德里达：《文学行动》，赵兴国等译，中国社会科学出版社，1998年版，第3页。

⑤ 雅克·德里达：《文学行动》，赵兴国等译，中国社会科学出版社，1998年版，第4页。

兹和加达里的理论更是来自现代或后现代艺术的体验或经验了。从某种意义上可以说，他们的“精神分裂分析”正是对“精神分裂艺术”的理论概括。《反俄狄浦斯》就被称为由各种微型文本堆积和拼贴起来的“精神分裂文本”。于是，福柯在序言中说：“最好应该当作‘艺术品’来读。”[①]按作者自己的解释，《反俄狄浦斯》是对精神分析学的决裂，从“精神分析”走到了“精神分裂分析”。他们强调的所谓“无意识的生产本位主义或构成主义”[②]，非常接近于德里达的强调纯粹“分延”和“撒播”的文本主义，只不过在德勒兹和加达里那里，具有更多、更浓的“精神分裂”色彩。

至于德勒兹和加达里的《千层高原》及其所表达的“游牧思想”和“根状思维”，更是一种典型的具有“精神分裂”特征的“后现代艺术”。这种“以不同的调式”杂乱无章的拼凑及“非人和非物的个性化”，正是“精神分裂”的某种特征，是“后现代艺术”的某种特征，也是“后现代哲学”的特征。事实上，在后现代主义者那里，文学艺术与哲学往往是一回事，确切地说，他们用文学艺术消解了哲学。

福柯也是一样。他承认首先对他的著作产生积极反响的是艺术家和作家，而不是哲学家、社会学家或是其他学科的学者。他关注音乐和绘画作品，说他“最喜欢的还是自己理解不了、无法描述的‘音乐短句’或是‘音乐断片’”，并称“能对世上所有伟大的绘画作品说三道四”[③]。他所说的“自己理解不了、无法描述的‘音乐短句’或是‘音乐断片’”，也许就是所谓后现代的作品。他的偏好与他特殊的个人体验有关。他说，“我在体验快乐方面有严重的困难”，“我甚至希望有那种过量的快乐，我宁愿为它而死去”。“对我来说，那种纯粹的完全的快乐是同死亡联系在一起的。”[④]

福柯自述的那种“边缘化”的个人审美体验和快乐体验，显然有助于我们更深层次地理解他的著作和思想。他的著作从某种意义上说也是一种文学

① 转引自方成：《精神分析与后现代批评话语》，中国社会科学出版社，2001 年版，第 119 页。

② 吉尔·德勒兹：《哲学与权力的谈判——德勒兹访谈录》，刘汉全译，商务印书馆，2000 年版，第 164 页。

③ 福柯：《权力的眼睛——福柯访谈录》，严锋译，上海人民出版社，1997 年版，第 11～12 页。

④ 福柯：《权力的眼睛——福柯访谈录》，严锋译，上海人民出版社，1997 年版，第 10 页。

著作，而他的所谓“知识考古学”和“系谱学”在本质上也是一种典型的文学批评的方法，以致哈贝马斯称他的理论是“一种非理性主义的唯美主义”[①]，而马克·爱德蒙森称其是“一个爱幻想的道德家和神话编撰家”[②]，并把他列为以“文学对抗哲学”运动中的最重要代表人物之一。[③]

三、人文与科学的对立

在后现代主义的人文主义那里，科学与人文的关系似乎表现为两种相反的倾向：一方面，表现为科学与人文相互分离和对立的状况在进一步加剧；另一方面，在两种文化之间似乎又出现了某种微妙的整合趋势。

当然，在后现代主义那里，首先表现为科学与人文相互分离和对立的状况在进一步加剧。前面我们已经涉及后现代主义与现代主义，特别是与现代西方人本主义的关系。的确，后现代主义与现代主义，特别是与现代西方人本主义有着很深的渊源。后现代主义几乎全盘继承了现代西方人本主义的非理性主义，全盘吸取了现代西方人本主义对科学与理性的批判，并将这种非理性主义及其对科学与理性的批判进一步推到了极端。毫无疑问，科学与人文两种文化之间的分离和对立便被进一步加剧了。

我们从尼采对福柯的影响，可以看到现代西方人本主义与后现代主义的渊源及其反科学的性质。福柯在1983年最后一次接受采访时说：“简单地说，我是一个尼采主义者。借助于尼采著作，我试着尽最大可能在许多方面看看在这个或那个领域能够做些什么。”[④]的确，尼采对福柯有着很深的影响。所谓“知识考古学”，在福柯那里，其真实的含义是：“人们不得不挖掘脚下积累的大量话语。”于是，“考古学家不得不像尼采主义哲学家一样拿起榔头来

① 斯蒂文·贝斯特，道格拉斯·凯尔纳：《后现代理论——批评性的质疑》，张志斌译，中央编译出版社，1999年版，第313页。

② 马克·爱德蒙森：《文学对抗哲学——从柏拉图到德里达》，王柏华等译，中央编译出版社，2000年版，第193页。

③ 马克·爱德蒙森：《文学对抗哲学——从柏拉图到德里达》，王柏华等译，中央编译出版社，2000年版，第168页。

④ 转引自刘北成：《福柯思想肖像》，上海人民出版社，2001年版，初版前言第9页。

敲击它们”[①]。关于“系谱学”的概念和方法更是来源于尼采。福柯在“尼采、谱系学、历史”一文中写道，“在某种意义上，谱系学回到了尼采1874年认识到的三种历史模式。这种回复超越了尼采以生命、以生命的判定和创造权力的名义所作的驳斥，是变形后的回复”[②]。很明显，福柯正是在“变形后的回复”这种意义上来使用“系谱学”的概念和方法的。正如有的学者指出的，“仿照尼采的道德系谱学、禁欲主义系谱学、正义系谱学及惩罚系谱学，福柯试图写出那些未被了解的、被遗忘的、遭到排斥的或处于边缘地位的话语的历史”[③]。

至于在福柯那里几乎无所不在的“权力”概念也与尼采有颇深的联系。尼采的权力意志论题在本体论上赋予了权力至高的地位。在他看来，“现实最终是由权力构成的，而不是自我认同的主体与客体”[④]。尼采根据权力意志学说批判了真理与知识，从而站在了以柏拉图和亚里士多德为代表的西方哲学传统的对立面。[⑤]科学知识作为暂定性的经验知识，在教会神学与形而上学的扭曲作用之下，“表达的不再是真理，而是价值”[⑥]，因此，科学知识成为科学时代的“基督教的神话”[⑦]。不难看出，在尼采的权力意志学说中，存在着一种针对真理与知识的“后现代式的怀疑论”：一切知识都是权力根据自身利益而对世界做出的解释，没有哪一种解释比另一种更为真实。[⑧]正如德勒兹所

---

① 转引自刘北成：《福柯思想肖像》，上海人民出版社，2001年版，初版前言第9页。

② 杜小真：《福柯集》，上海远东出版社，2000年版，第165页。

③ 斯蒂文·贝斯特，道格拉斯·凯尔纳：《后现代理论——批评性的质疑》，张志斌译，中央编译出版社，1999年版，第62页。

④ Doyle T，*Nietzsche on Epistemology and Metaphysics*，Edinburgh：Edinburgh University Press，2009，p. 40.

⑤ Babich B E，Cohen R S，*Nietzsche，Theories of Knowledge，and Critical Theory*：New York：Springer，1999，p. 2.

⑥ Moore G，*Nietzsche，Biology，and Metaphor*，Cambridge：Cambridge University Press，2002，p. 11.

⑦ Higgins K M，*Comic Relief：Nietzsche's Gay Science*，New York：Oxford University Press，2000，p. 104.

⑧ Young J，*Friedrich Nietzsche：A Philosophical Biography*，Cambridge：Cambridge University Press，2010，p. 474.

说的，“福柯的权力，如同尼采的权力”[①]。福柯受尼采的启发。尼采十分庆幸自己最先“分析了教士权力的性质”，而“福柯也研究了‘教士’权力这一主题，只是他在另一个方向上进行了分析”[②]。德勒兹指出，“福柯与尼采的根本联系即在于对真理的批判”，认为“我们总是掌握着与我们相应的、与知识的手段(尤其是语言的手段)相应的、与权力的程序相应的、与我们主观化或个人化的进程相应的真理”[③]。福柯的上述观点也深刻地影响了其他的后现代主义者。他们甚至激进地认为，科学的素材“是意识形态，科学为了彻底显明它最初的对象而完全依赖于意识形态”[④]。由此，后现代主义致力于将科学的知识辩护转化为权力的协商谈判。

总之，福柯作为一个尼采主义者，是毫无疑问的；作为一个反科学主义者，也是毫无疑问的。所谓“反科学”，除了对真理的批判以外，在福柯那里，似乎比尼采有更深的意涵：自然科学“诞生于特定社会建制的实践之中”，它“无法免于卷入到权力之中”[⑤]，自然科学号称价值中立，但实则在社会实践中处处施加权力影响。福柯的真理批判就是要彻底揭露出科学与权力之间的复杂而隐晦的关联。不难看出，福柯的真理批判并非致力于“捍卫无知或非知识的狂放权利”，也并非攻击“科学概念与科学方法本身”，而是“对中心化权力的压迫性后果提出了质疑”。他认为，“这种中心化权力同一个组织化的科学话语的建立和运作有着密切的联系”[⑥]。

我们也可以从尼采、海德格尔与德里达的思想联系中，看到现代西方人

---

① 吉尔·德勒兹：《哲学与权力的谈判——德勒兹访谈录》，刘汉全译，商务印书馆，2000年版，第132～133页。

② 吉尔·德勒兹：《哲学与权力的谈判——德勒兹访谈录》，刘汉全译，商务印书馆，2000年版，第132页。

③ 吉尔·德勒兹：《哲学与权力的谈判——德勒兹访谈录》，刘汉全译，商务印书馆，2000年版，第132页。

④ Badiou A，*The Concept of Model：An Introduction to the Materialist Epistemology of Mathematics*，Melbourne：Re. Press，2007，p. xxi.

⑤ Dreyfus H L，Rabinow P，*Michel Foucault：Beyond Structuralism and Hermeneutics*，Chicago：The University of Chicago Press，1983，p. 116.

⑥ 斯蒂文·贝斯特，道格拉斯·凯尔纳：《后现代理论——批评性的质疑》，张志斌译，中央编译出版社，1999年版，第62页。

本主义与后现代主义的渊源及其反科学的性质。恩斯特·贝勒尔在他的《尼采、海德格尔与德里达》一书中，已经揭示了尼采、海德格尔对德里达的深刻影响。在贝勒尔看来，对德里达影响最深的是海德格尔。[①]德里达的每一部著作“都论及过海德格尔，而这种论述总是直接或间接地与尼采联系起来”[②]。他认为，德里达“从海德格尔那里所受的影响似乎主要关乎海德格尔后期对形而上学的批判和对哲学的自我批判”[③]。然而，“在德里达与德国思想史的交往中，尼采的著作也许具有决定性意义”[④]。因为在德里达看来，“尼采的独特之处在于他提出了一种非常重要的非常规的符号概念，一种‘不具备在场真理性的符号’概念”。换句话说，“尼采的符号清除了任何种类的在场真理，尤其是那种具有某种固定的或最终的确定意义的真理”[⑤]。因此，对它的解释不应当满足于追寻“某种超验所指或任何其他的合法基础”，而应当理解为“一种‘永不停息的解密过程’”[⑥]。正是这种“永不停息的解密过程”，在德里达那里，变成了一种偏激的文本主义：不再试图捕获真理的起源，“而是肯定游戏，试图超越人和人道主义”，结果是“使人的名字不再是在形而上学史或者本体论神学史中梦想着完全在场、不断确立游戏的基础、起源与结尾的那种存在的名字”[⑦]。

由此可见，德里达也是一个尼采主义者。正如贝勒尔所分析的，在德里达的心目中，“尼采挫败了对总体性、也就是对种属关系加以预测的一切

① 恩斯特·贝勒尔：《尼采、海德格尔与德里达》，李朝晖译，社会科学文献出版社，2001年版，第5页。

② 恩斯特·贝勒尔：《尼采、海德格尔与德里达》，李朝晖译，社会科学文献出版社，2001年版，第44页。

③ 恩斯特·贝勒尔：《尼采、海德格尔与德里达》，李朝晖译，社会科学文献出版社，2001年版，第171页。

④ 恩斯特·贝勒尔：《尼采、海德格尔与德里达》，李朝晖译，社会科学文献出版社，2001年版，第5页。

⑤ 恩斯特·贝勒尔：《尼采、海德格尔与德里达》，李朝晖译，社会科学文献出版社，2001年版，第80页。

⑥ 恩斯特·贝勒尔：《尼采、海德格尔与德里达》，李朝晖译，社会科学文献出版社，2001年版，第80页。

⑦ 恩斯特·贝勒尔：《尼采、海德格尔与德里达》，李朝晖译，社会科学文献出版社，2001年版，第6页。

尝试”[①]。正是尼采对“游戏世界及生成的朴质性的肯定”和对“没有对错、没有起源的符号世界的肯定”，导致了德里达的“文本之外别无他物”这种偏激的文本主义。[②]这种偏激的文本主义显然是反科学的。它也是以“文学对抗哲学”运动中的最重要的成员之一。它通过对任何所谓“超验所指”、“合法基础”、“在场真理”、“总体性思想”、“中心意识”、“文本的外部世界”和人本身的解构，把一切都归为“没有对错、没有起源的符号世界”或“没有确定性的游戏”，于是，科学也就从根本上被解构了。

我们还可以从尼采、弗洛伊德与德勒兹、加达里的思想联系中，看到现代西方人本主义与后现代主义的渊源及其反科学的性质。弗洛伊德与德勒兹和加达里的思想联系是不言而喻的。加达里曾是精神分析学者，是拉康的弟子。后来，加达里使德勒兹离开了精神分析学。[③]如果说，德里达的文本主义是通过批判海德格尔和加达默尔建立起来的话，那么，德勒兹和加达里的精神分裂分析也正是批判弗洛伊德的产物。其实，作为人本主义的精神分析学说与精神分裂分析在根源上有着很深的联系，特别是就反理性和反科学而论，他们是完全一致的，正如海德格尔和加达默尔及其解释学与文本主义也有很深的联系一样。

除了与弗洛伊德的关联以外，德勒兹与尼采也有着很深的思想联系。从某种意义上说，德勒兹也是一个尼采主义者。正如有的学者所评论的，正是德勒兹和他的《尼采与哲学》，“真正把尼采提升为一位思想连贯的哲学家，使其成为 20 世纪 60～70 年代法国理论界新的旗帜”[④]。尼采的思想“对德勒兹与加达里，以及后现代理论也产生了重要影响”[⑤]。的确，从某种意义上说，

---

① 恩斯特·贝勒尔：《尼采、海德格尔与德里达》，李朝晖译，社会科学文献出版社，2001 年版，第 190 页。

② 恩斯特·贝勒尔：《尼采、海德格尔与德里达》，李朝晖译，社会科学文献出版社，2001 年版，第 79 页。

③ 吉尔·德勒兹：《哲学与权力的谈判——德勒兹访谈录》，刘汉全译，商务印书馆，2000 年版，第 164 页。

④ 斯蒂文·贝斯特，道格拉斯·凯尔纳：《后现代理论——批评性的质疑》，张志斌译，中央编译出版社，1999 年版，第 104 页。

⑤ 斯蒂文·贝斯特，道格拉斯·凯尔纳：《后现代理论——批评性的质疑》，张志斌译，中央编译出版社，1999 年版，第 107 页。

德勒兹和加达里的许多思想，包括“欲望机器”、“精神分裂”、“游牧思想”和“根状思维”等，从根源上大多都来自对尼采的解读。套用尼采的话来说，德勒兹和加达里通过不断创造常新的概念来让他们自身的哲学成为“未来的哲学”[①]。例如，在德勒兹看来，“尼采哲学的意义在于，多样性、生成和偶然是纯粹肯定的对象”；尼采的方法是“戏剧化、类型化和差异化的”；“权力意志不是力，而是差异因素”[②]；尼采“强调绝对差异的思想，它呼唤科学之外的新原则出现”[③]；尼采思想“逼迫我们去思考生成，但完全是既无开端又无终点的生成”[④]；等等。毫无疑问，德勒兹和加达里的思想比尼采具有更浓的反科学色彩：它不仅将尼采用艺术对抗科学的思想推向极端，即用“精神分裂”、“游牧思想”、“根状思维”等后现代艺术思维来对抗科学，而且还将尼采著作中关于差异、多样性、生成和偶然这些零散的思想加以系统化，变成“科学之外的新原则”用以解构科学。

总之，从尼采、海德格尔、加达默尔和弗洛伊德到福柯、德里达、德勒兹和加达里，从尼采的意志主义到福柯的“知识考古学”与“系谱学”，从海德格尔的存在主义和加达默尔的解释学到德里达的文本主义，从弗洛伊德的精神分析学到德勒兹和加达里的精神分裂分析，一句话，从现代西方人本主义到后现代主义，科学与人文两种文化之间的距离和鸿沟似乎在不断扩大和加深。因为“知识考古学”、“系谱学”、“文本主义”和“精神分裂”学说，从根本上来说是反科学的，而且它们是站在极端的人文主义立场上来反科学的。在“工作中的科学家”与“那些对科学持有怀疑论立场的哲学家”之间的误解是“非常深刻的”、“严重的”与“意义深远的”[⑤]。由“索卡尔事件”引起的“科学大战”就是一个典型，“在大众媒体、学术出版社特别是因特网

---

① Marks J，*Deleuze and Science*，Edinburgh：Edinburgh University Press，2006，p. 42.

② 吉尔・德勒兹：《尼采与哲学》，周颖等译，社会科学文献出版社，2001 年版，第 286～287 页。

③ 吉尔・德勒兹：《尼采与哲学》，周颖等译，社会科学文献出版社，2001 年版，第 69 页。

④ 吉尔・德勒兹：《尼采与哲学》，周颖等译，社会科学文献出版社，2001 年版，第 71 页。

⑤ Labinger J A，Collins H，*The One Culture? A Conversation about Science*，Chicago and London：The University of Chicago University，2001，p. 16.

上引起迅速、激烈而引人注目的反响”[①]。这表明在“后现代”视野中，科学与人文两种文化的冲突不仅依然存在，而且还表现得非常激烈。哈金说：“在1996年5月这件事发生后，我曾说索卡尔的恶作剧的影响不会超过15分钟。现在看来，那时我犯的错误有多么大！”[②]

四、大写“真”、“善”、“美”的解构

从现代西方人本主义到后现代主义的转变中，我们也可以看到，在科学与人文两种文化之间似乎又出现了某种微妙的整合趋势。也就是说，从某种角度看，两种文化之间的距离和鸿沟又在接近和缩小。其根本原因在于，现代西方人本主义与后现代主义的关系，并不只是表现为后者几乎全盘继承了前者的非理性主义，更重要的是，后者又将前者的非理性主义推向了极端，于是，在后现代主义那里，往往既表现为与科学的对立，同时又表现为与人本主义的对立，这样一来，科学与人文之间的关系又变得非常微妙了。

我们从尼采、海德格尔、加达默尔、弗洛伊德与福柯、德里达、德勒兹、加达里的关系中，可以看到后现代主义的反人本主义的鲜明特征。尽管福柯、德里达、德勒兹等人都深受尼采的影响，从某种意义上说，都是“尼采主义者”，可是，他们在尼采那里所吸取的往往只是用后现代主义来解读的东西，而将尼采的人本主义思想及其将艺术看作是“生命的最高使命和生命本来的形而上活动”这种“人文精神”统统抛弃了。

于是，福柯的“人文科学考古学”的结果是得出了反人文科学的结论：“人是近期的发明，并且正接近其终点”。换句话说，“人将被抹去，如同大海边沙地上的一张脸”[③]。德里达不满意海德格尔的“立场”，认为海德格尔的文本中还存在着“属于形而上学，或者说，属于他所说的本体论神学

---

① Brown J R，*Who Rules in Science? An Opinionated Guide to the Wars*，Cambridge：Harvard University Press，2001，p. 13.

② Hacking I，*The Social Construction of What?* Cambridge：Harvard University Press，1999，p. 3.

③ 米歇尔·福柯：《词与物——人文科学考古学》，莫伟民译，上海三联书店，2001年版，第506页。

的迹象”[①]。在他看来，海德格尔关于“存在者状态——存在论状态的差异作为差异的最终规定”依然“处于形而上学的控制之下”[②]。他认为，“不存在任何独特的名称，即便是存在的名称”。当我们做这种思考时，“决不能有任何的‘怀古情结’”[③]。至于在德里达与加达默尔之间，更有一场“德法哲学论战”。在德里达看来，在解释学那里，“总体、统一体以及普遍的联系这些概念从根本上来说得到了保留”，因此，“它仍然属于形而上学思维”[④]。于是，当他用“文本之外别无他物”来解构“形而上学”的同时，也将“人”本身消解了。同样，德勒兹和加达里对弗洛伊德“精神分析学”的批判和决裂，也可以看作是一种对人本主义的解构，在他们那里，“人”也被消解了，剩下的只是“欲望机器”和“非人非物的个性化”。

后现代主义对现代西方人本主义的批判和决裂，以及对“人”的消解，似乎在某种程度上，又缓解了科学与人文之间的尖锐对立。因为在现代西方人本主义者那里，只有非理性的生命体验才是最真实的存在，是人的本质，而科学与理性只不过是人类意志的工具，并无实在的意义。这种观念显然是导致科学与人文二者之间尖锐对立的一个深层根源：似乎只有人文世界，特别是艺术代表着“生命的最高使命和生命本来的形而上活动”，而科学世界所体现的只是“实证主义”和“功利主义”，应当将其置于“人文精神”的对立面予以批判。然而，在后现代主义者看来，这种观念显然仍然属于形而上学。当人本主义，特别是人本主义所强调的“人”被消解以后，上述导致科学与人文二者之间尖锐对立的一个深层根源也便失去了存在的理由。

当然，在后现代主义者那里，不仅人本主义是一种形而上学，实证主义更是一种形而上学。实证主义的二元对立的思维模式，尤其是关于主观与客

① 转引自恩斯特·贝勒尔：《尼采、海德格尔与德里达》，李朝晖译，社会科学文献出版社，2001年版，第45页。

② 转引自恩斯特·贝勒尔：《尼采、海德格尔与德里达》，李朝晖译，社会科学文献出版社，2001年版，第45页。

③ 转引自理查德·罗蒂：《后哲学文化》，黄勇编译，上海译文出版社，2004年版，第96～97页。

④ 转引自恩斯特·贝勒尔：《尼采、海德格尔与德里达》，李朝晖译，社会科学文献出版社，2001年版，第176页。

观、认识与体验、事实与价值的截然区分及其表象主义、基础主义和本质主义等，统统都是后现代主义所要消解的对象。这样一来，后现代主义者似乎既消解了导致科学与人文二者之间分离和对立的实证主义根源，又消解了导致科学与人文二者之间分离和对立的人本主义根源。用罗蒂的话来说，"如果所有这些都发生了，那么'科学'一词，从而还有在人文科学、艺术和科学之间的对立，就逐渐地消退了"[①]。

在后现代主义者那里，也的确有人在思考着科学与人文两种文化的融合问题。例如，罗蒂的"后哲学文化"就是一种典型模式。简单说来，他的方案是，用实用主义消解大写的"真理"(当然还有大写的"善"和大写的"美")，以及与此紧密相关的大写的"哲学"，从而形成一种"后哲学文化"："在这个文化中，无论是牧师，还是物理学家，或是诗人，还是政党都不会被认为比别人更'理性'、更'科学'、更'深刻'。"。在那里，每一种文化都有其独特的意义。"没有哪个文化的特定部分可以挑出来，作为样板来说明(或特别不能作为样板来说明)文化的其他部分所期望的条件。"[②]

在罗蒂看来，后哲学文化"很像有时被称为'文化批评'的东西"："现代西方'文学批评家'感到可以自由自在地评论任何东西。他就是一个后哲学文化的全能知识分子的雏形，是一个放弃了对(大写的)哲学的要求的哲学家。"[③]于是，在罗蒂那里，科学与人文似乎已经在实用主义的基础上融合起来了。因为实用主义认为：

> 科学只是一种文学，或者反过来说，认为文学艺术具有与科学研究同样的地位。因此，它并不认为伦理学比科学理论较为相对，较为主观，也并不需要变得"科学"。……数学有助于物理学，文学艺术有助于伦理学。其中有些研究产生的是命题，有些是叙说，有些是图画。关于断定什么样的命题、看什么样的图画和倾听、评论以及重述什么样叙说的问题，也就是什么东西能够帮助我们达到我们所期望(或应当期望)的东西

① 理查德·罗蒂：《后哲学文化》，黄勇编译，上海译文出版社，2004年版，第90页。
② 理查德·罗蒂：《后哲学文化》，黄勇编译，上海译文出版社，2004年版，第14页。
③ 理查德·罗蒂：《后哲学文化》，黄勇编译，上海译文出版社，2004年版，第17页。

的全部问题。[①]

因此，罗蒂认为，可以在“后哲学文化”的旗号下，将“我们关于民主、数学、物理学、上帝和其他任何东西的观点”，联结成一个“连贯的故事”[②]。

然而，这个“连贯的故事”在很大程度上是虚假的，至少是非常可疑的。因为首先，消解大写的“真”、大写的“善”和大写的“美”，从表面上看，似乎消解的是形而上学，其实质也从根本上消解了科学的精神、道德的精神和审美的精神。人们需要发问的是，消解了这些崇高的精神之后，科学文化与人文文化是否还能成立？是否还有存在的意义？其次，这个“连贯的故事”是依靠什么将所有事物“连贯”起来的？罗蒂似乎强调的是实用主义。那么，人们需要进一步发问的是，能否将所有的文化都归结为“实用主义”？换句话说，“实用主义”何以能够概括并代表所有的文化及其精神？很明显，在人类文化中有许多文化(例如诗、音乐)并不“实用”，而且也并不追求“实用”；有许多文化(例如科学)虽然“实用”，但并不满足于“实用”。还有，罗蒂为“后哲学文化”设定了一种所谓“文化批评”的模式和“文学批评家”的形象。那么，人们需要进一步发问的是，这种“文化批评”的模式和“文学批评家”的形象何以能够成为别的文化需要模仿的样板？这是否与罗蒂所强调的没有哪个文化可以做别的文化的样板这一基本观点相矛盾？

后现代主义融合两种文化的模式显然是相当有争议的。布鲁诺·拉图尔就批评说，这种将“人文学科的话语作为主导话语”的做法并不是一种明智的选择，因为这种做法转而“将软科学作为教条”，很难符合硬科学的要求。[③]当然，总的说来，关于两种文化的融合问题并非是后现代主义的主题。后现代主义真正的主题是，对包括科学与人文在内的整个现代主义文化的解构。因此，其思想深层不仅是反科学的，而且也是反人文的。正如福柯所言，“考古学”的对象与其说是“整个古典知识”，还不如说是，“把我们与古典思想分隔开

---

① 理查德·罗蒂：《后哲学文化》，黄勇编译，上海译文出版社，2004年版，第21页。

② Rorty R, *Consequences of Pragmatism*, Minneapolis: University of Minnesota Press, 1982, p. 168。

③ Latour B, *Aramis or the Love of Technology*, Cambridge: Harvard University Press, 1996, p. ix.

来并构成我们的现代性的那个门槛。正是在这个门槛上，被称之为人的那个奇异的知识人物才首次出现，并打开了一个适合于人文科学的空间"[①]。福柯的方法是，在"我们的沉寂的和天然静止的土地"上，找出"种种裂缝、不稳定性、空隙"，从而揭示意欲解构的"最深层的参差不齐的西方文化"[②]。

因此，后现代主义的既反科学又反人文的特征，从表面上看，似乎缓解了科学与人文二者之间的尖锐对立，促进了两种文化的融合，但从深层看，后现代主义只不过是把现代科学与现代人文二者之间的尖锐对立，变成了现代主义与后现代主义文化二者之间的尖锐对立。在那里，不仅科学与人文二者之间的尖锐对立依然存在着(主要表现为现代科学与后现代人文文化二者之间的尖锐对立)，而且还增添了一种新的对立，即现代人文文化与后现代人文文化二者之间的尖锐对立。毫无疑问，后现代主义那种带有"精神分裂"特征的"千层高原"和"游牧思维"，不仅同现代科学思维是不相容的，而且同现代人文思维也是格格不入的。它们不可能也不会充当像罗蒂所说的将所有文化都连贯起来的角色，因为它们连自己本身都不是连贯的，而且不连贯正是其本质特征。

第三节　科学人文主义

在讨论科学与人文主义的复杂关系时，有一种现象应当特别加以关注。这种现象可统称为"科学人文主义"。这里所说的"科学人文主义"不是指某一个学派或某一种观点，而是指当代所有的关于对科学的人文主义理解的观点。我们将各种关于对科学的人文主义理解的观点集中起来加以考察，显然有助于加深对科学与人文主义及其相互关系的认识，从而促进科学与人文两种文化的相互融合。

---

① 米歇尔·福柯:《词与物——人文科学考古学》，莫伟民译，上海三联书店，2001 年版，前言第 14 页。

② 米歇尔·福柯:《词与物——人文科学考古学》，莫伟民译，上海三联书店，2001 年版，前言第 14 页。

人们对科学的理解角度不尽相同，加上人文主义又有各种不同的形式，于是，就会导致各种不同的科学人文主义的观点，以及各种不同的关于科学与人文相互融合的见解。大致说来，可以将各种科学人文主义的观点划分为以下三种类型：第一种是“传统型”或“正统型”，它显然同自文艺复兴以来的传统的人文主义及同后来的启蒙运动的精神相联系；第二种是“激进型”或“反叛型”，它显然同现代西方人本主义和后现代主义的人文主义相联系；第三种是介于“传统型”和“激进型”二者之间的“中间型”或“折中型”，其特点是既反对“传统”，又反对过于“激进”，走的是一条不同于二者的中间路线，但同时既与传统的人文主义又与激进的人文主义相联系。

一、“传统型”或“正统型”的科学人文主义

“传统型”或“正统型”的科学人文主义观点，不仅蕴含在某些逻辑实证主义者和波普尔的科学哲学著作中，而且也蕴含在默顿的科学社会学的著作中，特别是更多地蕴含在萨顿的科学历史学的著作中。这种科学人文主义观点之所以被称为“传统型”或“正统型”，关键是，它不仅同自文艺复兴以来传统的人文主义和启蒙精神相联系，而且也往往带有浓厚的实证主义、科学主义和理想主义的色彩。而这种实证主义、科学主义和理想主义的观念在近代欧洲有非常悠久的历史传统，并在20世纪50年代前基本上一直处于主导地位，常常被认为是“正统的”观念。

一般说来，逻辑实证主义的科学观被看作是最典型的对科学的实证主义和科学主义的理解，这显然是有道理的。特别是，它用经验证实标准对认识(科学)世界和体验(人文)世界所做的截然分明的区分，直接导致了科学主义与人文主义、科学文化与人文文化的尖锐对立。然而，客观地讲，在逻辑实证主义那里，并非所有的观点都是与人文主义相冲突的。相反，在逻辑实证主义者的著作中，也蕴含着不少科学人文主义的观点。

例如，莫里茨·石里克认为，“一切科学文化的进展，都是人类精神‘游艺’的结果：科学家竭其终生之力从事探索宇宙之谜而不以所得为念者，就是这个‘游艺’的人生观的表现”。这种“‘游艺’的人生观对于人类的贡献”

在于，“人类整个文化的进展与前途，都是靠这个人生哲学而产生的”[①]。在他看来，“就是以整个的文化价值而言，也不外乎如何使人类‘青春化’”[②]。这就是说，他用“游艺”和“青春化”这两个概念，将所有人类文化的价值都紧密地联系在一起了，显然颇有人文主义色彩。

又如，菲利普·弗兰克的《科学的哲学》一书的副标题就叫作“科学和哲学之间的纽带”。他深切地感到，“我们科学的迅速进展同我们对人类问题的了解的无能为力，两者之间存在着一条很深的鸿沟”，也就是说，“科学同人文学科之间存在着一条鸿沟”[③]。因此，他主张：“我们需要以人的科学来补充物理性质的科学。”[④]由此可见，弗兰克的科学哲学不仅蕴含着对科学的人文主义理解，而且也蕴含着关于科学与人文两种文化相互融合的深刻思考。

尽管波普尔的科学哲学依然带有浓厚的实证主义和科学主义色彩，但也蕴含着某种重要的科学人文主义思想。例如，他的关于科学知识增长的著名模式，即“猜想与反驳”模式，就蕴含着某种对科学的人文主义理解。显然，无论是“猜想”，还是“反驳”，都突出了科学知识增长过程中的人的因素和人文的因素，而不再把科学知识的增长看作是纯粹“真的经验命题”的机械堆积。在波普尔看来，“这就是我们的精神成长和超越其自身的方式”。他说，“如果说人文主义关心的是人类精神的成长，那么，人文主义的传统不是批判的和合乎理性的传统，又会是什么呢”[⑤]？

默顿的科学社会学也蕴含着丰富的科学人文主义思想。例如，他在《十七世纪英格兰的科学、技术与社会》一书中，用较长篇幅探讨了当时科学的人文背景，特别是新教伦理对科学的重大影响，称其为“新科学的动力”。他说：“它的苦行禁欲的教规为科学研究建立起一个广阔的基础，使这种研究有

① 洪谦：《维也纳学派哲学》，商务印书馆，1989年版，第150页。

② 洪谦：《维也纳学派哲学》，商务印书馆，1989年版，第150页。据洪谦介绍，“青春的哲学”溯源于席勒。“游艺”的概念也与席勒阐述的相仿。席勒曾说，“一个人仅有在‘游艺’的时候，方是一个纯粹完全的人。”

③ 菲利普·弗兰克：《科学的哲学》，许良英译，上海人民出版社，1985年版，第4页。

④ 菲利普·弗兰克：《科学的哲学》，许良英译，上海人民出版社，1985年版，第7页。

⑤ 卡尔·波普尔：《猜想与反驳》，傅季重等译，上海译文出版社，1986，第548页。

了尊严、变得高尚、成为神圣不可侵犯。”[①]在他看来，清教包含着这样一些价值：“不加掩饰的功利主义、对世俗的兴趣、有条不紊坚持不懈的行动、彻底的经验论、自由研究的权利乃至责任以及反传统主义。”而“所有这一切的综合都是与科学中同样的价值观念相一致的”。[②]由此可见，在默顿的视野中，科学绝非仅仅只是一种纯粹的知识体系，它像其他文化活动一样，也内含一种价值体系，通过这种价值体系与其他文化有着深刻的互动关系，并实现着它的文化价值。这种见解显然蕴含着对科学的人文主义理解。

后来，默顿关于“科学的精神气质”的研究更是提出了一种鲜明的科学人文主义的观点。他将“科学的精神气质”定义为“有感情情调的一套约束科学家的规则、规定、习俗、信仰、价值和预设的综合”，并提出“四组体制上的规则”，即“普遍性、公有性、无私利性、有条理的怀疑论”，它们“构成了现代科学的精神气质”[③]。显然，他所关注的与其说是“科学家的行为规范”或“科学的精神气质”，倒不如说是波普尔所说的“人类精神的成长”。事实上，不仅科学具有这种精神气质，需要遵守这四项规范，而且人类有许多高尚的文化活动(如艺术、体育等)都具有这种精神气质，也同样需要遵守这四项行为规范。当然，默顿的科学人文主义也是属于“传统型”的，并带有浓厚的实证主义和理想主义色彩。[④]

相应地，在科学历史学当中还存在着一种更为典型的科学人文主义观点，那就是萨顿的“新人文主义”观点。萨顿批评“大多数文人”和“不少的科学家”，不去思考追求真、善、美的科学精神。他认为，“这种追求人类的目标的崇高理念”，这种“很可能潜藏在每一个科学家心中的理念”，“不只本身

---

① 罗伯特·金·默顿：《十七世纪英格兰的科学、技术与社会》，范岱年等译，商务印书馆，2000年版，第118页。

② 罗伯特·金·默顿：《十七世纪英格兰的科学、技术与社会》，范岱年等译，商务印书馆，2000年版，第183页。

③ 罗伯特·金·默顿：《十七世纪英格兰的科学、技术与社会》，范岱年等译，商务印书馆，2000年版，中文版前言第5～6页。

④ 参见 Laudan L，*Science and Values*，Berkeley and Los Angeles：University of California Press，1984，pp. 1～13.

是令人振奋的，而且它也给我们的生命注入一种新的意义”。[①]萨顿说，在他的著作中贯穿着一个主旋律，那就是四个基本理念，即“①统一性的理念；②科学的人性；③东方思想的巨大价值；④对宽容和仁慈的极度需要”[②]。这四个基本理念无一不渗透着对科学的人文主义理解。他倡导一种“新人文主义”的文化综合，而科学史学家的“主要职责就是建造桥梁”：不仅要“在各国之间架起桥梁”，而且要“在每个国家内部，在生活(健全的生活)和技术之间，在人文学科和科学之间架起桥梁”[③]。总的说来，萨顿的科学人文主义充满着极强的理想主义精神，比较接近文艺复兴时期的传统的人文主义。这种科学人文主义的特点是：一方面，它所带有的理想主义和人文精神在许多地方大大超越了实证主义和科学主义；另一方面，它又依然保留着某些实证主义和科学主义的核心观点，如实证主义的知识论、累积型的科学进步观和科学中心说等[④]。

二、“激进型”或“反叛型”的科学人文主义

“激进型”或“反叛型”的科学人文主义，不仅蕴含在库恩和费耶阿本德的科学哲学中，而且也蕴含在他们对科学社会学和科学历史学的理解中。虽然这也是一种对科学的人文主义理解，但是，在它那里几乎再也看不到实证主义和科学主义的色彩，甚至也看不到理想主义的色彩。我们所看到的只是一系列非常“激进”的观点。库恩与费耶阿本德都指出，科学史的特征可以被描述为不融贯的意义改变，两个相互竞争理论的概念结构的差异如此之大，

---

① Sarton G, *Introduction to the History of Science*, Huntington, New York: Robert E. Krieger Publishing Company, 1975, p. 31.

② Sarton G, *Sarton on the History of Science*, Cambridge: Harvard University Press, 1962, p.15.

③ Sarton G, *A Guide to History of Science*, Waltham: The Chronica Botanica Company, 1952. p. 65.

④ Sarton G, *The Study of the History of Science*, Cambridge: Harvard University Press, 1936, p. 5. 萨顿认为，“科学的历史是唯一能说明人类进步的历史”。因此，科学是人类精神和文明的中枢，新人文主义应当围绕科学这个核心来建立。

以至于它们根本就没有共享任何陈述，因此它们之间是真正“不可通约的”[①]。所谓“激进”，也就是全面的“反叛”：不仅是对实证主义、科学主义及与之相关的理想主义的反叛，而且也是对自文艺复兴以来的人文主义和启蒙精神的反叛。于是，这种科学人文主义往往同现代西方人本主义和后现代主义的人文主义相联系。

库恩的科学哲学包含着很深的对科学的人文主义理解。他的科学哲学就带有明显的解释学色彩。在库恩那里，“范式”概念的核心就是代表该范式科学共同体的共同的价值观念或价值标准，也就是这些科学家的自然观或世界观。它决定一个常规科学传统，决定科学家们的研究方法和技术，指定要研究什么类型的疑难问题，并提出解决问题的标准。用库恩的话来说，在同一个范式中，“科学家通常在不可分解的混合中，一起获得了理论、方法和标准”[②]。于是，在库恩那里，科学的客观性和真理性似乎不见了，一切取决于某个范式及其价值标准的“解释”。用解释学的语言来说，范式决定了人们理解的“处境”和“界域”。

库恩的学说也蕴含着一种关于科学社会学的理论。在他那里，“范式”与“科学共同体”是两个密切相关的概念。如果说“范式”带有更多的哲学色彩的话，那么，“科学共同体”则带有更多的社会学色彩。库恩将科学革命时不同科学共同体的斗争比作相互对立的党派斗争。对于党派斗争来说，因为没有超党派的机构能够解决他们的分歧，所以，在革命冲突时，“各党派最终必须诉诸说服大众的技巧，常常包括诉诸武力”[③]；对于相互竞争的科学共同体来说，对何种范式的选择，即是“一种在不相容的集团的不同生活方式之间的选择”[④]。库恩的科学社会学理论让我们能很自然地联想到在福柯那里的无

---

① Bhaskar R，*Reclaiming Reality：A Critical Introduction to Contemptory Philosophy*，London and New York：Routledge，2011，p. 32.

② Kuhn T S，*The Structure of Scientific Revolutions*，Chicago：The University of Chicago Press，1962，p.108.

③ Kuhn T S，*The Structure of Scientific Revolutions*，Chicago：The University of Chicago Press，1962，p.92.

④ Kuhn T S，*The Structure of Scientific Revolutions*，Chicago：The University of Chicago Press，1962，p.93.

孔不入的“权力”概念。在这里，库恩的理论显然与福柯是相通的。然而，正如阿伽西指出的，库恩及其追随者“并没有充分检验研究的社会环境，以及研究个体与研究小组之间的互动”，因此，“科学的社会史的上述方面仍然隐而不显”①。显然，库恩的科学社会学对科学实践的社会文化要素的探究并不全面。

库恩的学说又蕴含着一种关于科学历史学的理论。在库恩那里，科学是由各种范式及其价值标准决定的，于是，科学史也就是各种“不可通约的”范式变换史。其结果是，库恩所理解的科学史更加接近于艺术史，因为范式及其变化非常类似于艺术各流派的形成、冲突和变迁。他的《科学革命的结构》一书，就是要通过否定在价值世界与事实世界、主观与客观、直觉因素与演绎因素之间所形成的“一条经典的鸿沟”，从而否定“很容易把艺术与科学区分开来”的观点，强调我们越是要“细心地力图区别艺术家和科学家”，我们“就碰到越多的困难”②。从否定价值与事实、主观与客观、直觉与演绎直至艺术与科学的二元对立这个角度看，库恩对科学的人文主义理解显然又是与后现代主义相通的。于是，罗蒂称：“他的(像我这样的)实用主义朋友通常祝贺他软化了科学与非科学之间的区别。”③

费耶阿本德的科学哲学是一种典型的后现代主义的科学哲学。他的科学哲学的核心是，彻底的多元主义方法论和无政府主义的认识论。在他看来，“一切方法论都有其局限性”，“唯一幸存的‘法则’是‘怎么都行’”④。他认为，在科学中可以使用一切观念和一切方法，包括理性主义者最瞧不起的观念和方法，甚至可以从科学外部引进和吸取某种观念和方法，特别是用宗教、神话、外行人的观念或狂人呓语来揭露科学中所预设的宇宙观。很明显，这可以看作是后现代主义对科学方法论和科学认识论的一种“解读”。费耶阿本德就是通过批判“理性”和“客观性”，从而“告别理性”⑤，走向后现代主

① Agassi J，*Science and its History：A Reassessment of the Historiography of Science*，London and New York：Springer，2008，p. xix.

② 托马斯·S. 库恩：《必要的张力》，纪树立等译，福建人民出版社，1981年版，第335页。

③ 理查德·罗蒂：《后哲学文化》，黄勇编译，上海译文出版社，2004年版，第77页。

④ 保罗·费耶阿本德：《反对方法》，周昌忠译，上海译文出版社，1992年版，第256页。

⑤ Feyerabend P，*Farewell to Reason*，London and New York：Verso，1987，p.5，p.319.

义的。过去，按罗蒂的说法，在科学哲学的观念中，“仍保留了一个神”，即用“合理性”和“方法”保证的“赤裸裸的真理本身”[①]。现在，费耶阿本德通过解构“合理性”和“方法”，最终将这个“赤裸裸的真理本身”的“神”解构了。还有，后现代主义者一直希望消解的关于事实与价值、真理与娱乐、客观与主观、理性与非理性、科学与非科学等这种二元对立的区分，在费耶阿本德那里也全部兑现了。当然，费耶阿本德的多元主义方法论和无政府主义认识论也与现代西方人本主义有很大关联。在他看来，“一种鼓励多样性的方法也是唯一与人本主义观点相容的方法”[②]。

费耶阿本德的科学哲学也蕴含着一种关于科学社会学的“无政府主义”的理解。它是一种对实证主义科学社会学观念的根本性的“解构”。这种理解大致可概括为两个方面。第一，就科学内部而言，不存在某种统一的规范，科学本身更需要的是“无政府主义”。他说，甚至在科学内部，“越轨”和“错误”都是“进步的先决条件”[③]。第二，就科学外部的文化地位而言，反对科学沙文主义。在他看来，既然科学“也是一种并不特殊的文化”[④]，那么，它没有什么独特的“方法”，也就没有什么在文化上的独特性，因而也就不应当在社会中享有独特的文化地位。费耶阿本德关于科学社会学的见解，显然与后现代主义所主张的“多元化”与“无中心”的社会文化模式是一脉相承的，特别是为罗蒂所倡导的“后哲学文化”铺平了道路。当然，这也与现代西方人本主义密切相关。例如，就科学内部而言，他声称：当务之急是，“对各门科学做一种改革，使它们变得更加无政府主义、更加主观(在基尔凯郭尔的意义上)”[⑤]。就科学外部而言，他声称“国家与科学的分离”可能是我们致力于“一种人本精神的唯一机会”[⑥]，也就是说，“可以克服我们科学技术时代

① 理查德·罗蒂：《后哲学文化》，黄勇编译，上海译文出版社，2004 年版，第 20 页。

② 保罗·费耶阿本德：《反对方法》，周昌忠译，上海译文出版社，1992 年版，第 22 页。

③ 保罗·费耶阿本德：《反对方法》，周昌忠译，上海译文出版社，1992 年版，第 147 页。

④ Agassi J，*Popper and His Popular Critics：Thomas Kuhn，Paul Feyerabend and Imre Lakatos*，London and New York：Springer，2014，p. 21.

⑤ 保罗·费耶阿本德：《反对方法》，周昌忠译，上海译文出版社，1992 年版，第 142 页。

⑥ 保罗·费耶阿本德：《反对方法》，周昌忠译，上海译文出版社，1992 年版，第 255 页。

狂热的野蛮”，致力于“我们能够实现但从未完全实现过的一种人性”[①]。

费耶阿本德的科学哲学还蕴含着一种对科学历史学的理解。这种理解无疑也是“无政府主义的”。费耶阿本德采用了“人类学”的方法来研究科学史。他认为，要“探索科学家实际上怎么对付他们的环境”，要“考察他们的产品即‘知识’实际上怎样形成，以及作为在复杂社会和物质条件下决策和活动的结果，这产品怎样变化”，这样的“探究将必定是人类学的”[②]。根据所谓的“人类学材料”，费耶阿本德提出三个关于科学史的“不可比”命题，即①存在着一些不可比的“思想(活动、知觉)的构架”；②存在着一些不可比的个人的“知觉和思想的发展经历”；③存在着一些不可比的“科学观点”和“科学理论”，即便它们讨论的是“同一题材”[③]。总的说来，费耶阿本德的“人类学”方法有点类似于福柯的“知识考古学”或“系谱学”的方法。目的是通过“人类学”方法，揭示“科学总是充满缺陷和矛盾；无知、冥顽不化、依赖偏见、撒谎等都决不阻碍知识前进”[④]。例如，他对伽利略个案研究的结果是，伽利略之所以能够在哥白尼革命中占上风，靠的是“他的风采和机智的说服技巧”、“用意大利文写作”及他周围的人“在气质上都反对旧思想和与之相联系的学术准则”[⑤]。在这里，让我们再一次联想到福柯所说的那个无孔不入的“权力”概念。如果说，福柯用“知识考古学”或“系谱学”侧重于消解人文科学及其方法、规范、理想和精神的话，那么，费耶阿本德则用“人类学”侧重于解构自然科学及其方法、规范、理想和精神，并且使得包括科学哲学、科学社会学和科学历史学等在内的元科学成为只是“一门有伟大过去的学科”[⑥]。

---

① 保罗·费耶阿本德：《反对方法》，周昌忠译，上海译文出版社，1992 年版，第 260 页。

② 保罗·费耶阿本德：《反对方法》，周昌忠译，上海译文出版社，1992 年版，第 227 页。

③ 保罗·费耶阿本德：《反对方法》，周昌忠译，上海译文出版社，1992 年版，第 238～241 页。

④ 保罗·费耶阿本德：《反对方法》，周昌忠译，上海译文出版社，1992 年版，第 227 页。

⑤ 保罗·费耶阿本德：《反对方法》，周昌忠译，上海译文出版社，1992 年版，第 113 页。

⑥ 约翰·洛西：《科学哲学历史导论》，邱仁宗等译，华中工学院出版社，1982 年版，第 227 页。

三、"中间型"或"折中型"的科学人文主义

"中间型"或"折中型"的科学人文主义观点，蕴含在拉卡托斯、劳丹、夏佩尔等人的科学哲学著作中。像库恩和费耶阿本德一样，这些著作虽然属于科学哲学著作，但也包含对科学社会学和科学历史学的理解，至少包含某种关于科学社会学和科学历史学的观念。这种科学人文主义之所以被称为"中间型"或"折中型"，关键是，它既区别于"传统型"或"正统型"科学人文主义(例如，反实证主义和科学主义等)，又区别于"激进型"或"反叛型"科学人文主义(例如，反相对主义和非理性主义等)，同时又带有"传统型"或"正统型"科学人文主义的某些特征(例如，坚持科学的进步性和合理性等)和"激进型"或"反叛型"科学人文主义的某些特征(例如，坚持历史主义的立场等)，因而在某种程度上带有"折中"的色彩。

在某种意义上说，拉卡托斯的科学哲学就是对波普尔和库恩的科学哲学的"折中"。他的科学研究纲领方法论，就是在吸取波普尔的证伪主义和库恩的历史主义因素基础上建立起来的。用拉卡托斯的话来说："我是通过'波普尔的眼镜'来看待科学连续性的。库恩看到'范式'的地方，我还看到了合理的'研究纲领'。"[①]于是，在他的科学哲学中体现了两种科学人文主义因素的融合，即在用历史主义的眼光看待科学的同时，又坚持科学是一项合理的和进步的事业。拉卡托斯说，"尊重知识是人最突出的特征之一。拉丁文称知识为 scientia，从而 science(科学)一词便成为最受敬重的那一部分知识的名称"[②]。从这个意义上说，拉卡托斯的科学人文主义观点是属于"中间"而偏向"传统型"的。

拉卡托斯的科学哲学也蕴含着一种科学社会学思想，那就是尊重和维护知识的价值。他反对库恩将范式转变归结为"一个暴民心理学的问题"[③]，完全"属于发现的(社会)心理学范围之内"，认为"波普尔和库恩的冲突不仅仅是认识论中的一个专门问题，它关系到我们的极为重要的知识价值"[④]。如果

① 伊·拉卡托斯:《科学研究纲领方法论》，兰征译，上海译文出版社，1986 年版，第 124 页。
② 伊·拉卡托斯:《科学研究纲领方法论》，兰征译，上海译文出版社，1986 年版，第 1 页。
③ 伊·拉卡托斯:《科学研究纲领方法论》，兰征译，上海译文出版社，1986 年版，第 125 页。
④ 伊·拉卡托斯:《科学研究纲领方法论》，兰征译，上海译文出版社，1986 年版，第 13 页。

库恩的观点成立，那么，包括自然科学、社会科学，甚至道德哲学和政治哲学等在内的所有知识的价值就被彻底否定了，因为库恩的观点意味着“强权即真理”[①]。

拉卡托斯的科学哲学也蕴含着一种科学历史观。这种科学历史观不仅与他的科学哲学观相关，而且也与他的科学社会学观相关。他将科学史分为“内部历史”和“外部历史”两个部分。所谓“内部历史”，是科学史学家根据科学哲学提供的规范方法论或合理性理论对科学史合理重建的部分。此外，则属于“外部历史”，即科学史学家无法用规范方法论或合理性理论加以重建的那部分科学史。在拉卡托斯看来，一个规范方法论或科学合理性理论是否体现其进步性，关键在于它能否比别的规范方法论或科学合理性理论将更多的“充满价值的历史重建为合理的”[②]。这就是说，拉卡托斯基本上将科学史解释为合理的，给非理性的解释只留下很小的地盘。于是，拉卡托斯提出了一种既区别于实证主义和素朴证伪主义，又区别于相对主义和非理性主义的科学历史观。

劳丹的科学观也可称为一种“中间型”或“折中型”的科学人文主义。一方面，他强调，科学合理性标准是依赖于时间和文化的，因此，“许多受到珍视的和深深植根于传统科学哲学与认识论中的信念就必须被抛弃”[③]；另一方面，他又坚持科学的进步性和合理性，反对库恩“将科学变成一种非理性的‘怪物’”[④]。一方面，他强调，在科学与其他文化之间并不存在一条明确的界线，宣告“分界问题的消逝”；另一方面，他又反对“文化相对主义”。他的以解决问题为中心的科学进步模式和关于科学合理性的“网状模式”，也都是对传统科学哲学和库恩的科学哲学二者的某种形式的“折中”。对于前一个模式来说，劳丹一方面将科学进步的评价标准从逼近真理削弱为“解决问题”，另一方面又将库恩的“范式”概念改造成“研究传统”，于是，既强调

① 伊·拉卡托斯：《科学研究纲领方法论》，兰征译，上海译文出版社，1986年版，第13页。

② 伊·拉卡托斯：《科学研究纲领方法论》，兰征译，上海译文出版社，1986年版，第185页。

③ L. 劳丹：“历史方法论：一种立场和宣言”，《自然科学哲学问题》1986年第4期，第28页。

④ Laudan L，*Science and Values*. Berkeley and Los Angeles，California：University of California Press，1984，P. 72.

了科学的进步性和合理性标准的历史性，同时又设定了一条判断科学理论和研究传统进步的元标准，即“解决问题”，以避免库恩的相对主义。就后一个模式而言，更是体现了对传统的关于科学争论的等级结构模式和库恩的关于科学变化的整体论模式的“折中”。劳丹通过“解剖科学变化的整体图景”，表明“范式”可以分解为理论、方法论和价值论三个层次，“科学变化在实质上比整体论者的模式所暗示的，更是逐项逐项地变化的”[①]，并且是有合理演变机制可循的。在这里，劳丹似乎已经放弃了关于评判科学进步和合理性的元标准，来论证科学变化的合理性。无论是就将科学的基本目标从逼近真理削弱为“解决问题”，还是就放弃关于评判科学进步和合理性的元标准而言，劳丹的科学哲学显然要比拉卡托斯更为“激进”一些。如果说，拉卡托斯的科学人文主义处于“中间”偏向“传统型”的方位的话，那么，劳丹的科学人文主义则处在“中间”偏向“激进型”的方位。

劳丹的科学哲学也蕴含着一种科学社会学观念。他将科学社会学分为两类：一类叫作“认知的科学社会学”；另一类叫作“非认知的科学社会学”。前者的主旨是试图根据社会的原因来说明科学家关于自然界的信念。例如，某些社会结构对某一理论及其诸概念的形成、接受或拒斥的影响等；后者则不然，其主旨是说明科学活动的组织方式和组织结构，而不是科学家关于自然界的信念本身。[②]劳丹对科学的认知社会学的许多理论及其应用研究持批评态度。与拉卡托斯相类似，劳丹将其限制在“不合理性假定”的框架之内，即“知识社会学可以介入解释信念的条件是，当且仅当那些信念不能根据它们的合理依据来说明时”[③]。这就是说，包括认知的科学社会学在内的知识社会学的领域是非常狭小的。只有在科学哲学无法合乎理性地说明某个研究传统或理论的形成、接受或拒斥的情况下，才会求助社会学家和心理学家的帮助。这种观点显然与爱丁堡学派代表人物提出的所谓“知识社会学的强纲领”

---

① Laudan L，*Science and Values*. Berkeley and Los Angeles，California：University of California Press，1984，P. 84.

② Laudan L，*Progress and Its Problems*. Berkeley and Los Angeles，California：University of California Press，1977，pp. 197～198.

③ Laudan L，*Progress and Its Problems*. Berkeley and Los Angeles，California：University of California Press，1977，p. 202.

持相反立场[①]，也与库恩用“暴民心理学”来解释范式转变的观点有很大距离。对于“非认知的科学社会学”来说，劳丹既反对在科学活动中存在着一套既定的科学家行为规范的观点，他将逻辑实证主义的科学哲学与默顿为代表的科学社会学划归同一种思潮，认为他们“各自寻求解释的中心问题是在科学中给人以深刻印象的意见高度一致”[②]，同时，又反对在科学活动中不存在任何规范，即“怎么都行”的无政府主义的观点，他认为库恩、费耶阿本德和一大批较年轻的科学社会学家代表着另一种思潮，即致力于“一种关于科学中意见不一致的解释”[③]。

劳丹的科学哲学也蕴含着一种科学历史观。这种历史观与拉卡托斯有所不同。劳丹反对拉卡托斯将整个实际的科学史“变成在不同合理性模式之间进行选择的标准”，因为这种观点意味着似乎“在科学史上做出的每一项决定都是合理的”[④]。在劳丹看来，“正如我们确信某些科学选择是合理的选择一样，我们同样确信，（由于特定的‘人性’）并不是所有的选择都是合理的”[⑤]。他认为，检验科学合理性模型的“试金石”应当是实际的科学史上的一些最典型的案例，用这些最典型的案例来检验合理性模式的建议，代表着“在这样的极端之间找到一种似乎可行的中间路线的努力”[⑥]。的确，这种“中间路线”反映了劳丹的科学史观的基本特征：一方面，劳丹反对传统的实证主义和科学主义的科学史观。在以解决问题为中心的科学进步模式中，

---

① Bloor D, *Knowledge and Social Imagery*, Chicago: The University of Chicago Press, 1991, p. 3. 这项“强纲领”指出，所有知识，不管是经验科学的知识还是数学知识，都应当彻底地被当作社会学的研究材料来处理。

② Laudan L, *Science and Values*. Berkeley and Los Angeles, California: University of California Press, 1984, p. 2.

③ Laudan L, *Science and Values*. Berkeley and Los Angeles, California: University of California Press, 1984, p. 13.

④ Laudan L, *Progress and Its Problems*. Berkeley and Los Angeles, California: University of California Press, 1977, p. 163.

⑤ Laudan L, *Progress and Its Problems*. Berkeley and Los Angeles, California: University of California Press, 1977, p. 163.

⑥ Laudan L, *Progress and Its Problems*. Berkeley and Los Angeles, California: University of California Press, 1977, p. 163.

劳丹甚至消解了真理问题，把科学的基本目的看作是解决问题。而且，劳丹并不认为只有科学才是进步的，除了科学以外，许多非科学同样体现了进步性。在他的关于科学合理性的网状模式中，劳丹不仅消解真理问题，而且似乎连“解决问题”也不再说了。他对科学进步做了“完全是赫拉克利特式的”解释，认为“进步总是‘相对于某组目的的进步’”[①]。这种解释与库恩认为科学进步是相对于某种范式的价值标准而言的观点相类似。然而，劳丹又明确地反对激进的相对主义和非理性主义的科学史观。无论如何，劳丹的科学哲学的主题始终是“科学进步”和“科学合理性”。他的第一个模式就称为“科学进步的一种模式”，第二个模式则称为“科学合理性的网状模式”。这不仅是他的科学哲学观，而且也是他的科学历史观。他的科学历史观表明，科学史的主流是进步和合理性，至少是可以合理重建的。他的第一个模式试图确立评判科学进步的标准；第二个模式则是试图说明科学是如何合理演变的。劳丹关于“解决问题”的元标准的设定，以及如何通过计算“问题”来评估科学理论和研究传统的进步，认为科学史上存在着一些最典型的案例，这些案例是评价科学进步与合理性模式的试金石等，这些观点仍多少带有一些预设主义和实证主义的气息，表明在科学中还有某种东西是不可改变的。

与拉卡托斯和劳丹相类似，夏佩尔的科学哲学在“预设主义”和“相对主义”之间走了一条“中间路线”。在夏佩尔看来，科学的变化是普遍而深刻的。有关科学的一切，从实质性信念到方法、标准，原则上都可以改变，然而，这并不意味着科学的变革是非理性的。夏佩尔的科学哲学试图解决这样一个问题：“如果所有推理标准或合理性标准都可以发生变化，那么，科学的变化能说是合理的吗？”[②]夏佩尔的解决方案是，摈弃所有外在的标准，将内在于科学活动的“理由”看作是评价科学合理性的“标准”。他指出，“科学中的一个‘理由’，由这样一种信念构成：①它被证明是成功的；②对它没有

---

① Laudan L，*Science and Values*. Berkeley and Los Angeles，California：University of California Press，1984。pp. 64-66. 劳丹将逻辑实证主义的科学哲学和默顿为代表的科学社会学归于同一类型，认为默顿强调在科学中存在着一套永恒不变的价值规范，与逻辑实证主义者强调在科学中存在着一种永恒不变的方法论规则相类似。

② Shapere D，*Reason and the Search for Knowledge*，Dordrecht：D. Reidel Publishing Company，1984，p. 226.

明确怀疑的理由；③结果表明它与特定的域相关，在这个域中它被用作一个'理由'"[①]。也就是说，"成功"、"无可怀疑"和"相关性"是构成一个"理由"的三个条件。于是，尽管科学中的一切，包括科学合理性标准本身都会随着历史的变化而变化，但是，在夏佩尔看来，这种变化具有连续性，并且都有其"合理演变"的"理由"。

夏佩尔的关联主义模式，与劳丹的网状模式比较接近，对科学合理性都做了自然主义的解释。所不同的是，劳丹对科学更偏重于做工具论的解释，而夏佩尔更偏重于做实在论的解释。还有，尽管劳丹强调科学与非科学的联系，但是他对科学哲学的探讨基本上都局限于认识(或认知)的范围内。而在夏佩尔那里，则没有这种明确的限定。在他看来，在科学与非科学之间、科学的理由与非科学的理由之间，也许还有认识(认知)与非认识(认知)之间的界限，是在科学探索过程中才逐渐树立起来的，"它对于科学事业本身来说并不是先天的、本质的和确定的"[②]。在夏佩尔那里，"理由"本身也是历史的，在历史上的许多科学理论和信念在今天看来也许缺乏充分的理由，有的理由甚至与科学是不相关的，但是，对于当时来说却被证明是成功的，没有遭到明确怀疑，并且与特定的域是相关的，也就是说，理由是充分的。

夏佩尔的科学哲学也蕴含着一种科学社会学和科学历史学的观念。这种观念的核心就是将科学看作是一项符合理性的和进步的事业，并对合理性和进步性做出历史主义的解释。它要求科学社会学和历史学更加关注科学变化的各种"理由"，包括在今天看来难以算得上是科学理由的"理由"，而不像劳丹那样，将科学社会学预先限定在"不合理性假定"的框架之内。因此，如果说，从坚持科学的真理性这个角度看，夏佩尔的观点比劳丹更为"传统"的话，那么，从历史主义的立场看，夏佩尔的观点显然又比劳丹更为"激进"。

---

① Shapere D，*Reason and the Search for Knowledge*，Dordrecht：D. Reidel Publishing Company，1984，p. 269.

② Shapere D，*Reason and the Search for Knowledge*，Dordrecht：D. Reidel Publishing Company，1984. p. 266.

四、分析与评价

综上所述，正如人文主义存在着多种形式一样，对科学的人文主义理解也是多种多样的。每一种科学人文主义都从不同的角度，体现了科学与人文两种文化的融合，都有我们应当认真加以总结、借鉴和吸取的合理因素，但也存在着各种各样的缺陷和偏颇。

在“传统型”或“正统型”的科学人文主义那里，我们不难感受到一种强烈的科学理想主义精神，这种科学理想主义的精神显然与文艺复兴开创的人文主义传统相关，表明科学与人文有着共同的崇高理想，它们在追求真善美这个最高境界上是一致的。无论历史和时代如何变迁，这种观念应当说还是颇有生命力的。它无疑是我们思考和论述关于科学与人文两种文化融合的可借鉴的重要的思想基础之一。然而，“传统型”或“正统型”的科学人文主义的缺陷和偏颇，也是非常明显的。其中，最根本的缺陷和偏颇就是它的狭隘的实证主义和科学主义的观念。狭隘的实证主义和科学主义不仅是一种片面的科学观和文化观，而且也是导致科学与人文两种文化分离和对立的重要根源。

在“激进型”或“反叛型”的科学人文主义那里，我们能够看到一种激进的历史主义观点。这种历史主义承认，“人类世界中的一切事物——文化、价值、机构、实践与理性——都是由历史塑造的，因此，不存在任何超越历史变化的永恒形式、永恒本质或恒常的同一性”[①]。这种激进的历史主义观点显然与现代西方人本主义和后现代主义相关，表明科学与人文文化一样，也是一种人类历史的活动，也不可避免地打下人类自己的印记，也具有历史性和人文性，因而在科学与人文之间并不存在一条截然分明的界线，相反，它们之间有着深刻的关联。这种观点无疑是深刻的。它不仅有助于纠正狭隘的实证主义与科学主义的科学观和文化观的偏颇，而且也是我们思考和论述关于科学与人文两种文化融合的可借鉴的重要的思想基础之一。然而，“激进型”或“反叛型”的科学人文主义的缺陷和偏颇，就是它的相对主义和非理性主

① Gironi F, *Naturalizing Badiou: Mathematical Ontology and Structual Realism*, New York: Palgrave Macmillan，2015，p. 150.

义的观念。如果说，狭隘的实证主义和科学主义是一种片面的科学观和文化观的话，那么，狭隘的相对主义和非理性主义更是一种片面的科学观和文化观。这种科学观和文化观对科学与其他文化的理解往往是消极的、解构性的。他们在解构科学的客观性、合理性和进步性的同时，实质上也解构了科学活动所体现的崇高理想和精神，以及其对人的自身发展的意义和价值，因而无法看到科学精神与人文精神、科学价值与人文价值的深层关系。因此，从这个意义上说，他们对科学与人文相互关系的理解又是非常肤浅的。

“中间型”或“折中型”的科学人文主义，既反对实证主义与科学主义的科学观和文化观，同时又反对相对主义和非理性主义的科学观和文化观，但它在批判实证主义和科学主义的同时，又充分关注科学文化自身的独特性，特别是科学的客观性、进步性和合理性；在批判相对主义和非理性主义的同时，又十分强调科学的历史性及科学与其他文化的关联。这种观念的大方向显然是可取的。他不仅有助于既纠正实证主义与科学主义的偏颇，同时又纠正相对主义和非理性主义的偏颇，而且也是我们思考和论述关于科学与人文两种文化融合的可借鉴的重要的思想基础之一。然而，“中间型”或“折中型”科学人文主义的缺陷和偏颇同样是存在的。其中，最根本的缺陷和偏颇就是由于采取“折中主义”立场。因此，一方面，与“传统型”相比，大大削弱了科学的客观性、进步性和合理性，以及其理想主义的精神，依然带有较浓的相对主义色彩；另一方面，与“激进型”相比，又没有将历史主义的精神贯彻到底，依然带有较强的逻辑主义色彩。无论是拉卡托斯，或是劳丹，还是夏佩尔，都局限于关注关于科学进步和合理性的逻辑模式，并没有真正从更为广阔的社会、历史和文化背景中去探讨科学的进步和合理性问题，以及科学与人文两种文化之间的联系。

第三章
科学与人文的关联

要实现两种文化的融合，首先需要探讨两种文化融合的基础问题，也就是探讨科学与人文两种文化在本质上究竟有何关联，何以能够实现相互融合的问题。本章试图从以下几个方面来探讨科学与人文的关联：①科学与艺术的关联；②人文科学的科学性与人文性；③科学与人文的价值关联；④科学与人文的精神关联。

第一节 科学与艺术的关联

科学与艺术被称作“一个硬币的两面”，有着很大的差异，可以说是两种非常不同的文化，但同时又有着深刻的关联，以致人们很难在两者之间找出一条截然分明的界线。探讨科学与艺术的关联，不仅有助于加深对科学与艺术的认识，而且有助于促进科学与艺术(人文)两种文化的融合。这里，我们主要从认识与体验、理性与非理性、客观性与个性、真理与美四个方面来探讨科学与艺术两者之间的关联。

一、认识与体验

毫无疑问，科学在本质上的确是一种认识活动，可以说它比任何其他文化活动都带有更强的认识特征，特别是对于科学研究成果来说，更是如此。

它必须在认识上是有意义的，并得到严格的检验，否则就根本不会被承认。然而，科学认识与人的体验并非是完全不相关的。对于整个科学创造过程来说，也充满着科学家的诸多心灵体验，可以说科学认识过程是与人的体验往往是紧密地联系在一起的。

例如，海森堡在1925年夏天写了一篇关键性的论文，最终对量子力学的发展有着重大意义。在谈到构思那项工作的体验时，他说：

> 爬山的时候，你想爬某个山峰，但往往到处是雾……你有地图或别的索引之类的东西，知道你的目的地，但是仍坠入雾中。然后……忽然你模糊地，只在数秒钟的功夫，自雾中看到一些形象，你说："哦，这就是我要找的大石。"整个情形自此而发生了突变，因为虽然你仍不知道你能不能爬到那块大石，但是那一瞬间你说："我现在知道我在什么地方了。我必须爬近那块大石，然后就知道该如何前进了"。[①]

这段话不仅生动地描述了海森堡当时的探索情形，而且也形象地说明了科学认识与人的心灵体验的关联，表明科学认识往往是在人的体验过程中摸索前进的。

爱因斯坦在1914年为洛伦兹著的《相对性原理》所做的书评中有一段话也颇耐人寻味，他说：

> 有不少作者能够清楚地、扼要地说明我们所考查的这个理论。但是，结论几乎总是以完成的形式出现在读者面前。读者体验不到探索和发现的喜悦，感觉不到思想形成的生动过程……相反，读者在读这篇评论所要谈的不大的著作时，却能够体验到思想发展的全部过程。[②]

显然，爱因斯坦所说的"思想形成的生动过程"包括科学家在科学探索过程中身临其境的真切体验，但在谈论科学时人们往往只看重结论，而不重

---

① 转引自杨振宁：《杨振宁文集》（下），华东师范大学出版社，1998年版，第844页。

② 爱因斯坦：《爱因斯坦文集》第一卷，许良英等译，商务印书馆，1976年版，第79页。

视其过程，于是导致像逻辑实证主义者那样将“认识世界”与“体验世界”截然分离开来的局面。

爱因斯坦提出的关于“宇宙宗教感情”的思想，更深刻地揭示了科学认识与人的体验之间的关系。爱因斯坦指出，这种

宗教感情所采取的形式是对自然规律的和谐所感到的狂喜的惊奇，因为这种和谐显示出这样一种高超的理性，同它相比，人类一切有系统的思想和行动都只是它的一种微不足道的反映。①

在他那里，“宇宙宗教感情”是科学家和艺术家共同享有的一种独特的心灵体验或感悟。他认为：

宇宙宗教感情是科学研究的最强有力、最高尚的动机。只有那些做了巨大努力，尤其是表现出热忱献身——要是没有这种热忱，就不能在理论科学的开辟性工作中取得成就——的人，才会理解这样一种感情的力量，唯有这种力量，才能做出那种确实是远离直接现实生活的工作。②

在他看来，每一个自然科学工作者都应当具有这种特殊的宗教感情，而且也很难在造诣较深的科学家中间找到一个没有这种宗教感情的人。“在能够接受这种感情的人中间，把这种感情激发起来，并且使它保持蓬勃的生气，这正是艺术和科学的最重要的功能。”③

由此可见，科学家的心灵体验对于科学创造活动来说，不仅不是可有可无的，而且还占有极其重要的地位。它不仅常常伴随着科学认识活动步步走向深入，乃至达到光辉的顶点，而且还给科学研究提供最强有力、最高尚的动机和力量。尽管科学的最终成果是各种逻辑结论，但在其深层凝聚着科学家的心灵体验，包括理想、激情、好奇心和爱因斯坦所说的“宇宙宗教感情”。

① 爱因斯坦：《爱因斯坦文集》第一卷，许良英等译，商务印书馆，1976年版，第283页。
② 爱因斯坦：《爱因斯坦文集》第一卷，许良英等译，商务印书馆，1976年版，第282页。
③ 爱因斯坦：《爱因斯坦文集》第一卷，许良英等译，商务印书馆，1976年版，第281页。

反之，艺术在本质上的确是一种体验活动，可以说它比任何其他文化活动都带有更强的体验色彩，以致尼采将其称为是梦与醉的世界。然而，艺术体验与人的认识也并非是完全不相关的。对于整个艺术创造过程来说，也充满着艺术家对世界的诸多认识与思考，可以说，艺术体验与人的认识也是紧密地联系在一起的。

丹纳认为，包括建筑、音乐、雕塑、绘画、诗歌在内的一切艺术作品，目的都在于想要从某一个视角来描绘世界，所描绘的总是一个由诸多元素构成的整体，而元素之间的关系总是由艺术家来创造的。[①]诗歌、雕塑和绘画或多或少是“模仿的”艺术，其总体需同实物相符。[②]而音乐与建筑是建立在艺术家所创造的数学关系之上的。[③]从“模仿论”的观点来看艺术，显然，艺术不仅与人的认识密切相关，而且是以认识为基础的。因为要“模仿”实物，首先须认识实物，包括其结构、比例、特征等；而要创造数学关系，首先也须认识数学关系，包括听觉和视觉所感受的数学关系等。

达·芬奇说，绘画是一门科学，雕塑是一门具有数学特征的艺术，正是强调了艺术创造中的科学因素和认识因素的重要性。而达·芬奇的作品堪称将科学与艺术融为一体的典范。正如艾黎·福尔所评论的，在

> 这位伟人的作品中，雕塑和绘画艺术仿佛只是他从几何学、透视学、机械学、化学、地质学、水力学、解剖学和植物学中学到的抽象概念的人为运用。在他的作品中，实验的重要性等同于他所拥有的最高程度的直觉，等同于对生活的创造性直觉。[④]

即使从“表现论”或“想象论”的观点来看艺术，也不能抹杀艺术与认识的关联。例如，科林伍德将真正的艺术看作是“情感的表现”、“想象性活动”或“总体想象性经验”，但他同时也认为，“艺术是认识，是关于个别事

① 丹纳：《艺术哲学》，傅雷译，安徽文艺出版社，1998 年版，第 69 页。

② 丹纳：《艺术哲学》，傅雷译，安徽文艺出版社，1998 年版，第 67 页。

③ 丹纳：《艺术哲学》，傅雷译，安徽文艺出版社，1998 年版，第 68 页。

④ 艾黎·福尔：《世界艺术史》（上），张泽乾等译，长江文艺出版社，1995 年版，第 472 页。

物的认识”[①]；“艺术所认识的个别事物，是一个从中发现我们自己的个别情境”[②]。这就是说，艺术至少包含重要的认识因素，它与“情感的表现”、“想象性活动”或“总体想象性经验”是融为一体的。

由此可见，艺术家对世界的认识对于艺术创造活动来说，不仅不是可有可无的，而且还占有极其重要的地位。它往往是艺术创造的基础，并伴随着艺术体验和想象，融于意境深远的艺术境界。正是在这个意义上，阿兰·巴迪欧认为，“艺术是一种与感觉领域关联最为密切的真理形式”[③]。因此，尽管艺术的最终形式是体验性的，洋溢着艺术家的理想、情感和激情，但在其深处，渗透着艺术家对世界的认识与思考。

二、理性与非理性

与认识与体验的划界密切相关，人们往往以理性与非理性来分别界定科学与艺术的思维方式。当然，这种界定不能说没有道理，但是，只能理解为是相对的，而不是绝对的。

的确，科学的思维方式在本质上是理性的。所谓理性，主要指的是合客观性和合逻辑性。就客观性和逻辑性而言，科学当然比任何其他文化都具有更强的理性。尤其是对于科学研究的最终成果来说，更是如此，它至少在形式上不允许存在任何非理性的因素。然而，对于整个科学创造过程来说，科学的思维方式未必是纯而又纯的理性，相反，它需要非理性的思维方式做必要的补充。

在这方面，数学创造过程很说明问题。数学本来是一门最抽象的学科，要求最严格，也最精确。可以说，自然科学的严格性和精确性在很大程度上得益于数学。然而，“数学创造往往开始于不严格的发散思维，而继之以严格的逻辑分析思维，即收敛思维”[④]。这就是说，即使是最抽象，要求最严格而

---

① 罗宾·乔治·科林伍德：《艺术原理》，王至元等译，中国社会科学出版社，1985 年版，第 295 页。

② 罗宾·乔治·科林伍德：《艺术原理》，王至元等译，中国社会科学出版社，1985 年版，第 297 页。

③ Badiou A，*Philosophy and the Event*，Cambridge：Polity，2013，p. 68.

④ 徐利治：《数学方法论选讲》，武汉：华中工学院出版社，1983 年版，第 182 页。

精确的数学创造，也离不开以非逻辑的直觉和想象为基础的发散性思维，那么，对于更为具体的自然科学创造来说，就更不言而喻了。我们可从大量的科学史料(例如，凯库勒提出关于苯的环状结构图形，成为有机化学的一项重大理论突破)中发现，科学创造单靠运用逻辑思维，纯粹按逻辑规则进行推理，往往是难以完成的。除了逻辑思维以外，还需要直觉、灵感、想象，甚至需要形象思维。

爱因斯坦根据自己的科学研究体验明确指出：

> 我相信直觉和灵感。……当 1919 年日蚀证明了我的推测时，我一点也不惊奇。要是这件事没有发生，我倒会非常惊讶。想象力比知识更重要，因为知识是有限的，而想象力概括着世界上的一切，推动着进步，并且是知识进化的源泉。严格地说，想象力是科学研究中的实在因素。[①]

在他看来，“从经验材料到逻辑性演绎以之为基础的普遍原理，在这两者之间并没有一条逻辑的道路”[②]。一般说来，“从特殊到一般的道路是直觉性的，而从一般到特殊的道路则是逻辑性的”[③]。爱因斯坦在晚年曾经讨论过为什么他选择研究物理学而不是数学，也谈到直觉问题，他说：“在数学领域里，我的直觉不够，不能辨认哪些是真正重要的研究，哪些只是不重要的题目。而在物理学领域里，我很快学到怎样找到基本问题来下功夫。”[④]

由此可见，非理性思维作为理性思维方式的重要补充，对于科学创造活动来说，不仅是不可或缺的，而且有着十分重要的地位和作用，有时甚至起着方向性和决定性的作用。它常常伴随着科学家的理性思维，为其带来灵感，插上想象的翅膀，通过发散性思维最终找到收敛思维的逻辑通道。因此，尽

---

① 爱因斯坦：《爱因斯坦文集》第一卷，许良英等译，北京：商务印书馆，1976 年版，第 284 页。

② 爱因斯坦：《爱因斯坦文集》第三卷，许良英等译，商务印书馆，1979 年版，第 490 页。

③ 爱因斯坦：《爱因斯坦文集》第三卷，许良英等译，商务印书馆，1979 年版，第 490～491 页。

④ 转引自杨振宁：《杨振宁文集》(下)，上海：华东师范大学出版社，1998 年版，第 850 页。

管科学研究的最终成果是逻辑的和理性的，但它往往是理性与非理性两种思维方式通力合作的结果。

反之，与自然科学那种强理性相比，艺术的思维方式在本质上只能说是非理性的。所谓非理性，主要指的是它的情感性和想象性。就情感性和想象性而言，艺术自然比任何其他文化都具有更强的非理性。尤其是对于艺术的最终作品来说，更是如此，它至少在形式上是直观的、情感的和想象的。然而，对于整个艺术创造过程来说，艺术的思维方式也未必纯粹是非理性的，相反，它往往需要理性思维做必要的补充。

阿恩海姆指出，人的各种心理能力都不可分割地联系在一起，“作为一个整体活动着，一切知觉中都包含着思维，一切推理中都包含着直觉，一切观测中都包含着创造”[①]。他将“知觉作为认识”、“形状作为概念”来理解，于是，在他看来，“艺术活动是理性活动的一种形式，其中知觉与思维错综交织，结为一体”[②]。显然，阿恩海姆将艺术活动看作是理性活动的一种形式，也许会有很大争议，但他的确从某种角度深刻地揭示了感性与理性、知觉与思维、艺术与科学之间的关联。

有人称“达·芬奇的艺术是科学家的艺术，或者说他的科学是艺术家的科学”[③]。也有人认为，达·芬奇“最伟大的贡献是他的方法、他的态度；他的生活就是他的杰作”[④]。的确，达·芬奇的成就充分表明，理性与非理性、科学与艺术两种思维方式，不仅不是对立的，而且有着深刻的关联。关于这一点，我们不仅能够从文艺复兴时期带有“科学自然主义”风格的艺术作品中看到，而且还能从诸多现代派艺术作品中看到。

如果说“科学自然主义”艺术充分运用了科学的观察方法和分析技巧的话，那么，现代派艺术则大胆借鉴了现代科学高度抽象的理性。正如阿恩海姆所说的，“科学的方法，就是从个别的和表面的现象后退从而更直接地把握

① 鲁道夫·阿恩海姆：《艺术与视知觉》，滕守尧等译，中国社会科学出版社，1984年版，引言第5页。

② 鲁道夫·阿恩海姆：《视觉思维》，滕守尧译，四川人民出版社，1998年版，前言第1页。

③ 马丁·约翰逊：《艺术与科学思维》，傅尚逵等译，工人出版社，1988年版，第223页。

④ 乔治·萨顿：《科学的生命》，刘珺珺译，商务印书馆，1987年版，第71页。

事物的本质的方法”。而“这种对纯粹本质的直接把握，是那些优秀的现代派绘画和雕塑企图通过抽象而要达到的目的”①。

由此可见，理性思维作为对非理性思维方式的重要补充，对于艺术创造活动来说，不仅是不可或缺的，而且也有着十分重要的地位和作用。它往往伴随着艺术家的知觉和想象，帮助艺术家理解和洞察事物的现象和本质，给艺术作品注入更加深邃的意义。因此，尽管艺术创造的最终成果似乎是直观的、情感的和想象的，但它往往也是非理性和理性两种思维方式通力合作的结果。

三、客观性与个性

人们往往用客观性与个性来界定科学与艺术两种文化的区别。然而，这种区别也是相对的，而不是绝对的。正如当代认知科学研究表明，在科学家与艺术家的“人格特质”当中存在着共通性，这种共通性为研究艺术与科学领域的创造性提供了非常有启发的线索。②

毫无疑问，讲求客观性的确是科学文化最重要的特征，用罗素的话来说，“科学知识的目的在于去掉一切个人的因素，说出人类集体智慧的发现”③。逻辑实证主义的“经验证实原则”，波普尔的“大胆猜想，严格反驳”，都强调了科学的客观性问题。可以说，离开了客观性，科学将不成其为科学。然而，科学也的确存在其风格等个性化因素。

波尔兹曼曾说，“一位音乐家在听到几个音节后，即能辨认出莫扎特、贝多芬或舒伯特的音乐。同样，一位数学家或物理学家也能在读了数页文字后辨认出柯西、高斯、雅科比、亥姆霍兹或克尔基霍夫的工作”④。杨振宁以物理学为例，对科学为什么会有风格这个问题做了这样的解释，他说，物理学原理有其自身的结构。而每个物理学家对这个结构有着不同的感受，于

① 鲁道夫·阿恩海姆：《艺术与视知觉》，滕守尧等译，中国社会科学出版社，1984年版，第184页。

② Charyton C，*Creativity and Innovation Among Science and Art：A Discussion of the Two Cultures*，London：Springer，2015，p. 179.

③ 罗素：《人类的知识》，张金言译，商务印书馆，1983年版，第9页。

④ 参见杨振宁：《杨振宁文集》（下），华东师范大学出版社，1998年版，第841页。

是，“就会发展他自己独特的研究方向和研究方法。也就是说他会形成他自己的风格”[①]。

杨振宁认为，20世纪两位大物理学家狄拉克和海森堡的风格就形成了一个鲜明的对比。他们两者都有惊人的独创力。狄拉克的特点是“话不多”，而其内含有“简单、直接、原始的逻辑性。一旦抓住了他独特的，别人想不到的逻辑，他的文章读起来便很通顺”，“没有任何渣滓，直达深处，直达宇宙的奥秘”[②]。而海森堡的特点是“朦胧、不清楚、有渣滓”，读了他的文章，你会觉得“问题还没有做完，没有做干净，还要发展下去”[③]。为什么两者的风格如此不同？主要原因是他们所专注的物理学内涵不同。海森堡从实验与唯象理论出发：“实验与唯象理论是五光十色，错综复杂的，所以他要摸索，要犹豫，要尝试了再尝试，因此他的文章也就给读者不清楚，有渣滓的感觉。”[④]而狄拉克则从数学的灵感出发：“数学的最高境界是结构美，是简洁的逻辑美，因此他的文章也就给读者‘秋水文章不染尘’的感受。”[⑤]

总的来说，科学存在着风格等个性化因素的主要原因在于：其一，与艺术创造一样，科学研究的领域是十分广阔的，不同领域的研究或同一领域的不同层面(如杨振宁所概括的物理学领域中的实验、唯象理论、理论架构和数学不同层面)的研究，就会显示不同的特点，从而形成不同的风格等个性化因素；其二，与艺术活动一样，科学也是人类的历史的创造性活动，因而科学成果不仅往往不可避免地留下时代的印记，而且也往往不可避免地留下创造者个人的风格和个性。事实上，即使解决同一个问题，研究者们往往也会体现完全不同的灵感、思路和智慧。科学存在着风格等个性化因素，在某种意义上正是体现了科学的创造性一面，而创造或创新既是艺术的灵魂，也是科学的灵魂。

反之，毫无疑问，艺术非常讲求风格和个性，它比任何其他文化都具有更强烈的个性化色彩。可以说，没有风格和个性，就没有真正意义上的艺术。

---

① 杨振宁：《杨振宁文集》(下)，华东师范大学出版社，1998年版，第841～842页。
② 杨振宁：《杨振宁文集》(下)，华东师范大学出版社，1998年版，第842页。
③ 杨振宁：《杨振宁文集》(下)，华东师范大学出版社，1998年版，第846页。
④ 杨振宁：《杨振宁文集》(下)，华东师范大学出版社，1998年版，第849页。
⑤ 杨振宁：《杨振宁文集》(下)，华东师范大学出版社，1998年版，第849页。

这是艺术的创造性一面。然而，艺术也的确存在着不容忽视的客观性问题。

卡西尔指出："艺术哲学同样也展示出我们在语言哲学中碰见的两种对立倾向之间的冲突。"于是，"语言和艺术都不断地在两个相反的极之间摇摆，一极是客观的，一极是主观的"①。这就是说，不管人们将着重点放到哪一边，艺术的客观性问题都是不可忽视的。

无疑，从"摹仿论"的观点来看艺术，艺术的客观性是十分明显的，主要体现在：艺术所描绘的总体"与实物相符"。当然，即使最彻底的摹仿说也不会简单地停留于"与实物相符"，也"不得不在某种程度上为艺术家的创造性留出余地"②。

即使从"想象论"或"表现论"的观点来看艺术，艺术的客观性问题也是难以回避的。因为其一，想象不能凭空想象。阿恩海姆曾批评在现代派艺术中所存在的脱离客观现实的倾向，认为某些艺术家过多地将注意力集中于空洞的理念，而忘掉了活生生的素材，"这是一种危险的倾向"③。其二，想象或表现还有一个被认同的问题。正如马丁·约翰逊指出的，我们同艺术家所建立的密切联系，"是由于艺术家洞察人类疾苦和振兴人类命运所反应出来的想象力"④。那种"'富有想象的艺术'，只有当它能够促进对从古至今、从音乐到与之差别很大的艺术及诗歌的欣赏时，它被赋予的意义才是令人信服的"⑤。

波普尔曾批判那种将艺术纯粹看作是艺术家的自我表现、个性表现或情感表现的理论，认为"表现主义的艺术理论是空洞的，因为一个人或一个动物所能做的一切，都是对一种内部状态、对情感和个性的表现"，但"这并不是艺术特征"⑥。在他看来，音乐家需要类似巴赫的创作室，在那里通过深造

---

① 恩斯特·卡西尔：《人论》，甘阳译，上海译文出版社，1985年版，第176页。

② 恩斯特·卡西尔：《人论》，甘阳译，上海译文出版社，1985年版，第177页。

③ 鲁道夫·阿恩海姆：《艺术与视知觉》，滕守尧等译，中国社会科学出版社，1984年版，第185页。

④ 马丁·约翰逊：《艺术与科学思维》，傅尚逵等译，工人出版社，1988年版，第32页。

⑤ 马丁·约翰逊：《艺术与科学思维》，傅尚逵等译，工人出版社，1988年版，第46页。

⑥ 卡尔·波普尔：《通过知识获得解放》，范景中等译，中国美术学院出版社，1996年版，第281页。

才能培养出来。音乐家的创作可能就像科学家一样，需要运用试错法。随着不断试错，就会不断提高其音乐判断力和鉴赏力，不断丰富其创造性和想象力。[①]于是，波普尔提出音乐家主要是“为解决音乐问题而奋斗”，而不是专心致志地表现他的情感这样一种与表现主义截然不同的观点。[②]尽管波普尔的观点也有片面性，但是，他的确深刻地揭示了艺术的客观性一面，以及艺术与科学的关联。

总的说来，艺术的风格和个性是建立在对客观事物的深刻洞察基础上的。它不是艺术家任意想象和表现的结果，而是像科学活动那样，在长期的学习、训练和创作过程中逐步形成的。而且，一般说来，富有个性和风格的艺术作品，只有在服务于传达人类的深切情感，并且得到人们共鸣的情况下，才会得到认可。因此，与科学活动相类似，艺术创造也的确或多或少地具有某种波普尔所说的“猜想与反驳”的特征，具有某种客观的评价标准。

四、真理与美

人们往往以求真与求美来分别界定科学与艺术活动的目的。然而，这种界定也是相对的，而不是绝对的。

毫无疑问，追求真理是科学活动最重要的目的之一，但科学家在追求真理的同时也在追求美。在科学活动中，求真与求美往往是紧密地联系在一起的。

开普勒深受毕达哥拉斯和柏拉图的影响，坚信宇宙内在的“数学的和谐”，即所谓“天体的音乐”，是行星运动的真实原因。[③]这是开普勒工作的真正动力。在爱因斯坦看来，“从那些看来同直接可见的真理十分不同的各种复杂的现象中认识到它们的统一性，那是一种壮丽的感觉”[④]。正是这种“壮丽的感

---

① 卡尔·波普尔:《通过知识获得解放》，范景中等译，中国美术学院出版社，1996年版，第284页。

② 卡尔·波普尔:《通过知识获得解放》，范景中等译，中国美术学院出版社，1996年版，第288页。

③ 丹皮尔 W C:《科学史》，李珩译，商务印书馆，1975年版，第192～193页。

④ 爱因斯坦:《爱因斯坦文集》第三卷，许良英等译，商务印书馆，1979年版，第347～348页。

觉”，使科学家产生一种对“宇宙的宗教的感情”。他赞赏普朗克的一切论文具有那种“纯真的艺术风格”，他说，在研究普朗克的著作时，“一般都会产生这样一种印象，觉得艺术性的要求是他创作的主要动机之一”[①]。

狄拉克宣称，“必须把简单性原理改为数学美原理。研究工作者，在他致力于用数学形式表示自然界时，主要应该追求数学美”，特别是“应该把简单性附属于美而加以考虑”[②]。那么，真理与简单性又是什么样的关系呢？爱因斯坦说：“逻辑上简单的东西，当然不一定就是物理上真实的东西。但是，物理上真实的东西一定是逻辑上简单的东西。”[③]

杨振宁也将“美与物理学”联系在一起，认为

> 牛顿的运动方程、麦克斯韦方程、爱因斯坦的狭义与广义相对论方程、狄拉克方程、海森堡方程和其他五六个方程是物理学理论架构的骨干。它们提炼了几个世纪的实验工作与唯象理论的精髓，达到了科学研究的最高境界。它们以极度浓缩的数学语言写出了物理世界的基本结构，可以说它们是造物者的诗篇。[④]

而且，它们的确具有诗的特点。学物理的人面对这些诗一样的方程的具体感受是，似乎有一种“庄严感”、“神圣感”和“初窥宇宙奥秘的畏惧感”，仿佛感受到“筹建哥特式教堂的建筑师们所要歌颂的崇高美、灵魂美、宗教美、最终极的美”[⑤]。

由此可见，对美的追求对于科学创造活动来说，有着十分重要的意义：它不仅给科学家以美的体验、美的感受和美的境界，从而激发科学家的探索和创造热情，推动科学活动的蓬勃发展，而且这种美的体验、美的感受和美的境界常常转化为科学家的直觉和灵感，从而取得突破性的科研成果。尽管

---

① 爱因斯坦：《爱因斯坦文集》第一卷，许良英等译，商务印书馆，1976年版，第73页。
② 狄拉克：“数学和物理学的关系”，《自然科学哲学问题丛刊》1982年第2期，第13页。
③ 爱因斯坦：《爱因斯坦文集》第一卷，许良英等译，商务印书馆，1976年版，第380页。
④ 杨振宁：《杨振宁文集》（下），华东师范大学出版社，1998年版，第850页。
⑤ 杨振宁：《杨振宁文集》（下），华东师范大学出版社，1998年版，第850～851页。

将“简单”、“对称”、“和谐”和“统一”这些美学理念作为科学评价的重要标准尚有争议，但是，科学家们的确已经将对美的追求融于科学创造活动之中，并取得了累累硕果。

反之，毫无疑问，追求美是艺术活动最重要的目的之一，但艺术家在追求美的同时也在追求真理。在艺术活动中，求美与求真也往往是紧密地联系在一起的。艺术与真理、美与真理的关联似乎不再仅仅局限于艺术家的心理体验，而已经成为艺术哲学和美学所研究的重要课题。

海德格尔主要从本体论的角度探讨了艺术与真理、美与真理的关联。他将真理看作是“真实的本质”或“真实的本性”，而将艺术看作是“使真理得到自我显现的东西”。他说：“艺术品以它自己的方式敞开存在物的存在。这种敞开，即去蔽，亦即存在物的真理在艺术品中发生。”因此，“在艺术品中，所是的真理已经将自身显现。艺术乃是使真理得到自我显现的东西”[①]。这也是“自我遮蔽的存在物怎样被照耀的那种情形”。好比一种“光将自己照亮并投射到作品里，这种投入作品的照耀就是美。美是一种作为去蔽的真理发生的方式”[②]。可见，海德格尔的艺术观似乎首先关注的是真理的形成和发生，即存在的显露，而将美看作是这种显露的方式之一。

加达默尔在《真理与方法》一书中沿着海德格尔开辟的方向，不仅探讨了“艺术经验里真理问题的展现”，而且将“真理问题扩大到精神科学里的理解问题”。他认为，不仅艺术经验存在着那种“在本质上超越方法论知识范围的真理”，而且整个人文科学也同样存在着这种真理。人文科学在研究“以各种形式出现的我们的历史传统”的同时，“在其中真理也得到了表达”[③]。

当然，从本体论角度来探讨艺术与真理的关系问题尚有很多疑点和问题，其中最大的疑点和问题是：离开对“真实的本质”的认识，艺术何以能够使“真理得到自我显现”？还有，如果纯粹从解释学的意义上来理解真理，那么，所谓“真实的本质”只不过是一种虚设。因为任何人的任何思想和观点都可

---

① Heidegger M，*Poetry，Language，Thought*，New York：Harper & Row Publishers，Inc.，1975，p. 39.

② Heidegger M，*Poetry，Language，Thought*，New York：Harper & Row Publishers，Inc.，1975，p. 56.

③ Gadamer H，*Truth and Method*，London：Sheed and Ward Ltd.，1975，p.xiii.

被视作一种“解释”，因而都可认为是对真理的一种表述。

也有不少哲学家还是从认识论的角度来阐述艺术与真理、美与真理的关联。例如，科林伍德将思维区分为两种形式，即意识和理智。他认为，意识及艺术本身，“并不是理智，它既不论证也不能论证”[①]。然而，艺术同样是“对真理的追求”。只不过，它所追求的并不是“关于关系的真理”，而是“关于个别事实的真理”。因此，“艺术所发现的真理是那些单一的而且自足的个体存在”[②]。

而卡西尔则从“概念的深层”与“形象的深层”来界定科学真理与艺术真理的差别。在他看来，对事物的深层认识：

> 有着一种概念的深层，同样，也有一种纯形象的深层。前者靠科学来发现，后者则在艺术中展现。前者帮助我们理解事物的理由，后者则帮助我们洞见事物的形式。……但是美的真理性并不存在于对事物的理论描述或解释中，而毋宁是存在于对事物的“共鸣的想象”之中。这两种真理观是彼此大不相同的，但并不是抵触的或矛盾的。[③]

由此可见，尽管哲学家们对艺术真理的理解各不相同，但它已经成为艺术哲学和美学的重要课题。对真理的追求对于艺术创造活动来说，也有着十分重要的意义：它不仅将给艺术及其艺术活动注入更加深邃的意义，使真与美真正融合在一起，而且，它还有助于避免或遏制使艺术严重脱离客观现实的危险倾向。这种倾向的结果，只能使艺术“溢出了艺术的容器”，最终导致艺术的解体。[④]从某种意义上可以说，对真理的追求是艺术沿着正确的方向健康发展的重要保证。

---

① 罗宾·乔治·科林伍德：《艺术原理》，王至元等译，中国社会科学出版社，1985 年版，294 页。

② 罗宾·乔治·科林伍德：《艺术原理》，王至元等译，中国社会科学出版社，1985 年版，295 页。

③ 恩斯特·卡西尔：《人论》，甘阳译，上海译文出版社，1985 年版，第 215～216 页。

④ 丹尼尔·贝尔：《资本主义文化矛盾》，赵一凡等译，生活·读书·新知三联书店，1989 年版，第 99 页。

综上所述，一般说来，科学与艺术存在着认识与体验、理性与非理性、客观性与个性、求真与求美的差别，正是这些差别使它们成为“一个硬币的两面”。但是，这种差别只是相对的，不是绝对的。科学包含着重要的体验、非理性、个性和求美的因素，艺术也包含着重要的认识、理性、客观性和求真的因素。从这种意义上说，科学包含着重要的艺术因素，艺术也包含着重要的科学因素，它们之间有着深刻的关联。形象地说，尽管“硬币的两面”有着很大的差别，但它们铸在“同一枚硬币”上，因而有着不可分割的联系。“这枚硬币”就是人类的历史活动，科学与艺术是人类历史活动中最富有创造性的两个方面。不管科学与艺术在直观上和形式上有多大的差别，它们都是人类在漫长的历史岁月中的创造，都深深地铭刻着人类自身的印记。正是人类的创造性，通过认识与体验、理性与非理性、追求客观性与个性、真理与美等多种方式的运用，将科学与艺术紧紧地联系在一起。正是由于科学与艺术深刻的关联，所以如萨顿所说，“理解科学需要艺术，而理解艺术也需要科学”①。也正是由于科学与艺术深刻的关联，我们可以通过激发或调动科学中的艺术因素来推进科学的创造，也可以通过挖掘并运用艺术中的科学因素来促进艺术的发展。

第二节　人文科学的科学性与人文性

在如何理解人文科学的性质及其定位的问题上，必须克服并超越两种狭隘的科学观：一种是狭隘的实证主义的科学观；另一种是狭隘的人文主义的科学观。前者试图用狭隘的实证主义的观念来规范或统一科学，从而大大否定了人文科学的人文性；后者则是对实证主义的反动，试图用狭隘的人文主义来界定或规范人文科学，从而又大大抹杀了人文科学的科学性。这两种科学观不仅对人文科学的性质及其定位都做了片面的理解，而且从根本上切断了科学与人文之间的关联，加剧了所谓的科学世界与人文世界的分离和对立。

① 乔治・萨顿：《科学的生命》，刘珺珺译，商务印书馆，1987 年版，第 20 页。

一、两种狭隘的科学观

以逻辑实证主义为代表的实证主义者似乎并没有完全排斥人文科学或精神科学，但他们反对狄尔泰、文德尔班、李凯尔特等人欲在自然科学之外，建构一种历史科学、文化科学或精神科学的主张。在逻辑实证主义看来，科学作为自然理论的体系，作为实际真理的系统，“在原则上仅有一种，就是自然科学”。所谓精神科学根本称不上像自然科学那样的独立科学，因为作为一种知识体系，无论是从理论上还是方法上而言，“都是属于自然科学范围内的”[①]。这就是说，尽管逻辑实证主义者对认识(科学)世界和体验(人文)世界做了截然的区分，但是，他们反对将科学世界进一步区分为自然科学的世界和精神(人文)科学的世界，强调所谓科学，在原则上只有一种，那就是自然科学；所谓精神(人文)科学，无论是从理论上还是从方法上而言，都是属于自然科学范围的。当然，逻辑实证主义者对精神(人文)科学能否成立还是持怀疑态度的，至少认为其“在理论上还是非常勉强的”[②]。

卡尔纳普关于物理主义的观点在逻辑实证主义那里颇有代表性。这个观点宣称：“物理学语言是科学的普遍语言，这就是说，科学的任何领域内的语言可以保存原来的内容翻译成为物理学语言。”因此，可以从中得出这样的结论，“科学是一个统一的系统，”在其中“自然科学与精神科学并不是分裂的”[③]。显然，这个观点进一步强调了科学的统一性，即自然科学与精神科学的统一，并强调用“物理主义”来规范和统一科学。所谓“物理主义”其实质就是主张物理学语言是科学的普遍语言，换句话说，一切科学语言都可以还原为物理学语言，从而彻底贯彻逻辑实证主义的“经验证实原则”，排除一切“形而上学”。因此，“物理主义”也就是一种彻底的实证主义。

在逻辑实证主义，特别是物理主义科学观的支配下，人文科学的处境无疑是相当艰难的。因为事实上人文科学的许多语言几乎不可能还原成物理学语言，更不可能得到物理学意义上的“经验证实”，因而只能被当作“形而上学”从“科学”的领域中清除出去。因此，逻辑实证主义在表面上似乎保留

---

① 洪谦：《维也纳学派哲学》，商务印书馆，1989 年版，第 131 页。

② 洪谦：《维也纳学派哲学》，商务印书馆，1989 年版，第 131 页。

③ 洪谦：《现代西方哲学论著选辑》（上），商务印书馆，1993 年版，第 490 页。

了精神(人文)科学，实质上却以“统一科学”的名义将其彻底架空或否认了。正如马格里斯在反思逻辑实证主义的历史时犀利指出的，逻辑实证主义所倡导的统一科学纲领“几乎从一开始就完全失败了”[①]。

逻辑实证主义者对哲学的改造颇能说明问题。他们将传统哲学大致分为三个部分，即形而上学、心理学和逻辑学。在他们看来，形而上学与其说是理论，毋宁说似诗歌，应归入文学艺术范畴；心理学由于已采用实验方法，所以应归于经验科学范畴；传统哲学所要保留的只是逻辑学部分。卡尔纳普明确提出，“用一种严格的科学学科来替代传统哲学。这种严格的学科就是作为科学语言的句法的科学逻辑”[②]。他说：“如果哲学对科学性有所要求，那么科学逻辑就是哲学的唯一的构成部分。”[③]这种哲学“不是陈述，也不是理论，也不是体系，而只是一种方法：逻辑分析法。”这也就是“与形而上学对立的‘科学的哲学’”[④]。用石里克的话来说，“哲学就是那种确定或发现命题意义的活动。[⑤]。然而，“哲学不是一个命题体系，它不是一门科学”[⑥]。他认为，“‘形而上学’的错误”就在于，“认为哲学命题的真正意义和最后内容可以再用陈述来表述，即可以用知识来阐明”[⑦]。

由此可见，经过逻辑实证主义者一番改造，哲学的人文科学地位已经不复存在：它不仅丧失了人文性(关于价值哲学、伦理学、美学等内容均被当作“形而上学”予以彻底清除)，而且也丧失了科学性(它不是一种知识的体系，而只是一种活动的体系；它不是一门科学，而只是一种“科学逻辑”)。当然，在逻辑实证主义的支配下，像历史学、文学、艺术学等其他人文科学并不会比哲学有更好的命运。如果说，哲学尚能保留其“科学逻辑”的名义的话，那么，其他人文科学由于既不可能还原为“物理学语言”，又拿不出“科学逻

① Margolis J，*Culture and Cultural Entities：Toward a New Unity of Science*，London：Springer，2009，p. 135.

② 洪谦：《现代西方哲学论著选辑》(上)，商务印书馆，1993 年版，第 492 页。

③ 洪谦：《现代西方哲学论著选辑》(上)，商务印书馆，1993 年版，第 462 页。

④ 洪谦：《逻辑经验主义》，商务印书馆，1989 年版，第 32～33 页。

⑤ 洪谦：《逻辑经验主义》，商务印书馆，1989 年版，第 9 页。

⑥ 洪谦：《逻辑经验主义》，商务印书馆，1989 年版，第 9 页。

⑦ 洪谦：《逻辑经验主义》，商务印书馆，1989 年版，第 9 页。

辑”，所以将面临更加艰难的境地。

与实证主义科学观相对立的是人文主义科学观，其中伽达默尔的哲学解释学颇有代表性。伽达默尔在他的《真理与方法》一书“导言”中明确指出，他的研究“将从现代科学内部这样一种对抗开始，这种对抗反对关于科学方法的普遍要求”[①]。而要“寻求那种超越在科学方法控制范围内的关于真理的经验”[②]。于是，“人文科学与科学以外的各种经验(即哲学、艺术和历史本身的经验)方式便结合在一起了”[③]。他强调，这种“解释学不是一种人文科学的方法论”，而是关于“理解什么是真正的超越它们的方法论自我意识的人文科学和什么使它们同我们关于世界的全部经验相联系的一种尝试”[④]。

同逻辑实证主义的实证主义和物理主义相反，伽达默尔的哲学解释学对精神科学或人文科学的理解是人文主义和艺术主义的。他的出发点是，“形成于德国的浪漫主义运动并变得富有现代科学精神的历史的人文科学，始终保存着一种人文主义的传统”[⑤]。这种传统“使它们接近于另一类完全超越科学的经验，尤其是艺术所特有的经验”[⑥]。伽达默尔的哲学解释学的整个思路就是，从以“艺术经验中真理问题的展现”为出发点，进而将“真理问题扩大到人文科学的理解”问题，去发展一种与“我们整个解释学的经验相应的关于知识和真理的概念”[⑦]。

值得注意的是，尽管伽达默尔的哲学解释学主要关注的是精神科学或人文科学的理解问题，但是，它似乎也包含“统一科学”的意味。在伽达默尔看来，“理解的现象不仅遍及所有人与世界的关系，而且，在科学内部也有一种独立的合法性”[⑧]。他反对“面对诸如数学或美学这种超历史的存在方式，解释学方面有其限制”的观点，强调“解释学方面的普遍性在其他领域也不

① Gadamer H，*Truth and Method*，London：Sheed and Ward Ltd.，1975，p.xii.
② Gadamer H，*Truth and Method*，London：Sheed and Ward Ltd.，1975，p.xii.
③ Gadamer H，*Truth and Method*，London：Sheed and Ward Ltd.，1975，p.xii.
④ Gadamer H，*Truth and Method*，London：Sheed and Ward Ltd.，1975，p.xiii.
⑤ Gadamer H，*Truth and Method*，London：Sheed and Ward Ltd.，1975，p.xvii.
⑥ Gadamer H，*Truth and Method*，London：Sheed and Ward Ltd.，1975，p.xvii.
⑦ Gadamer H，*Truth and Method*，London：Sheed and Ward Ltd.，1975，p.xiii.
⑧ Gadamer H，*Truth and Method*，London：Sheed and Ward Ltd.，1975，p.xi～xii.

能被随意限制或剥夺”[①]。

显然，如果说用狭隘的实证主义和物理主义来理解自然科学与人文科学及其统一性，是一种片面的和极端的倾向的话，那么，用狭隘的人文主义和艺术主义来理解人文科学与自然科学及其统一性，同样也是一种片面的和极端的倾向。因为尽管科学与艺术有着深刻的关联，并包含诸多的“解释”因素，但并不能因此将科学的本性归结为“艺术经验”或“解释学”。正如艺术也包含诸多“实证”因素和“物理”因素，但并不能因此将艺术的本性归结为“实证性”或“物理学”一样。即便是人文科学，也许它的确比自然科学包含更多的“解释”因素和“艺术”因素，也不能仅仅从狭隘的人文主义和艺术主义的角度来理解。事实上，伽达默尔的哲学解释学在形式上似乎捍卫了人文科学的独立性和合法性，但实质上却是突出了人文科学的人文性，贬低了人文科学的科学性。因为它将人文科学最终归结为“另一类完全超越科学的经验，尤其是艺术所特有的经验”范畴，它所揭示的所谓人文科学的真理，充其量只不过是“非科学经验”或“艺术经验”里所“展现”的“真理”，而不是真正科学意义上的真理。

二、人文科学的科学性

理解人文科学的关键，首先在于理解人文科学的科学性。也就是说，从科学经验出发去理解人文科学，理解人文科学与自然科学的统一性。

伽达默尔的哲学解释学只是从“非科学经验”，尤其是从“艺术的经验”的角度来理解人文科学，自然就难以理解人文科学的科学性。的确，人文科学的研究对象包括艺术等非科学文化，因而需要更多地关注“非科学经验”，尤其是“艺术的经验”，然而，“非科学经验”及“艺术的经验”并不是人文科学的唯一因素，甚至可以说不是其主要的因素。人文科学之所以能够成立并被称为“科学”，关键是它依靠了科学的经验，即用科学的思想、科学的方法和科学的精神去探讨和研究人文领域的各种问题和经验，包括“非科学经验”及“艺术的经验”。应当看到，“非科学经验”及“艺术的经验”与对“非科学经验”及“艺术的经验”的研究，这两者之间是有明显区别的，决不能

① Gadamer H，*Truth and Method*，London：Sheed and Ward Ltd.，1975，p.xix.

将人文科学简单地归结为“非科学经验”及“艺术的经验”。

事实上，近现代人文科学的产生和发展在很大程度上的确是建立在近现代科学经验基础之上的。从某种意义上可以说没有近现代的科学就没有近现代的人文科学。近现代哲学的产生和发展就是最典型的例子。怀特海在谈到科学对近现代哲学的影响时指出，近现代哲学同近现代科学起源相近，发展大致同步。其总趋势部分由近代科学的先驱者在 17 世纪确立。[①]他总结说，笛卡儿和莱布尼茨分别以同样的方式创立了两种不同的思想体系，“使后日的哲学在某种程度上和科学保持了接触”。这两种思想体系在康德哲学中都有所反映。直到 20 世纪，“哲学学派才把上述两个传统结合起来，表达了一个从科学中导引出来的世界观”[②]。在这里，怀特海仅用几句话就精辟地勾画了科学对西方近现代哲学的重大影响。

的确，科学对近现代哲学的影响，是任何其他文化所无法比拟的。历史上无数科学家(如笛卡儿、莱布尼茨、康德、罗素、卡尔纳普等)同时也是哲学家。他们将科学的经验，包括科学的思想、科学的方法和科学的精神带入哲学，从而大大推进了哲学的发展。所谓“分析的时代”、“哲学作为严格的科学”和“逻辑实证主义”等都是哲学科学化的重要标记。石里克甚至断言：“所有过去的哲学进步都是来自科学的知识和科学问题的研究”[③]。虽然这种说法未免有些言过其实，但它的确从一个侧面反映了科学对哲学的巨大影响。可以说，离开科学经验，而只是用“非科学经验”来理解哲学，特别是近现代哲学，那么，如此理解的哲学将变得非常狭隘、空洞和肤浅。对于作为世界观的哲学是如此，对于历史学、文学、艺术学等人文科学也是如此。如果历史学、文学、艺术学等人文科学仅仅停留或局限在“非科学经验”的层面上，那么，就谈不上是人文科学，并从根本上失去其意义。

如果说，科学与艺术是“一个硬币的两面”，那么，人文科学恰好处于这个硬币的中间层面，一面与科学相连，另一面与艺术(人文)相连。人文科学的科学性在于，与自然科学一样，它在本质上也是一种认识活动，并且其思

① 怀特海 A N：《科学与近代世界》，何钦译，商务印书馆，1959 年版，第 133 页。

② 怀特海 A N：《科学与近代世界》，何钦译，商务印书馆，1959 年版，第 149～150 页。

③ 莫里茨・石里克：《自然哲学》，陈维杭译，商务印书馆，1984 年版，第 7 页。

维方式在本质上是理性的。在这方面，人文科学与以体验和情感为主的艺术活动有着很大区别。即使用逻辑实证主义的“逻辑”和“实证”这两个最强的科学标准来衡量，应当看到，人文科学的科学性也不是可以完全抹杀的。因为人文科学也强调“逻辑”和“证据”：要求材料翔实、论据确凿、推理严密、结构严谨等。例如，一般说来，哲学非常讲究逻辑性，逻辑实证主义者甚至试图将其改造为“科学的哲学”，用以探讨科学的逻辑基础，确定或发现命题的意义，这正是从一个侧面反映了哲学的科学性。而历史学则非常讲究历史事实和历史依据，颇有“实证”的色彩。

当然，人文科学也许难以做到像自然科学那样精确，难以归结为“物理学”，并且其直觉因素和思辨因素也比自然科学要强得多。然而，这些都不足以否定人文科学的科学性。应当看到，数学化的物理学仅仅是自然科学中关于精确性和实证性的典范，但并不是所有自然科学都能够转化为物理学语言，都能做到像物理学那样“精确”和“实证”。物理学与化学有较大差别；物理学与生物学的差别则更大。如果要将所有的科学都归结于“物理学”，这显然是一种严重的机械论倾向。更进一步说，即使是物理学，其精确性和实证性也是相对的，而不是绝对的。正如皮亚杰所说的，“任何实验科学包括理论物理学都永远只能是近似的”[①]。而且，不少自然科学理论，如生物学的达尔文进化论，地质学的灾变论与渐变论、大陆漂移说与板块构造理论，现代宇宙学的大爆炸理论等，也带有很强的直觉因素和思辨因素。

在皮亚杰看来，就自然科学意义上的实验而言，并非只是人文科学有困难。有些自然科学，不仅涉及一去不复返的历史，而且由于问题过于复杂以致无法对其进行精确的实验，因而这些学科的处境往往与人文科学差不多。[②]比如天文学，特别是涉及历史演化的宇宙学与地质学就是如此。对于它们来说，有的既难以做物理实验，又无法进行严格的演绎推理。[③]因此，其“逻辑性”和“实证性”便大打折扣。如果真的用“物理主义”的标准来衡量，那么，不仅人文科学，而且许多自然科学都将被排除在“科学”的范畴之外。

① 让·皮亚杰：《人文科学认识论》，郑文彬译，中央编译出版社，1999年版，第56页。
② 让·皮亚杰：《人文科学认识论》，郑文彬译，中央编译出版社，1999年版，第36页。
③ 让·皮亚杰：《人文科学认识论》，郑文彬译，中央编译出版社，1999年版，第34～35页。

更进一步说，历史主义的科学哲学业已表明，即使是物理学也不够“逻辑”和“实证”，因为逻辑实证主义的根本原则，即“经验证实原则”已遭到普遍怀疑。

人文科学与自然科学的统一性在于，它们之间不仅是相互衔接的，而且是相互渗透的。这首先表现在人文科学与自然科学之间存在着不少交叉领域(如心理学、地理学等)，这些领域可以说既属于自然科学，又属于人文科学。心理学就是典型。一方面，心理学无疑同生物学、生理学等学科密切相关，因而在一定程度上部分地可以采取自然科学的实验方法，与哲学思辨保持一定的距离；另一方面，心理学毕竟主要研究的是人，而人又是社会的和文化的，于是，心理学又不能完全摆脱人文科学，特别是哲学。因此，心理学“在很长一段时间内是哲学的臣仆”[①]。即使在今天，“事实上，每个心理学家都部分地屈从于自己的认识论”[②]。

人文科学与自然科学相互关系的不可分割性还表现在，两者的方法往往是相互渗透和相互补充的。例如，考古学需要运用精确的自然科学方法，特别是物理学和化学的方法；分析哲学则借用了自然科学的分析方法和数理逻辑。而生物学、宇宙学和地质学则需要运用历史的方法；每门自然科学都或多或少包含哲学的思索，甚至可以说处在自然科学最深层的东西往往是哲学的。

皮亚杰关于人文科学在整个科学体系中的地位的论述颇有参考价值。他反对孔德“按照学科复杂性的递增和普遍性的递减”方式进行排列的“线性分类的模式”。按这种方式排列大致的顺序是：“数学、物理科学、生物科学、心理学，最后是相互依存的社会科学。”[③]这种排列方式当然有可能削弱社会科学和人文科学的重要性，以及科学的统一性。在皮亚杰看来，每门科学都具有以下几个层次：①“它的客体或研究的物质内容”；②“它的概念性解释或理论技术”；③“它自有的认识论或对它的基础的分析”；④“它的派生认

---

① 让·皮亚杰：《人文科学认识论》，郑文彬译，中央编译出版社，1999年版，第76页。
② 让·皮亚杰：《人文科学认识论》，郑文彬译，中央编译出版社，1999年版，第81页。
③ 让·皮亚杰：《人文科学认识论》，郑文彬译，中央编译出版社，1999年版，第59页。

识论或结合其他科学的、主客体之间关系的分析。”[①]他强调，只要认真考虑学科的客体(即①层)和派生认识论(④层)的关系，那么，可以清楚地看出，“逻辑的客体不能完全脱离主体，因为逻辑加以形式化的是由主体建造的运算结构。于是，科学的顺序又必然变成环形的了”[②]。尽管人文科学是“最复杂、最困难的学科”，但它“在科学的圆圈中却占据着优越的位置”。它是“建造其他科学的主体的科学”，并且只有人文科学才能“使这个科学圆圈的封闭性，或者更确切地说，它的内在紧密性，变得可以理解”[③]。

无疑，皮亚杰关于“科学圆圈的封闭性”和“内在紧密性”的观点，从一个侧面不仅有力地论证了人文科学的科学性，而且也有力地论证了人文科学与自然科学的统一性，表明人文科学是整个科学体系中的重要组成部分，是“科学圆圈”中的重要一环，是使科学体系保持“内在紧密性”的关键因素。一旦失去人文科学这一重要环节，“科学圆圈”就会断裂，变成孔德意义上的松散的线性序列，甚至变成卡尔纳普意义上的物理学的一个点，从而使得科学体系的整体性、紧密性、丰富性和多样性受到严重损害。

重视人文科学的科学性，并将人文科学看作是整个科学体系不可分割的重要组成部分，不仅有助于更加全面而深刻地理解人文科学，而且也有助于更加全面而深刻地理解自然科学，特别是理解自然科学的人文底蕴。由于受狭隘的实证主义的影响，自然科学常常“被看成为是某种超出人类或高于人类的本质，成为一种自我存在的实体，或者被当作是一种脱离了它赖以产生和发展的人类的状况、需要和利益的母体的‘事物’”[④]。这就潜藏着一种危险，那就是自然科学与人类其他文化活动的分离和科学与人文精神的分离：当实证主义者们强调自然科学的“实证性”和科学方法的独特性，否认人文学科的科学性并宣布其在认识上无意义的同时，实质上也排除或否认了自然科学的人文意义或人文价值，否认了科学与人文精神的关联。相反，强调人文科学的科学性及其在整个科学体系中的地位，显然有助于深刻地理解自然

① 让·皮亚杰：《人文科学认识论》，郑文彬译，中央编译出版社，1999年版，第60页。

② 让·皮亚杰：《人文科学认识论》，郑文彬译，中央编译出版社，1999年版，第60页。

③ 让·皮亚杰：《人文科学认识论》，郑文彬译，中央编译出版社，1999年版，第61页。

④ 瓦托夫斯基 M W：《科学思想的概念基础——科学哲学导论》，范岱年等译，求实出版社，1982年版，第29页。

科学的人文意义和人文价值，理解自然科学与人类其他文化活动和人文精神的关联，从而从根本上克服并超越狭隘的实证主义科学观，使对自然科学的理解上升到一个新的高度和新的境界。

三、人文科学的人文性

理解人文科学的关键，其次在于理解人文科学的人文性。也就是说，从人文经验出发去理解人文科学及其特殊性，理解人文科学与艺术等人文文化之间的深刻关联。

我们已经说过，人文科学恰好处在科学与人文的中间层面，一面与科学相连，另一面又与人文相连。如果说人文科学是“科学圆圈”的重要环节的话，那么，它同时也是人文体系的重要环节。从这个意义上说，不少人文主义者，包括哲学解释学者从人文的角度，特别是从“艺术的经验”这个角度来理解人文科学，应当说是有一定道理的，至少从一个侧面深刻地揭示了人文科学的人文性。他们的根本缺陷在于，只看到人文科学的人文性，而看不到人文科学的科学性，但无论如何，这对于纠正实证主义的观点还是有其重要意义的。人文科学的人文性在于如下几个方面。

首先，人文科学的研究对象就是人文。它不仅建立在人文文化的基础之上，而且本身也是人文文化的重要组成部分。

人文科学与自然科学的研究对象有着重要区别。自然科学的研究对象主要是自然，而人文科学的研究对象主要是人文。所谓人文，简单说来，就是“人”与“文”(文化)，其核心即是人的精神生活或精神世界。尽管自然科学也研究人，但它往往将其研究局限在生物学、生理学或至多心理学的范围之内，并不是从文化学的意义上来研究和探索人的精神生活或精神世界。而后者正是人文科学的核心任务。所谓从文化学的意义上来研究和探索人的精神生活或精神世界，就是说，人文科学对人的精神生活或精神世界的研究和探索，是在文化意义上的，人文科学往往也正是通过研究文化来研究和探索人的精神生活或精神世界。

人文科学的任务具有两重性：一方面，它试图对文化及其人的精神生活或精神世界做理性的研究；另一方面，这种研究同时也是对人的文化理想、生命理想和精神境界的表达与追求。如果说前者更多地体现了人文科学的科学性的话，那么，后者则更多地体现了人文科学的人文性。就关注和探索人的精神生活或精神世界，追求人的文化理想、生命理想和精神境界而言，人文科学与艺术、诗等人文文化的目标是一致的，其文化意义和作用也是十分相近的。所不同的是，前者侧重于理性的形式，而后者侧重于感性的形式。也正是这种差别，使得两者相辅相成、相得益彰。如果说，艺术、诗等人文文化代表着人的生命体验的话，那么，美学、诗学等人文科学则是对生命体验在理性层面上的深化。没有艺术、诗等人文文化，美学、诗学等人文科学就失去感性的基础；反之，没有美学、诗学等人文科学，艺术、诗等人文文化就缺乏理性的深度。只有两者有机结合，才能真正揭示人的精神生活或精神世界的丰富性和深刻性，才能更好地表达和追求人的文化理想、生命理想和精神境界。正如有学者指出的，只有通过人文科学的思想指引，人类才能通过解放性的艺术实践和政治实践重获主体的尊严。①

其次，人文科学的研究方法具有人文的特点。它与自然科学的研究方法的主要区别在于如下几个方面。

其一，自然科学的方法偏重于逻辑(数学)，而人文科学的方法则偏重于历史。显然，数学方法是近现代自然科学得以成立并取得迅速发展的最重要的方法之一。近现代自然科学的“演绎公式化”特点，以及它所引以为自豪的精确性和严密性，都是由数学方法来保证的。虽然科学理论的数学化未必能保证在逻辑上天衣无缝，但是它满足了科学实践中所能达到的最高标准的形式上的严格性。一般说来，尽管人文科学也讲究理性和逻辑，但它难以像自然科学那样普遍地应用数学。相比之下，人文科学更多使用的是历史的方法，因为人文科学的研究对象是人与文化，而人与文化在本质上是历史的。

文德尔班甚至将人文科学称为“历史科学”。他对经验科学做了“纯粹方法论上的”分类，将其区分为“自然科学”与“历史科学”两大类，认为前者是“制定法则的”，后者是“描述特征的”②。在文德尔班看来，就自然科

① Hewlett N，*Badiou，Balibar，Rancière：Re-thinking Emancipation*，New York：Continnum，2007，p. 24.

② 洪谦：《现代西方哲学论著选辑》(上)，商务印书馆，1993年版，第68页。

学家而言，“他所观察的个别特定对象本身根本就没有什么科学价值”，他所关注的是“一种合乎规律的普遍性”[①]。但是，就历史学家而言，“任务则在于使某一过去事象丝毫不走样地重新复活于当前的概念中”。历史学家对历史的描述，很像艺术家对自己想象中东西的描述。因此，“历史工作之于美术工作相近，历史科学之于文艺相近，根源即在于此”[②]。当然，文德尔班关于“自然科学”与“历史科学”的截然区分似有诸多不妥之处，因为“自然科学”也需要运用历史的方法，而“历史科学”也存在着寻找客观规律的问题，将两者在方法论上截然对立起来，势必有损于科学的统一性。况且，将人文科学归结为“历史科学”，正如将自然科学归结为物理科学一样，显然也是有问题的。但是，他的确从一个角度(即从历史方法这个角度)深刻地揭示了人文科学在方法论上的特殊性。

其二，自然科学的方法偏重于实证(实验)，而人文科学的方法则包含更多的直觉和思辨。实验方法也是近现代自然科学得以成立并取得迅速发展的最重要的方法之一。近现代自然科学的实证性和确定性(因此常常被称之为“硬科学”)，主要是由实验方法来保证的。逻辑实证主义者所强调的“经验证实原则”和波普尔所强调的“大胆尝试，严格检验”，都从不同的角度揭示了科学方法的实证性和实验方法的重要性。尽管从认识论上讲，科学实验对做出成功或惊人预言的理论的检验和确证，未必能保证该理论就是正确的，但这是迄今为止对科学理论最强的客观性的要求。一般说来，人文科学难以采用自然科学意义上的实验方法，因而也难以达到自然科学意义上的那种实证性。相比之下，人文科学的方法包含更多的直觉与思辨，这还同其研究对象的特殊性密切相关。

正如前面所说的，人文科学的研究对象是人与文化，而人与文化又是历史的，因而从某种意义上说，人文科学具有文德尔班所说的“历史科学”的性质。要研究一去不复返的历史进程，采用实验方法当然有较大的困难。文德尔班认为，“在自然科学思想中主要倾向于抽象，相反地，在历史思想中主

① 洪谦：《现代西方哲学论著选辑》(上)，商务印书馆，1993年版，第71～72页。
② 洪谦：《现代西方哲学论著选辑》(上)，商务印书馆，1993年版，第72页。

要倾向于直观”[①]。因为历史的陈述其“最终目的永远在于从大量素材中把过去的真相栩栩如生地刻画出来”，包括“人的形貌，人的生活，及其全部丰富多彩的特有的形成过程”，并尽可能将其“描绘得一丝不苟，完全保存着生动的个性”[②]。尽管这种看法似乎抹杀了历史叙述与历史研究之间的区别，但无疑历史研究的确比自然科学带有更强的直观性和直觉性。

除了历史性，人文科学还有一个更为显著的特点是，它试图研究和揭示人的精神生活或精神世界，因而从某种意义上说，人文科学又具有狄尔泰所说的“生命哲学”的性质。它既涉及研究人的理性层面，也涉及研究人的非理性层面，当然更多的则是理性与非理性的结合；有些可以通过语言、行为、文字、实物等来进行研究，但更多地触及包括生活的意义、价值、理想、信念、精神境界等在内的所谓“形而上”的层面，这一层面的许多问题显然是难以用实验或实证的方法来解决的。狄尔泰将人文科学建立在“生命哲学”的基础上，将人文科学的方法论归结为解释学，从而开了现代解释学的先河。他的灵感显然来自“艺术的经验”，来自“德国文学中一个新世界观”，于是，他强调通过直观、体验、移情、理解进入人的精神世界，体尝生命的意义和价值。他宣称：“我们伟大诗学时代日益增强的潮流带来了许多东西：新的生活理想，新的世界观，甚至科学研究的新的方法。”[③]无疑，从狄尔泰到海德格尔、伽达默尔的现代解释学，从“艺术的经验”这个角度出发来理解人文科学，其片面性是不言而喻的：它大大忽视了人文科学的科学性。然而，它也的确从一个侧面深刻地揭示了人文科学的特殊性及其与自然科学的差别。

最后，人文科学的研究成果也具有较强的人文性，它比自然科学的研究成果富有更多的价值因素和个性色彩。

应当指出，即使是自然科学也并不是价值中立的，也往往包含个性色彩。20世纪科学哲学最重要的成果之一，就是揭示了科学与价值的关联。但是，无论如何，自然科学的价值因素和个性色彩还是颇有限度的。正如罗素所说的，“科学知识的目的在于去掉一切个人的因素，说出人类集体智慧的发

① 洪谦：《现代西方哲学论著选辑》（上），商务印书馆，1993年版，第72页。
② 洪谦：《现代西方哲学论著选辑》（上），商务印书馆，1993年版，第72～73页。
③ 刘小枫：《人类困境中的审美精神》，魏育青等译，东方出版中心，1994年版，第155页。

现”[①]。显然，这句话对于自然科学来说，至少在原则上还是适用的。

然而，人文科学的情况往往并非如此。它的价值因素和个性色彩要比自然科学强得多。它们两者之间的差别之大，以致长期以来人们往往认为，人文科学是有赖于价值的，而自然科学是价值中立的；人文科学的思维方式是个性化的，而自然科学的思维方式是普遍化的。在这方面，逻辑实证主义关于认识(科学)世界和体验(人文)世界截然区分的观点是一个典型；李凯尔特关于“文化科学”与“自然科学”截然对立的观点也是一个典型。这类观点的偏颇之处在于，他们看不到自然科学与人文科学之间的联系，看不到自然科学也是一种人类的历史的活动，因而也不可避免地包含价值因素和个性因素。但是，反过来，像后实证主义者和后现代主义者那样，完全抹杀自然科学与人文科学之间的差别，特别是否定其在价值因素和个性因素上的差别，甚至将自然科学的特征也归结为“解释学”，这种观点则走到了另一个极端，也是相当偏颇的。

人文科学之所以比自然科学包含更高的价值因素和更强的个性色彩，关键在于如下几个方面。其一，自然科学的研究对象侧重于自然，而自然本身是与价值无关的；人文科学的研究对象侧重于人与文化，而人与文化同价值密切相关。其二，自然科学强调实证性，任何理论(不管属于何种“范式”)都要接受严格的检验，因而对价值因素和个性因素是一种很强的制约；人文科学带有更多的直觉性和思辨性，因而容易渗透更多的价值因素和个性因素。其三，自然科学强调逻辑化、形式化和数学化，这对价值因素和个性因素也是一种很强的制约；人文科学由于其研究对象的特殊性和复杂性，难以做到这一点，因而也容易渗透更多的价值因素和个性因素。其四，尽管自然科学也难以避免价值因素和个人因素，但其最终成果至少在形式上要求去掉一切价值因素和个人因素，说出人类集体智慧的发现；人文科学由于与意识形态和研究者个人的价值取向的关系更为密切，所以其最终成果不仅难以去掉一切价值因素和个人因素，相反，往往需要凸显研究者个人独特的视角、风格、方法和理论。因此，在这种意义上说，人文科学的确比自然科学更加靠近艺术，或具有更多的艺术因素。

---

① 罗素：《人类的知识》，张金言译，商务印书馆，1983年版，第9页。

综上所述，理解人文科学的关键是，既要理解人文科学的科学性，又要理解人文科学的人文性；既要从科学经验出发去理解人文科学，理解人文科学与自然科学的统一性，又要从人文经验出发去理解人文科学，理解人文科学与艺术等人文文化的深刻关联；既要看到人文科学是科学文化的重要环节，又要看到人文科学也是人文文化的重要环节。因此，人文科学是沟通科学与人文两种文化的桥梁和纽带。

第三节 科学与人文的价值关联

探讨科学与人文两种文化相互融合的基础，不仅需要关注和研究科学与人文二者在文化上的深刻关联，而且需要进一步关注和研究两种文化在价值上的深刻关联。

一、科学的人文价值

所谓“人文价值”这一概念，可做狭义和广义两种理解。所谓狭义的理解，基本上将“人文价值”局限在文化价值和精神价值的范围内，更确切地说，将“人文价值”看作是某一种文化作为一种文化对人的精神生活的意义和价值。所谓广义的理解，是将“人文价值”中的“人文”两字理解为“人”与“文”。这里的“人”，既包括人的物质生活，又包括人的精神生活；这里的“文”，主要指文化，当然也是人的精神生活。因此，对“人文价值”的广义理解就是，将“人文价值”理解为某一种文化对人和文化的全面发展，特别是对人的生存、发展、自由和解放的意义和价值。因为科学不仅具有十分丰富而重要的经济价值和技术价值，而且还具有十分丰富而重要的文化价值和精神价值，因此，无论对“人文价值”做狭义的还是广义的理解，科学都具有十分丰富而重要的人文价值。[①]

探讨科学与人文在价值上的关联，对于科学这方面来说，主要是探讨科

① 孟建伟：《论科学的人文价值》，中国社会科学出版社，2000年版，第3～5页。

学的人文价值，特别是探讨科学对人的文化和精神生活的意义与价值。科学对人的技术和物质生活的意义和价值几乎谁也不否认，但是，许多人(特别是狭隘的人文主义者)往往只看到科学的技术价值和经济价值，而严重忽视科学的文化价值和精神价值，导致出现所谓的科学价值与人文价值、科学精神与人文精神的对立。其原因当然既与流行的狭隘的科学观和文化观有关，又与严重的社会功利化倾向有关。

笔者曾指出，科学作为一种文化，至少具有五种人文意义和人文价值：①认识意义和认识价值；②思想意义和思想价值；③智力意义和智力价值；④精神意义和精神价值；⑤审美意义和审美价值。认为：

> 就人文意义和人文价值而言，科学完全可以同最为典型的人文文化——艺术相提并论，或者可以说，科学与艺术具有同样重要的人文意义和人文价值。科学同艺术一样，都是人类最富有创造性的活动；艺术用音乐、绘画等语言抒发人的情感，而科学则用数学的语言表述人的思想；艺术有助于增进人的生命体验和艺术修养，而科学有利于提高人的认识水平和智力水平；艺术和科学都在追求崇高的理想和精神境界：艺术在不断追求美和发现美，而科学在不断追求和发现真理的同时也在不断追求美和发现美，它们都给人的心灵深处以莫大的自由和快慰，使人变得更加纯粹和高尚。因此，科学不仅具有重要的人文意义和人文价值，而且科学的人文意义和人文价值与艺术的人文意义和人文价值具有明显的互补性。[①]

其实，除此之外，科学至少还有重要的道德意义和道德价值。现代新儒家非常强调道德自我在一切文化生活中的核心地位，认为在每一个文化活动中，虽然在表面上“只实现某一特殊之文化价值”，例如，真和美等，但实质上“皆同时实现或表现一道德价值——亦即使人之超越自我、精神自我，更得尽其本来之理性之价值”[②]。这是有一定道理的。无疑，每一种积极的文化

① 孟建伟：《论科学的人文价值》，中国社会科学出版社，2000年版，第240页。
② 黄克剑等：《唐君毅集》，群言出版社，1993年版，第212页。

活动都同道德的善相联系，否则自身就难以立足。道德的善也不是抽象的和空洞的，它渗透在人类的各种活动中，特别是文化活动中。现代新儒家的偏颇之处在于，他们将科学活动排除在文化活动之外，认为一切文化活动都具有道德价值，唯独科学只专注于向外，只专注于用，因而不具有道德价值。这种观点显然是经不起推敲的。

事实上，就道德意义和道德价值而言，科学也可以同其他任何高尚的文化活动相提并论。爱因斯坦在《悼念玛丽·居里》一文中主要强调了这样两点。第一，像居里夫人这样一位崇高人物对时代和历史进程的贡献，不仅仅局限于其才智成就，更重要的是其道德品质。第二，科学上的才智成就在很大程度上是由道德品格决定的。这就是说，科学与一切高尚的文化活动一样，它需要崇高的道德力量推动，同时又给人类社会带来巨大的道德力量。[①]这是科学与其他一切高尚的文化活动的共性。

此外，科学所体现的道德意义和道德价值也有别于其他文化的个性。关于这一点，我们同样可以在爱因斯坦对居里夫人的评论中看到。毫无疑问，科学活动需要从事者们具备诸如“坚强”、“意志的纯洁”、“律己之严”、“客观”、“公正不阿”和“谦虚”等这种道德品格[①]，否则就难以有所作为；反之，也正是科学活动的这种特性，使它具有的智力探险意义及其客观性、严密性和精确性的要求，比其他任何文化活动更有利于培育和塑造这种带有科学家独特气质的道德品格，正如艺术活动比其他任何文化活动更有利于培育和塑造那种带有艺术家独特气质的道德品格一样。

如果说，居里夫人只能代表少数杰出的科学家，还不具有普遍意义的话，那么，默顿所揭示的四条科学家行为规范则显然带有很大程度的普遍性。这四条规范几乎每一条都深刻地揭示了科学的道德意义和道德价值。①普遍性规范强调的是科学标准的普遍性，即任何科研成果的评价都应该以科学本身的价值为标准，而同其他非科学的价值和因素无关。这里集中体现的是“客观”、“公平”、“公正”的道德精神。②公有性规范强调的是科学知识的公有性，即科学研究成果并不归属科学家个人，而属于整个人类。这里集中体现

① 爱因斯坦：《爱因斯坦文集》第一卷，许良英等译，商务印书馆，1976 年版，第 339～340 页。

的是“为人类服务”、“为人类造福”的道德精神。③无私利性规范强调的是为科学而科学，即从事科学活动、创造科学知识的人不应以科学谋取私利。这里集中体现的是“无私”、“奉献”的道德精神。④有条理的怀疑主义规范强调的是对于任何科学知识，无论是新的还是旧的，都应当持怀疑和批判的态度。这里集中体现的既是“理性”、“客观”、“严谨”和“求实”的道德精神，又是“勇于批判”、“积极进取”和“蓬勃向上”的道德精神。[①]

由此可见，科学在追求真理的同时，也在追求美和善，也具有十分重要的道德意义和道德价值。这种道德意义和道德价值，不仅在像居里夫人这样的第一流科学家身上得到充分体现，而且整个科学活动都在不断地培育塑造着这种崇高的道德品格、道德理想和道德精神。更进一步说，科学不仅具有十分重要的道德意义和道德价值，而且科学所具有的独特的道德功能和道德价值是其他文化所无法取代的，正如艺术所具有的独特的道德功能和道德价值，它们对于人的道德品质、道德理想和道德境界的提高，都起着别的文化不能代替的重要作用一样。艺术是如此，科学也是如此。离开科学家的世界，正如离开艺术家的世界一样，人的道德世界显然是不完整的，是有重大缺陷的。

在讨论了科学的诸多人文意义和人文价值之后，我们还有必要进一步谈谈科学作为一种认识活动对人的文化和精神生活的意义和价值。因为尽管科学也具有重要的审美价值和道德价值，但科学毕竟主要还是作为一种认识活动来定位的。很明显，无论是狭隘的实证主义，还是狭隘的人文主义，都难以理解科学对人的文化和精神生活的意义和价值，它们都没有真正将科学看作是一种认识活动:前者将科学“实证地简化为纯粹事实”[②]，而后者则将科学简单地等同于外在世界的逻辑。这样一来，科学与人的文化和精神生活的关系就被切断了。如果我们真正将科学看作是一种认识活动，那么，就不难理解科学对人的文化和精神生活的意义和价值了。

其实，对知识和真理的追求自古以来就是人的天性。它像在艺术上追求

---

① 约翰·齐曼:《元科学导论》，刘珺珺等译，湖南人民出版社，1988年版，第123～126页。

② 埃德蒙德·胡塞尔:《欧洲科学危机和超验现象学》，张庆熊译，上海译文出版社，1988年版，第5页。

美和在道德上追求善一样，本身就是人的文化和精神生活的重要内容之一。如果说，技术偏重于关注人在物质生活层面的实践、应用和技能上的不断发展的话，那么，科学则侧重于关注人在精神生活层面的理论、思想和文化上的不断成长。于是，科学自古以来与人的文化和精神生活息息相关。

在古代，亚里士多德早就声称：高级的学术“不是一门制造学术”。探索者的目的“只是想脱出愚蠢”，也就是说，只是“为求知而从事学术，并无任何实用的目的”[①]。人们之所以能够“不为任何其他利益而找寻智慧”，“只因人本自由，为自己的生存而生存”。所以，人们“认取哲学为唯一的自由学术而深加探索”[②]。尽管亚里士多德重精神、轻技术的科学观有很大偏颇，但是，它深刻地揭示了科学(自然哲学)与人的精神生活的密切联系，并将科学对人的精神生活的意义提升到生存论的高度。

到了近代以后，尽管功利主义的科学观日益占有主导地位，但是，科学对人的文化和精神生活的意义和价值是谁也无法否认的。例如，正如阿伦·布洛克所描述的，18 世纪是“一个科学业余爱好者和收集者的时代”[③]。法国启蒙思想家伏尔泰拥有自己的实验室。唯一神教派牧师约瑟夫·普里斯特莱是氧气发现者。[④]歌德从事地质学、解剖学、动物学和植物学的研究长达 50 年，虽然“他对科学的独创贡献不大”，但是意味深远的是，“科学对歌德自身发展的贡献却很大，尤其是作为一个诗人”[⑤]。在歌德看来，“只有把他所有的才能都联合起来时，才能够取得最高成就”[⑥]。歌德进而通过《浮士德》表达了如下乐观的信念：“科学导向技术；假如我们把握了已经存在的世界的

① 亚里士多德：《形而上学》，吴寿彭译，商务印书馆，1959 年版，第 5 页。

② 亚里士多德：《形而上学》，吴寿彭译，商务印书馆，1959 年版，第 5 页。

③ 阿伦·布洛克：《西方人文主义传统》，董乐山译，生活·读书·新知三联书店，1997 年版，第 89 页。

④ 阿伦·布洛克：《西方人文主义传统》，董乐山译，生活·读书·新知三联书店，1997 年版，第 89 页。

⑤ 阿伦·布洛克：《西方人文主义传统》，董乐山译，生活·读书·新知三联书店，1997 年版，第 148 页。

⑥ 阿伦·布洛克：《西方人文主义传统》，董乐山译，生活·读书·新知三联书店，1997 年版，第 149 页。

规律，我们也就能改变它。”[①]

到了现代社会，也有许多科学家关注科学对于人的文化和精神生活的意义和价值。例如，爱因斯坦常常将科学同艺术相类比。在他看来，无论是从事科学，还是从事艺术，其志向都是“使人类的生活趋于高尚，把它从单纯的生理上的生存的境界提高，并且把个人导向自由”[②]。他认为，科学对人类的影响有两种方式：一是“直接地并且在更大程度上间接地生产出完全改变了人类生活的工具”；二是“教育性质的——它作用于心灵”[③]。于是，他不仅倡导科学思想的成果造福于人类，而且还倡导“用创造性的工作所产生的成果为提高人类的精神境界而做出贡献”[④]。阿兰·巴迪欧也指出，科学、艺术与政治都是“真理的程序”[⑤]，它们作为人类实践的基本领域，其中都存在着强烈的追求真理的价值和精神，从而确保了人类“思想的统一性”[⑥]。科学如若放弃了热爱真理的创造性立场，放弃了对“人类生存的实在性”的关切，就会沦为“技术与商贸的奴隶”。这种完全割裂人文精神与价值的科学立场，是一种“可怕的立场”[⑦]。由此可见，科学对人的文化和精神生活的意义和价值，并不仅仅局限于科学家本人，而是整个人类。

以上我们通过论证科学有着诸多人文意义和人文价值，以及科学作为一种认识活动对于人的文化和精神生活的意义和价值，来说明科学与人文在价值上的关联。接下来，我们将要探讨问题的另一方面，即人文的科学意义和科学价值，从而进一步说明科学与人文在价值上的关联。

二、人文的科学价值

关于“科学价值”这一概念也可做狭义和广义两种理解。所谓狭义的理

---

① Todorov T，*Imperfect Garden*：*The Legacy of Humanism*. Princeton and Oxford：Princeton University Press，2002，pp. 4～5.

② 爱因斯坦：《爱因斯坦文集》第三卷，许良英等译，商务印书馆，1979 年版，第 149 页。

③ 爱因斯坦：《爱因斯坦文集》第三卷，许良英等译，商务印书馆，1979 年版，第 135 页。

④ 爱因斯坦：《爱因斯坦文集》第三卷，许良英等译，商务印书馆，1979 年版，第 50 页。

⑤ Badiou A，*Being and Event 2*：*Logics of Worlds*，New York：Continuum，2009，p. 47.

⑥ Badiou A，*Conditions*，New York：Continuum，2008，p. 14.

⑦ Badiou A，*What is Philosophy?* New York：Atropos Press，2015，p. 35.

解，基本上将“科学价值”局限在认识价值或技术价值的范围内，确切地说，考察某一种文化是否具有科学价值，主要看其是否在认识上或技术上具有意义:如果在认识上或技术上是有意义的，那么，就具有科学价值；否则，就不具有科学价值。逻辑实证主义者将科学与非科学文化分别对应于两个截然不同的世界：一个叫作认识世界，另一个叫作体验世界。显然，他们对“科学价值”的理解是狭义的，即将“科学价值”等同于认识价值，并且认为只有科学在认识上才具有意义，因而属于认识世界；人文等非科学文化在认识上没有意义，因而只能属于体验世界。功利主义者将“科学价值”归结为技术价值，因而他们对“科学价值”的理解也是狭义的。其实，功利主义科学观在某种意义上可以说是实证主义科学观的变种:它将实证主义科学观所强调的认识价值引申为功利上的技术(应用)价值，其实质与实证主义科学观是一脉相承的，因为技术(应用)价值是以认识价值为前提的。所谓广义的理解，则可以将“科学价值”理解为科学的总的价值体系。这个价值体系由诸多价值要素构成，认识价值和技术价值只是其中的某些重要的价值要素。除了这些价值要素以外，这个价值系统还包括诸如审美价值、道德价值、思想价值、精神价值等在内的许多价值要素。

当然，探讨科学与人文在价值上的关联，对于人文这一方来说，主要应当探讨人文的认识价值和技术价值，这正是许多实证主义者和功利主义者所否认的。至于是否具有审美价值、道德价值、思想价值和精神价值等，对于人文文化来说，显然是不言而喻的。

首先，我们以艺术为例来谈谈关于人文的认识价值问题。

第一，艺术具有一种与科学完全不同的认识目的，涉及科学没有涉及的认识领域。正如卡西尔所说的，对事物的深层认识，既有一种“概念的深层”，又有一种“纯形象的深层”。“前者靠科学来发现，后者则在艺术中展现。”[①]也就是说，科学的目的是认识实在的原因，而艺术的目的是认识实在的形式。这两种认识活动“是在完全不同的平面上行进的，所以它们不可能彼此相矛盾或相反对”[②]。显然，在二者之间，不存在一种认识比另一种认识更深刻或

① 恩斯特・卡西尔：《人论》，甘阳译，上海译文出版社，1985年版，第215页。
② 恩斯特・卡西尔：《人论》，甘阳译，上海译文出版社，1985年版，第216页。

一种认识比另一种认识更肤浅的问题。无论对于科学，还是对于艺术而言，都有自己的深层地带和浅层地带。一个伟大的科学家能够深刻地洞察实在的原因，发现伟大的科学定律；同样，一个伟大的艺术家也能够深刻地洞察实在的形式，创造不朽的艺术作品。毫无疑问，对于人类来说，“在形式中见出实在与从原因中认识实在是同样重要和不可缺少的任务”[①]。

第二，艺术采用了与科学完全不同的认识手段，使得人们对世界的认识变得更加丰富多样。数学是科学的语言，是“人类性灵最富有创造性的产物”[②]。可是，正如卡西尔所说的，运用数学语言的结果是，“科学意味着抽象，而抽象总是使实在变得贫乏”。于是，“事物的各种形式在用科学的概念来表述时趋向于越来越成为若干简单的公式”[③]。然而，恰恰是“艺术弥补了这个缺陷”。艺术让我们“生活在纯粹形式的王国中而不是生活在对感性对象的分析解剖或对它们的效果进行研究的王国中”[④]。艺术家运用色彩、线条、韵律和语词等语言，使得艺术“孕育着在普通感觉经验中永远不可能实现的无限的可能性”[⑤]。可是，“艺术家的想象并不是任意地捏造事物的形式”，而是以其“真实形态来向我们展示这些形式，并使这些形式成为可见的和可认识的”[⑥]。正是在这种意义上，卡西尔说，“展示事物各个方面的这种不可穷尽性就是艺术的最大特权之一和最强的魅力之一”[⑦]。

第三，艺术的认识价值不仅表现在艺术开辟了一个与科学完全不同的认识领域，并揭示出科学无法揭示的丰富多彩的世界，而且还表现在艺术思维与科学思维直接的互补性。尽管艺术与科学涉及两个完全不同的认识领域，但是其思维特征并不是不相关的。事实上，艺术需要借鉴科学思维，反之，科学也需要借鉴艺术思维。例如，绘画、雕塑、建筑、音乐等艺术都需要运用数学，文艺复兴时期的艺术家还重视对解剖学和生理学的研究。反之，科

① 恩斯特·卡西尔：《人论》，甘阳译，上海译文出版社，1985年版，第216页。
② 怀特海 A N：《科学与近代世界》，何钦译，商务印书馆，1959年版，第20页。
③ 恩斯特·卡西尔：《人论》，甘阳译，上海译文出版社，1985年版，第183页。
④ 恩斯特·卡西尔：《人论》，甘阳译，上海译文出版社，1985年版，第183页。
⑤ 恩斯特·卡西尔：《人论》，甘阳译，上海译文出版社，1985年版，第184页。
⑥ 恩斯特·卡西尔：《人论》，甘阳译，上海译文出版社，1985年版，第185页。
⑦ 恩斯特·卡西尔：《人论》，甘阳译，上海译文出版社，1985年版，第184页。

学也需要精细地观察、描绘和表现自然。阿恩海姆认为，在所有认识领域中，“真正的创造性思维活动都是通过‘意象’进行的”。因此，“心灵在艺术中的活动与它在其他领域中的活动是相似的”[①]。这就进一步说明，科学思维与艺术思维二者具有明显的互补性和借鉴意义。

接着，我们再以人文学科为例来谈谈人文的认识价值。与自然科学一样，人文学科在本质上也是一种认识活动，并且其思维方式在本质上也是理性的。在这方面，它与以体验和情感为主的艺术活动有很大区别。人文学科的认识价值可以从以下几个方面来理解。

第一，人文学科有着自身区别于自然科学的特殊的认识对象，从而大大拓宽了人类的认识领域。如果说，自然科学的研究对象主要是自然，那么，人文学科的研究对象主要是人文。所谓人文，简单说来，就是“人”与“文”（文化），其核心是人的精神生活或精神世界。尽管研究人与文化，特别是研究人的精神生活或精神世界，难以做到像研究自然那样精确和实证，但并不能因此否定人文学科的认识价值。因为毕竟人与文化特别是人的精神生活或精神世界，也是人类所要认识的重要领域。缺少人文研究这一领域，所谓的“认识世界”显然是残缺不全的。而且，精确性和实证性也并非是衡量一种学科是否具有认识价值的唯一标准。即使对于自然科学来说，精确性和实证性也只是相对的，而不是绝对的。物理学也许能做到较高程度的精确性和实证性，地质学与宇宙学则显然并非如此，但我们并不能因此而否认地质学与宇宙学的认识价值。况且，人文学科的研究对象有其特殊性，我们就更不能因为其缺乏“精确性”和“实证性”来否认其认识价值了。

第二，人文学科有着自身区别于自然科学的独特的认识方法，它与自然科学的认识方法具有明显的互补性。如果说，自然科学的方法偏重于逻辑（数学）和实证（实验）的话，那么，人文科学的方法则偏重于历史并包含更多的直觉和思辨。然而，这种方法论上的区别也是相对的，而不是绝对的。正如上一节所阐述的，人文学科需要借鉴自然科学的逻辑（数学）和实证（实验）方法，如考古学需要运用精确的自然科学方法，特别是物理学和化学的方法；

① 鲁道夫·阿恩海姆：《视觉思维》，滕守尧译，四川人民出版社，1998 年版，前言第 1 页。

分析哲学需要运用自然科学的分析方法和数理逻辑。反之，自然科学也需要借鉴人文学科的方法，如生物学、宇宙学和地质学需要运用历史的方法；每门自然科学都或多或少包含直觉和思辨的因素。爱因斯坦明确强调直觉和灵感的重要性，并肯定“任何理论研究都具有思辨的性质”①。说明自然科学与人文科学的认识方法的确有着值得相互借鉴的地方。

第三，人文学科对人和文化的研究，不仅有助于促进社会科学的研究，而且也有助于促进自然科学的研究。事实上，一切科学不管是社会科学，还是自然科学，归根到底，都是人的科学，都是人的文化创造。不仅对社会的研究涉及人和文化背景，而且对自然的研究也同样涉及人和文化背景，因此，从这个意义上说，一切科学都具有人文性。深刻认识和理解人和文化，不仅有助于深刻认识和理解社会科学和自然科学的性质，而且也有助于深刻认识和理解各种社会和自然现象，从而促进社会科学与自然科学的发展。

通过对艺术和人文学科的分析，我们可以得出这样的结论:如果我们超越对认识价值的狭隘的实证主义的理解，就不难看到，人文不仅具有十分重要的并且是自然科学无法取代的认识价值，而且与自然科学的认识价值有着明显的互补性。

其次，我们再来简要地谈谈人文的技术价值问题。广义的技术至少有两个维度，即科学的维度和人文的维度。的确，所谓技术，在很大程度上带有“工艺”的含义。如果说，“工艺”中的“工”代表着严谨的工作步骤、程序或方法，带有更多的科学性质的话，那么，“工艺”中的“艺”则代表着技艺、技巧或技能，带有更多的人文性质。因此，“工艺”两字本身就体现了科学与人文的融合。人文的技术价值可以从以下几个方面来理解。

第一，任何制作工艺及其产品不仅或多或少包含科学的因素（对科学原理的应用），而且也或多或少包含人文的因素（包括艺术的美、道德的善和哲学所揭示的时代精神等），因此，技术往往不仅需要依靠科学，而且同时需要依靠人文。

第二，技术的两个维度，即科学的维度和人文的维度往往是相辅相成、不可分割地联系在一起的。人文可以帮助科学更好地实现技术价值，反之，

① 爱因斯坦:《爱因斯坦文集》第一卷，许良英等译，商务印书馆，1976年版，第310页。

科学也可以帮助人文更好地实现技术价值。技术价值的实现，往往是二者通力合作的结晶。科学为技术提供的是自然的法则和因果的依据，将技术建立在可靠性的基础之上；人文给技术带来的是美和善的灵感，将技术纳入人性化的轨道。如果说，缺乏可靠性的技术称不上是一项真正意义上的技术的话，那么，缺乏人性化的技术显然也谈不上是一项好的技术。

第三，人文还有助于正确引导技术发展的方向。无疑，科学有着巨大的技术价值，对经济与社会的发展起着无比巨大的推动作用。然而，如果不恰当地加以应用，也会给人、自然和社会造成诸多负面影响，甚至带来全球性问题。如何把握技术发展的方向，使科学更好地服务于人类？正如在本书“导论”中所阐述的，这是一个光靠科学与技术本身无法解决的问题，需要那些对人们的审美趣味、行为准则、生活信念和各种价值判断具有强烈影响的人文知识来参与解决。在这里，人文发挥的是参与评估技术和引导技术发展方向的作用。应当看到，“如何掌握适宜技术和进行技术评估”本身也是一种技术。当然，也可以看作是一种比技术更为根本的“元技术”。

综上所述，不仅科学与人文有着深刻的关联，而且科学的价值与人文的价值也有着深刻的关联。科学不仅具有重要的认识价值和技术价值，而且也具有重要的文化价值和精神价值；反之，人文也不仅具有重要的文化价值和精神价值，而且也具有重要的认识价值和技术价值。如果非要将认识价值和技术价值归于科学价值的范畴，而将文化价值和精神价值归于人文价值的范畴，那么，可以说，科学也具有重要的人文价值，人文也具有重要的科学价值。科学与人文所对应的并不是两个截然对立的价值世界。人为地将科学的价值与人文的价值截然区分开来并且对立起来是有害的。

第四节　科学与人文的精神关联

以上我们探讨了科学与人文二者在文化上的深刻关联和在价值上的深刻关联。接着，我们将进一步探讨科学与人文二者在精神上的深刻关联。

什么是科学的精神，什么是人文的精神，如何理解科学与人文在精神上的关联？所谓“精神”，显然要比“价值”这一概念带有更多的形而上色彩，可以说大致接近于“灵魂”这一概念。所谓科学的精神，大致就是科学之灵魂；所谓人文的精神，大致就是人文之灵魂。要对科学与人文做这样一种形而上的探讨，其不确定性是不言而喻的。于是，人们对科学的精神与人文的精神做了许多种不同的理解和解释。很显然，要对其下一个明确的定义，几乎是不可能的。况且，科学与人文都有其历史性，科学的精神与人文的精神自然也是历史的，是随着科学与人文的变化而变化的。我们所探讨的科学的精神与人文的精神，实际上就是当代科学的精神与当代人文的精神。

当然，要探讨科学的精神与人文的精神及其二者之间的关联，还取决于我们对科学与人文的理解，即首先应回答什么是科学和什么是人文，然后才能回答什么是科学的精神和什么是人文的精神及二者之间有何关联。在笔者看来，科学至少可以在以下三个层面加以分析：一是理论；二是方法论；三是价值论。人文也至少可以在以下三个层面加以分析：一是理论或作品；二是方法论；三是价值论。因此，我们有必要从理论(或作品)、方法论和价值论这三个层面来探讨科学的精神与人文的精神及二者之间的关联。

一、理论或作品层面的精神关联

人们往往首先从科学与人文的最终成果，即理论或作品这一层面来理解科学与人文及其精神，于是，不但将科学与人文看成是两个截然不同的世界，而且还将科学的精神与人文的精神看成是两种截然不同的精神。逻辑实证主义就是一个最为典型的例子。逻辑实证主义的由来在很大程度上取决于对科学理论所做的静态的、逻辑的分析，而对科学理论做静态的、逻辑的分析也很容易得出逻辑实证主义的结论，因为在科学理论与人文作品之间的确存在着十分明显的巨大差异。尽管逻辑实证主义者似乎不用“科学精神”这个词，但是，他们的科学观迄今为止在很大程度上一直支配着许多人对科学及其科学的精神的理解，即将科学的基本特征理解为“逻辑”和“实证”，而将科学的精神理解为“逻辑”的精神加上“实证”的精神。用逻辑实证主义的观点看人文理论或作品，其结论是不言而喻的：不仅各种人文艺术作品缺乏“逻辑”和“实证”，而且各门人文学科的理论也难以符合自然科学特别是物理学关于“逻辑”和“实证”的标准。这样一来，逻辑实证主义似乎确定了一种关于什么是科学和什么是科学的精神的标准。

现代西方人本主义者也往往首先从科学理论这一层面来理解科学及其精神，而且也看到科学的“逻辑的”和“实证的”特征，并把科学的精神归结为“实证主义”。但是，与逻辑实证主义截然相反，他们似乎鄙视“逻辑”，鄙视“实证”，认为“逻辑”和“实证”是非人性的东西，科学让人服从于外在世界的逻辑，无疑同人与人文精神是相对立的。相反，不讲“逻辑”、不求“实证”的人文文化，特别是艺术作品却深刻地揭示了人的生命体验、情感、意志或本能，因而深刻地体现了人性。从尼采将艺术看作是“生命的最高使命和生命本来的形而上活动”，到海德格尔的“人，诗意地安居”，再到马尔库塞的“爱欲与文明”，现代西方人本主义者似乎也为人们定下了关于什么是人文和什么是人文的精神的调子。

逻辑实证主义的科学观和现代西方人本主义的文化观及其对立，对 20 世纪的中国也有着深刻的影响。发生在 20 世纪 20 年代中国思想界的那场著名的关于“科学与玄学”的论战，就是一个突出的例子。发生在 20 世纪 90 年代的中国学术界关于“科学精神与人文精神”的大讨论又是另一个突出的例子。显然，不少学者还是从理论或作品这一层面来强调科学与人文及科学的精神与人文的精神之间的重大差别的。

例如，有的学者认为，“所谓‘人文精神’，正是从各门‘人文学科’中抽取出来的‘人文领域’的共同问题和核心方面——对人生意义的追求”①。因此，“人文精神”同“科学精神”有着巨大的差异：“由数学、物理学、化学、天文学、地理学、生物学、生理学等自然科学共同分享的‘科学精神’，竭力排除人文因素的参与，追求纯粹的客观性、确定性、严密性和精确性。”相反，“‘人文精神’则恰好要把这种‘科学精神’所排斥的人生意义抢救出来”②。这种观点显然与张君劢的观点是一脉相承的。张君劢认为，科学不能解决人生观问题，理由有五个：第一，“科学为客观的，人生观为主观的”；第二，“科学为论理的方法所支配，而人生观则起于直觉”；第三，“科学可以

① 王晓明：《人文精神寻思录》，文汇出版社，1996 年版，第 207 页。

② 王晓明：《人文精神寻思录》，文汇出版社，1996 年版，第 207 页。

从分析方法下手，而人生观则为综合的”；第四，“科学为因果律所支配，而人生观则为自由意志的”；第五，“科学起于对象之相同现象，而人生观起于人格之单一性”[①]。从表面上看，张君劢是在讨论科学不能解决人生观的问题，但是，其实质无疑已经深深地触及了关于科学与人文、科学的精神与人文的精神之间的分野问题。

应当承认，如果从理论或作品这一层面看，科学与人文及由此抽象得出的科学的精神与人文的精神之间的确存在着很大的差异。例如，对于科学理论与艺术作品来说，的确可以称作是“一个硬币的两面”，存在着认识与体验、理性与非理性、客观性与个性、求真与求美的重大差异：一般说来，科学理论可以说是认识的成果，而艺术作品则可以说是体验的结晶；科学成果的形式是理性的(这里所谓的理性，即有很强的逻辑性，这种逻辑性往往是用数学形式来表述的)，相比之下，艺术作品的形式则是非理性的(这里所谓的非理性，即有很强的感性和情感色彩，这种感性和情感是无法用逻辑和数学形式来表述的)；科学理论讲求客观性，而艺术作品讲求个性。科学知识强调的是“去掉一切个人的因素，说出人类集体智慧的发现”[②]。相反，艺术作品的目的似乎在于去掉一切人类集体的因素，说出艺术家个人的体验；科学理论的目的在于求真，而艺术作品的目的在于求美。用石里克的话来说，“每一门科学都是一个知识体系，即真的经验命题的体系”[③]。而每一门艺术显然不是一个真的经验命题的体系。用席勒的话来说，一部卓越的艺术作品只是体现在“最大限度地接近于那种审美纯洁性的理想”[④]。因此，从科学理论与艺术作品的巨大差异中，极易得出关于科学世界与人文世界是两个截然不同的世界的结论。

即使拿自然科学的理论与人文学科的理论相比，其差别也是十分明显的。尽管二者都是理论，但是，从自然科学的观点看，人文学科的理论似乎依然谈不上是真正的科学，因为它们既缺乏数学化的逻辑演绎，又缺少实验上的

---

① 张君劢、丁文江等：《科学与人生观》，山东人民出版社，1997年版，第35～37页。
② 罗素：《人类的知识》，张金言译，商务印书馆，1983年版，第9页。
③ 洪谦：《逻辑经验主义》，商务印书馆，1989年版，第8～9页。
④ 转引自王一川：《审美体验论》，百花文艺出版社，1992年版，第40页。

实证依据。因此难以做到自然科学意义上的客观性、确定性、严密性和精确性。然而，从人文学科的观点看，自然科学的理论似乎已经不再是人的理论，因为它们在追求数学化的逻辑演绎和实验上的实证依据的同时，也使理论丧失了人性，剩下的只是与人无关的赤裸裸的客观性、确定性、严密性和精确性。于是，狭隘的实证主义、科学主义与狭隘的人本主义、人文主义之间的对立便开始了。在许多实证主义和科学主义者看来，人文学科的理论只是一种形而上学，而形而上学只不过是"概念的诗歌"，在认识上是无意义的。相反，在许多人本主义者和人文主义者看来，科学消除了"生存的多义性质"①，将世界变成一个本质上机械的世界，而"一个本质上机械的世界是一个本质上无意义的世界"②！于是，还引申出所谓"科学精神"与"人文精神"的对立：似乎前者代表着逻辑的和实证的精神，它追求的是与人无关的纯粹的客观性、确定性、严密性和精确性；而后者则代表着"对人生意义的追求"，人文领域的那种主观性、不确定性、不严密性和不精确性恰恰体现了"生存的多义性质"。

无疑，从理论或作品这个层面来透视和探讨科学与人文、科学的精神与人文的精神及其差别，是有重要意义的。要理解什么是科学及科学的精神，什么是人文及人文的精神，首先须理解什么是科学理论，什么是人文理论或作品。科学的精神当然也蕴含在科学的理论中，同样，人文的精神也蕴含在人文的理论或作品中。离开科学的理论来谈论科学的精神和离开人文的理论或作品来谈论人文的精神，会显得过于抽象和笼统，甚至看不到科学的精神与人文的精神之间的差别。然而，从理论或作品入手，我们一下子就会感到科学与人文及它们所体现的精神的重大差别，包括科学所代表的逻辑的和实证的精神及其对确定性的追求，人文对生存的多义性质的肯定及其对人生意义的追求两种精神的重大差别。理解这种差别当然是重要的，它不仅有助于我们深刻理解人类文化的丰富性和多样性，而且也有助于我们深刻理解各种文化的局限性和互补性。

然而，应当看到，从理论或作品这个层面来透视和探讨科学与人文、科

① 尼采：《悲剧的诞生》，周国平译，生活·读书·新知三联书店，1986年版，第256页。
② 尼采：《悲剧的诞生》，周国平译，生活·读书·新知三联书店，1986年版，第256页。

学的精神与人文的精神及其差别，是有局限性的，也是不全面的，因为理论或作品毕竟只是观照科学与人文的一个层面，而且与方法论和价值论其他两个层面相比，似乎还是最浅的层面，因而单单从这一层面来理解科学及其精神和人文及其精神，显然是不深刻的，甚至会导致片面的结论。

还有，即使从理论或作品这一层面看，尽管科学与人文、科学的精神与人文的精神存在着明显的差别，但是，这种差别只是相对的，而不是绝对的。也就是说，即使从理论或作品这一层面看，我们也可以看到两种文化及其精神的关联。事实上，科学理论的本性及它所体现的精神与人文理论或作品的本性及它所体现的精神，并没有像逻辑实证主义者和现代西方人本主义者想象的那样泾渭分明。

一方面，科学理论与人文理论或作品一样，也是人的一种创造，因而同样具有人性。正如萨顿所说的，科学同艺术一样具有人性。只不过它的人性更是内含的。“需要受过科学教育的人文主义者来挖掘它，正如音乐的人性需要受过音乐教育的人文主义者来挖掘一样。”[①]由此可见，不能因为科学理论的逻辑性和实证性而否认科学的人性。其实，看不到科学的人性在很大程度上是由于缺乏科学素养造成的，正如看不到音乐的人性在很大程度上是由于缺乏音乐素养造成的一样。即便将科学的精神归结为逻辑的和实证的精神，归结为对“客观性、确定性、严密性和精确性”的追求，也应当看到，这也是人的理想和追求，也是“生存的多义性质”之一，也从一个角度体现了“对人生意义的追求”，因而同人文的精神并非是相对立的，所对立的只是狭隘的科学主义和狭隘的人文主义。

另一方面，人文理论或作品也并非没有逻辑性和实证性因素。从某种意义上可以说，它们都有其自身的逻辑性和实证性，并且对“客观性、确定性、严密性和精确性”有着自己独特的理解和追求。各门人文学科都有严密的理论体系，因此，在某种程度上都是对“客观性、确定性、严密性和精确性”的追求。有些学科，如哲学(特别是分析哲学)其逻辑性显然比许多自然科学学科还要强。有些学科，如考古学和人类学(它们都是“认真对待自然与文化、

① Sarton G，*Sarton on the History of Science*，Cambridge：Harvard University Press，1962，p. 16.

科学分析与人文分析的研究领域”[①])等也有很强的实证性。即使对于艺术作品来说，也渗透诸多逻辑(数学)因素和实证(实验)因素。只不过艺术作品中所包含的科学因素往往是隐含的，只有具备较高艺术和科学素养的人才能理解。正如科学理论所包含的人性因素往往是隐含的，只有具备较高科学和人文素养的人才能理解一样。因此，即使是艺术作品也蕴含某种程度的对“客观性、确定性、严密性和精确性”的追求，于是，艺术家也往往并不是天生的。要成为艺术家，往往首先须接受各种专门的教育和训练，而这种专门的教育和训练在本质上是科学的，目的是学习、研究和掌握各种艺术的规律。这就是说，人文理论或作品像科学理论一样，也同样体现一种专业的精神，这种专业的精神与科学的精神是相类似的，至少是相通的。

总之，从理论或作品这一层面看，科学的精神与人文的精神之间的差别，充其量只是专业精神上的差别。当然，从科学理论与人文理论或作品之间的各种差别中，我们可以概括出关于科学的专业精神与人文的专业精神的种种不同，甚至巨大的差异。例如，相比之下，科学包含更多逻辑、理性、客观性和求真的因素，而人文则包含更多的感性、体验、个性、求美和求善的因素等，但是，正如前面所说的，这种差别是相对的，而不是绝对的。“真正的艺术与真正的科学都以某种方式在多少是相同的道路上行进”，它们都需要依赖“探索性的实验”去开辟新的发现或割裂旧的传统。[②]而且，它们都有其重要的认识意义和认识价值，只不过认识的对象有所不同；它们也都体现了“对人生意义的追求”，只不过追求的角度有所不同。因此，不管科学与人文的专业差异有多大，但其专业精神还是相通的，并且是互补的。因此，既不存在逻辑实证主义意义上的关于科学与人文两个世界和两种精神的截然对立，更不存在现代西方人本主义意义上的关于科学与人文两个世界和两种精神的截然对立。

① Goodman A H，Heath D，Lindee M S，*Genetic Nature/Culture：Anthropology and Science Beyond the Two-Culture Divide*，Berkeley：University of California Press，2003，p. 4.

② Hallward P，*Think Again：Alain Badiou and the Future of Philosophy*，London：Continuum，2004，p. 3

二、方法论层面的精神关联

除了理论或作品这一层面，人们还可以从方法论这一层面来理解科学与人文及其精神。当然，理论或作品与方法论是两个密切相关的层面。每一种理论或作品里面都蕴含某种特殊的方法论，反之，不同的方法论往往导致不同的理论或作品。显然，逻辑实证主义者做出关于认识(科学)世界与体验(人文)世界的截然划分，其依据不仅是理论或作品的差异，而且也是方法论的差异。在他们看来，科学试图通过数学推演和经验证实的方法，建立起各种世界秩序的体系；而人文只是“文化生活的体验方法”①，采用的则是丰富的想象与兴奋的情绪，追求一种身临其境、天人合一的境界。因此，在逻辑实证主义者那里，“逻辑”与“实证”既是科学理论的根本特征，又是科学方法论的根本特征。现代西方人本主义者也往往是从方法论的角度来批判科学及其精神的，如尼采批判科学“把人生贬低为一种计算的苦役和练习”，将全部人生都“建立在力学的基础之上”②。他强调，生命本身是非道德、非功利、非理性、非科学的，而“只是作为审美现象，人世的生存才有充足理由”③。

的确，从方法论这一层面看，我们也不难看到，科学与人文及由此抽象得出的科学的精神与人文的精神之间的巨大差异。无疑，要使科学理论具有很强的逻辑性和实证性，具有很强的客观性、确定性、严密性和精确性，在很大程度上是需要由能够导致这种理论的科学方法论来保证的。数学方法和实验方法就是两种最基本的科学方法。要是没有数学方法和实验方法的成功运用，近代科学根本就不可能诞生，当然，更谈不上现代科学了。因为没有其他方法能使科学理论具有很强的逻辑性和实证性，具有很强的客观性、确定性、严密性和精确性。相比之下，数学方法和实验方法就几乎不可能成为艺术或人文学科的最基本方法，因为它们大多难以实验和定量化。如果非要将数学和实验方法当作艺术或人文学科的最基本的方法，那么，艺术或人文学科必将陷于困境。一般说来，如果说，科学的方法侧重于逻辑(数学)与实证(实验)方法的话，那么，艺术的方法则明显侧重于直觉和想象的方法，而

---

① 洪谦：《维也纳学派哲学》，商务印书馆，1989年版，第132页。

② 尼采：《悲剧的诞生》，周国平译，生活·读书·新知三联书店，1986年版，第256页。

③ 尼采：《悲剧的诞生》，周国平译，生活·读书·新知三联书店，1986年版，第275页。

人文学科的方法除了比自然科学带有更多的直觉和想象因素，还明显侧重于历史和思辨的方法。于是，人们常常将自然科学的方法归于理性的范畴，将艺术的方法归于非理性的范畴，而将人文学科的方法归于处在理性与非理性之间的弱理性的范畴。于是，在许多人看来，由于自然科学的方法强调的是不以人的意志为转移的逻辑和事实，所以属于“硬科学”；艺术的方法没有任何硬的因素，当然属于非科学；而人文学科的方法比较软，强调的是协商和对话，因而充其量只是“软科学”。也正是因为如此，科学的精神与人文的精神常常被解读为两种截然不同的精神，似乎前者只与“硬”的逻辑和事实相关，但与人及人性无关；而后者则与人及人性息息相关，但不讲究“硬”的逻辑和事实。

无疑，从方法论这个层面来透视和探讨科学与人文、科学的精神与人文的精神及其差异，也是颇有意义的。要理解什么是科学及科学的精神，什么是人文及人文的精神，当然也须理解什么是科学的方法论，什么是人文的方法论。科学的精神当然也蕴含在科学的方法论中，同样，人文的精神也蕴含在人文的方法论中。离开科学的方法论来谈论科学的精神和离开人文的方法论来谈论人文的精神，显然也会显得过于抽象和笼统，甚至看不到科学的精神与人文的精神之间的差别。然而，从方法论入手，我们一下子就会感到科学与人文及它们所体现的精神的重大差别，包括科学所代表的数学和实验的精神与人文所代表的直觉和想象的精神或历史和思辨的精神之间的重大差别。理解这种差别当然是重要的，它不仅有助于我们深刻理解人类文化的丰富性和多样性，而且也有助于我们深刻理解各种文化的局限性和互补性。

然而，应当看到，从方法论这个层面来透视和探讨科学与人文、科学的精神与人文的精神及其差别，也是有局限性的，也是不全面的，因为方法论毕竟也只是观照科学与人文的一个层面。尽管方法论这一层面似乎比理论或作品这一层面要深一些，但比价值论这一层面又浅得多，因而单单从这一层面来理解科学及科学的精神与人文及人文的精神，显然还是不深刻的，甚至也会导致片面的结论。

其实，即使从方法论这一层面看，尽管科学与人文、科学的精神与人文的精神之间存在着明显的差别，但是，这种差别也只是相对的，而不是绝对的。而且，与理论或作品层面相比，从方法论层面看，我们显然可以更多地看到两种文化及其精神的深刻关联。因为理论或作品已是科学与人文的最终成果，形式上的差异如此之大，以致人们往往难以看到二者之间有何关联。但是，方法论涉及科学与人文的整个创造过程，二者之间的关联就显得比较明显了。其实，科学方法论与人文方法论之间的最大差异在于二者的理论或作品辩护过程：前者似乎完全是逻辑的和实证的，具有很强的理性；后者则似乎强调的是个性和独创性，但并不具备自然科学意义上的强理性。但是，方法论显然并不应当仅仅局限于辩护范围，从某种意义上说，理论或作品的创造过程要比其辩护过程更为重要。如果从理论或作品的创造过程这个角度看，科学方法论与人文方法论二者之间的差别显然并没有像理论或作品的辩护过程那样分明。因为正如爱因斯坦所说的，从经验材料到普遍原理之间，“并没有一条逻辑的道路”[①]。一般说来，“从特殊到一般的道路是直觉性的，而从一般到特殊的道路则是逻辑性的”[②]。这就是说，科学方法论与人文方法论之间的差别不能简单而笼统地用逻辑性与直觉性或理性与非理性来加以区别。对于整个理论或作品的创造过程来说，科学方法论与人文方法论并不存在一条截然分明的界线。就方法论而言，不仅在自然科学与人文学科之间有着重要的关联，而且在科学与艺术之间也有着重要的关联。

总之，从方法论这一层面看，我们既要看到科学的精神与人文的精神的明显差异，又要看到二者之间的深刻关联。将科学的精神与人文的精神截然区分开来并且对立起来，是难以经得起推敲的。就二者的差异而论，既不能简单地归结为理性与非理性的差异，更不能武断地归结为人性与非人性的差异。因为即使存在着理性与非理性的差异，这里的理性与非理性都是人性不可缺少的一部分，不应当像现代西方人本主义者那样，将理性归结为非人性，而将非理性归结为人性，从而将科学与人文、科学的精神与人文的精神人为地对立起来。

---

① 爱因斯坦：《爱因斯坦文集》第三卷，许良英等译，商务印书馆，1979 年版，第 490 页。

② 爱因斯坦：《爱因斯坦文集》第三卷，许良英等译，商务印书馆，1979 年版，第 490～491 页。

三、价值论层面的精神关联

除了理论(或作品)和方法论这两个层面，人们还可以从价值论这一层面来透视和探讨科学与人文、科学的精神与人文的精神及其相互关系。如果说方法论处在比理论或作品更高层面的话，那么，价值论所处的层面则比方法论层面还要高。它直接触及科学与人文的目的、意义和价值，当然也包括终极的目的、意义和价值，也触及科学与人文的理想、追求和精神境界，当然也包括最高的理想、追求和精神境界。可以说，价值论与方法论之间的关系是目的与手段之间的关系：价值论对方法论有指引作用，方法论从某种意义上说是为价值论服务的。因此，从价值论这一层面来透视和探讨科学与人文、科学的精神与人文的精神及其相互关系，显然要比从方法论和理论(或作品)这两个层面站得更高，看得更深、更透彻，尽管价值论层面并不是研究和考察科学与人文、科学的精神与人文的精神及其相互关系的唯一层面，正如方法论层面或者理论(或作品)层面也不是研究和考察科学与人文、科学的精神与人文的精神及其相互关系的唯一层面一样。

其实，逻辑实证主义者和现代西方人本主义者对科学与人文及其精神的考察已经涉及价值论的范畴，只不过他们对科学与人文的价值的理解太狭隘了。逻辑实证主义者将科学的价值仅仅归结为认识价值，功利主义者将认识价值进一步引申为功利价值，即技术价值或经济价值；而人本主义者对科学与人文及其精神的理解似乎一开始就是价值论的。他们强调只有体验(人文)世界才是真正的存在，才能揭示“生存的多义性质”和体现“对人生意义的追求”，而认识(科学)世界不但并无实在的意义，反而同人和人文精神是相对立的。

然而，一旦超越狭隘的实证主义、科学主义和狭隘的人本主义、人文主义的视野，科学的价值与人文的价值、科学的精神与人文的精神之间的深刻关联便不难理解了。如果说，在理论(或作品)层面和方法论层面，我们还是能够更多地看到在科学与人文、科学的精神与人文的精神之间的巨大差异的话，那么，到了价值论层面，我们将更多地看到关于科学与人文、科学的精神与人文的精神之间的一致性和不可分割性。尽管科学与人文的价值其侧重点有所不同，如科学侧重于求真，艺术侧重于求美，而道德侧重于求善，这说明即使从价值论层面看，科学的精神与人文的精神还是有所区别的，但是，应当看到，它们在追求真善美的最高境界上不仅相通，而且不可分割地融合在一起。科学在追求真理的同时，也在追求美和善；艺术与道德在追求美和善的同时，也在追求真理。正如阿兰·巴迪欧指出的，政治、爱、科学与艺术是人类实践的四大领域，“人类实践的这四大领域让被他称为‘真理’的东西成为可能”[①]。

在本章第三节，我们已经详细地探讨了科学的价值与人文的价值之间的深刻关联，表明科学不仅具有重要的认识价值和技术价值，而且也具有重要的文化价值和精神价值；反之，人文不仅具有重要的文化价值和精神价值，而且也具有重要的认识价值和技术价值，因而在科学的价值与人文的价值之间并不存在截然分明的界限。许多人之所以看不到或理解不了关于科学的精神与人文的精神之间的一致性和不可分割性，关键在于，他们没有站到价值论的高度，而往往只是站在理论(或作品)和方法论这两个层面来理解科学的精神与人文的精神，或者虽然已经触及了价值论的层面，但是，他们往往只是片面而肤浅地理解科学与人文的价值，因而看不到或理解不了科学与人文在价值上和在精神上的深刻关联。

综上所述，科学与人文的精神关联不仅是多方面的，而且是深刻的。这种关联不仅体现在两种文化的最终成果和方法论上，而且更重要地体现在两种文化的价值上。特别是，站在价值论的高度，人们能够清楚地看到，两种文化及其精神的一致性和不可分割性。这是实现两种文化相融合的最深刻的基础。

① Pluth E，*Badiou：A Philosophy of the New*，Cambridge：Polity，2010，p. 2.

第 四 章

架起沟通两种文化的桥梁

要实现两种文化的融合，不仅需要从科学与人文的本性的角度，探讨科学与人文两种文化在本性上究竟有何关联，何以能够实现相互融合的问题，而且更重要的是需要从元科学及其使命的角度，探讨何以能够在两种文化之间架起相互沟通的桥梁的问题。本章将分别探讨科学哲学、科学历史学、科学伦理学和科学美学等元科学的学科发展及其使命，其目的是使它们真正成为沟通科学与人文两种文化的桥梁。主要内容包括四个方面：①从科学哲学走向科学文化哲学；②科学史与人文史的融合；③科学伦理学的历史使命；④科学美学的广阔天地。

第一节 从科学哲学走向科学文化哲学

一般说来，由于人文学科具有两重性——既具有科学性，又具有人文性，因此，整个人文学科都可以而且应当成为沟通科学与人文两种文化的桥梁。但是，事实上并不是所有人文学科都有这种意识或传统。迄今为止，也许只有以自然科学为研究对象的两门学科——科学哲学与科学历史学曾经有过这种意识，或者说，有这个传统，而且显然并没有其他学科比科学哲学与科学历史学更适合于充当沟通两种文化的桥梁这个角色了。于是，我们不妨选定以科学哲学与科学历史学两个学科为重点基地，在此首先架起沟通两种文化的桥梁。在这一节，我们将探讨的是，如何使科学哲学真正成为沟通两种文化的桥梁。

一、关于桥梁的意识

无疑，科学哲学早就有关于沟通科学与人文两种文化的意识或传统。其中，菲利普·弗兰克和 M. W. 瓦托夫斯基的思想最具有代表性。弗兰克非常关注在“科学和人文学科之间所缺乏的环节”。他认为，“我们科学的迅速进展同我们对人类问题的了解的无能为力，两者之间存在着一条很深的鸿沟”。也就是说，“科学同人文学科之间存在着一条鸿沟”[①]。为了填补这条鸿沟，弗兰克指出，要以人的科学来补充自然科学。他说：

> 为了不仅了解科学本身，而且也了解科学在我们文明中的地位，以及它同伦理、政治和宗教的关系，我们就需要一个关于概念和定律的统一体系，在这个体系中，自然科学以及哲学和人文学科都有它们的地位。这样一种体系可以叫作“科学的哲学”，这就该是科学和人文学科之间的“缺少的环节”。[②]

由此可见，弗兰克所说的“科学的哲学”其实不仅仅是“科学和哲学之间的纽带”，更是科学与人文两种文化之间的桥梁。

M. W. 瓦托夫斯基进一步发展了弗兰克的思想。他说：

> 科学和哲学之间的关系不仅涉及科学是什么，或科学思想是如何发生的问题，而且也涉及到科学思想与其他类型的思想——常识、文学艺术中的人性研究以及创造性的艺术家的思维的非常方式等——的关系。因此，科学哲学提供了两种文化之间的联系，力图以某种首尾一贯的方式将它们彼此联系起来。[③]

---

① 菲利普·弗兰克：《科学的哲学》，许良英译，上海人民出版社，1985 年版，第 4 页。

② 菲利普·弗兰克：《科学的哲学》，许良英译，上海人民出版社，1985 年版，第 7 页。

③ 瓦托夫斯基 M W：《科学思想的概念基础——科学哲学导论》，范岱年等译，求实出版社，1982 年版，第 7 页。

他的《科学思想的概念基础——科学哲学导论》一书详细地考察了科学思想的起源，科学方法论，以及科学中的一些基本概念，其目的就是将科学"当作一种人文的研究"[①]，从而达到"对科学的人文学理解"[②]。很明显，瓦托夫斯基将科学哲学归结为"对科学的人文学理解"的目的之一，就是使科学哲学成为沟通科学与人文两种文化的桥梁。

其实，除了弗兰克和瓦托夫斯基的观点，我们在第二章所介绍的与科学人文主义相关的所有科学哲学都或多或少地包含对科学的人文学或人文主义的理解，因此，从某种意义上说，它们都在一定程度上或多或少地在充当着沟通两种文化的桥梁这个角色。

然而，尽管以往的科学哲学有这种意识或传统，但总的说来，并没有真正令人满意的起到沟通两种文化的桥梁作用。例如，逻辑实证主义关于认识(科学)世界和体验(人文)世界的截然划分，不仅没有缩短两种文化之间的距离，反而人为地扩大了二者之间的鸿沟。库恩、费耶阿本德的科学哲学虽然对科学做了某种人文主义的理解，但其结果是，科学哲学变成一门没有未来的学科。而拉卡托斯、劳丹、夏佩尔等人的科学哲学在反对库恩、费耶阿本德的文化相对主义和非理性主义的同时，也将科学哲学的主题退回到科学的进步性和合理性上来了，因而显然与两种文化的沟通关系不大。事实上，20世纪的科学哲学各主要流派并没有真正将沟通科学与人文两种文化、促进其相互融合当作自己的重要使命。这不仅与科学哲学各流派没有像弗兰克和瓦托夫斯基那样在这方面具有明确的使命意识有关，更重要的是，也与传统的科学哲学狭隘定位密切相关。也就是说，按照传统的科学哲学的狭隘定位，科学哲学难以肩负起沟通两种文化的桥梁这一使命，因为科学与人文的相互关系问题从根本上说并不属于传统的科学哲学的范畴。

为了使科学哲学真正成为沟通两种文化的桥梁，同时，也为了使科学哲学摆脱自身所面临的困境，笔者提出，科学哲学需要有一种重要的突破与发

---

① 瓦托夫斯基 M W:《科学思想的概念基础——科学哲学导论》，范岱年等译，求实出版社，1982 年版，第 587 页。

② 瓦托夫斯基 M W:《科学思想的概念基础——科学哲学导论》，范岱年等译，求实出版社，1982 年版，第 588 页。

展，其发展方向就是突破传统的科学哲学的狭隘定位与框架，使科学哲学发展成为科学文化哲学。笔者认为，当代西方科学哲学面临困境的症结同样在于，原有的科学哲学的学科定位或框架过于狭隘，以致无法应对和解决科学作为一种文化或文化活动所固有的深层矛盾和问题。因此，从科学哲学走向科学文化哲学，既是一条使科学哲学真正成为沟通两种文化的桥梁之路，又是一条使科学哲学从根本上摆脱现有的困境之路。

所谓科学文化哲学，大致可以看作为这样一种学科或研究方向，即将科学看作是一种文化或文化活动，从而对其进行哲学探究。需要指出的是：其一，科学文化哲学的研究对象依然是科学，只不过是它将科学作为一种文化或文化活动来研究，而不是仅仅局限于做认识论的研究，因而它既区别于传统的科学哲学，又区别于一般的文化哲学；其二，科学文化哲学研究依然是一种哲学研究，因而它比科学历史学、科学社会学等元科学更加靠近传统的科学哲学。如果说，我们将传统的科学哲学理解为一种狭义的科学哲学的话，那么，科学文化哲学可以理解为一种广义的科学哲学。更进一步说，科学文化哲学将是对传统的科学哲学的深化和拓展。

20 世纪 90 年代所掀起的关于科学精神与人文精神、科学文化与人文文化及其相互关系的讨论的不少主题，可以说基本属于科学文化哲学范畴。也正是这场旷日持久并方兴未艾的讨论，给科学文化哲学注入了强劲的活力和诸多理论增长点，从而在很大程度上促进了科学文化哲学的孕育和产生。尽管这种哲学作为一个学科或研究方向来说，似乎才刚刚起步，尚显得有些稚嫩，但是，无论从其理论或实践意义看，还是从其发展态势看，它都有望成为 21 世纪科学哲学发展的一个重要方向。

二、走出现有的困境

科学文化哲学的孕育和产生，有着深刻的理论背景。它是在 20 世纪末当代西方科学哲学面临重重困难的情势下孕育和产生的，可以说是对科学哲学的一种重大突破与发展。

众所周知，当代西方科学哲学在 20 世纪下半叶经历了两次重大转变，即先从逻辑主义向历史主义，后又从历史主义向后现代主义转变。可以说，在分析哲学研究范式支配下的科学哲学“从实证主义与科学主义走向了它们最显著的对立面”[①]。然而，这两次重大转变不但没有使西方科学哲学从根本上摆脱理论困境，反而使其大伤元气，逐步从兴盛走向衰落，甚至趋于解体。费耶阿本德甚至宣告：科学哲学是一门有伟大过去的学科。其言下之意是，科学哲学是一门没有未来的学科。当然，这种说法未免有些言过其实，但它的确在某种程度上反映了当代西方科学哲学所面临的困境，特别是遭遇后现代主义所出现的困境。

那么，当代西方科学哲学面临困境的症结究竟在哪里？有何途径可以使其解开症结，从而摆脱现有的困境呢？笔者认为，当代西方科学哲学面临困境的症结在于，原有的科学哲学的学科定位或框架过于狭隘，以致无法应对和解决科学作为一种文化或文化活动所固有的深层矛盾和问题。因此，从科学哲学走向科学文化哲学，则是一条使科学哲学摆脱现有困境的重要途径。

具体说来，传统的科学哲学的基本框架是认识论的和分析哲学的。它主要是从认识论的角度来研究科学，其研究基本上局限在认识论或方法论的领域内，其主要采用的是分析(或分析哲学)的方法，因而在很大程度上忽略了“科学与技术的更为宽泛的社会、政治、历史与伦理的维度”[②]。它所研究的认识论或方法论几乎等同于“科学的逻辑”。这在约翰·洛西所写的《科学哲学历史导论》一书中体现得最为明显。他将《科学哲学历史导论》写成了“科学方法观点发展的历史概要”[③]。在他看来，科学哲学主要探索下列问题：“①哪些特征把科学研究与其他类型的研究区分开？②科学家在研究自然时应遵循哪些程序？③正确的科学解释必须满足哪些条件？④科学定律和原理的认识地位是什么？”[④]因此，科学哲学要比科学本身的实践站得更高：科学从事的是对事实进行解释，而科学哲学的主题是研究“各门科学的程序和结

---

① Wilshire B，*Fashionable Nihilism：A Critique of Analytic Philosophy*，Albany：State University of New York Press，2002，p. 76.

② Gutting G，*Continental Philosophy of Science*，Oxford：Blackwell，2005，p. 111.

③ 约翰·洛西：《科学哲学历史导论》，邱仁宗等译，华中工学院出版社，1982 年版，序。

④ 约翰·洛西：《科学哲学历史导论》，邱仁宗等译，华中工学院出版社，1982 年版，第 2 页。

构”及“科学解释的逻辑”[①]。这就是约翰·洛西所称的“正统的”科学哲学的主题。一般说来，如果抛弃科学的社会、历史和文化等诸多因素，只对当代科学做静态的研究，那么，这类主题与传统的科学哲学的基本框架在某种程度上还是相适应的。逻辑实证主义对“世界的逻辑构造”也许可以看作是所谓“正统的”科学哲学的最高成就。

然而，随着20世纪六七十年代以来科学哲学经历从逻辑主义向历史主义的转变，然后又从历史主义向后现代主义的转变，科学哲学的主题也随之发生了重大的转变。显然，逻辑实证主义者所研究的主题是如何理解科学的逻辑结构，历史主义者所关注的主题是如何理解科学的历史发展，而后现代主义者所强调的主题则是如何理解科学与其他文化之间的相互关系。

随着科学哲学主题的重大转变，人们不难发现，科学哲学所涉及的内容和范围实质上已经大大拓宽了。逻辑实证主义者把科学哲学看作是“经验科学知识论”，也即看作是“认识论的主要部分或分支”[②]。而历史主义者不仅将研究“科学(知识)的逻辑”拓展到研究科学(知识)发展的合理性问题，从而大大拓宽了“经验科学知识论”的研究，而且将科学哲学与科学历史学、科学心理学和科学社会学等学科联系在一起，使得科学哲学大大超出了传统的认识论和分析哲学的基本框架。于是，他们更多地关注科学发展的社会、历史和文化背景及其对科学的影响和作用，强调科学并不是价值中立的，与其他文化并不存在一条截然分明的界线。可以说，历史主义的科学哲学所涉及的内容和范围已经从认识论延伸到了科学文化哲学的范畴。

至于后现代主义者所涉及的内容和范围则更加宽泛了。他们所关注的焦点与其说是科学，倒不如说是“文化的整体”，特别是人文文化。他们反对将“科学的整体”从“文化的整体”中区分开来，强调在“文化的整体”中来理解科学，特别是以人文主义的视角来理解科学，用模糊主义的整体论彻底模糊科学与艺术、政治乃至宗教的区别。于是，他们不仅将科学消解于整个文化(特别是人文文化)，而且还将科学哲学消解于一般的文化哲学(特别是人文

① 约翰·洛西：《科学哲学历史导论》，邱仁宗等译，华中工学院出版社，1982年版，第2页。

② 江天骥：《当代西方科学哲学》，中国社会科学出版社，1984年版，第5页。

哲学)。

当代西方科学哲学所面临的困境其症结就在这里。

一方面，随着科学哲学的重大转变，科学哲学的主题和内容也发生了重大变化。仔细考察历史主义科学哲学所研究的每一个重大问题，如科学与价值问题、科学进步问题和科学合理性问题等，我们不难发现，这些问题已经大大超出了传统的认识论和分析哲学所能应对和解决的范围。它们所涉及的领域从根本上说不仅是认识论的，更是科学文化哲学的；而解决这些问题所需要的方法当然不仅仅是分析的，更是综合的、辩证的。

另一方面，尽管历史主义的科学哲学被约翰・洛西看作是“非正统的”科学哲学，它的视野要比逻辑实证主义宽阔得多，但是，很明显其基本定位还是认识论的，而不是科学文化哲学的。他们只是提出了科学与价值(文化)相关联这个重要问题，但并没有对此做深入的研究。在许多情况下，历史主义者们，如拉卡托斯、劳丹、夏佩尔等人往往回避各种复杂的文化因素去建构自己的科学进步模式或科学合理性模式。尽管历史主义的科学哲学主张一种与逻辑实证主义完全不同的方法论，即历史方法论，但是它并没有将这种方法论贯彻到底，分析哲学的色彩依然很浓。

例如，库恩对科学进步问题的阐述，只是停留在对“范式”概念的抽象的分析上，并没有进一步深入探寻和考察“范式”背后的社会历史条件和人类自身进步等诸多因素。而劳丹对真理问题的否定，其理由也基于标准的分析哲学思维，即必须在语义学上给“真理”或“近似真理”定下一个标准，然后再从认识论上阐明达到这一标准的程序。倘若编不出这个程序来，就宣布其是“不可实现的”，应该予以抛弃。还有，他将科学的本质看作是解决问题的活动，试图通过计算解决经验问题、减少反常和概念问题的多少，以及权衡其重要性程度来评判一个理论或研究传统是否进步，所有这些都带有明显的分析哲学色彩。从某种意义上说，历史主义的科学哲学关注的依然是一种抽象的“逻辑”，它与逻辑实证主义不同的是，逻辑实证主义关注的是科学知识的逻辑，而历史主义关注的是科学发展变化的逻辑(如“科学革命的结构”、“科学发现的逻辑”、“科学进步模式”与“科学合理性模式”等)。如果说逻辑实证主义对科学的逻辑构造与实际的科学知识严重脱节的话，那么历史主义的各种“结构”、“逻辑”和“模式”与实际的科学发展也有很大的距离。由于历史主义者所关注的抽象逻辑与科学实践中的推理模式有着根本的不同，所以他们质疑科学所体现的那种“理性化”意义上的“进步”，进而放弃了科学所蕴含的“最终价值或标准”的“合理评价”，转而导向了各种针对最终标准的“多元主义的前理性的决断”①，从而为后现代主义者“告别理性”创造了条件。

后现代主义者似乎已经敏锐地觉察到了当代西方科学哲学所面临的困境及其症结所在，于是，费耶阿本德不仅“反对方法”，而且还“告别理性”，宣告科学哲学行将终结。费耶阿本德观点的合理因素在于：在传统的认识论和分析哲学的框架内，要使科学哲学走出困境几乎是不可能的。但是，费耶阿本德之所以走向无政府主义的认识论和非理性主义，关键还在于他并没有超越传统的认识论和分析哲学的思维框架：在他那里，既然一切方法论规则都有其局限性，那么，唯一可推行的法则就是“怎么都行”；既然一切科学合理性模式都有其缺陷，那么，就应当干脆“告别理性”。罗蒂实际上也采用了与费耶阿本德相同的逻辑：在他那里，既然科学与其他文化并不存在截然分明的界限，那么，科学与其他文化就没有任何区别；既然科学与其他文化没有任何区别，那么，就可以用文化哲学（特别是后现代主义的文化哲学）来消解并代替科学哲学。

由此可见，后现代主义并不是科学哲学的真正出路。后现代主义只能导致科学哲学走向真正的终结。然而，随着科学哲学的主题的重大转变，科学哲学的确需要有一个重大转变，那就是打破传统的认识论和分析哲学的框架，使科学哲学走向科学文化哲学，从而从根本上解开使当代科学哲学陷入困境的症结，推动科学哲学进一步向前发展。

三、开辟广阔的前景

从科学哲学走向科学文化哲学，不仅有助于科学哲学走出现有的困境，更重要的是，还将大大开阔科学哲学研究的视野，从而为科学哲学的发展开辟颇为广阔的前景。

首先，从科学哲学走向科学文化哲学，将对科学的哲学研究从认识论拓

---

① Putnam H，*Realism and Reason*，Cambridge：Cambridge University Press，1983，p. 299.

展到价值论。

在传统的逻辑实证主义的科学哲学中，由于事实与价值两分的教条，科学哲学对科学的价值层面缺乏关注，逻辑实证主义的科学哲学家也就成为“逃避价值的科学哲学家”[①]。而历史主义极大地改变了这种立场和态度，他们的科学哲学已经深深地触及科学价值论的内容。例如，库恩解释科学变化发展所使用的最关键的概念——“范式”，其核心内容就是“价值”。在库恩看来，每一个范式都带有自身的价值标准，并且不同范式的价值标准是“不可通约的”。在不同的范式之间做出选择，如同宗教皈依一样，是“一种在不相容的共同体的不同生活方式之间的选择”，在这里并不存在一种可依据的客观的合理的价值标准[②]。而劳丹为了克服库恩的相对主义，写了一本重要著作，书名是“科学与价值”。在书中，他提出了关于科学合理性的网状模式。这个模式的核心概念即本体论、方法论和价值论。为了避免价值问题的复杂性，劳丹做了特别的限定，强调他所讨论的价值只涉及“认知价值”（即关于科学方法论的标准和规范）。尽管劳丹对库恩的范式理论做了重要的补充和修正，提出了一种比库恩模式更渐进的科学发展动力学模式，在一定程度上解决了科学变化的连续性问题，但是，他对科学进步的解释依然是“赫拉克利特式的”，最终无法摆脱相对主义。[③]普特南试图超越历史主义的局限，他从分析哲学的框架中提出，“事实与价值是相互纠缠的”[④]，一方面，“包括物理学在内的事实判断都依赖于并预设了认知价值”；另一方面，“必须要从逻辑的或语法的层面来理解事实与价值的纠缠”。也就是说，如果不从“评价的观点看”，就无从理解有关事实的陈述与判断。[⑤]尽管普特南已经大大超越了历史主义科学哲学家的理论视域，但他仍然停留于分析哲学中的语言哲学、逻辑哲学与认

① Putnam H，*The Collapse of the Fact/Value Dichotomy and Other Essays*，Cambridge：Harvard University Press，2002，p. 136.

② Kuhn T S，*The Structure of Scientific Revolutions*，Chicago：University of Chicago Press，1962，p.93.

③ Laudan L，*Science and Values*，Berkeley：University of California Press，1984，pp. 64～66.

④ Putnam H，*Naturalism，Realism，and Normativity*，Cambridge：Harvard University Press，2016，p. 2.

⑤ Putnam H，*Philosophy in an Age of Science：Physics，Mathematics，and Skepticism*，Cambridge：Harvard University Press，2012，pp. 291～292.

识论的视角来透视科学的事实判断所负载的价值维度，无法彻底摆脱相对主义的嫌疑。可以说，价值问题已经成为当代科学哲学的一大难题。要使科学哲学走出困境，就不能仅仅局限于对价值做零碎的、抽象的研究，而应当对其做系统而深入的研究。如果说传统的科学哲学的侧重点是对科学做认识论的研究的话，那么，科学文化哲学的侧重点则应当转向对科学做价值论的研究。

在科学文化哲学的视野里，科学价值论的研究有着十分丰富的内容：一方面，它将科学看作是一种具有丰富价值内涵的文化或文化活动，而不仅仅只看作是一种认识或认识活动；另一方面，它强调对价值的研究也应当是全方位的，而不应当仅仅局限于研究“认知价值”。总的说来，科学价值论大致包括以下两大块内容：一是研究价值对科学的影响及其作用，目的是真正将科学放在整个社会、历史和文化的背景中来研究，从而揭示科学的动力、目的及其发展变化的规律。这一块内容与传统的科学哲学有关，但其视野要比传统的科学哲学广阔得多。二是研究科学对人与社会的价值，包括科学的技术价值、经济价值、文化价值和精神价值等，从而揭示科学对社会的全面进步和人的全面发展，特别是对人的生存、发展、自由和解放的意义和价值。当然，也可以研究由于对科学的不恰当应用等因素，科学技术对人、自然和社会可能或已经产生的负面影响、问题和危险等。这一块内容显然已大大超出了传统的认识论和分析哲学的范畴，因而往往被排除在科学哲学研究领域之外。因此，从某种意义上可以说，当代科学哲学在本质上是认识论的，而不是价值论的。

然而，随着科学技术的突飞猛进的发展，科学正在对人类社会产生着日益增长并难以估量的巨大影响，因而对科学价值论的研究其重要性就显得越来越突出。杰罗姆·R. 拉维茨在他的《科学知识和它的社会问题》一书中指出：“现代自然科学活动已经改变我们的知识和关于我们对世界的控制，而在这个进程中，它也改变了自己本身，并且造成了诸多单靠自然科学本身不能解决的问题。”[①]因此，在他看来，当代对科学的理解“最深层的问题是社会的，而不是认识论的”。那些有关真理之类的老问题，“已经让位于对科学的

① Ravetz J R，*Scientific Knowledge and its Social Problems*，New Brunswick：Transaction Publishers，1996，p. 9.

健康发展的关注和对其应用的控制的关注”[①]。尽管拉维茨的观点似有可商榷之处，但它的确从一个角度(即从科学对人与社会的影响这个角度)，揭示了研究科学价值论的重要性和紧迫性。

毫无疑问，一旦拓展到价值论层面，科学哲学与人文哲学就有了非常广阔的对话和交流空间，二者之间就有了相互沟通、相互借鉴和相互弥补的桥梁。应当注意，人文哲学对艺术、诗及其整个人文文化的探讨，往往是站在价值论的高度来进行的。例如，尼采说，“艺术是生命的最高使命和生命本来的形而上活动”[②]，这里强调的是艺术对人及其生命的意义和价值；同样，海德格尔说，“人，诗意地安居”，这里强调的是诗对于人的精神生活的意义和价值。可以说，人文哲学在关于艺术、诗等人文文化的价值论和生存论方面已有相当深的研究，相比之下，科学哲学的研究则是在认识论和方法论方面见长，而在价值论和生存论方面则十分薄弱。这不能不说是导致科学与人文、理性与价值相冲突的一个根源。因为根据以往的研究，在许多人看来，似乎科学代表着理性这一端，而人文则代表着价值这一端，在二者之间大有势不两立的态势。科学文化哲学的建立可以在很大程度上消解这类矛盾和冲突。因为它将着力开展科学价值论和生存论的研究，并在价值论和生存论层面上与人文哲学开展积极的对话和交流。事实上，正如我们已经说过的，科学不仅具有重要的技术价值和经济价值，而且具有重要的文化价值和精神价值。也就是说，无论是对于人的物质生活，还是对于人的精神生活而言，科学都具有重要的价值论和生存论意义。如果说，“人，诗意地安居”是一个颇有人文色彩的命题的话，那么，“人，科学地安居”也应当是一个颇有人文色彩的命题。科学哲学完全可以而且应当借鉴人文哲学的某些重要思想，在价值论和生存论层面上探讨科学与艺术、科学与诗的关联。当然，人文哲学也完全可以而且应当借鉴科学哲学的某些重要思想，在认识论和方法论层面上探讨艺术与科学、诗与科学的关联。这样一来，科学与人文两种文化首先就在科学哲学与人文哲学之间建起了相互沟通的桥梁。

---

① Ravetz J R，*Scientific Knowledge and its Social Problems*，New Brunswick：Transaction Publishers，1996，p. 71.

② 尼采：《悲剧的诞生》，周国平译，生活·读书·新知三联书店，1986 年版，第 2 页。

其次，从科学哲学走向科学文化哲学，将最大限度地整合元科学各分支，从而使科学哲学具有更加广阔的发展空间。

正如前面所说的，传统的科学哲学充其量只是对科学的认识论研究，而不是对科学的全方位的哲学研究(尽管认识论也是哲学的一个重要方面,但无疑哲学要比认识论广阔得多)，因而不是真正意义上的科学哲学，至少不是完备的科学哲学。由于科学哲学的定位过于狭隘，所以对科学的全方位的哲学研究很难有恰当的学科归属。按照现行的做法，只能将认识论的部分划归于科学哲学，而将非认识论的部分分别划归到科学社会学、科学历史学、科学心理学、科学伦理学、科学美学等元科学各分支。这样一来，对科学的哲学研究事实上处于一种非常松散的状态，有些研究(如科学价值论的研究)甚至没有一个恰当的元科学分支可以对应。显然，这种局面不仅有碍于对科学做全方位的哲学研究，而且对于推进科学哲学的发展也是极为不利的。

从科学哲学走向科学文化哲学，不仅有助于将对科学的哲学研究从认识论拓展到价值论，而且有助于将渗透在元科学各分支当中的哲学思想挖掘出来并且整合起来，从而建构起更加完备的科学哲学，并使其朝着真正意义上的科学哲学迈进。显然，这样的科学哲学将大大增加与人文哲学的接触面，除了认识论和价值论，还可以在社会学、历史学、心理学、伦理学和美学等层面与人文哲学开展交流和对话，从而进一步增进与人文哲学的相互沟通、相互借鉴和相互弥补。

我们不妨以比较成熟的元科学分支，即科学社会学和科学历史学为例，来探讨一下整合元科学的哲学思想的可能性。

在笔者看来，科学社会学对科学的理解既是社会的，又是文化的：它既将科学看作是一种社会体制，又将科学看作是一种文化活动。于是，科学社会学的定位从一开始便带有交叉的性质：一方面，它要对科学进行社会学的研究，因而毫无疑问属于社会学的一个分支；另一方面，它的研究对象是科学——一种特殊的文化活动，因而它与科学文化哲学密切相关。一般说来，科学社会学的实证研究部分基本上属于社会学的范畴，而它的理论思辨部分则带有很浓的科学文化哲学的色彩。事实上，科学社会学与科学文化哲学在理论层面上不仅是交叉的，而且还有许多重叠的地方。例如，默顿关于科学家的行为规范、科学的精神气质等多项主题的研究，显然是理论思辨的，而不是实证的，因而与其说属于科学社会学范畴，倒不如说属于科学文化哲学范畴。从更深层次上说，科学社会学与科学文化哲学两者之间其深刻的关联在于：一方面，要对科学文化进行社会学研究，离不开对科学文化的深刻理解，也就是离不开科学文化哲学；另一方面，要对科学文化进行哲学研究，同样也离不开科学社会学，因为科学文化活动在本质上是社会的。可以说，科学文化哲学是科学社会学的重要理论基础，而科学社会学又为科学文化哲学提供了强有力的社会学的实证支持。

我们从科学社会学与科学文化哲学的深刻关联中，不难看到整合元科学哲学思想的可能性，至少在科学社会学那里蕴含着非常丰富的科学文化哲学思想，有待我们去挖掘、整理、概括和总结。除了有助于深化科学认识论研究(因为认识活动在本质上也是社会的)，科学社会学对科学文化哲学的最重要的贡献也许将在科学价值论这方面。例如，通过对科学这种社会体制的内部结构、社会关系及其运行规律的研究(科学“内部的”社会学研究)，有助于我们从科学文化活动内部来深刻地理解科学的动力、目的、意义和价值；通过对科学、技术与社会三者之间的社会互动关系的研究(科学“外部的”社会学研究)，有助于我们从科学文化活动的外部来深刻地把握科学对社会的影响和社会对科学的影响，从而更深层次地理解和把握科学的动力、目的、意义和价值。毫无疑问，离开科学社会学的研究，科学价值论将会变得非常空洞。

科学哲学同科学历史学的关系似乎要比科学社会学更为密切，以致拉卡托斯强调，“没有科学史的科学哲学是空洞的；没有科学哲学的科学史是盲目的”[①]。就“科学编史学与科学哲学应该怎样相互学习”这个问题，拉卡托斯的观点是：①“科学哲学提供规范方法论，历史学家据此重建‘内部历史’，并由此对客观知识的增长做出合理的说明”；②“借助于(经规范地解释的)历史，可对相互竞争的方法论做出评价”；③“对历史的任何合理重建都需要

① 伊·拉卡托斯：《科学研究纲领方法论》，兰征译，上海译文出版社，1986 年版，第 141 页。

经验的(社会一心理学的)‘外部历史’加以补充”[①]。这个观点无疑具有启发性，但是，它将科学哲学与科学历史学的关系，在本质上仅仅归结为“规范的方法论”与“内部历史”之间的关系(“外部历史”仅仅是一种补充)，未免太狭隘了。

如果我们将科学哲学拓展为科学文化哲学，而将科学史理解为科学文化发展史，包括科学本身的发展史(内部史)和科学技术与社会、科学与其他文化的关系史(外部史)，那么，科学哲学与科学历史学两者之间的关系将比拉卡托斯所理解的要深刻得多和紧密得多。

事实上，许多科学历史学家(特别是乔治·萨顿)也正是在这种意义上来理解和研究科学史的。只要打开萨顿所写的科学史或科学史论著，我们就会感受到十分浓郁的文化气息,体会到科学的产生和发展不仅有其自身的逻辑，而且更有其深刻的社会历史背景，并同哲学、艺术、宗教等文化有着根深蒂固的联系。科学史不仅能够为科学认识论或方法论研究提供重要的历史学的线索，而且也将为整个科学文化哲学研究提供取之不尽的史料和素材。当然，科学历史学与科学文化哲学之间的关系也绝对不是简单的史料与理论之间的关系。应当看到，科学历史学本身蕴含着极为丰富的科学文化哲学思想。例如，萨顿的科学史观，包括他的新人文主义思想、科学与艺术相互关系的观点等实际上已经明显属于科学文化哲学的范畴了。可以说，科学历史学对科学文化哲学的贡献将是多方面的，甚至是全方位的，既包括认识论，也包括价值论、科学与其他文化的相互关系研究等。

值得注意的是，无论是科学社会学，还是科学历史学，都有“内部”和“外部”之分，其涵盖面都非常宽，然而，传统的科学哲学充其量也只能算作是一种“内部的”科学哲学，似乎并不存在“外部的”科学哲学。这种状况不仅导致科学哲学研究过于狭窄，而且也使得元科学各分支处于比较松散的状态。如果我们将科学哲学拓展到科学文化哲学，那么，后者也将有“内部”和“外部”之分，其结果不仅将大大拓宽对科学的哲学研究，而且也将使元科学各分支得到最大限度的整合。

---

① 伊·拉卡托斯：《科学研究纲领方法论》，兰征译，上海译文出版社，1986 年版，第 141 页。

最后，从科学哲学走向科学文化哲学，有助于在科学与人文两种文化之间真正架起相互沟通的桥梁。

在科学与人文两种文化之间架起相互沟通的桥梁，几乎是整个元科学共同的使命。科学史学家萨顿说："在旧人文主义者同科学家之间只有一座桥梁，那就是科学史，建造这座桥梁是我们这个时代的主要文化需要。"[①]在他看来，科学史学家的使命也就是建造桥梁。科学哲学家瓦托夫斯基也认为，"科学哲学是科学和人文学之间的桥梁"[②]。在他看来，"从哲学的最美好最深刻的意义上说，对科学的人文学理解，就是对科学的哲学理解"[③]。

然而，尽管不少科学史学家和科学哲学家做了巨大的努力，但离完成上述使命仍有很大距离，科学与人文两种文化的鸿沟依然很深。当然，导致两种文化分离的原因是多方面的，并且有其深刻的社会历史根源，但是，应当看到，对于科学哲学来说，的确也有其值得深刻反思的地方，特别是科学哲学的狭隘的定位及其与此相关的狭隘的科学观颇值得反思。逻辑实证主义的科学观就体现了某种狭隘性。它不仅没有设法在科学与人文之间架起桥梁，反而将两者截然分开，表明科学与人文分别属于两个截然不同的世界：一个叫作认识世界；另一个叫作体验世界。于是，当它在强调自然科学的"客观性"和科学方法的独特性，否认人文学科的科学性并宣布其在认识上无意义的同时，实质上也排除或否认了自然科学的人文意义和人文价值，否认了科学与人文两种文化的关联。这种狭隘的实证主义、科学主义的科学观，加上狭隘的人本主义、人文主义（包括后现代主义）的文化观对它的反动，不能不说是导致两种文化分离和对立的一个重要根源。

毫无疑问，上述狭隘的科学观与科学哲学的狭隘定位密切相关。从某种意义上说，也正是传统的认识论和分析哲学的狭隘框架，遮蔽了人们的视野，使之看不到科学的深刻的社会历史背景，看不到科学与其他文化的根深蒂固的联系，而将其看成"某种超出人类或高于人类的本质，成为一种自我存在

① 乔治·萨顿：《科学史和新人文主义》，陈恒六等译，华夏出版社，1989年版，第51页。

② 瓦托夫斯基 M W：《科学思想的概念基础——科学哲学导论》，范岱年等译，求实出版社，1982年版，第7页。

③ 瓦托夫斯基 M W：《科学思想的概念基础——科学哲学导论》，范岱年等译，求实出版社，1982年版，第588页。

的实体，或者被当作是一种脱离了它赖以产生和发展的人类的状况、需要和利益的母体的‘事物’”[①]。这样一来，关于科学的观念就被大大狭隘化了。尽管尔后历史主义的科学哲学在很大程度上突破了逻辑实证主义的科学观，但由于科学哲学的定位没有从根本上得以改变，所以也难以充当沟通两种文化的桥梁。

显然，从科学哲学走向科学文化哲学，对于沟通两种文化的意义是非常重大的。其一，它将彻底打破传统的认识论和分析哲学的狭隘框架，从根本上改变以往的科学哲学的定位，从而有可能真正从整个社会、历史和文化的背景中来理解科学，理解科学的精神和科学的价值，也有可能真正拉近科学与人文两种文化的距离，深入考察和研究两种文化之间的内在联系，并在两者之间架起相互理解的桥梁。其二，更重要的是，它将真正肩负起元科学的共同使命，促进科学与人文两种文化的融合。尽管有的科学哲学家早就提出，要使科学哲学成为沟通科学与人文两种文化的桥梁，但事实上在传统的科学哲学的框架里，几乎很难实现，因为探讨两种文化的相互关系问题已经大大超出了传统的科学哲学范畴，所以不可能成为科学哲学的重要课题。然而，科学文化哲学的情况就大为不同了。它将真正把探讨两种文化的相互关系问题当作自己的重大课题，特别是通过揭示科学文化与人文文化、科学价值与人文价值、科学精神与人文精神的深刻关联，来促进科学哲学与人文哲学、科学文化与人文文化、科学教育与人文教育的融合，从而推动整个人类文化的普遍繁荣和人的全面发展。

第二节　科学史与人文史的融合

在探讨科学与人文两种文化相融合的问题上，乔治·萨顿的科学史观有着重要的参考价值。如何深入研究和挖掘萨顿科学史观的合理内核，克服并

---

① 瓦托夫斯基 M W:《科学思想的概念基础——科学哲学导论》，范岱年等译，求实出版社，1982 年版，第 29 页。

超越其狭隘的实证主义和科学主义的观念，对于科学史和人文史的融合，从而从历史学的角度促进两种文化的融合，有着特别重要的意义。这一节以科学史与人文史的融合为切入点，来探讨萨顿的科学史观及其超越问题。

一、萨顿的科学史观

除了科学哲学以外，还有一门学科——科学历史学也具有成为沟通科学与人文两种文化的桥梁这种意识和传统。这在著名科学史学家萨顿那里表现得最为强烈和明确。萨顿早就指出，要将科学史建造成旧人文主义者同科学家之间的一座桥梁。在他看来，那些不理解科学的旧人文主义者和那些不欣赏艺术的科学家，同样都是可怜的；固守那种没有知识的理想和执着那种没有理想的知识，同样都是不明智的。[①]而科学史教育的目的就在于，“尽可能填补这一鸿沟”。因为一方面，“即使在科学课程中，坚实的文学艺术基础和强调历史观点也将会迫使具有更多科学头脑的人更细致地考虑人生中非科学的方面”；另一方面，“经常由熟悉科学史和人类前进中盛衰成败的人来解释科学方法将会使比较有文学头脑的人认识到现代文明精神”[②]。也可以说，“向人文科学工作者说明科学发现的内在意义(不仅是它们的外在的用途)，向科学家说明人文科学的深刻人性，从而使科学家和人文科学工作者紧密团结起来”[③]。

萨顿给科学史以极高的地位。他认为，文明史应当主要集中于科学史。从最高的意义上说，科学史实际上是人类文明的历史。其中，科学的进步是聚焦的中心，而一般历史往往作为背景而存在。“科学史是唯一能说明人类进步的历史。”[④]这种科学史观显然与他的科学观密切相关。因为在他看来，“科学是我们精神的中枢，也是我们文明的中枢”，又是“我们智力的力量与健康的源泉”。但是，“无论它多么重要，它却是绝对不充分的。我们不能只靠真

---

① 乔治·萨顿：《科学史和新人文主义》，陈恒六等译，华夏出版社，1989年版，第51～52页。

② 乔治·萨顿：《科学史和新人文主义》，陈恒六等译，华夏出版社，1989年版，第107页。

③ 乔治·萨顿：《科学的生命》，刘珺珺译，商务印书馆，1987年版，第151页。

④ Sarton G，*The Study of the History of Science*，Cambridge：Harvard University Press，1936，p.5.

理生活”。因此，“新人文主义是围绕科学而建立的”[①]。很明显，在萨顿那里，科学与其他文化在整个“精神”、“文明”和“新人文主义”中所处的分别是“中枢”与“外围”或“核心”与“外围”的地位，因此，科学史也就成了人类精神史或文明史的主线，而其他文化的历史只是作为围绕这条主线的背景而存在。

当然，我们也不能因此说萨顿不重视其他文化史的研究。恰恰相反，在萨顿看来，“不涉及专业性的科学史将是十分不完善的，但是无论这些专门化的每一部分多么重要，科学史将远远地超出它们的范围”。他强调，科学史涉及的不仅是“最近几个世纪的文明史，而且是从追溯到我们所能深刻考察的最早时期直到我们自己时代的整个文明史”[②]。这就是说，即使是研究科学史，也有必要对整个文明史做“深刻考察”。

萨顿说，科学史学家最感兴趣的某些社会生活领域依次是：①“通史或文明史”；②“技术史”；③“宗教史”；④“美术史和工艺史”[③]。其理由主要是：就科学与文明的关系而言，科学史学家“绝对需要充分了解文明历史的原因在于，要把科学史实放在导致它们产生的那个环境之中”[④]。就科学与技术的关系而言，“科学史与技术史经常交织在一起，把它们彼此分开是不可能的”[⑤]；就科学与宗教的关系而言，“科学与宗教彼此间的相互影响一直存在，就是在现代，在科学发展高度完善、高度独立的国家中也是如此”[⑥]；就科学与艺术的关系而言，“正像科学史提供人类智力进步的资料一样，我们可以把艺术史和文学史视为人类感受性进步的历史”。也就是说，“科学史是思想史；而艺术史可视作人类梦想的历史”。从这个角度来理解，“这两种历史就互相补充，相得益彰”[⑦]。还有，艺术史对科学史的直接帮助，“首先是了解那些已经消失了的文明的精神”。因为“艺术作品具有一个高于人类精神其

---

① 乔治·萨顿：《科学史和新人文主义》，陈恒六等译，华夏出版社，1989年版，第124～125页。
② 乔治·萨顿：《科学史和新人文主义》，陈恒六等译，华夏出版社，1989年版，第90页。
③ 乔治·萨顿：《科学的生命》，刘珺珺译，商务印书馆，1987年版，第31页。
④ 乔治·萨顿：《科学的生命》，刘珺珺译，商务印书馆，1987年版，第31页。
⑤ 乔治·萨顿：《科学的生命》，刘珺珺译，商务印书馆，1987年版，第32页。
⑥ 乔治·萨顿：《科学的生命》，刘珺珺译，商务印书馆，1987年版，第33页。
⑦ 乔治·萨顿：《科学的生命》，刘珺珺译，商务印书馆，1987年版，第36～37页。

他表现形式的巨大优越性；给予我们过去时代完全和综合的景象；为我们提供只消看一眼就能把握的知识；把过去再现于生活之中”[①]。其次，艺术史常常给予我们这样的知识，这些知识“无论看起来多么微不足道，有些时候却解决了历史上的问题”[②]。最后，艺术史有助于我们“在某种程度上把科学史作为鉴赏力的历史来记述”[③]。

于是，萨顿对科学史的教学与研究有很高和很全面的要求。他认为，科学史教师首先必须懂得科学，因而首先必须是科学家，其次必须懂得历史和思想的进程，因而必须是历史学家和哲学家，此外，除英语外，还必须具有德语、法语和意大利语等多种语言的阅读能力。他还特别倡导要有人文科学家参与科学史的研究工作。这些人文科学家的主要职责之一就是，“去说明各个时代特别是当代科学的伦理意义和社会意义，在普通教育中把科学结合在内，一句话，把科学‘人文主义化’”[④]。同时，在科学史学家中也应当有一些人“尽可能熟悉宗教史、伦理学史和社会生活每一方面的历史”[⑤]。他们的特殊任务是，“把这些领域的研究成果和与科学史有关的内容一致起来，并且有助于从另一个角度说明每一种现象”[⑥]。萨顿对自己也提出了很高的要求，如他对自己的学习计划做了周密的安排，包括在学好已有语言的基础上，再学一到两种别的语言；学好数学、绘画和音乐；掌握主要的科学事实、科学理论、科学方法和科学精神；还有，进一步研究文明史。[⑦]

可见，萨顿也许比别的任何科学史学家更加重视人文及其发展史。然而，在他的内心深处总是有这样一种根深蒂固的并反复强调的观念，即“实证知识的获得和系统化是人类唯一真正积累和进步的活动”[⑧]。因此，尽管科学史只是整个人类历史的一小部分，但“却是本质的部分，是唯一能够理解自古

① 乔治·萨顿：《科学的生命》，刘珺珺译，商务印书馆，1987年版，第37页。
② 乔治·萨顿：《科学的生命》，刘珺珺译，商务印书馆，1987年版，第38页。
③ 乔治·萨顿：《科学的生命》，刘珺珺译，商务印书馆，1987年版，第38页。
④ 乔治·萨顿：《科学的生命》，刘珺珺译，商务印书馆，1987年版，第147页。
⑤ 乔治·萨顿：《科学的生命》，刘珺珺译，商务印书馆，1987年版，第147页。
⑥ 乔治·萨顿：《科学的生命》，刘珺珺译，商务印书馆，1987年版，第147～148页。
⑦ 乔治·萨顿：《科学史和新人文主义》，陈恒六等译，华夏出版社，1989年版，第106页。
⑧ Sarton G，*Introduction to the History of Science*. Huntington，New York：Robert E.Krieger Publishing Company，1975，p. 4.

以来人类逐步前进的那一部分历史”[①]。然而，别的文化(如艺术、道德或宗教)很难依靠自身说明其进步性。对于别的文化来说，“无论在什么地方存在着进步或进步的可能性，几乎都是由于科学的应用”。或者说，别的文化“在任何一个方向上的进步总是从属于科学进步的这种形式或那种形式的”[②]。这正是萨顿之所以将科学史看作整个人类文明史的主线的原因。

萨顿认为，科学史具有重要的“哲学价值、科学价值和人文主义的价值”[③]。他强调研究科学史有两个重要的理由：一个是“纯粹历史的理由，分析文明的发展，也就是了解人”；另一个是“哲学上的理由，了解科学的更深刻的意义”[④]。他坚信，“科学的历史在其广义的形式下也就是人类思想和文明史——是任何哲学必不可少的基础”[⑤]。在他看来，在一个心地狭隘的技术专家的心目中，眼前“只是科学的最新成果；而科学之树本身则是‘不相关的’”。然而，在一个有哲学思想的科学家心目中，“不管这些成果多么珍贵，但树本身更是无比珍贵”。在他的视野中，“最重要的并不是今天的各种结果，而是导致和超越这些结果的那些曲线”[⑥]。这既是科学史的哲学价值，也是它的科学价值。萨顿将科学史看作一种批判性的工作。正是这种卓越的批判性的工作，使得“科学的全部结构更有条理，更为严格，同时能够说明其偶然与约定的部分，因而在发明家的头脑中展开了新的视野”[⑦]。

当然，在关于科学史的价值问题上，萨顿所论述最多的还是“人文主义的价值”。所谓人文主义的价值，在萨顿那里，大致有两方面的含义。

一是“使科学人文主义化，最好是说明科学与人类其他活动的多种多样关系——科学与我们人类本性的关系”[⑧]。萨顿将研究科学史的第一大理由，

---

① 乔治·萨顿：《科学史和新人文主义》，陈恒六等译，华夏出版社，1989 年版，第 90 页。

② 乔治·萨顿：《科学史和新人文主义》，陈恒六等译，华夏出版社，1989 年版，第 25 页。

③ Sarton G，*A Guide to the History of Science*，Waltham：The Chronica Botanica Company，1952，p. 13.

④ 乔治·萨顿：《科学的生命》，刘珺珺译，商务印书馆，1987 年版，第 115 页。

⑤ 乔治·萨顿：《科学的生命》，刘珺珺译，商务印书馆，1987 年版，第 52 页。

⑥ Sarton G，*A Guide to the History of Science*，Waltham：the Chronica Botanica Company，1952，p. 12.

⑦ 乔治·萨顿：《科学的生命》，刘珺珺译，商务印书馆，1987 年版，第 42～43 页。

⑧ 乔治·萨顿：《科学的生命》，刘珺珺译，商务印书馆，1987 年版，第 51 页。

即“纯粹历史的理由”归结为“分析文明的发展，也就是了解人”。这里所强调的也就是科学史的“人文主义的价值”，即通过科学史来揭示“科学深邃的人性”，这样一来，对科学的研究“就变成人们能够设想的人文主义的最好媒介了”[①]。萨顿有时也称，“研究数学的历史或任何一门科学的历史的主要理由，纯粹是人文主义的”。这里所说的“人文主义”的含义是，“作为人，我们关心其他人，特别是那些已经帮助我们实现我们的最高使命的人”[②]。在他看来，“无论科学可能会变得多么抽象，它的起源和发展的本质却是人性的”。因此，“没有同人文学科对立的自然科学，科学或知识的每一个分支一旦形成都既是自然的也同样是人的”[③]。揭示“科学深邃的人性”，不仅需要依靠科学史，也是科学史的最重要任务之一。

二是有助于“新人文主义”的兴起。萨顿认为，科学的历史意义在于，“如果从一种真正哲学的角度去理解，将会开拓我们的眼界，增加我们的同情心；将会提高我们的智力水平和道德水准；将会加深我们对于人类和自然的理解”[④]。这一切都有助于促成一场新的人文主义的综合运动。这场新的综合运动类似于文艺复兴时期的人文主义运动。所不同的是，过去的人文主义运动本质上是复兴过去的，而新的人文主义运动则更多地开拓未来。[⑤]在萨顿看来，“为建造这个未来，为使它更加美丽，有必要去准备一次新的综合”，并提议“以科学家、哲学家和历史学家的新的更紧密的合作来实现它”[⑥]。他说：“如果这些能够实现，就将产生非常美好的东西，因而与艺术家的合作也必然实现；一个综合的年代往往是艺术的年代。”[⑦]这就是萨顿所向往的“新人文主义”的综合。在这场“新人文主义”综合运动中，科学史学家的“主

① 乔治·萨顿：《科学史和新人文主义》，陈恒六等译，华夏出版社，1989年版，第49页。

② Sarton G，*The Study of the History of Mathematics and the Study of the History of Science*，New York：Dover Publications，Inc.，1957. p. 22.

③ 乔治·萨顿：《科学史和新人文主义》，陈恒六等译，华夏出版社，1989年版，第49页。

④ 乔治·萨顿：《科学的生命》，刘珺珺译，商务印书馆，1987年版，第49页。

⑤ 乔治·萨顿：《科学的生命》，刘珺珺译，商务印书馆，1987年版，第49页。

⑥ 乔治·萨顿：《科学的生命》，刘珺珺译，商务印书馆，1987年版，第52页。

⑦ 乔治·萨顿：《科学的生命》，刘珺珺译，商务印书馆，1987年版，第52页。

要职责就是建造桥梁”，特别是“在人文学科和科学之间架起桥梁”[①]。

由此可见，萨顿的科学史观不仅明确强调以科学史作为沟通科学与人文两种文化的桥梁，而且还蕴含着促进科学史与人文史相融合的重要思想。他所撰写的巨著《科学的历史》就是科学史与人文史相融合的一个重要范例。[②]

二、萨顿科学史观的意义

以上我们用较长的篇幅介绍了萨顿的科学史观。无疑，萨顿的科学史观对我们思考如何促进科学与人文两种文化的融合，特别是科学史所能起到的沟通两种文化的桥梁作用，有着十分重要的参考价值。

的确，不仅科学哲学可以而且应当成为沟通两种文化的桥梁，而且科学历史学也可以而且应当成为沟通两种文化的桥梁。科学哲学一端连着科学，另一端连着哲学，可以通过科学与哲学的联系来建立两种文化的联系；而科学历史学则一端连着科学，另一端连着历史学，可以通过科学与历史学的联系来建立两种文化的联系。而且，科学哲学与科学历史学二者之间本身又有着如此深刻的关联，以致拉卡托斯强调“没有科学史的科学哲学是空洞的；没有科学哲学的科学史是盲目的”[③]。因此，也许在所有学科当中，再也没有比科学哲学和科学历史学这两门学科更适合担当沟通两种文化的桥梁这个角色了。科学哲学和科学历史学通力合作共同承担沟通两种文化的桥梁的作用，将有可能首先实现萨顿所说的“科学家、哲学家和历史学家的新的更紧密的合作”，从而推动一场新的文化综合运动。光靠科学哲学或科学历史学，其力量往往会显得过于单薄，缺乏对多学科的凝聚力。

---

① Sarton G，*A Guide to the History of Science*，Waltham：the Chronica Botanica Company，1952，p. 65.

② 参见 Sarton G，*A History of Science，Ancient Science Through The Golden Age of Greece*，London：Oxford University Press，1953；Sarton G，*A History of Science，Hellenistic Science and Culture in The Last Three Centuries BC*，Cambridge：Harvard University Press，1959. 萨顿将科学史不仅写成一部文明史，而且写成一部文化史。

③ 伊·拉卡托斯：《科学研究纲领方法论》，兰征译，上海译文出版社，1986 年版，第 141 页。

显然，萨顿对科学史的理解是非常广阔的。在他那里，科学史不仅是一种认识史和思想史，更是一种文化史和文明史，确切地说，是人类文明史的主线。他对科学史的这种广阔的学科定位，与传统的科学哲学那种狭隘的学科定位形成了鲜明的对比，是非常值得科学哲学借鉴的。真正意义上的科学哲学，不仅应当对认识史和思想史中的科学做深刻的反思，而且也应当对文化史和文明史中的科学做深刻的反思。因为科学不仅在人类认识和思想史中占有极其重要的地位，而且在人类文化和文明史中也占有极其重要的地位。而且，按照萨顿的理解，也只有在这样一种广阔的背景中才能深刻地理解科学及其与其他文化的相互关系，当然，也只有在这样一种广阔的视野中，科学与人文的相互关系问题才会变成一个主题，迫使人们去思考如何在二者之间架起相互沟通的桥梁，最后将其联系到科学哲学与科学历史学的使命。这也是萨顿的科学史观最重要的哲学意义之一。

萨顿所做的工作的意义，不仅在于他提出了将科学史建设成为沟通各种文化的桥梁这样一种科学史观，更重要的是，他本身就是这种桥梁的建设者。正如麦克斯·H.费许所说的，萨顿以各种通俗易懂的专题文章与传记表明，“科学史不是一个狭窄的专门学科，而是把人类文化当作整体研究的自由途径”[①]。然而，这些论文的专题并不是松散的，如萨顿所言，它们始终贯穿着四个基本理念，即“①统一性思想；②科学的人性；③东方思想的巨大价值；④对宽容和仁慈的极度需要”[②]。在萨顿看来，自然界是统一的，科学是统一的，人类是统一的。“这三种统一性只是同一种统一性的三个不同的表象”，是“生命的根本统一性的三个方面”。他的工作旨在“对那种根本的统一性，特别是知识的统一性和人类的统一性给一种持续的说明”[③]。换句话说，萨顿一直在建造桥梁：在人类的各种知识之间建造桥梁，在科学与人文之间建造桥梁，在东方和西方之间建造桥梁，在科学与伦理之间建造桥梁。如果说，在他的四个指导思想中，最核心的部分是“科学的人性”的话，那么，他想

① 乔治·萨顿：《科学的生命》，刘珺珺译，商务印书馆，1987年版，前言第2页。

② Sarton G，*Sarton on the History of Science*，Cambridge：Harvard University Press，1962，p. 15.

③ Sarton G，*Introduction to the History of Science*，Huntington and New York：Robert E.Krieger Publishing Company，1975，pp. 29～31.

要建造的最重要的桥梁就是科学与人文之间的桥梁。萨顿的工作曾经在科学史学界产生重要影响，被认为代表着“一个趋向新的中心的思想运动”，“吸引了数量可观颇有见地的科学家、历史学家和教育家”[①]。他不仅为引导这个思想运动奠定了“完满的学术基础”，而且阐述了这样一种富有激情的理想，即认为我们的时代需要新的人文主义来完成旧人文主义“在文艺复兴时代所完成的那种业绩”[②]。尽管这个思想运动只局限于学者的范围，但其意义显然是重大的。当然，对于为了促成一场新的文化综合运动的思想运动来说，单靠科学史领域的努力，还是远远不够的。

然而，萨顿的科学史观也带有明显的缺陷和偏颇，主要包括如下几点。

其一，将科学史理解为少数人在孤立状态中的精神活动史，对于大多数人来说，一直是“秘密的历史”。这个观点不仅不符合科学的历史事实(特别是“大科学”时代的历史事实)，而且也为他的科学史观定下了一个错误的基调。萨顿说，“政治历史在很大程度上是广大群众的历史，而精神的历史大体上是少数个人的历史。”[③]他认为，“艺术、科学、正义感、道德和宗教思想的发展”，“在绝大多数的情况下是孤立的个人创造的”[④]。他又说，“外部环境至少不是产生这种创造的真正原因，而似乎是纯粹偶然的因素”[⑤]。由此可见，萨顿似乎并不主张真正从社会历史的背景中来理解科学的产生和发展，这是他的科学史观的狭隘之处。如果从这种观点出发，那么，他所研究的科学史、文化史和文明史等都将在很大程度上变成某种脱离社会历史现实基础的由少数人在“空中楼阁”中炮制出来的精神史；他所探讨的所谓“科学的人性”、“新人文主义”及“科学与人文的桥梁”也将或多或少建立在“空中楼阁”上，其结果往往只是抽象的，缺乏社会历史的现实基础。

其二，带有明显的科学主义色彩。萨顿强调科学是人类精神的中枢和文明的中枢，因此，科学史是人类精神史和文明史的主线；强调建立一种以科学为核心的新人文主义，将科学家、哲学家、历史学家和艺术家紧密团结起

① 乔治·萨顿：《科学的生命》，刘珺珺译，商务印书馆，1987年版，前言第1页。
② 乔治·萨顿：《科学的生命》，刘珺珺译，商务印书馆，1987年版，前言第1页。
③ 乔治·萨顿：《科学的生命》，刘珺珺译，商务印书馆，1987年版，第53页。
④ 乔治·萨顿：《科学的生命》，刘珺珺译，商务印书馆，1987年版，第54页。
⑤ 乔治·萨顿：《科学的生命》，刘珺珺译，商务印书馆，1987年版，第54页。

来，形成一种新的文化综合运动。这种观点看起来似乎有一定道理，但是科学主义的色彩显然太浓。这种提法至少从字面上看，只强调自然科学的重要性并将其置于核心地位，而严重忽视了人文社会科学的重要性并将其置于边缘的地位，也就是说，严重忽视了自然科学与人文社会科学同样重要的观点。显然，如果仅仅从精神的角度来理解科学与文明，将科学看作是文明的中枢，而将科学史看作是文明史的主线，这种观点不仅在理论上是值得商榷的，而且在实践中也不利于科学与人文两种文化的相互沟通、相互借鉴和相互融合。事实上，科学所具有的独特的文化地位，主要是在近代以后才逐步确立起来的，而且科学之所以能够享有如此重要的地位，关键是科学具有无比巨大的社会价值和社会功能，特别是有力地推进了自近代以来的整个文明(包括物质文明和精神文明)的进步。因此，将科学史看作整个人类文明史的主线，这个观点恐怕是经不起推敲的。此外，单就精神或文化而言，将自然科学置于核心地位，而将别的文化置于边缘地位，也是不够妥当的。真正的精神或文化的核心，应当是追求真善美的崇高理想和精神境界。无论是科学文化，还是人文文化，都应当围绕这个核心建立和发展起来。只有这样，才能有助于两种文化走向真正的融合。否则，不仅不利于两种文化的融合，反而容易导致分离和对立。萨顿主张的以科学为核心的“新人文主义”，实质上还是一种科学主义或科学中心主义，只不过这种科学主义或科学中心主义比较温和一些罢了。

其三，带有浓厚的实证主义色彩。科学主义与实证主义二者往往有着紧密的联系。萨顿之所以强调科学是人类精神的中枢和文明的中枢，强调科学史是文明史的主线，强调要建立一种以科学为核心的新人文主义，其根源还在于他的根深蒂固的实证主义科学观和科学史观。他认为，人类所有的文化活动中，只有科学才“具有一种显而易见和无可怀疑的积累性与进步性”[①]，而别的文化都不体现这种积累性与进步性。倘若有的话，也是由科学进步的推动所致，因此，科学比其他文化更具根本性的意义。[②]如果文明史不以科学史为主线，那么，文明史就体现不了积累性与进步性；如果没有科学这个核

① 乔治·萨顿：《科学史和新人文主义》，陈恒六等译，华夏出版社，1989年版，第18页。

② 乔治·萨顿：《科学史和新人文主义》，陈恒六等译，华夏出版社，1989年版，第25页。

心，那么，“新人文主义”就缺乏凝聚力和向心力，起不到新的文化综合运动的作用。所有这些都涉及这样一种实证主义的科学观和科学进步观，即强调科学是一种“真的经验命题体系”，具有“中国套箱式”的“显而易见和无可怀疑的积累性与进步性”。然而，实证主义的科学观和科学史观毕竟具有很大的片面性和局限性。如果将实证主义的观点贯彻到底，那么，科学史就将被理解为所谓“真的经验命题”和“真的历史事实”的堆积。这样一来，不仅自然科学各学科之间的相互联系将被切断，而且科学与人文两种文化之间的深刻联系也将被切断。这显然并不符合萨顿欲将科学史建设成为沟通两种文化的桥梁之初衷。因为对科学的所谓“显而易见和无可怀疑的积累性和进步性”的过分强调和关注，势必突出和强化科学自身发展的逻辑这一“主线”，而忽视或削弱对科学与其他文化互动关系的研究，因而即使在科学史中增加了许多有关人文文化的内容，但是，这些内容充其量只能充当某种非“中枢”或非“核心”的、“外围”的历史事实的一种实证依据；即使在文明史中写下了许多除科学史这条“主线”以外的人文史的内容，但是，并不能真正地揭示科学与人文之间的深刻联系，特别是人文对科学的促进作用。

的确，在萨顿的论著中存在着某种重科学轻人文的倾向。例如，他对文艺复兴运动及其作用曾经似有过不够公正的评价。他指责人文主义者是一些“狂妄的业余爱好者”，认为“无论从科学还是从哲学的观点上看，文艺复兴都是一个无可置疑的退步”。因为“中世纪的经院哲学虽然愚钝，却是诚实的，而标志文艺复兴时期特点的哲学，即佛罗伦萨的新柏拉图主义，从寻求现实价值的角度来看，则是一些思想非常空泛的浅薄混合物”[①]。这种观点显然与文德尔班关于“近代自然科学是人文主义的女儿”的观点形成鲜明的对照。无疑，一旦将“科学史是文明史的主线”这一观点贯彻到底，那么，包括文艺复兴运动在内的人文运动及其对科学的促进作用或多或少会遭到忽视或否定，更不可能承认有关于“近代自然科学是人文主义的女儿”这一类观点。但是，不管“近代自然科学是人文主义的女儿”这类观点是否正确，人文文化在历史上对科学所起的推动作用还是不应当予以否认的。按照文德尔班的

---

① 转引自加林：《意大利人文主义》，李玉成译，生活·读书·新知三联书店，1998年版，第2页。

观点,“文艺复兴时期的哲学史主要是从希腊哲学的人文主义的复兴开始逐渐形成自然科学世界观的过程史”①。因此，可以以1600年为界，将这个时代的哲学史划分为“人文主义时期和自然科学时期”②。如果按此划分法，人文史在文明史中的地位就自然地凸显出来了，至少在1600年以前是如此。

当然，我们说萨顿的科学观和科学史观受实证主义的影响，但并不能因此将其完全归结为实证主义。事实上，在萨顿的著作中也有许多超越实证主义思想。例如，萨顿认为，应当把奥古斯特·孔德看作科学史的创始人，但在他看来，“孔德的科学史知识是很肤浅的”③。因为虽然孔德看到了不同学科之间的相互联系，但是，“没有给予充分的注意”。其实，关于不同学科之间相互依赖和相互作用的观点，就同他的《实证哲学教程》的固定结构存在着严重的冲突。④正是从这种超越实证主义的思想出发，萨顿说，“历史学家比任何人都更了解科学在空间和时间上的连续性”，而且，“并不满足于研究不同科学之间的相互影响。他们希望一方面研究不同科学之间的相互关系，同时研究全部精神现象与经济现象之间的相互影响”⑤。因此，萨顿的思想在许多方面对我们还是有重要的参考价值的。

三、推进科学史与人文史的融合

围绕我们的主题,我们的任务是如何在萨顿工作的基础上进一步促进科学史与人文史的融合，从而使科学史真正成为沟通科学与人文两种文化的桥梁。

第一，从根本上纠正萨顿关于将科学理解为少数人在孤立的状态中的精神活动的观点，真正将科学放在更为广阔的社会、历史和文化的背景中来考察，真正将科学史放在整个人类文明史中来考察，特别是深入考察科学与人文的互动关系史，揭示科学文化与人文文化的根源是什么，科学文化是怎样推动人文文化发展的，反之，人文文化又是怎样推动科学文化发展的。毫无

① 文德尔班：《哲学史教程》，罗达仁译，商务印书馆，1996年版，第472页。
② 文德尔班：《哲学史教程》，罗达仁译，商务印书馆，1996年版，第472页。
③ 乔治·萨顿：《科学的生命》，刘珺珺译，商务印书馆，1987年版，第28页。
④ 乔治·萨顿：《科学的生命》，刘珺珺译，商务印书馆，1987年版，第28～29页。
⑤ 乔治·萨顿：《科学的生命》，刘珺珺译，商务印书馆，1987年版，第29页。

疑问，从历史学的角度深入考察包括科学文化的人文根源、人文背景和人文动力等在内的科学与人文的互动关系，不仅具有重要的理论意义，而且也具有重要的现实意义。

从理论上讲，像探讨诸如科学的人文根源和人文动力等这类问题，基本上尚处在哲学层面上，缺少历史学的有充分依据的分析和论证。例如，文德尔班说，“近代自然科学是人文主义的女儿”，这似乎还是一个哲学论断，而不是一个历史学的结论。一般说来，由于科学史与人文史在学科上的分离，加上科学史学家往往不太愿意更多地关注人文史，而人文史学家往往又缺乏必要的科学知识基础，因此，科学与人文的互动关系史无论对于哪一个学科来说，充其量也都只是一个边缘性问题，于是，很少有人能对其做非常扎实的研究。一旦在这方面能取得一些突破性的成果，显然非常有益于从理论上搞清楚两种文化的深刻关联。例如，如果有人的确能从历史学的层面令人信服地说明“自然科学是人文主义的女儿”，那么，就从一个方面阐明了科学与人文的天然联系，这对于缩小两种文化之间的鸿沟显然是非常有益的。

从实践上看，我们的确需要搞清楚科学的产生与发展的人文根源、人文背景和人文动力等这类问题。这对于正在实施科教兴国战略、努力朝现代化方向迈进的中国来说尤为重要。中国的科学技术为什么到了近代以后大大落后于西方？为什么近代科学出自西方而不能出自中国？显然，除政治、经济等多种因素以外，也有文化上的因素。那么，究竟什么样的文化有利于近现代科学的产生和发展呢？换句话说，近现代科学的产生和发展究竟涉及什么样的人文根源、人文背景和人文动力呢？哲学、艺术、道德等人文文化究竟为近现代科学的产生和发展培育了什么样的精神文化氛围？各种人文因素又是怎样渗透到科学活动中，从而推动科学的发展的呢？研究这些问题，显然有助于我们在历史中吸取各种经验和教训，从而推动今天的科学的发展。当然，我们也需要深入考察人文发展的科学根源、科学背景和科学动力，在历史中吸取各种经验和教训，从而推动今天的人文的发展。这样做的结果显然不仅非常有利于拉近科学与人文之间的距离，而且也有利于促进两种文化的共同繁荣和发展。

第二，从根本上纠正萨顿的科学主义的历史观，正确评价人文在人类精神和文明中的地位和作用，以及人文史在人类精神史和文明史中的地位和作用。萨顿强调科学在人类精神和文明中的重要地位，强调科学史在人类精神史和文明史中的重要地位，这是应当肯定的。但是，在科学史和文明史的研究中，不应当也没有必要预设一种科学主义的历史观。强调科学是人类精神的中枢和文明的中枢，因而科学史是人类精神史和文明史的主线，实质上意味着，人文社会学科和人文文化在人类精神和文明中的地位并不那么重要，至少没有像自然科学那么重要，因而人文史在人类精神史和文明史中的地位也并不那么重要，至少不是人类精神史和文明史的主线。这样一来，势必导致重科学、轻人文，重科学史、轻人文史，因而也轻科学与人文关系史的局面。因此，很不利于科学史与人文史、科学文化与人文文化的融合。

事实上，正如怀特海在《科学与近代世界》中所说的，科学、美学、伦理学和宗教等人类活动都可能产生自己的宇宙观，而同时又受别的宇宙观的影响。每一个时代都会形成不同的宇宙观。这是各种活动的综合产物。但是，每一个时代都有某种活动占有支配地位。在近现代，科学活动占有支配地位，于是，“科学方面所产生的宇宙观压倒了其他方面所形成的旧观点而独步一时”①。接着，他问道，既然“人们在时间和空间上都可能有一定的局限性”，那么，“现代世界新出现的科学思想是不是这种局限性的大好例证”②？这就是说，首先，人类各种文化活动及其产生的宇宙观是相互影响的；其次，每一个时代的精神和文明往往是科学、美学、伦理学、宗教等多种文化的综合产物；再次，每一个时代都有某种文化占有支配地位，而科学占有支配地位只是近代以后的事情；最后，即使是现代科学思想，也可能有其难以克服的局限性。

这里几乎每一点都构成对科学主义历史观的反驳：第一点提醒人们注意，科学在整个人类文化中并不是孤立的，它也深受其他文化的影响；第二点提醒人们注意，每一个时代的精神和文明是由多种文化造成的，而不仅仅只靠科学一种；第三点提醒人们注意，在近代以前，科学似乎并没有在整个文化中占有支配地位；第四点提醒人们注意，即使科学在近代以后占有了支配地位，也要对其进行深刻反思，揭示其局限性。显然，科学主义的历史观不仅

① 怀特海 A N：《科学与近代世界》，何钦译，商务印书馆，1959 年版，序言第 3 页。

② 怀特海 A N：《科学与近代世界》，何钦译，商务印书馆，1959 年版，序言第 3 页。

有可能曲解历史，更重要的是，不利于我们正确地总结历史经验和教训。应当看到，人文文化不仅在人类精神史和文明史上曾经起过巨大的作用，包括有力地推动了科学的产生和发展，而且在今天还将起着不可缺少的重要作用，包括为科学的蓬勃而健康发展营造一个良好的人文文化氛围。须知，科学的成长和发展在任何时候都需要有富饶的人文沃土。

第三，从根本上消除萨顿的实证主义的历史观，从更广阔的视野中来理解科学的进步和人类精神与文明的进步。实证主义的历史观在本质上是一种十分狭隘的历史观。正如胡塞尔所说的，在它那里，“科学观念被实证地简化为纯粹事实的科学”，于是，科学的历史被简化为纯粹“真的经验命题”积累的历史。因此，在实证主义者看来，不但科学具有“显而易见和不可怀疑的积累性和进步性”，而且在所有文化中唯有科学才具有这种性质，也正是由于科学具有这种性质，人类精神和文明才体现其进步性。然而，实证主义的科学观及其历史观已经遭到历史主义科学哲学的猛烈批判和质疑。历史主义的科学哲学的大量研究表明：科学的变化是普遍而深刻的。“科学发现的进步不只是与事实断定相关，而且与问题、可能性、方法、规则、标准，甚至与我们思考科学的最一般的‘元科学’概念的采用、改变和摈弃相关。”[①]尽管历史主义的科学哲学包含人们不能接受的相对主义和非理性主义的因素，但是，它强调科学的进步不能简单地归结为实证的进步，还要进一步思考比实证的进步更为深刻的关于科学方法、科学思想、科学目标和标准乃至整个科学观念究竟是如何演变和进步的问题，这一思想无疑是深刻的。这一思想的提出，不仅表明实证主义关于中国套箱式的科学进步观是非常可疑的和十分狭隘的，而且也表明实证主义关于整个人类精神和文明的历史观和进步观也是非常可疑的和十分狭隘的。因此，有必要从更广阔的视野中来理解科学的进步和人类精神与文明的进步。

对于科学史来说，不仅要看到科学的实证意义上的进步，更要看到关于科学方法、科学目标、科学标准、科学思想和科学观念等方面的非实证意义上的进步。从某种意义上说，后者往往比前者更深刻地反映了科学进步的实

---

① Shapere D, *Reason and the Search for Knowledge*, Dordrecht, Boston, Lancaster: D.Reidel Publishing Company, 1984, p. 239.

质，更具有创新的意义。

对于人类精神史或文化史来说，不仅要看到科学的进步性，而且也要看到包括哲学、伦理学、美学、艺术等在内的人文文化的进步性。尽管与科学相比，人文文化似乎很难谈论实证意义上的进步性，但是与科学相类似，它在人文方法、人文目标、人文标准、人文思想和人文观念等许多方面也具有深刻的进步性。正是这种深刻的进步性，不仅推动着人文文化生生不息地发展，而且也为科学进步注入了强有力的推动力。在人类精神史或文化史上，科学进步与人文进步似乎始终存在着一种互动关系：离开科学的进步，人文的进步往往是难以想象的；反之，离开人文的进步，科学的进步也往往是难以想象的。

对于整个人类文明史来说，我们应当从更加广阔的视野中来理解进步的含义。既要看到精神和文化的进步，又要看到社会生产力和物质生活条件的进步；既要看到精神文明的进步，又要看到物质文明的进步；既要看到精神文明成果的进步，又要看到创造这些精神文明成果的人本身的进步。不能将整个人类文明的进步仅仅狭隘地归结为精神或文化的进步，再把整个人类精神或文化的进步仅仅狭隘地归结为实证的自然科学的进步。应当看到，精神和文化的进步与社会生产力和物质生活条件的进步二者是相辅相成、互相促进的，而且后者比前者往往更为基本。离开社会生产力和物质生活条件的进步，往往很难真正理解精神和文化的进步。精神文明的进步与物质文明的进步二者也是相辅相成、互相促进的，而且后者比前者往往更为基本。离开物质文明的进步，往往很难真正理解精神文明的进步。精神文明成果的进步与创造精神文明成果的人本身的进步二者又是相辅相成、互相促进的，而且后者比前者往往更为基本。离开创造精神文明成果的人本身的进步，往往很难理解精神文明成果的进步。实证主义历史观所面临的困境的症结就在这里：它不是从广阔的社会、历史和文化的视野中来理解科学的进步、人类精神和文明的进步，相反，是用狭隘的实证主义来理解科学的进步乃至整个人类精神与文明的进步，于是，其历史观发生了严重的偏差。因此，要正确地理解科学、人类精神和文明的历史及其进步性，应当从根本上消除实证主义的历史观。当然，也只有这样，才能消除科学史与人文史之间的隔阂，从而使二者得到真正的融合。

第三节　科学伦理学的历史使命

在元科学研究中，除了科学哲学和科学历史学这两门老学科之外，还有一些新兴学科正在日益崛起。科学伦理学就是其中之一。它也有望成为沟通科学与人文两种文化的新的桥梁。

一、科学与伦理之间：积极的维度

尽管科学伦理学充其量只能算是一门新兴学科，可是，科学与伦理、知识与价值、真与善的关系问题却是一个十分古老的问题。亚里士多德早在"伦理学"中探讨过"技术与知识与各种官感的分别"。[①]他在《形而上学》一书中说：

> 当初，谁发明了超越世人官能的任何技术，就为世人所称羡；这不仅因为这些发明有实用价值，世人所钦佩的正在他较别人敏慧而优胜。迨技术发明日渐增多，有些丰富了生活必需品，有些则增加了人类的娱乐；后一类发明家又自然地被认为较前一类更敏慧，因为这些知识不以实用为目的。在所有这些发明相继建立以后，又出现了既不为生活所必需，也不以人世快乐为目的的一些知识，这些知识最先出现于人们开始有闲暇的地方。[②]

这也许可以说是关于知识与价值、真与善关系的最早的论述之一。很显然，亚里士多德非常看重知识对人的精神生活的意义和价值，而对其实用价值则比较轻视。

到了近代，关于科学与伦理、知识与价值、真与善的问题，更是被持续讨论。例如，培根将科学看作"新工具"，强调"知识就是力量"；"科学的真

---

① 亚里士多德：《形而上学》，吴寿彭译，商务印书馆，1959 年版，第 3 页。
② 亚里士多德：《形而上学》，吴寿彭译，商务印书馆，1959 年版，第 3 页。

正的、合法的目标”，应当是“把新的发现和新的力量惠赠给人类生活”[①]。与亚里士多德相反，培根看重的是科学的功利价值，而对科学的精神价值比较轻视。当然，尽管二者对科学的价值的理解侧重点有所不同，然而，他们都对科学及其价值做了善的理解。也就是说，就科学即善这个意义而言，二者的观点则是一致的。

翻开默顿的博士论文《十七世纪英格兰的科学、技术与社会》，我们不难领略到当时讨论科学与伦理、知识与价值、真与善等问题的宏大场面。从某种意义上说，那时似乎是历史上第一个可称得上“科学伦理学”的时代。默顿用很大的篇幅论述了清教伦理与近代科学的关系。他说，“清教主义是一个最有影响的运动”[②]。“新教伦理既是占主导地位的价值的直接表现，又是新动力的一个独立源泉。”[③]它“为新科学提供了一种动力”[④]。他认为，“由清教主义促成的正统价值体系于无意之中增进了现代科学”。因为清教伦理的诸多价值“都是与科学中同样的价值观念相一致的”[⑤]。

在所有的清教伦理的价值标准中，默顿特别强调“成为清教信条的一个基本前提”的“一种严格的功利主义”价值标准对科学的巨大影响。[⑥]一方面，通过功利主义价值标准的应用，科学使人们“能够最容易地看到进步的证据”和“人性之善”；另一方面，功利主义又是一种强有力的动力，在“功利主义成为一种基本的规范”这样一种文化中，“科学则经历一个急剧的发展”[⑦]。

---

① 培根：《新工具》，许宝骙译，商务印书馆，1984年版，第58页。

② 罗伯特·金·默顿：《十七世纪英格兰的科学、技术与社会》，范岱年等译，商务印书馆，2000年版，第283页。

③ 罗伯特·金·默顿：《十七世纪英格兰的科学、技术与社会》，范岱年等译，商务印书馆，2000年版，第118页。

④ 罗伯特·金·默顿：《十七世纪英格兰的科学、技术与社会》，范岱年等译，商务印书馆，2000年版，第119页。

⑤ 罗伯特·金·默顿：《十七世纪英格兰的科学、技术与社会》，范岱年等译，商务印书馆，2000年版，第183页。

⑥ 罗伯特·金·默顿：《十七世纪英格兰的科学、技术与社会》，范岱年等译，商务印书馆，2000年版，第283页。

⑦ 罗伯特·金·默顿：《十七世纪英格兰的科学、技术与社会》，范岱年等译，商务印书馆，2000年版，第294～295页。

除了功利主义价值标准以外，默顿还特别强调清教伦理精神对科学的重大影响。这种影响体现在，“它不仅引导人们走上特定的活动轨道，而且施加出经久的压力使人们忠贞不移地献身于这种活动”。尤其是，“它的苦行禁欲的教规为科学研究建立起一个广阔的基础，使这种研究有了尊严、变得高尚、成为神圣不可侵犯”[①]。这就是说，清教伦理对科学的推动作用是双重的：一方面，由于功利主义价值标准的坚决应用，科学获得了巨大的物质动因，从而在推动社会物质生活的巨大进步的同时，科学本身也取得了巨大的进步；另一方面，清教伦理又给当时的科学注入了强有力的精神动力，使科学“有了尊严、变得高尚、成为神圣不可侵犯”，使科学家带着“无私的热忱”献身于科学。于是，默顿得出以下结论：“17 世纪英格兰的文化土壤对于科学的成长与传播是特别肥沃的。”[②]

尽管默顿的考察尚属一家之言，但是，他所考察的历史时期、国家和社会背景，特别是科学与清教伦理的关系无疑是非常具有典型意义的，至少从一个历史角度深刻地揭示了科学与伦理的关系，表明伦理观念、伦理标准和伦理精神对科学的成长和发展，也有着十分重要而深远的影响。

二、科学与伦理之间：消极的维度

然而，默顿所探讨的清教伦理和科学之间的关系只是整个西方宗教伦理和科学之间的关系的一个方面或一个片断。应当看到，总的说来，西方的宗教伦理，特别是中世纪以来的基督教伦理在许多方面对近代科学还是起着压制和禁锢作用的。从历史上看，近代科学的成长和发展过程，也就是近代科学如何一步又一步地冲破宗教伦理的束缚和禁锢，从而一步又一步地赢得解放的过程。从哥白尼“给神学写下了挑战书”到达尔文给“‘目的论’以致命的打击”，科学对推动人类道德进步所做出的贡献是巨大的和不可磨灭的。

当然，关于科学对道德所起的作用问题，也有反面的意见。例如，卢梭

---

① 罗伯特·金·默顿：《十七世纪英格兰的科学、技术与社会》，范岱年等译，商务印书馆，2000 年版，第 118 页。

② 罗伯特·金·默顿：《十七世纪英格兰的科学、技术与社会》，范岱年等译，商务印书馆，2000 年版，第 295 页。

认为，科学与艺术的复兴不仅无助于敦风化俗，反而导致伤风败俗。他说："我们的灵魂正是随着我们的科学和我们的艺术之臻于完美而越发腐败的。"[①]在他看来，"随着科学与艺术的光芒在我们的地平线上升起，德行也就消逝了，并且这一现象是在各个时代和各个地方都可以观察到的"[②]。由此，卢梭唱出了关于科学与道德、求真与求善关系的反调。

类似卢梭的观点在现代西方人本主义思潮中得到了进一步的发展。所不同的是，人本主义者对科学与艺术及其价值做了截然不同的理解。一般说来，他们对艺术及其价值的理解往往是正面的，而对科学及其价值的理解往往是负面的。例如，海德格尔将艺术的本质归结为诗的本质，又将诗的本质归结为安居的本质，因此，艺术使"人，诗意地安居"；相反，他将现代科学的本质归结为现代技术的本质，又将现代技术的本质归结为"座架"，因此，科学使人与自然扭曲，显然是不道德的。马尔库塞更是将艺术与"人的实现和人的解放"联系在一起，而将科学技术看作一种意识形态和新的控制形式，强调张扬"审美的维度"，将人从非人的生存状态中解放出来。

深受现代西方人本主义思潮影响的中国现代新儒家则更加明确地将科学与道德、求真与求善和所谓的事实世界与价值世界对立起来。在他们看来，科学在人文世界与人生经验中有其自身不可超越的限制，科学所关注的仅仅是客观世界和人类的物质利益，而与人的主体开发无关。他们强调中国儒家的道德精神是"本"，科学技术只能作为"用"，并且必须在儒家的道德精神指引下才有意义。他们还将西方社会陷于"病态社会"的根源归结为是"科学的破产"，并且认为以人伦为主要内容的儒家思想及其人文精神是救治现代"工业文明"病的良方。[③]总的说来，在现代新儒家的视野里，科学与道德似乎是两个截然不同的东西，科学的兴盛不但不能推动道德的进步，反而会导致道德的衰落，最终导致"世界文化的危机"和"人类的危机"。于是，科学与道德、求真与求善的对立和冲突，变成了科学与人文两种文化对立和冲突的一个焦点。

---

① 卢梭：《论科学与艺术》，何兆武译，商务印书馆，1963 年版，第 11 页。

② 卢梭：《论科学与艺术》，何兆武译，商务印书馆，1963 年版，第 11 页。

③ 孟建伟：《论科学的人文价值》，中国社会科学出版社，2000 年版，第 89～94 页。

尽管现代西方人本主义和现代新儒家的上述观点有失偏颇，但是，他们提出的问题却是存在的，而且是深刻的。现在，人们越来越清楚地认识到，科学技术对人类社会已经或可能带来的巨大影响具有两重性：一方面，科学技术极大地提高了人们认识自然和改造自然的能力，极大地促进了社会生产力的发展，为人类创造了无比巨大的物质财富和精神财富，极大地提高了人们的物质生活水平和精神生活水平，为人类的生存、发展、自由和解放开辟了无限美好的广阔前景；另一方面，由于对科学技术的不恰当应用，特别是狭隘的功利主义应用等原因，科学技术也可能或已经给人类社会带来诸多负面影响，甚至全球性问题。例如，生态问题、环境问题、资源问题、军备竞赛、战争残酷性加剧、核威胁等许多问题，都与对科学技术的不恰当应用密切相关。如果不对其加以有效的控制，后果显然是不堪设想的。科学伦理学的兴起，当然与今天科学技术的迅猛发展，并且对人类社会产生越来越大的影响这个时代背景密切相关。

三、在真与善之间架起桥梁

科学伦理学应当肩负起重大的历史使命。这个历史使命就是，在科学与伦理学之间架起相互沟通的桥梁，深入研究科学与伦理学、求真与求善之间的深刻关系，促进科学与道德、求真与求善的良性互动，从而在不断推动科学进步的同时，也不断推动人类道德的进步。因为科学伦理学不仅具有重大的理论意义，而且也具有重大的实践意义和现实意义，所以，它是沟通科学与人文两种文化的十分重要而又非常关键的一座桥梁。这座桥梁能否建设好，将在很大程度上直接影响到两种文化能否实现真正的融合。要肩负起成为沟通科学与伦理学之间的桥梁这一历史使命，科学伦理学面临着以下几个方面的特殊任务。

第一，历史地考察和研究科学与伦理、科学与道德、求真与求善之间的复杂关系，从中吸取各种历史经验和教训。

科学是历史的，伦理与道德也是历史的，因此，科学与伦理、科学与道德、求真与求善之间的复杂关系，也需要历史地看，历史地考察，历史地加以总结。从历史的观点看，科学与伦理、科学与道德、求真与求善之间的关系是非常复杂的，并不能像卢梭那样，对“科学与艺术的复兴有助于敦风化俗呢，还是伤风败俗呢”这个问题做简单的非此即彼的回答。更不能像现代西方人本主义者和现代新儒家那样，看到科学技术的某些异化现象对人、自然与社会的负面影响，而将科学与伦理、科学与道德、求真与求善截然对立起来，断然否定科学对推动包括道德进步在内的人类社会进步的积极作用。

相反，应当充分肯定，无论人类是从自然力中获得解放，还是从社会关系中获得解放，或者还是同这两方面相联系的思想解放，科学都是“一种在历史上起推动作用的、革命的力量”①。这种推动作用当然也包括对道德进步的推动作用。科学对人类道德进步的推动作用可分为两个方面：一是间接的，主要是通过推动社会生产力的发展，从而推进生产关系的变革和道德观念的变革；二是直接的，先进的科学思想和科学观念本身就对陈腐的道德观念和道德教条构成强有力的冲击，并促使其瓦解。近代科学的产生与发展，一次又一次地对中世纪以来的基督教神学的伦理观和道德观给以沉重的打击，并从根本上动摇了其统治地位，就是最明显的例子。不仅如此，科学活动本身还具有其别的文化无法取代的重要的道德意义和道德价值，它们从一个方面或一个角度支撑着人类的道德世界。因此，将科学与伦理、科学与道德、求真与求善之间截然区分开来并且对立起来的观点，是经不起推敲的。

此外，关于科学的复兴是否会导致“伤风败俗”问题，也的确应当予以高度重视。无疑，科学技术的异化就会产生诸多“伤风败俗”的问题，这在历史上和现实中都有许多例子。例如，资本家使工人变成机器的奴隶，战争狂人利用科学技术来毁灭人类，等等。还有，对科学技术的不恰当应用，特别是狭隘的功利主义应用等，造成生态破坏、环境污染、资源匮乏等许多问题和危机，最终危及人类。更进一步说，尽管科学具有重要的道德价值，但科学毕竟不等于道德，更不能代替道德。显然，一味地强调科技进步，而严重忽视人文进步(特别是道德进步)，在某种程度上也会导致某种“伤风败俗”的现象。

反之，伦理、道德对科学的作用更具有两重性。

一方面，先进的、进步的伦理道德观念、规范和价值标准对科学的进步

---

① 马克思，恩格斯：《马克思恩格斯全集》第19卷，人民出版社，1963年版，第375页。

和发展起着积极的推动作用。例如，文艺复兴时期高扬人性，对人的尊严、人的崇高和人的自由给予充分肯定；默顿所说的清教伦理中的“功利主义、对世俗的兴趣、有条不紊且坚持不懈的行动、彻底的经验论、自由研究的权利乃至责任，以及反传统主义”；17～18 世纪所流行的理智的乐观主义和对进步的信仰等这些观念和价值标准，无疑都对近代科学的产生与发展起着至关重要的推动作用。

另一方面，落后的、陈腐的伦理道德观念、规范和价值标准则对科学的进步和发展起着阻碍作用，甚至扼制作用。例如，中世纪基督教伦理道德观念、规范和价值标准，无疑对近代科学的产生与发展起了极大的扼制和禁锢作用，使得科学沦为“教会的恭顺的婢女”。我国传统文化中某些落后的、陈腐的伦理道德观念、规范和价值标准，特别是轻视科学和鄙视技术的价值标准，也深深地禁锢了我国的科学技术的发展，不能不说是自近代以来中国科学技术大大落后于西方的重要根源之一。

当然，关于“先进的、进步的”和“落后的、陈腐的”的区分，是历史的；某一种伦理道德观念和价值标准对科学究竟起何种作用，也是历史的。例如，清教主义的伦理道德观念、规范和价值标准对于 17 世纪的英国社会来说，也许是先进的或进步的，但是，对于当今社会来说则未必是如此。再如，功利主义的价值标准对近代科学的发展起了极大的推动作用，但是，对于当今时代的科学来说，就不能过分地强调功利主义了。正如默顿所言，“在 17 世纪，对科学的最有效的支持是功利标准；今天，它却时而对科学起着一种压制的作用”[①]。

总之，历史地考察和研究科学与伦理、科学与道德、求真与求善之间的复杂关系，有助于我们加深对该问题的认识，并防止各种片面性。

第二，为科学的健康成长和发展，营造良好的伦理道德氛围，提供蓬勃向上的精神动力。用伦理道德的力量推动科学的进步，而不是遏制科学的进步。

历史是一面镜子。从历史上看，伦理道德观念、规范和价值标准往往处

---

① 罗伯特·金·默顿：《十七世纪英格兰的科学、技术与社会》，范岱年等译，商务印书馆，2000 年版，第 287 页。

于整个精神文化的核心部位，它们对于科学的成长和发展的作用，无论是正面的，还是负面的，都是非常巨大的。那么，对于今天的社会现实来说，摆在科学伦理学面前的一个重要任务就是，需要研究在当今时代究竟应当怎样利用伦理道德的力量促进科学的发展，而不是遏制科学的发展。

这个问题不仅十分重要，而且极为复杂。因为其一，科学是历史的，伦理道德也是历史的。每一个时代有每一个时代的科学观，同样，每一个时代也有每一个时代的伦理道德观。历史的经验可以吸取和借鉴，但是决不能也不可能照搬；其二，尽管自然科学日趋国际化，但是，伦理道德却有很强的地域性。一个国家可以吸取和借鉴别国的伦理道德经验，但是决不能也不可能照搬。因此，科学伦理学既要关注其普适性(因为自然科学正在日趋国际化，因此，科学伦理学的许多问题和领域都带有普适性)，又要关注其特殊性(因为每个国家和民族有自己特殊的文化和伦理道德传统)。其三，什么样的伦理道德观念、规范和价值标准，有利于科学的成长和进步，其推动作用究竟有多大？什么样的伦理道德观念、规范和价值标准，不利于科学的成长和进步，其负面影响究竟又有多大？类似这些问题，都是历史的，不仅与科学的不同发展时期密切相关，而且与某个国家的特殊的文化传统和国情密切相关。

一般说来，科学成长和发展的初期、社会不发达或发展中时期，非常需要有某种伦理道德观念、规范和价值标准，为科学在社会中的合法性和合理性提供强有力的支持，并给以注入强有力的精神动力，因此，这个时期伦理道德的力量对于推动科学的进步来说显得意义特别重大。西方的文艺复兴运动、宗教改革运动和启蒙运动等都曾经起过这种作用。相比之下，科学与社会都处在高度发达时期，伦理道德的力量对科学进步的推动作用则似乎显得要小一些，因为这时科学在社会中的合法性和合理性早已确立，科学本身已经有了很大的自主性，于是，人们往往将视线移到了如何防止科学技术过分膨胀，甚至比较多地强调科学对人、自然和社会的负面影响等。现代西方人本主义和后现代主义的兴起显然与这个大背景有关。在那里，由于科学技术已经相当发达，而且社会也已经实现了现代化，所以也许人们已经有资本可以无所顾忌地批判科学及其现代化。

对于正在为实现科学与社会现代化目标而努力奋斗的中国来说，无疑理应在自近代以来科学技术为何大大落后于西方的历史经验中，吸取深刻的教训，高度重视如何利用伦理道德的力量来大力推动科学技术进步的问题，包括大力培育有利于科学技术进步的伦理道德氛围，为科学技术活动注入崇高的伦理道德精神，积极引导科学技术面向经济建设的主战场，从而在推动经济与社会进步的同时，也推动科学技术的迅猛发展。当然，我们也应当借鉴和吸取西方科学技术发展的各种历史经验和教训，包括研究后现代主义者提出的问题。但是，也要高度警惕后现代主义对我们的文化和伦理道德氛围的冲击。很明显，后现代主义的精神文化氛围在很大程度上非常不利于科学技术的成长与发展，最终也会贻误我们的现代化建设事业。

第三，认真分析和研究现代科学技术可能或已经产生的伦理道德后果，帮助把握科学技术发展及其应用的正确方向，使科学技术最大限度地造福于人类，并最大限度地防止或消除其对人、自然和社会的负面影响。

伦理道德的力量对科学技术发展的重要作用主要包括两个方面：一是如前面所论述的，用伦理道德的力量推动科学技术向前发展，也就是说，给科学技术活动注入来自伦理道德方面的推动力；二是用伦理道德的力量帮助把握科学技术发展及其应用的方向，也就是说，给科学技术活动注入高尚的伦理道德精神，让其在追求真理的过程中也更多地追求善，使真与善更好地融合在一起。这两方面都是关于科学技术与伦理道德相协调的重要内容。一般说来，在科学技术成长和发展的初期，人们往往更多地关注前者，即如何使科学技术迅速地发展起来，并尽快帮助人们解决经济落后、消除贫困等问题，而对运用科学技术有可能导致各种负面影响问题往往缺乏认识，也往往没有给以足够的重视。当然，在科学技术成长与发展初期，科学技术的力量似乎也小一些，因此，其负面影响往往容易被忽视。到了科学技术高度发达时期，人们则往往更多地关注后者，即如何避免或消除运用科学技术可能或已经导致的负面影响等问题，而对前者比较忽视。因为这时科学技术力量已变得非常强大，并正在产生着越来越巨大的社会影响。如果不对其负面影响加以有效的控制，将会给人类带来许多灾难。当然，也有人们的生活水平已变得相当富裕和科学技术已具备高度的自主性等原因。

很显然，随着现代科学技术突飞猛进的发展，关于科学技术与伦理道德相协调的第二个问题，即如何避免或消除科学技术可能或已经导致的负面影响问题，已经变得越来越突出和越来越重要了。如何使现代科学技术（特别是高技术)更好地服务于人类，而不导致祸害，这是摆在科学伦理学面前的需要加紧研究的一项重要课题。

首先，科学伦理学应当紧紧跟随现代科学技术发展的步伐，密切关注和加紧研究其对人、自然和社会的潜在的或已经产生的负面影响。一般说来，现代自然科学的研究往往是没有什么禁区的，或许也不应当设立任何禁区，否则，不利于自然科学的发展。但是，伦理道德是有禁区的。自然科学的应用会导致各种伦理道德后果，因此，自然科学的应用也应当是有禁区的。科学伦理学的责任之一，是如何研究和设立这些“禁区”，以防止或克服科学技术给人类带来危害。当然，“禁区”只是底线。科学伦理学要承担的比之更重要的责任在于，如何引导科学技术更好地服务于人类，而最大限度地克服或避免其负面影响。

关于现代科学技术的负面影响或后果，有些已经为人们所认识，有些则远在探讨过程中，大量的还是潜在的。例如，环境污染、生态破坏、资源匮乏、核威胁、生化武器、战争残酷性加剧等，这些问题已经引起人们的普遍关注；而关于计算机技术、网络技术、生物技术、克隆技术等有可能导致的后果，人们正在探讨过程中。现在看来，每一项高新技术往往都或多或少地会带来某种伦理道德后果。科学伦理学不仅要积极参与早已出现的和正在出现的问题的解决，而且还要密切关注科学技术发展的新动向，防止或避免可能出现的新问题。从已有的和正在出现的问题看，现代科学技术对伦理道德的挑战是巨大的，有些问题波及面很宽，影响到整个人类的生存环境。例如，环境问题、生态问题、资源问题等被称作全球性问题；有些问题虽然从目前看是局部的，但是已对人类的和平和安全构成严重威胁。例如，核威胁、生化武器、战争残酷性加剧等问题就属于这类问题；有些问题则是全新的问题，是现有的伦理道德规范所难以应对的。例如，计算机技术、网络技术、生物技术、克隆技术等提出了许多现有的伦理道德所难以应对的全新的问题。在现代生物学研究成果上形成的对人类社会行为基础的某些激进见解，甚至有可能让人们根据“关于人类自身与人类进化史的错误假说而放弃了公正分配社会利益与社会责任的目标”[①]。如果对这些问题处理不当，也会给人类和社会带来难以估量的负面影响。由此可见，科学伦理学不仅面临许多理论问题，而且也面临许多现实问题。它不仅应当渗透到科学活动中去，变成一种专门研究科学与伦理道德相互关系的人文理论，更应当参与到技术活动中去，变成一种评估科学技术的人文技术，旨在评估或消除科学技术的伦理道德隐患和后果。

其次，科学伦理学还应当探讨和研究导致科学技术异化和给人、自然和社会带来诸多负面影响的社会历史根源，特别是伦理道德的根源。从表面上看，似乎应将科学技术异化和给人、自然和社会带来诸多负面影响的责任直接归咎于科学技术本身。许多现代西方人本主义者(例如，海德格尔、马尔库塞等人)就是这样做的。的确，没有科学技术，当然不会有科学技术的异化，也不会给人、自然和社会带来诸多负面影响。但是，将科学技术完全看作具有独立自主性的“座架”或“意识形态”，无论如何是说不通的。因为不仅科学技术本身是人创造的，而且让它发挥什么样的作用在很大程度上也取决于人。而人又是社会历史的，因此，科学伦理学不仅要密切关注和研究科学技术可能或已经给人、自然和社会带来的负面影响，更需要探讨和研究可能或已经造成这种负面影响的社会历史根源，从而设法从根源上加以整治。

显然，科学技术的异化及其对人、自然和社会造成诸多负面影响，同不合理的社会制度，特别是资本主义制度密切相关，也与狭隘的功利主义这种伦理道德观念密切相关。不合理的社会制度往往导致对科学技术不合理的应用。例如，资本主义的社会制度往往导致对科学的资本主义应用，而对科学的资本主义应用又是导致科学技术异化及其对人、自然和社会造成诸多负面影响的一个重要根源。当然，与资本主义密切相关的狭隘的功利主义伦理道德观念也是导致科学技术异化及其对人、自然和社会造成诸多负面影响的一个重要根源，因为狭隘的功利主义伦理道德观念在很大程度上导致了对科学的狭隘的功利主义应用。所以，科学伦理学不仅要关注科学技术可能或已经导致的不良的伦理道德后果，而且也要关注不良的伦理道德观念对科学技术

---

① Kitcher P，*Vaulting Ambition：Sociobiology and the Quest for Human Nature*，Cambridge：The MIT Press，1985，p. 9.

及其应用的负面影响。

总的说来，科学伦理学不仅对于推动科学与社会的发展负有重要责任，而且对于防止或克服科学技术对人、自然和社会潜在的或已有的负面影响也负有重要责任。而科学技术对人、自然和社会的诸多负面影响，恰恰是导致科学与人文两种文化分离和对立的重要根源之一。因此，科学伦理学的重要使命和责任决定着它不仅有望成为沟通科学与伦理学的桥梁，而且也有望成为沟通科学与人文两种文化的重要桥梁。

第四节　科学美学的广阔天地

与科学伦理学一样，科学美学也是一门正在日益崛起的新兴学科，并且也有望成为沟通科学与人文两种文化的新的桥梁。如果说，科学哲学这座桥梁主要架在科学与哲学之间，科学历史学这座桥梁主要架在科学与历史学之间，科学伦理学这座桥梁主要架在科学与伦理学之间，那么，科学美学这座桥梁则主要架在科学与美学乃至科学与艺术之间。如果这些桥梁都能有效地建立起来，那么，在科学与人文之间就有了多种多样的对话和交流的通道，从而大大有利于两种文化全方位的融合。

一、真与美：一个古老的话题

尽管科学美学充其量只能算是一门新兴学科，但是，科学与美学、真理与美的关系问题却是一个十分古老的问题。据亚里士多德记载，“素以数学领先的所谓毕达哥拉斯学派不但促进了数学研究，而且是沉浸在数学之中的，他们认为‘数’乃万物之原”[①]。他们“见到了音律的变化与比例可由数来计算”，于是，想到“自然间万物似乎莫不可由数范成”，认为“数的要素即万物的要素，而全宇宙也是一数，并应是一个乐调”[②]。有学者认为，毕达哥拉

① 亚里士多德：《形而上学》，吴寿彭译，商务印书馆，1959 年版，第 12 页。
② 亚里士多德：《形而上学》，吴寿彭译，商务印书馆，1959 年版，第 12～13 页。

斯学派的这一发现，“揭示了希腊美学的形成和发展一开始就与数学-自然科学以及哲学的形成和发展之间，有着内在的深刻联系”[①]。

亚里士多德也明确地指出了数理诸学与美的联系。他批评了有些人认为“数理诸学全不涉及美或善”的观点，强调“数理对于美与善说得好多，也为之做过不少实证”[②]。他说：“美的主要形式‘秩序，匀称与明确’，这些唯有数理诸学优于为之作证。又因为这些(例如秩序与明确)显然是许多事物的原因，数理诸学自然也必须研究到以美为因的这一类因果原理。”[③]在这里，亚里士多德将美的主要形式归结为“秩序，匀称与明确”，不仅表明他在数理诸学中看到了美，而且也表明他往往用数理诸学的眼光来理解美。从这种观点出发，人们不难理解“比例和谐的希腊宇宙形象”，包括希腊神庙的设计为何“犹如欧几里得几何学的命题和柏拉图的对话录”，帕特农神庙为何“酷似一个逻辑系统”[④]，等等。

特别值得注意的是，亚里士多德不仅揭示了数理诸学(科学)与美的联系，而且还将技术与艺术紧密地联系在一起。在他那里，艺术(art)包含技术，指的是“包括制造工艺在内的一切技艺”[⑤]；反之，技术(technē)也包含艺术，包括“手工技艺，尤其是指切割金属，以及制造金属器皿和造船的技艺”和“手工艺品或美的艺术品”[⑥]。更确切地说，在他那里，技术与艺术是不可分割的，二者浑然一体。

二、科学与美学的互动

到了近代以后，尽管科学与人文两种文化分化的趋势在不断加剧，但是，科学与艺术、科学与美的关系似乎永远是一个激动人心的话题。钱德拉塞卡

---

① 范明生：《西方美学通史》第一卷，上海文艺出版社，1999年版，第63页。

② 亚里士多德：《形而上学》，吴寿彭译，商务印书馆，1959年版，第265页。

③ 亚里士多德：《形而上学》，吴寿彭译，商务印书馆，1959年版，第265～266页。

④ 威廉·弗莱明：《艺术和思想》，吴江译，上海人民美术出版社，2000年版，第68～69页。

⑤ 赵敦华：《西方哲学简史》，北京大学出版社，2001年版，第59页。

⑥ 范明生：《西方美学通史》第一卷，上海文艺出版社，1999年版，第468页。

甚至说:“在艺术和科学中都在探求着同样难以捉摸的东西:美。”[①]于是,“美与科学对美的探求”成了他研究科学的一大主题。他认为,“有充分的证据表明,在科学中美常常是使人愉悦的源泉”。例如,开普勒说,“数学是美的原型”。希尔伯特将科学比作“一个繁花似锦的花园”。魏尔说:“我的工作总是试图将真和美统一起来;但当我在二者之间不得不做出选择时,我通常选择的是美。”海森堡给美下了一个可追溯到古代的定义,“美是各部分相互间和各部分与整体之间的固有的和谐”,并称毕达哥拉斯关于数学(比例)与美(和谐)之间内在联系的发现,是“人类历史上真正重大的发现之一”。他说:“如果大自然把我们引向人们先前从未遇到过的极其简单和美的数学形式,那么,我们将不得不认为它们是‘真的’。”[②]而狄拉克则认为,尽管数学美“与艺术中的美一样不能下定义,但是,研究数学的人们在鉴赏中通常不会感到困难”[③]。

关于科学与艺术、科学与美之间的关系的言论,我们还可在爱因斯坦的文集中找到很多。例如,在“探索的动机”一文中,他认为,渴望看到“先定的和谐,是无穷的毅力和耐心的源泉”[④]。在“论科学”一文中,他说:“音乐和物理学领域中的研究工作在起源上是不同的,可是被共同的目标联系着,这就是对表达未知的东西的企求。”[⑤]他常常将艺术创造和科学创造二者紧密地联系在一起,认为“摆脱日常生活的单调乏味,和在这个充满着由我们创造的形象的世界中寻找避难所的愿望,才是它们的最强有力的动机”[⑥]。在“关于因果性和自由意志问题”一文中,他表达了这样一种信念:“相信科学是值得追求的,因为它揭示了自然界的美。”[⑦]在“我的世界观”一文中,他说:

---

① Chandrasekhar S, *Truth and Beauty: Aesthetics and Motivations in Science*, Chicago: The University of Chicago Press, 1987, p. 52.

② Chandrasekhar S, *Truth and Beauty: Aesthetics and Motivations in Science*, Chicago: The University of Chicago Press, 1987, pp. 52~53.

③ Chandrasekhar S, *Truth and Beauty: Aesthetics and Motivations in Science*, Chicago: The University of Chicago Press, 1987, p. 69.

④ 爱因斯坦:《爱因斯坦文集》第一卷,许良英等译,商务印书馆,1976年版,第103页。

⑤ 爱因斯坦:《爱因斯坦文集》第一卷,许良英等译,商务印书馆,1976年版,第284页。

⑥ 爱因斯坦:《爱因斯坦文集》第一卷,许良英等译,商务印书馆,1976年版,第285页。

⑦ 爱因斯坦:《爱因斯坦文集》第一卷,许良英等译,商务印书馆,1976年版,第304页。

“照亮我的道路，并且不断地给我新的勇气去愉快地正视生活的理想，是善、美和真。”[①]又说：“我们所能有的最美好的经验是奥秘的经验。它是坚守在真正艺术和真正科学发源地上的基本感情。”[②]它能为我们感受到“最深奥的理性和最灿烂的美”[③]。在“道德和感情”一文中，他谈到“那些最微妙的、最高尚的乐趣”是，“对艺术创造和思维的逻辑秩序的美的乐趣”[④]。在“探索自然界统一性的乐趣”一文中，他谈到，“从那些看来同直接可见的真理十分不同的各种复杂的现象中认识到它们的统一性，那是一种壮丽的感觉”[⑤]。所有这些，都为科学美学提出了许多问题和值得深入研究的素材。

李政道和杨振宁也大谈特谈“科学和艺术”与“美与物理学”。李政道认为，艺术不仅可以帮助和理解诸如超弦这种深奥的科学理论，而且还可以触发科学家的思想火花。他说，科学和艺术的关系“是与智慧和情感的二元性密切关联的。伟大艺术的美学鉴赏和伟大科学观念的理解都需要智慧。但是，随后的感受升华和情感又是分不开的”。他问道：“没有情感的因素，我们的智慧能够开创新的道路吗？没有智慧，情感能够达到完美的成果吗？”因此，“它们很可能是确实不可分的”[⑥]。

总的说来，随着现代科学不断走向深层的探索，科学与艺术、科学与美的古老话题不仅没有被淡忘，反而越来越引人注目。而且，似乎科学越抽象和越精密，美的问题就越受到关注。例如，在深不可测的现代理论物理学中，似乎涉及的美学问题最多。有人甚至做出这样的评论。其一，“衡量一个科学理论的成就，事实上就在于衡量它的美学价值”[⑦]。其二，“为科学理论和科

① 爱因斯坦：《爱因斯坦文集》第三卷，许良英等译，商务印书馆，1979年版，第43页。

② 爱因斯坦：《爱因斯坦文集》第三卷，许良英等译，商务印书馆，1979年版，第45页。

③ 爱因斯坦：《爱因斯坦文集》第三卷，许良英等译，商务印书馆，1979年版，第45页。

④ 爱因斯坦：《爱因斯坦文集》第三卷，许良英等译，商务印书馆，1979年版，第155页。

⑤ 爱因斯坦：《爱因斯坦文集》第三卷，许良英等译，商务印书馆，1979年版，第347～348页。

⑥ 李政道：“科学和艺术——一个硬币的两面”，《中国大学人文启思录》第3卷，华中理工大学出版社，1999年版，第177页。

⑦ Chandrasekhar S，*Truth and Beauty：Aesthetics and Motivations in Science*. Chicago：The University of Chicago Press，1987，p. 60.

学方法的合理性进行辩护，正是在它的美学价值方面”[①]。其三，“支配科学家的动机从一开始就表现为这种美学的冲动”。其四，“科学在艺术上的不足程度，正是科学上所不完善的程度。”[②]

也有学者已经发表了可称得上真正属于科学美学的著作。例如，詹姆斯·W. 麦卡里斯特的《美与科学革命》就是其中之一。在该书中，麦卡里斯特提出了“科学中的审美规范演化模型”。作者紧扣科学哲学中关于“美与科学革命”两个难题，将“革命作为审美剧变”来理解，即“把一场科学革命看成是与有明确审美标准的传统的决裂”，从而说明“我们怎么能够把迄今得到的科学活动模型加以延伸以说明科学革命”[③]。然后，作者再通过对“审美选择的理性依据”的考察，表明“科学的理性主义图像的根基既没有因为科学家乞助于审美考虑而受到侵蚀，也没有因为科学家参加科学革命而发生动摇”[④]。尽管作者将科学革命理解为“审美剧变”有其片面性，并且从这个观点出发容易导致难以克服的相对主义的结论，但是，“科学中的审美规范演化模型”毕竟是原有科学哲学模型的重要补充，并且开辟了从美学角度来研究科学哲学的新途径。

以上，我们主要是从理论层面来谈论科学与艺术、科学与美之间的关系这个话题的。其实，这个话题在实践领域也许具有更重要的意义。尽管自近代以来，随着科学与人文两种文化不断分化，技术越来越被划归科学的范畴，但是，技术与艺术、技术与美的关系也似乎永远是一个激动人心的话题，而且也的确存在着一股推动二者逐渐趋于融合的潮流。

有学者对工业产品的产生和发展史做了这样的概括，认为“‘模型’和‘系列’概念最早出自文艺复兴时代。早在15世纪，工程师和艺术家就用‘disegno’

① Chandrasekhar S，*Truth and Beauty：Aesthetics and Motivations in Science*. Chicago：The University of Chicago Press，1987，p. 60.

② Chandrasekhar S，*Truth and Beauty：Aesthetics and Motivations in Science*. Chicago：The University of Chicago Press，1987，p. 60.

③ 詹姆斯·W. 麦卡里斯特：《美与科学革命》，李为译，吉林人民出版社，2000年版，导言第6页。

④ 詹姆斯·W. 麦卡里斯特：《美与科学革命》，李为译，吉林人民出版社，2000年版，导言第8页。

这一字眼表示一幅画或一个模型的性质或美学线条”[①]。这时，技术与艺术二者大概还处在浑然一体的状态。“这个过去仅是一种思辨性或艺术性的设想”，在批量性生产的工业时代得到了“技术上的实现”[②]。特别是到了19世纪中叶以后，“工业产品便开始受机械化影响”[③]。有专家称这个时代为“机器夺权”，于是，导致了“艺术与工业运动”的反抗：有人“抗拒工业化对人的异化”；也有人“高扬文艺复兴艺术家的审美价值观和多才多艺性”[④]。到了20世纪初，工业产品“进入了一个新的纪元”，人们称这个时代为“设计夺权”。

> 这是一个方向性的和根本的变革。这时候，19世纪末的艺术与工业之间的对立关系，被二者之间的相互融合关系取代，技术领域的生产者开始与美学领域的艺术家们相互协调和合作。1910～1950年，在工业世界浮现的各种美学概念和流派——艺术装饰主义、风格主义、旋涡主义、未来主义、包豪斯等——逐渐合并，形成了消费社会一开始所知的那种工业产品的现实。[⑤]

由此可见，在最近的一个世纪里，尽管在哲学层面上，存在着狭隘的实证主义、科学主义与狭隘的人本主义、人文主义的尖锐对立，但是，在科学及其实践领域里，也存在着一股推动科学与美学、科学与艺术、技术与美学、技术与艺术相融合的潮流。

三、在真与美之间架起桥梁

科学美学的使命应当是，顺应这股潮流，真正在科学与美学、科学与艺术之间架起相互沟通的桥梁，从而推动科学与人文两种文化的融合。无论是对于理论，还是对于实践，科学美学都有非常广阔的发展空间。

---

① 马克·第亚尼：《非物质社会》，滕守尧译，四川人民出版社，1998年版，第60页。
② 马克·第亚尼：《非物质社会》，滕守尧译，四川人民出版社，1998年版，第60页。
③ 马克·第亚尼：《非物质社会》，滕守尧译，四川人民出版社，1998年版，第60页。
④ 马克·第亚尼：《非物质社会》，滕守尧译，四川人民出版社，1998年版，第60～61页。
⑤ 马克·第亚尼：《非物质社会》，滕守尧译，四川人民出版社，1998年版，第61～62页。

首先，历史地考察和研究科学与美学、科学与艺术、求真与求美之间的内在关系，目的是对科学与美学、科学与艺术、求真与求美之间的互动关系有比较全面而系统的了解和认识。

从研究现状看，尽管有许多著作都谈到科学与美学、科学与艺术、求真与求美的相互关系，甚至也发表了一些可称得上真正属于科学美学的著作，但是，总的说来，迄今为止我们对科学与美学、科学与艺术、求真与求美的相互关系的认识，还是比较肤浅的和零散的，基本上还处在刚刚起步的阶段，缺乏全面而系统的研究。举例说来，人们对科学与哲学相互关系的认识，可以说已经达到了相当深刻的程度。无论在科学史的著作中，还是在哲学史的著作中，我们都能清楚地看到关于科学与哲学相互关系的历史脉络。但是，人们对科学与艺术的相互关系的认识至今仍没有一个清楚的脉络。同科学与哲学的关系史形成鲜明的对照：在科学史的著作中，人们几乎看不到艺术在历史上对科学的影响和作用；反之，在艺术史的著作中，人们也很难看到科学在历史上对艺术的影响和作用，似乎这两种文化在历史上并没有多大关系。即使写到文艺复兴时期，人们也往往没有着力研究并阐明文艺复兴究竟是如何推动科学复兴的，或者科学又对文艺复兴起了何种作用。到了近代也一样，人们只知道，近代科学的兴起对于近代哲学产生了无比深远的影响，于是导致了“认识论的转向”，可是，近代科学又对艺术产生了何种影响呢？当然，我们在某些美学史的著作中能间接地看到一些影响(因为美学是哲学的分支学科)，但是，在艺术史的著作中，我们很难直接看到近代科学对近代艺术的影响。

显然，科学美学不仅要研究科学与美学的关系，而且还要研究科学与艺术的关系，否则，科学美学会显得非常空洞而抽象。从某种意义上说，科学美学就是要研究科学活动中的艺术因素，它们从何而来，又是如何发展变化的，以及这种因素在科学中的地位和作用等。离开科学与艺术的关系，来理解科学中的美，正如离开科学与艺术的关系，来理解艺术中的真一样，往往是不可思议的。当然，即使是科学与美学的关系，迄今为止的研究也还是远远不能令人满意的。怀特海说，科学、美学、伦理学和宗教等都可能产生自己的宇宙观，而又受别的宇宙观的影响。现在的问题是，科学的宇宙观在历史上是如何影响美学的？反之，美学的宇宙观在历史上又是如何影响科学的？对于这两个问题至今尚缺乏全面而系统的研究。

更进一步说，广义的科学美学还应当包括技术美学，因为人们往往将技术归于科学文化的范畴。因此，科学美学不仅要充分关注科学与美学、科学与艺术的关系，而且还要高度重视技术与美学、技术与艺术的关系。事实上，科学与人文两种文化的分离和对立，其根源往往在于实践层面，即由科学技术的异化而导致与人、自然和社会的对立，于是，现代西方人本主义者主张以艺术来对抗科学技术。因此，高度重视技术与美学、技术与艺术的关系问题，促进其相互融合，对于消除两种文化的分离和对立，有着特别重要的意义。

其次，历史地研究科学活动中的各种审美因素及其作用，建构与艺术美学既相互联系又相互区别的科学美学理论。

对科学与美学、科学与艺术的关系(史)的研究，只是科学美学(史)研究的一个方面，其特点是将立足点放在科学的外部来进行科学与美学、科学与艺术之间的互动关系(史)的研究。此外，科学美学(史)研究还有一个更为重要的方面是，将立足点主要放在科学的内部，深入研究科学活动中的各种审美因素及其作用，然后，上升到理性的高度，建构与艺术美学既相互联系又相互区别的科学美学理论。这无疑是科学美学能否最终确立的关键。

应当承认，美学的传统主要还是属于艺术的，而不是属于科学的。黑格尔曾经对美学做了这样的界定，他说：美学的研究对象就是“广大的美的领域，说得更精确一点，它的范围就是艺术，或则毋宁说，就是美的艺术”[①]。他强调，美学所讨论的“并非一般的美，而只是艺术的美”[②]。因此，他认为，这门学科的正当名称应是“‘艺术哲学’，或则更确切一点，‘美的艺术的哲学’”[③]。黑格尔对美学的界定，可以说非常清楚，在他那里，科学显然不是美学的研究对象。鲍桑葵也持类似的观点，他说：“正像在一般地谈到现实世界的时候，我们实际上是指科学所揭示的世界一样，在一般地谈到世界

① 黑格尔：《美学》第一卷，朱光潜译，商务印书馆，1979年版，第3页。

② 黑格尔：《美学》第一卷，朱光潜译，商务印书馆，1979年版，第3页。

③ 黑格尔：《美学》第一卷，朱光潜译，商务印书馆，1979年版，第3～4页。

上的美的时候，我们实际上是指艺术所揭示的美。”[①]这样一种学术传统，显然非常不利于科学美学的成长和发展，因为它很可能被边缘化，甚至不为所谓正统的美学所承认。

然而，传统的美学观念似乎并不能阻挡科学美学的成长和发展，因为其一，像艺术活动一样，科学活动自古以来始终存在着美和美感的问题，而且历史表明，无数科学家在追求真理的同时也在追求美，有的甚至将追求美置于第一位，有的将真等同于美；科学家们往往有独特的审美体验和经验，并且这些审美体验和经验常常渗透在科学评价之中，变成一种审美规范，于是，有的学者十分重视科学中的审美规范的演变，并将科学革命看作“审美剧变”。当然，这些审美体验和经验更多地变为科学家追求知识和真理取之不尽的精神动力。因此，科学美学问题不应当被看作元科学研究的次要的边缘性问题，而应当将其看作重要的核心问题之一。其二，从 18 世纪后半叶人们开始采用现今公认的“美学”(aesthetics)一词起，美学这门学科的历史也只不过 200 多年，还相当年轻，还需要大大发展。如果说，科学中的美和美感与艺术中的美和美感大为不同，科学家的审美体验和规范与艺术家的审美体验和规范大相径庭，那么，科学美学的成长和发展对于整个美学学科来说，是一件好事，而不是坏事。它标志着美学这门学科将可能有新的突破：人们将以更广阔的视野和全新的眼光来重新审视美和美感。

的确，科学中的美和美感与艺术中的美和美感有着很大的差异，例如，艺术中的美往往是直观的，而科学中的美往往是抽象的；艺术中的美感往往停留于感性层面，而科学中的美感往往进入理性层面；艺术中的审美经验往往比较“通俗”，容易为大众所接受和认同，而科学中的审美经验往往比较“深奥”，需要经过专门的训练和培养，才能认识和体验到这种美。但是，这种差异并不影响人们对科学进行美学研究。事实上，即使是不同的艺术形式，也存在着美和美感的较大差异。况且，科学中的美和美感与艺术中的美和美感，也有相通的地方。例如，亚里士多德提出的美是“秩序、匀称与明确”，这无论对于科学，还是对于艺术来说，显然都是适用的；艺术家在艺术活动中能感受到优美和崇高，同样，科学家在科学活动中也能感受到优美和崇高，他

① 鲍桑葵：《美学史》，张今译，商务印书馆，1985 年版，第 8 页。

们的诸多审美体验在最高的精神境界上完全是相通的。

现在的问题是，艺术美学经过 200 多年的发展，已经形成了相对成熟的学术框架和传统，而科学美学几乎要从头开始。这种学术状况显然会使科学美学产生某种压抑感和不被认同感，但是同时，科学美学也可以从艺术美学那里获得大量经验，使自己迅速地成长起来。作为努力的开端，我们不妨从以下两个方面做起：一是如以上所说的，从科学的外部全面而系统地研究科学与艺术、科学与美学的关系(史)，从而给科学美学研究奠定较为宽阔的学术基础；二是从科学的内部全面而深入地研究科学活动的审美经验和规范(史)，然后，再对其进行哲学分析和研究，从而建构与艺术美学既相互联系又相互区别的科学美学理论。当然，技术美学也可以相应地从上述两个方面发展。

再次，为科学的健康成长和发展，营造良好的审美文化氛围，提供蓬勃向上的精神动力。用审美的力量推动科学的进步，而不是遏制科学的进步。

美学观念有可能对科学起两个方面的作用。一是有助于推动科学的进步。文艺复兴运动就是一个重要的例子。毫无疑问，当时的审美观念在很大程度上推动了科学的发展，以至于从某种意义上可以说，是文艺的复兴导致了科学的复兴。二是有可能遏制科学的进步。例如，现代西方人本主义和后现代主义的某些美学观念，显然并不有利于科学的进步。况且，许多人本主义者和后现代主义者的目的就是，准备以艺术来对抗科学，用美学的世界观来取代科学的世界观。尽管这些观念对克服科学技术的异化有某种积极的意义，但是，它们在批判科学技术异化的同时，却将矛头对准了科学技术本身。

科学美学全面而系统地研究科学与美学、科学与艺术的相互关系的目的之一就是，在科学与美学、科学与艺术之间架起相互沟通的桥梁，为科学的健康成长和发展，营造良好的审美文化氛围，让更多的人关心和热爱科学，从而用审美的力量推动科学的进步。当然，这种良好的审美文化氛围本身，也对科学技术的异化起着某种制约或遏制作用，但是，它所制约或遏制的是科学技术的异化，而不是科学技术本身及其进步。显然，科学外部的文化氛围是一个十分重要的问题，这对于正在向现代化迈进的中国来说尤为重要。因为一方面我们要通过科学技术的现代化来实现社会的现代化；另一方面，我们的社会文化氛围又受到西方后现代主义思潮的猛烈冲击，而后现代主义的文化氛围，显然同为科学技术现代化和社会现代化而奋斗的文化氛围往往是格格不入的。因此，科学美学可以为我国实现科学技术现代化和社会现代化营造良好的社会文化氛围，肩负起重要的历史使命。这是其一。

科学美学不仅要关注科学活动外部的审美文化氛围，更要重视科学活动内部的审美文化氛围。科学美学全面而深入地研究科学活动的审美经验和规范的目的之一就是，揭示科学活动本身的审美特性，让科学活动变得更亲切、更动人、更富有诗意和更富有人文性，从而激发广大科学工作者的兴趣、爱好和热情，更自觉地投身于科学事业，并且从中获得崇高感、神圣感和幸福感，于是，将推动科学的进步与人自身的幸福、自由和发展紧密地联系在一起。显然，科学内部的文化氛围问题也是一个十分重要的问题。如果像逻辑实证主义那样，将科学的本质纯粹地归结为“逻辑”和“实证”，或者像功利主义者那样，将科学的目的纯粹归结为“功利”和“效用”，这不仅过于片面地理解科学及其本质，而且也使科学活动失去了人文性和应有的魅力。科学美学的功能就是要将科学活动及其精神产品固有的美和美感充分地挖掘出来并发挥其应有的作用，让所有参与者都能亲身感受到科学的魅力和高尚，并不断提高他们对美的鉴赏力和洞察力，使他们在发现真理的同时，也发现美、享受美和陶醉于美，从而使科学活动真正成为自由的活动，成为吸引人的活动，成为个人的精神享受和自我实现。这样一来，科学活动本身也会产生源源不断的巨大的精神动力，并且越来越变得纯洁和高尚。从这种意义上说，科学美学在克服并超越狭隘的实证主义和狭隘的功利主义科学观方面，也将日益发挥重要的影响和作用。

最后，促进技术与艺术、技术与美学的融合，让技术更加富有艺术性和美感，使艺术与美学更多地发挥技术价值和技术功能，从而为人类创造更好的物质财富和精神财富。

我们已经说过，广义的科学美学包括技术美学。技术美学同样肩负着重要的历史使命：如果说，科学美学的使命是在科学与美学、科学与艺术之间架起相互沟通的桥梁的话，那么，技术美学的使命是进一步在技术与美学、技术与艺术之间架起相互沟通的桥梁。技术美学也具有与科学美学相类似的功能：如果说，科学美学能够促使科学活动更亲切、更动人、更富有诗意和更富有人文性，并且使求真与求美更紧密地联系在一起的话，那么，技术美学将进一步促使技术活动及其产品更富有人性化，并且使技术与艺术、技术与美得到高度的融合。

无疑，一旦真正实现技术与艺术、技术与美(当然还应加上技术与伦理、技术与善)的高度融合，这将是人类技术史上的又一次伟大变革。尽管在古希腊时代早就有技术与艺术、技术与美的融合，但是，那时的技术其科学水平和含量是相当低的，况且，当时还没有真正意义上的精密科学。自近代科学产生以后，才出现人类技术史上的一次伟大的变革，导致了工业革命，这时技术发生了重大的根本性的转变，使技术的含义变成了真正意义上的科学的技术，于是大大推动了社会生产力的飞速发展和人类社会的巨大进步。显然，要是没有科学技术的近代化和现代化，就根本不可能有社会的近代化和现代化。但是，应当看到，技术纯粹向科学维度的转向也是有缺陷的，其根本的缺陷就是使其逐渐丧失了人文的维度，淡忘了对美和善的追求，从而更容易导致技术的异化，并且给人、自然和社会带来诸多负面影响。在高度发达的科学技术的基础上实现技术与艺术、技术与美、技术与伦理、技术与善的融合，将使技术发生新的重大转变，其结果是使技术在原有科学的维度的基础上又有了新的维度，即人文的维度。这样一来，使技术在追求真的同时，也追求美和善，在服务于人类的物质生活的同时，又通过艺术和伦理的力量服务于人类的精神生活；反之，又使艺术和伦理在追求美和善的同时，也追求真，在服务于人类的精神生活的同时，又通过技术的力量服务于人类的物质生活。很明显，技术与艺术、技术与伦理的融合本身，也是科学与人文两种文化融合的一个极为重要的方面。技术的这种新的转变，不仅有助于防止或克服技术的异化及其对人、自然和社会的负面影响，从而有效地遏制科学与人文两种文化的分离和对立，而且也将为人类社会提供更加巨大的生产力，更加丰富的物质财富和精神财富，从而使人类的物质文明和精神文明上升到一个新的水平和新的境界。

技术与艺术、技术与美的融合现在似乎正在形成一股国际性的潮流，尤其是在西方发达国家更是如此。它们在大力发展高技术的同时，也越来越重视将现代艺术和美学的观念融入现代设计之中，从家用消费物品、办公设备、动力设备、汽车和飞机到住宅建筑和城市建设，几乎处处都渗透着新型别致的艺术和美学的思想和观念。后现代主义在西方的崛起，从某种角度看，正是说明了艺术和美学的观念正在日益凸显出来，并越来越受到人们自近代以来前所未有的重视和关注。当然，也可以认为是对西方科学主义或科技主义及其后果和对现代化的一种挑战或反思。

尽管后现代主义有很大的偏颇性，但是，技术与艺术、技术与美的融合这股潮流还是非常值得我们关注的。显然，实现现代化不仅仅只是科学技术的现代化和经济的巨大发展，它更意味着包括思想、道德、文化、观念等在内的社会的全面进步。其中，艺术和审美观念的进步，也是社会进步的一个重要方面。技术与艺术、技术与美的融合，不仅有助于大大提高产品的竞争力，从而促进经济的发展，而且还给人们带来优美、舒适和高品位的生活环境，从而促进社会的全面进步。很明显，假如我们的技术与艺术始终处在分离状态，或者虽然二者有了某种程度的融合，可是我们的艺术与审美观念尚处在陈旧落后的状态，那么，势必影响技术价值的完满实现，或者使产品缺少竞争力，或者使住房建筑不久之后就得推倒重建，或者使城市面貌缺乏应有的魅力和风采，总而言之，所有这一切都非常不利于现代化建设事业的顺利进行。

第五章

人文化的科学观和科学哲学

要实现科学与人文两种文化的融合，仅仅依靠各种元科学在两种文化之间架起桥梁，还是远远不够的，关键是要构建一种人文化的科学观和科学哲学，从而在理论上特别是在科学观和科学哲学层面深层次地解决两种文化的融合问题。因为两种文化的融合，关键在于如何理解科学。如果不把科学理解为一种文化，那么，要实现两种文化的融合，几乎是不可能的。也就是说，关键是要构建一种人文化的科学观和科学哲学。这种人文化的科学观的核心是，科学同人文文化一样，也包括形而上之“魂”和形而下之“体”两个层面。科学的精神、理念、理想和价值观属于科学文化的形而上层面，是科学文化之“魂”；而技术的、实证的、数学的或逻辑的东西属于科学文化的形而下层面，是科学文化之“体”。因此，它不仅具有形而上的作为社会精神高地的价值，而且具有形而下的作为现实生产力的价值。这种人文化的科学哲学可称为科学文化哲学。本章的主要内容如下：①科学文化论；②论文化及其价值；③关于科学哲学的性质和定位问题；④科学文化哲学论纲；⑤科学生存论。

第一节　科学文化论

近年来，有关科学文化的问题越来越受到科技界和学术界的高度关注，成了一个热点和焦点问题。这一节试图对有关科学文化的一些根本性的问题，谈谈自己的看法。主要涉及以下三个问题：①如何理解科学文化；②当代科学观的局限和偏颇；③研究科学文化的意义。

一、如何理解科学文化

什么是文化？一般认为，文化包括以下四个层面，即价值观、制度、行为和物质(物化)的东西。我认为，文化也可以进一步概括为两个层面，即形而上和形而下两个层面。

制度和行为渗透着价值观，故既有看得见的形而下层面，也有看不见的形而上层面。虽然物化的东西是看得见和摸得着的，但也渗透着价值观，因而也有形而上层面的东西，也有一个“魂”，也体现某种精神状态。

谈文化实际上就是要更多地揭示蕴含在一切形而下事物之中的形而上的东西。通俗地讲，文化是那种更接近人性，接近人的内心世界，因而更接近哲学家思考的东西。如果我们这样考虑文化的问题，将更有高度和深度。如果仅仅停留在物质的和有形的层面来理解文化，只看到其形而下的东西，而看不到其形而上的东西，无疑还是比较肤浅的。

因此，文化也可做广义和狭义的理解。广义地讲，文化包括一个事物的形而下和形而上两个层面；狭义地讲，文化主要指形而上层面，即精神世界或精神生活的层面。当然，应当看到，形而下和形而上两个层面事实上是不可分割地联系在一起的。

什么是科学文化？科学文化应当包括科学的价值观、制度、行为和成果(理论的、技术的和物化的东西)这四个层面，其中科学的精神、理念、理想和价值观是科学文化之“魂”，属于科学文化的形而上层面，而技术的、实证的、数学的或逻辑的东西是科学文化之“体”，属于科学文化的形而下层面。科学的制度、行为和成果都渗透着科学的精神、理念、理想和价值观，科学文化是形而下和形而上两个层面的有机统一。因此，研究科学文化，不仅要研究其形而下层面，更要研究其形而上层面，特别是研究二者之间的有机统一。

什么是创新文化？一般说来，创新文化是一种最大限度地激励或激发人去创新的文化，应当包括创新或激励创新的价值观、制度、行为和成果这四个层面，也可以将其进一步概括为形而上和形而下两个层面：创新或激励创新的精神、理念、理想和价值观是创新文化之“魂”，属于创新文化的形而上层面，而具体实施的规则、制度、范例、环境等是创新文化之“体”，属于创新文化的形而下层面。创新或激励创新的具体实施的规则、制度、范例、环境等都渗透着创新或激励创新的精神、理念、理想和价值观，创新文化是形而下和形而上两个层面的有机统一。

什么是科学基金文化？科学基金文化是一种如何用科学基金制度最大限度地推动科技进步的文化，也有形而上和形而下两个层面：设立科学基金的精神、理念、理想和价值观是科学基金文化之“魂”，属于科学基金文化的形而上层面，而具体实施规则、制度、程序、资金等是科学基金文化之“体”，属于科学基金文化的形而下层面。科学基金的具体实施规则、制度、程序、资金等都渗透着设立科学基金的精神、理念、理想和价值观，科学基金文化是形而下和形而上两个层面的有机统一。

科学文化同创新文化和科学基金文化的联系和区别在于：一方面，科学文化包含创新文化(科学行为)和科学基金文化(科学制度)，创新文化和科学基金文化都要体现科学文化的精神、理念、理想和价值观；另一方面，创新文化又属于人文艺术文化，而科学基金文化又属于整个基金文化和制度文化。

二、当代科学观的局限和偏颇

在当代，有两种狭隘的科学观深深地影响人们对科学的理解：一种是实证主义的科学观；另一种是功利主义的科学观。这两种科学观都对科学做了形而下的解读，从而从根本上消解了科学的文化意蕴。

所谓实证主义的科学观，就是从实证主义的观点来理解科学，将科学的方法仅仅归结为一种实证和逻辑的方法，将科学的内容仅仅看作一种实证的和逻辑的知识体系或“真的经验命题的体系”[①]。

无疑，实证性和逻辑性的确是科学区别于其他文化的最基本和最重要的特征，因此，实证主义科学观对科学的实证性和逻辑性的强调不仅是重要的，

① 洪谦：《现代西方哲学论著选辑》(上册)，商务印书馆，1993年版，第414页。

而且是必要的。然而，除了实证性和逻辑性以外，科学还具有与其他文化相类似的最基本和最重要的特征，那就是思想性和创造性，而且对科学本身而言，后者往往比前者更为重要，更具有根本性的意义。因为从某种意义上说，前者更多触及的是科学的表层和形式，而后者则更多地触及科学的深层和灵魂。

所谓功利主义的科学观，就是从功利主义的观点来理解科学，将科学仅仅归结为两个关键词，即“工具”和“功利”，将科学的意义和价值仅仅归结为“工具”和“功利”的意义和价值。

无疑，功利主义的科学观对科学的工具性和功利性的强调，有着极为重要的意义和作用。一方面，最大限度地服务于经济和社会、为人类造福，将永远是科学最伟大、最崇高和最神圣的目标和使命之一；另一方面，经济和社会对科学的不断增长的技术上的需要，也将永远是科学最现实、最巨大和最强有力的动力之一。然而，除了工具性和功利性以外，科学还具有与其他文化相类似的最基本和最重要的特征，那就是文化性和精神性，而且就科学本身而言，前者更属于科学的外在的特征，而后者更属于科学的内在的特征；前者更多地涉及科学的外围或边缘，而后者更多地触及科学的深层或核心。

这两种科学观的最大局限和偏颇在于，只看到科学的实证的或功利的一面即形而下层面，而看不到其思想的和精神的一面即形而上层面。当它们强调科学世界与人文世界的截然区分，并竭力拒斥“形而上学”的同时，实质上也从根本上否认了科学的文化意义和文化价值，切断了科学的形而下和形而上两个层面之间的内在关联，从而切断了科学的生命。其后果是使科学活动乃至科学管理和科学教育等带有过强的实证化或功利化色彩，从而使科学偏离了其文化本性。以这种观念为主导，势必导致科研领域重实证轻创新、重逻辑轻思想、重应用轻理论、重技术轻科学；管理领域重数量(量化指标)轻人文(文化氛围)、重技术指标轻理论创新，甚至以经济指标来衡量科学技术水平的局面；教育领域重逻辑证明的训练轻想象力和创造力的培养，重单纯的知识灌输轻兴趣和文化修养的培养，重工科轻理科且更加排斥文科。

科学基金制的意义是巨大的，它将过去科技资源配置中的行政拨款、长官意志转换成科学共同体的民主决策方式，起到了很好的示范作用，意义重大。良好的科学基金文化必然给科技进步和创新以不可估量的巨大推动力，从而大大推动科学文化和创新文化的发展。但是，如果离开科学精神和创新精神，科学基金制也会带来难以估量的负面效应。其中最大的负面效应就是导致科学过分功利化。

科学文化的精髓是什么？创新文化的精髓是什么？是创新，是攀登科学高峰，在本质上是无功利的，最重要的是，看你有何创新，对科学的贡献有多大，而不是你拿了多么大的项目和多少钱。但是，现在科研环境很多被功利化、商业化和企业化了。拿多么大的项目和多少钱往往变成了第一位的东西，而有何创新和对科学的贡献有多大却变成了第二位的东西。于是，科学基金的影响和作用也被大大功利化了。这显然不仅不利于科技进步及其创新，而且也不利于科学文化和创新文化的培育。因此，研究科学基金文化非常重要。科学基金制不能只有形而下的基金，没有形而上的“魂”。

科学基金文化之“魂”同科学文化之“魂”和创新文化之“魂”三者应当是一致的，应当将科学精神和创新精神看作其最核心的精神理念，这也是科学文化、创新文化和科学基金文化三者之间最深刻的联系。

三、研究科学文化的意义

从文化学或从文化论的高度来研究科学，有着十分重要的理论意义和实践意义。

首先，有助于超越狭隘的科学观，树立一种新的科学观，从而更加全面而深刻地理解科学，理解科学的根源、动力、目的、意义和价值。

从科学文化论的高度看，科学有两个历史根源：一是精神传统（哲学传统）；二是技术传统（工匠传统）。这两个传统的汇合形成了科学的传统。[①]因此，科学有两种动力：一种来自经济和技术层面；另一种来自文化和精神层面。于是，科学有两个层面的目的、意义和价值：一是经济和技术层面的目的、意义和价值；二是文化和精神层面的目的、意义和价值。

于是，科学有两个维度：一是向下的（技术家）维度；二是向上的（哲学家）维度。许多伟大的科学家，往往是哲学家式的科学家，如伽利略、笛卡儿、

① 斯蒂芬·F. 梅森：《自然科学史》，周煦良等译，上海译文出版社，1980年版，第1页。

牛顿、爱因斯坦、玻尔、霍金等。当然，不管是属于向下还是向上哪一个维度，都有伟大的科学家，他们都有形而上的精神世界。因此，要全面而深刻地理解科学，不仅要理解科学的形而下层面的根源、动力、目的、意义和价值，而且还要理解科学的形而上层面的根源、动力、目的、意义和价值。

其次，有助于为科技政策和科技发展战略的制定，提供更加全面而深刻的依据，从而使其更加符合科学本身发展的规律。

科技政策和科技发展战略的制定，不仅要关注形而下的实证知识和技术层面，而且要关注形而上的文化和精神层面，要触及科学文化之魂。正如研究奥林匹克运动，不仅要关注形而下的知识和技术层面，更要关注形而上的文化和精神层面，要触及奥林匹克之魂一样。体育也是一种文化。为什么外国人难以学好中国武术，而中国人则难以踢好足球，这显然同文化因素密切相关。

中国在奥林匹克运动上取得的巨大成功，对科学有许多有益的启示。[①]一方面，要进一步深入研究西方包括科技政策和发展战略在内的科学文化，不仅要研究实证的部分，而且要研究非实证的部分，要触及其文化和精神；另一方面，要立足本国，研究中国自身的文化，特别是重点研究在中国的文化土壤中如何培植科学文化和科学精神。这是一个非常重大而现实的问题。

近代西方科学引入中国，遇到一个重大问题，就是文化问题。奥林匹克运动能取得成功，科学也应当能取得成功，关键是中国文化同科学文化和科学精神的有机融合，走出一条自主创新的发展道路。正如奥林匹克运动在中国走出了一条自主创新的发展道路一样。

再次，有助于促进科学教育和科学管理体制的改革和完善，让科学教育和科学管理更富有文化色彩，更加人文化和人性化，更触及科学文化之魂。

应当看到，由于深受狭隘的科学观及其教育观的影响，无论是科学教育还是科学管理模式，都不同程度地存在着过度的实证化和功利化倾向，缺乏浓厚的文化色彩和崇高的精神。如果说，科学教育存在着过度的实证化、功利化、技术化、模式化和“应试教育”的倾向的话，那么同样，科学管理也存在着过度的企业化、雇佣化、功利化、定量化和“应试管理”的倾向。这

① 孟建伟：“科学与奥林匹克精神——试论科学活动的精神气质”，《哲学研究》1994 年第 11 期。

种科学教育和科学管理模式，容易导致科学教育和科学管理越来越外在化和空心化，越来越离开人的内心世界，越来越离开人的活生生的生命，从而大大影响创新精神的培育和激发。

站在科学文化论的高度看，科学教育和科学管理都要充分体现科学的文化本性，充分体现科学的精神，不仅要关注科学的形而下层面，更要关注科学的形而上层面，从而最大限度地培育和激发人的创新精神。

最后，有助于为创新文化和科学基金文化研究提供理论支撑，从而大力推进创新文化和科学基金文化建设。

从某种意义上说，科学文化包含创新文化（科学行为）和科学基金文化（科学制度），因此，对科学文化的全面而深入的研究，必将有助于深化对创新文化和科学基金文化的研究，并为其提供理论支撑。

全面而深入地研究科学文化，全方位地揭示科学的根源、动力、目的、意义和价值，特别是揭示科学的文化本性，揭示科学的人性和创造性，揭示科学的生存论意义和科学家的精神世界，揭示真正意义上的科学精神，无疑对于构建创新文化具有十分重要的意义。

而健全的科学基金文化建设不仅要涉及科学的形而下的实证和技术的层面，而且要涉及科学的形而上的精神和文化的层面；不仅要涉及科学文化之体（具体科学），而且要涉及科学文化之魂（科学精神），因此，同样需要对科学文化做全面而深入的研究。

总之，科学文化同创新文化和科学基金文化是紧密地联系在一起的：创新文化和科学基金文化需要充分体现科学文化的核心理念，体现科学文化之魂；而健全的创新文化和科学基金文化建设又有助于大力推动科学文化的健全发展。

第二节　论文化及其价值

在当今之中国，人们对文化的关注和重视正在形成一股热潮，并大有将文化同“强国”联系起来之势。这不禁让人想到前几十年人们对科学的关注和重视，这股热潮也将科学同“兴国”紧密地联系在一起。为什么要对文化给予如此高度的关注和重视？究竟何为文化？在科学与文化之间有着什么样的关系？文化具有何种功能和价值？这一节是对这一系列问题所做的哲学思考。

一、何为文化

要对文化下一个确切的定义，是一件非常困难的事情。中国思想界对文化的定义早有争论，其中最大的争议之一就是关于文化与文明二者之间的界定问题。

胡适对文化和文明两个概念做了区别。他认为，“文明(civilization)是一个民族应付其环境的总成绩”；而“文化(culture)是一种文明所形成的生活的方式”[①]。沿着这种“区别论”的思路，有的学者认为，“文化是精神的，文明是物质的”；有的学者则反过来认为，“文化是物质的，文明是精神的”[②]。同“区别论”相左，张崧年提出“无区别论”。他说，“文明与文化在中国文字语言中，只可看成差不多与‘算学’与‘数学’一样，只是一物事之两名，或一学名一俗名，不必强为之区异。或则顶多说文化是活动，文明是结果，也不过一事之两看法”[③]。

尔后，朱谦之对上述“区别论”和“无区别论”二者做了某种综合。在他看来，德语 kultur(文化)概念“实为精神的文化概念(即宗教、哲学、科学、艺术等知识生活)”，而英语 civilization(文明)概念“实为社会的文化概念(如政治、法律、经济、教育等社会生活)”[④]。尽管二者有着“精神的”和“社会的”区别，但都属人类生活，是人类生活的两个方面，因而均属文化的范畴。[⑤]他将文化看作是“人类生活的一切表现”[⑥]。

引发这场争论的源头之一是，梁漱溟在 1921 年出版的《东西文化及其哲

① 朱谦之：《文化哲学》，商务印书馆，1990 年版，第 1～2 页。
② 朱谦之：《文化哲学》，商务印书馆，1990 年版，第 5 页。
③ 朱谦之：《文化哲学》，商务印书馆，1990 年版，第 5～6 页。
④ 朱谦之：《文化哲学》，商务印书馆，1990 年版，第 7 页。
⑤ 朱谦之：《文化哲学》，商务印书馆，1990 年版，第 7 页。
⑥ 朱谦之：《文化哲学》，商务印书馆，1990 年版，第 7 页。

学》一书。在书中，他对文化做了这样的概括："所谓一家文化不过是一个民族生活的种种方面。"[①]他认为，人类的生活不外乎以下三个方面：①精神生活，包括"宗教、哲学、科学、艺术"等；②社会生活，包括"社会组织、伦理习惯、政治制度及经济关系"等；③物质生活，包括"饮食、起居种种享用"在内的一切生存条件等。因此，对东西方文化可从这三个方面加以考察。[②]显然，朱谦之同梁漱溟的观点比较接近。不同的是，前者采用了"二分法"，即将文化区分为"精神的"和"社会的"两个方面；而后者采用了"三分法"，即将文化区分为"精神的"、"社会的"和"物质的"三个方面。

中国思想家们的早年讨论，为当今如何理解文化奠定了一定的基础。主要体现在以下几个方面。一是关于文化的本质的理解。早年讨论从一开始就将文化同人和人的生活，特别是人的创造紧密地联系起来，这无疑已经触及关于文化的本质特征。二是关于文化与文明之间相互关系的理解。文化与文明之间的关系是理解何为文化的一个极为重要的视角。从这个视角来理解文化，有助于大大增加其宽度和深度；三是关于文化的分类和结构的理解。无论是"二分法"，还是"三分法"，早年讨论对于往后理解文化的分类和结构，可以说都有重要的参考价值。

但是，早年讨论也有很大问题。最突出的问题包括以下几点。其一，对文化的理解和定位过于宽泛。它倾向于将文化归结为"人类的生活"及其"一切表现"，因而几乎无所不包。于是，我们当今所强调的那些最富有创造性的文化，将被淹没在"人类的生活"及其"一切表现"的汪洋大海之中。其二，对文化和文明之间的界定也过于简单而笼统。不仅"区别论"和"无区别论"的界定过于简单和笼统，而且"综合论"的论点也过于简单和笼统。事实上，文化不仅有其精神层面，而且也有其制度层面和物质层面；反之，文明不仅有其物质层面和制度层面，而且也有其精神层面。其三，对文化的分类和结构的理解也过于绝对化。无论是"二分法"，还是"三分法"，都是过于绝对化的理解。或许，文明可以做物质文明、精神文明和制度文明等这样的分类，但文化不能做物质文化、精神文化和制度文化等这样的分类。因为文化在本

---

① 梁漱溟：《东西方文化及其哲学》，商务印书馆，1999 年版，第 19 页。

② 梁漱溟：《东西方文化及其哲学》，商务印书馆，1999 年版，第 19 页。

质上是一种精神创造，又同制度层面和器物层面密切相关，因而离开精神创造谈论制度文化和物质文化，或者离开制度层面和器物层面来谈论精神创造，都是不妥当的。当然，三者当中最核心的问题还在于，对文化的理解和定位过于宽泛：它所关注的只是文化的外延，而不是文化的内涵；关注的只是文化的广度，而不是文化的深度。

因此，要深刻理解文化的内涵，有必要突破并超越早年讨论的框架。具体可从以下几个方面加以推进。

首先，从关注"人类的生活"及其"一切表现"，聚焦到人类的精神生活，特别是那些追求真善美等崇高目标的、最富有创造性的并对人类社会的进步具有深远影响的精神生活。尽管将文化归结为"人类的生活"及其"一切表现"本身并没有错，但是，关注这样一个无所不包的对象，显然缺乏现实的针对性，没有实际的意义。况且，"文化"一词中的"文"，狭义地讲，的确包含"文字"、"文章"、"文科"、"文人"和"人文"等意思；广义地讲，则可以拓展到整个精神生活。因此，人们也往往从两个层面上来谈论文化：一是狭义的，专指包括文学、艺术、史学、哲学等在内的人文文化；二是广义的，指的是包括人文文化和科学文化等在内的整个人类的精神生活。显然，当今人们对"文化"的关注和重视，主要是指前者，而不是后者。

其次，虽然文化在本质上属于精神生活的范畴，但不能仅仅从精神的角度来理解文化。一方面，文化虽是人的精神创造，但这种创造离不开一定的物质生活条件，以及相应的社会体制和机制；另一方面，作为人类的精神生活的文化需要各种载体，也只有通过各种载体才能得到表现和升华。一般说来，文化不仅体现在其精神成果和物化成果之中，而且体现在创造成果的方法和技能之中，还体现在激励创造活动的体制和机制之中，更体现在创造者的理想、境界、精神和价值观之中。因此，文化可以概括为以下四个层面：一是精神成果和物化成果层面；二是方法和技能层面；三是体制和机制层面；四是精神和价值观层面。

最后，文化还可以进一步概括为形而上和形而下两个层面：理想、境界、精神和价值观等属于形而上层面；而精神成果和物化成果、方法和技能、体制和机制等属于形而下层面。前者是"魂"，代表着文化的精神高度；后者是"体"，代表着文化的发达程度。当然，这样的区分只是形式上的，其实如同

“魂”和“体”的关系一样，二者是不可分割地联系在一起的。伟大的精神成果和物化成果、精湛的方法和技能、创新的体制和机制等无不体现着崇高的理想、境界、精神和价值；反之，崇高的理想、境界、精神和价值也只能通过伟大的精神成果和物化成果、精湛的方法和技能、创新的体制和机制等发扬光大，并产生现实的力量！因此，文化是其形而上之“魂”和形而下之“体”二者的有机统一。

二、科学与文化

一谈文化，免不了要讲到科学，正如一谈科学，免不了要讲到文化一样。科学与文化二者之间究竟是一种什么样的关系？科学本身是不是一种文化？在科学究竟是否属于文化及科学与文化有着什么样的关系问题上，历来就有诸多不同的观点，大致说来有以下三种。

第一种观点不仅认为科学本身就是一种文化，而且还将其列入精神生活的范畴。梁漱溟所代表的就是这种观点。他明确地将科学列入精神生活的范畴，并从科学与艺术、科学与玄学的差异来论证东西方文化的差异。他认为，“西方的文明是成就于科学之上；而东方则为艺术式的成就”。于是，“大约在西方便是艺术也是科学化；而在东方便是科学也是艺术化”[①]。因此，包括西方学术思想在内的西方文化到处都充满着“科学的精神”，而东方文化则充满着“艺术的精神”[②]。但在梁漱溟的心目中，科学似乎还只是一种形而下意义上的文化。从他的“人类文化三步骤”和“世界文化三期重现说”不难看出这一点。他强调，西方科学代表的是重“外界物质”和“理智”的文化，中国哲学代表的是重“内界生命”和“直觉”的文化；印度宗教代表的是重“无生本体”和“现量”的文化[③]。这三者次第构成“人类文化三步骤”和“世界文化三期重现”[④]。显然，这是一条从形而下的物质生活逐步走向形而上的精神生活的道路，而科学主要应对的是最早期的形而下的物质生活。

① 梁漱溟：《东西方文化及其哲学》，商务印书馆年版，1999 年版，第 35 页。
② 梁漱溟：《东西方文化及其哲学》，商务印书馆年版，1999 年版，第 35 页。
③ 梁漱溟：《东西方文化及其哲学》，商务印书馆年版，1999 年版，第 180 页。
④ 梁漱溟：《东西方文化及其哲学》，商务印书馆年版，1999 年版，第 203 页。

第二种观点虽然也认为科学是一种文化，但只能排在所有文化世界的最后一位。唐君毅所代表的就是这种观点。他也明确地将科学活动归于“文化活动”，将科学的理想归于“人类文化之理想”[①]。但是，在他那里，每一种文化活动和文化理想所处的位置及其重要性是有差别的，是分不同层次的。最高层次无疑是道德活动和道德理想。他认为，一切文化活动“皆可谓道德活动之各种化身之实现”；一切文化理想“皆依于吾深心之欲实现道德理想而生”[②]。因此，“道德自我是一，是本，是涵摄一切文化理想的。文化活动是多，是末，是成就文明之现实的”[③]。因为科学世界同道德世界、宗教世界、艺术世界相比，虽有“更多的真，但只有较少的美，较少的善，较少的神圣”，所以，只能排在所有这些文化世界的最后一位。[④]当然，他并不否认科学在“成就文明之现实”方面的巨大功能和作用，但是，他反对科学凌驾于人文之上，而主张以人文涵盖科学，特别是以中国文化发展出的仁教主宰科学。可见，在唐君毅那里，虽然科学依然属于文化，但其文化地位已经大大下降。科学更多地在形而下层面得到肯定，而在形而上层面则很少得到肯定。而且，科学与人文(文化)二者在很大程度上被分离开来并且对立起来了。

第三种观点则断然将科学排除在文化领域之外，排除在精神生活范畴之外。徐复观所代表的就是这种观点。他对文化和文明二者做了截然的区分，认为“文化是由生活的自觉而来的生活自身及生活方式这方面的价值的充实与提高”；而“文明是根据我们改进生活环境所得的结果”[⑤]。因此，科学属于文明范畴，而不属于文化范畴；只有宗教、道德、艺术等才属于文化范畴。虽然他并不否认科学是“人类思想所得来的最辉煌的结果”[⑥]，但他强调，站

① 唐君毅：《文化意识宇宙的探索》，中国广播电视出版社，1992年版，第296～297页。

② 唐君毅：《文化意识宇宙的探索》，中国广播电视出版社，1992年版，第298页。

③ 黄克剑等：《唐君毅集》，群言出版社，1993年版，第75页。

④ 黄克剑等：《唐君毅集》，群言出版社，1993年版，第344页。

⑤ 李维武：《中国人文精神之阐扬——徐复观新儒学论著辑要》，中国广播电视出版社，1996年版，第1页。

⑥ 李维武：《中国人文精神之阐扬——徐复观新儒学论著辑要》，中国广播电视出版社，1996年版，第38页。

在人的生活立场看，“宗教、道德、艺术这一属于‘文化价值’系列的东西”，才是“最后的真实，最后的需要”[①]。在他看来，当今“世界文化的危机”和“人类的危机”的根源在于，人们借助科学，“一往向外追求，得到了知识，得到了自然，得到了权力，却失掉了自己，失掉了自己的性，即所谓‘人失其性’的结果”[②]。而“以仁为中心的”中国文化恰恰是一种“‘复性’的文化”，因而可以对“整个人类文化的反省”做出自己的贡献。[③]可见，如果说唐君毅还在文化中给科学保留最后一个位置的话，那么，在徐复观那里连最后一个位置也荡然无存。于是，科学与人文(文化)之间的关系变成纯粹形而下的知识世界和技术世界同纯粹形而上的价值世界和道德世界的关系，因而二者之间在精神和文化上的联系被彻底切断了。

无疑，上述三种观点对科学与文化及其价值的理解都有其深刻之处，特别是它们不仅较早地理解科学及其价值，而且也较早地理解人文(文化)及其价值，并且将其同中国和世界的命运结合起来加以考量，至今仍有一定的参考价值。然而，这些观点也不可避免地具有某种历史的局限性。其中，最大的局限性在于，这些观点都往往带有这样一种狭隘的思维定式：他们往往只是从形而下层面来理解科学及其价值，而大大忽视从形而上层面来理解科学及其价值；反之，他们又往往只是从形而上层面来理解人文(文化)及其价值，而大大忽视从形而下层面来理解人文(文化)及其价值，从而导致科学与文化之间的分离和对立。

要全面而深刻理解科学与文化及其相互关系，有必要突破并超越这种狭隘的思维定式。具体可从以下几个方面加以推进。

首先，不仅要从形而下层面理解科学，而且还要从形而上层面理解科学，从而全面而深刻地理解科学的文化本性。由于科学更多地以知识和理性的形式出现，并且对人类物质生活领域有着无与伦比的巨大影响和作用，所以人

① 李维武：《中国人文精神之阐扬——徐复观新儒学论著辑要》，中国广播电视出版社，1996年版，第39页。

② 李维武：《中国人文精神之阐扬——徐复观新儒学论著辑要》，中国广播电视出版社，1996年版，第162～163页。

③ 李维武：《中国人文精神之阐扬——徐复观新儒学论著辑要》，中国广播电视出版社，1996年版，第163页。

们往往只是从形而下层面来理解科学。其实，科学同艺术等人文文化一样，在本质上也是一种高尚的精神生活。它不仅有包括理论、方法和制度等在内的形而下之“体”，而且也有包括理想、境界、精神和价值观等在内的形而上之“魂”。正是其形而下之“体”与形而上之“魂”二者的有机统一，才构成具有伟大生命力的科学。因此，不能因为其有包括知识和理性的形式在内的形而下之“体”，而否定其形而上之“魂”；更不能因为其对人类物质生活领域的巨大影响和作用，而否定其对人类精神生活领域的巨大意义和作用。至少，科学代表着人类追求真善美最高境界中求真的维度，并“用创造性的工作所产生的成果为提高人类的精神境界而做出贡献。”[①]

其次，不仅要从形而上层面理解人文(文化)，而且还要从形而下层面理解人文(文化)，从而全面而深刻地理解人文(文化)的本性。由于人文(文化)更为直接地以作品表达其理想、境界、精神和价值观，并且对人类精神生活领域有着无与伦比的巨大影响和作用，所以人们往往只是从形而上层面来理解人文(文化)。其实，人文(文化)如同科学一样，其不仅有包括理想、境界、精神和价值观在内的形而上之“魂”，也有包括理论、方法和制度等在内的形而下之“体”。也正是其形而下之“体”与形而上之“魂”二者的有机统一，才构成具有伟大创造力的人文(文化)。因此，不能因为其有包括理想、境界、精神和价值观在内的形而上之“魂”，而否定其形而下之“体”；更不能因为其对人类精神生活领域的巨大影响和作用，而否定其对人类物质生活领域的巨大意义和作用。

最后，不妨对文化的界定做狭义和广义的区分：前者专指人文文化，以便区别于科学，这也是习惯上所指的“文化”；后者指的是整个人类精神生活的创造，无疑包括科学。应当明确，虽然我们对文化做了狭义和广义的区分，但从精神生活的创造这个角度来理解科学与文化及其相互关系更为切近问题的实质。质言之，科学与文化的关系就是科学文化(一种精神生活的创造)与人文文化(另一种精神生活的创造)之间的关系。具体说来，这种关系不仅包括科学形而下同人文形而上层面的关系，而且也包括科学形而上同人文形而下层面的关系，还包括科学形而下同人文形而下层面的关系和科学形而上同

① 爱因斯坦：《爱因斯坦文集》第三卷，许良英等译，商务印书馆，1979年版，第50页。

人文形而上层面的关系等。因此，这种关系远比现代新儒家所理解的要复杂得多和深刻得多！

三、文化的价值

对科学与文化相互关系的探讨，有助于进一步加深对文化及其价值的理解。如何理解文化的价值？为什么前几十年要大讲科学，而如今又要强调文化？当然，这里所说的文化是狭义的，主要指的是人文文化。文化的价值大致可从以下几个角度来理解。

首先，可从科学与文化相互关系的角度来理解文化的价值。毫无疑问，科学的社会地位和作用，特别是作为"第一生产力"的地位和推动社会现代化的巨大作用，是毋庸置疑和无法取代的。这也是中国前几十年之所以要大讲科学的根本原因。如今强调文化决不意味着要用文化来取代科学，而是要用文化来推进科学，从而让科学进一步发挥更大的作用。

自古以来，科学与文化就有着深刻的关联。古希腊哲学是近代科学最重要的根源之一。它最先给了科学以"仰望星空"的精神高度。欧洲的文艺复兴运动为近代科学的诞生提供了得天独厚的人文背景。从某种意义上说，正是"人的发现"推动了"世界的发现"；正是"文艺的复兴"带动了"科学的复兴"。后来的启蒙运动又赋予近代科学以伟大的使命，将它同社会现代化和人的解放紧密地联系在一起。可以说，在科学的孕育、诞生、成长、壮大及其实现社会价值的整个过程中，背后往往都有一股强大的力量在推动着。这就是文化的力量！

显然，强调用文化来推动中国科学的发展有着特别重要的意义。如何将具有深厚西方文化背景的科学，移植并深深地扎根于中国的文化土壤，并使其在中国的文化土壤中获得蓬勃发展？这不单单是科学本身的问题，更是一个重大的文化问题。在市场经济条件下，如何使科学保持应有的精神高度和精神境界，使其在功利主义和理想主义之间保持必要的张力，从而在大力推动社会经济发展的同时，也使科学获得可持续的健康发展？这也不单单是科学本身的问题，更是一个重大的文化问题。在走向现代化的进程中，如何最大限度地使科学既实现其重要的技术价值和经济价值，又实现其重要的思想价值和精神价值？这又不单单是科学本身的问题，更是一个重大的文化问题。

在这里，文化的使命和价值在于，如何为科学提供有利于其在本土扎根、成长和壮大的文化沃土、文化环境、文化动力和文化精神，并帮助科学更好地实现其文化目的和文化价值。

其次，可从文化的形而下角度来理解文化的价值。以往我们往往将科学看作一种生产力，而很少将文化也看作一种生产力。这显然同单单从形而下层面来理解科学和单单从形而上层面来理解文化这种思维模式密切相关。当然，也同我们的物质生活和经济发展水平尚不够发达密切相关。

事实上，不仅科学具有形而下层面，具有精神的和物化的成果，可以变成技术、商品和产业，从而成为现实的生产力，而且文化也具有精神的和物化的成果，可以变成技艺、商品和产业，从而成为现实的生产力。并且，随着物质生活和经济发展水平的不断提高，人们对精神和文化生活的需求也在不断增长，于是，文化产业和文化市场正在不断崛起，日益成为当今产业和市场不可或缺的重要组成部分。可以说，当今世界经济的潮流不仅是知识经济的潮流，也是文化经济的潮流。各国之间相互比拼的不仅是科技，也是文化。文化产业由于其高品位、高创意、高附加值、低消耗和可持续性强等优点，已经成为后工业社会的理想产业。文化产业的发达程度也已经成为一个国家发达程度的重要标志之一。因此，在这种意义上说，文化不仅是一种软实力，而且是一种硬实力。这也是如今要大讲文化的根本原因之一。

显然，强调用文化来推进中国的现代化建设也有着特别重要的意义。如何在国际经济普遍不景气的形势下保持我国国民经济健康、平稳而快速的增长？如何调整我国的产业结构，从而最大限度地减轻和化解生态、环境和资源问题的压力？如何从根本上提高和改善经济生活的品质，从而使我国现代化建设跃上一个新的台阶？所有这一切都既同大力发展高新科技产业密切相关，又同大力发展文化产业和开拓文化市场密切相关。质言之，以往的经济和现代化建设是“单轮驱动”，即主要依靠科技创新来推动，而如今的经济和现代化建设则需要“双轮驱动”，即主要依靠科技创新和文化创新来推动。

最后，可从文化的形而上角度来理解文化的价值。当然，对文化的价值的理解绝对不能仅仅局限于形而下层面。文化不仅具有形而下的作为现实生产力的价值，而且具有形而上的作为社会精神高地的价值。如果说，前者将使人们在物质生活层面获得富裕、自由、解放和幸福的话，那么，后者则将进一步让人们在精神生活层面得到富裕、自由、解放和幸福。因此，文化大发展、大繁荣时代的开启，不仅意味着社会的生产方式正在转型和升级，更意味着人们的生活方式正在转型和升级。

文化大发展、大繁荣时代最深刻的意义在于，随着包括文学作品、艺术表演、电视电影、新闻出版、传媒娱乐、动画动漫、音像制品、报纸杂志、书画创作、文物发掘、体育比赛、服装设计等在内的大批文化产业的崛起，物质生活的生产方式正在发生重大转变。其主要特征是：①直接或间接从事精神生产和精神创造的人将越来越多；②物质生产和精神生产将越来越融为一体，并将其建立在科技创新和文化创意的基础之上；③劳动的过程将越来越趋于人文化和人性化，越来越依靠想象力和创造力，越来越变成吸引人的活动，变成个人的自我实现。在这里，文化通过改变产业的结构和生产方式来实现其精神价值，从而有力地推动劳动解放和人的解放的进程。

文化大发展、大繁荣时代最深刻的意义还在于，它不仅将推动社会的生产方式的重大转变，从而产生一种新的生产方式，而且还将促进人们的生活方式的重大转变，从而产生一种新的生活方式。这种新的生活方式预示着，将有越来越多的人不再仅仅满足于物质生活的富裕，更重要的是，还要追求精神生活的富裕；不再仅仅满足于物质生活层面的自由、解放和幸福，更重要的是，还要追求精神生活层面的自由、解放和幸福。这将是一次关于人的生活方式的伟大转变和质的飞跃！这又是如今要大讲文化的根本原因之一。一方面，文化引领着人们对精神生活的追求；另一方面，人们对精神生活的追求又推动着文化的大发展、大繁荣。在这里，文化通过人的生活方式的转变来实现其精神价值，从而在大大提升人们的生活品质、理想境界和精神高度的同时，也让人们在内心深处获得更为深刻的自由、解放和幸福。

第三节 关于科学哲学的性质和定位问题

我国学术界对西方科学哲学做大规模的介绍、跟踪和研究，可以说是在改革开放之初开始兴起的。至今，中国的科学哲学研究有过辉煌的过去，但也面临着日趋衰落的未来。将来的路应当怎么走，特别是应当如何把握中国科学哲学研究的大方向，这是摆在每一个从事科学哲学研究的中国学者面前不可回避的重要问题。这个问题显然同我们如何理解和把握科学哲学的性质和定位问题密切相关。本节的重点是探讨诸如科学哲学的科学性与人文性、世界性与民族性、学术性与现实性等一系列有关科学哲学的性质和定位问题，在此基础上，兼论有关中国科学哲学发展的一些方向性的问题。

一、科学性与人文性

科学哲学究竟是科学的，还是人文的？这是涉及科学哲学学科性质和定位的第一个重要问题。显然，对这个问题的不同解答，将在很大程度上决定着科学哲学的发展方向。

这个问题从表面上看，似乎是不言而喻的，然而，从人们的研究取向上看，显然有着很大分歧：有的强调科学哲学的科学性，有的则强调科学哲学的人文性。我的观点是，应当充分肯定科学哲学的交叉学科性质，因此，它既具有科学性，又具有人文性，但是，作为一门学科来说，归根到底应当归属人文学科。

首先，科学哲学具有很强的科学性，具体体现在以下三个方面。

(1)科学哲学的研究对象是科学，而且主要是自然科学，于是，科学哲学毫无疑问比其他任何类型的哲学带有更多的有关科学的精神气质，正如艺术哲学毫无疑问比其他任何类型的哲学带有更多的有关艺术的精神气质一样。如果说，艺术哲学比别的任何哲学更多地讲究诗性和灵性的话，那么，科学哲学则比别的任何哲学更多地讲究逻辑和理性。至于为什么科学哲学会比别的任何哲学更具有科学的精神气质，其原因也许一是受科学文化的熏陶和涵养；二是由于它所研究的对象是科学，而科学是最讲究逻辑和理性的文化，因此，科学哲学不能不比别的任何哲学更多地讲究逻辑和理性，否则，在学理上似乎缺乏说服力。

(2)从事科学哲学的学者，特别是这个领域的开拓者，大多都具有较深的科学背景和素养。他们往往习惯并善于以科学家的眼光来看待科学、哲学乃至整个文化。逻辑实证主义者及其他们的科学哲学就是如此。从逻辑实证主义者对“经验证实原则”的强调，到在哲学中“清除一切形而上学”，再到对“世界的逻辑构造”，可以说他们对科学、哲学乃至整个文化的理解都深深地打上了“科学家”，特别是“物理学家”的印记。当然，他们强调，他们的科学哲学不仅仅只是具有科学性，更重要的是，它本身就是“科学的哲学”。

(3) 科学哲学所涉及的问题及其方法，有些的确非常接近科学的思维方式，有的甚至本身就属于科学领域。例如，科学方法论中关于“归纳逻辑”的研究，这类问题虽然不属于具体的科学领域，但其研究方法在本质上则是数学的。更进一步说，像约翰·洛西所说的“研究各门科学的程序和结构以及科学解释的逻辑”这类问题及其方法，显然都具有很强的逻辑性和分析性，非常接近科学的思维方式。不仅如此，广义的科学哲学还应当包括自然科学中的哲学问题，而对这类问题的研究往往使科学哲学不再停留于科学的外围，而是切入科学内部，有的甚至切入具体科学领域的核心问题，并且使得成果的科学意义往往大于其哲学意义。

其次，科学哲学也具有很强的人文性，具体体现在以下三个方面。

(1) 尽管科学哲学的研究对象是科学，然而，它对科学所做的研究毕竟主要是哲学的研究，而不是科学的研究，于是，科学哲学毫无疑问又比科学本身带有更多的有关哲学的精神气质，正如艺术哲学毫无疑问比艺术本身带有更多的有关哲学的精神气质一样。事实上，尽管科学哲学比别的任何哲学更多地采用了逻辑和分析的方法，但是，它的方法在本质上还是哲学的，而不是科学的，至少它难以做到实证性。

(2) 当代科学哲学的发展趋向表明，科学哲学的科学性似乎在不断弱化，反之，科学哲学的人文性似乎在不断增强。我们从当代西方科学哲学的两次重大转变，即从逻辑实证主义向历史主义的转变，又从历史主义向后现代主义的转变中不难看到这种趋向。如果说，逻辑实证主义的主调是科学主义的，其方法是逻辑的和分析的话，那么，历史主义的主调是历史主义，其方法是历史的和文化的；而后现代主义的主调则是后现代主义的，其方法也是历史的和文化的，只不过它将这种历史的和文化的方法进一步推向了极端。总的说来，当今的科学哲学已经大大超出传统的认识论、方法论和分析哲学的框架，步入了文化哲学的范畴，因此，其人文性正在日益提升并占有主导地位。甚至那些坚守分析哲学传统的科学哲学家们，也在进行所谓的“解释学转向”和“修辞学转向”等。

(3)有的科学哲学家十分强调科学哲学的人文性，甚至认为对科学的最深刻的哲学研究，就是对科学的人文学的研究。例如，菲利普·弗兰克强调要“以人的科学来补充物理性质的科学”。他将“科学的哲学”看成是“科学和哲学之间的纽带”和“科学和人文学科之间的‘缺少的环节’”[①]。而瓦托夫斯基更加明确地指出，“从哲学的最美好最深刻的意义上说，对科学的人文学理解，就是对科学的哲学理解”[②]。

最后，科学哲学归根到底属于人文学科，其理由如下。

(1)科学哲学的研究主题大多属于人文学科范畴。一般说来，科学哲学大致有三类研究主题：一是如逻辑实证主义所做的，主要研究科学的程序、结构及科学解释的逻辑等；二是如历史主义科学哲学所做的，主要研究如何理解科学的历史发展及其演变等；三是如后现代主义科学哲学所做的，主要研究如何理解科学与其他文化的关系等。在这三类主题中，只有第一类具有较强的逻辑性和分析性，而后两类则明显突破了分析哲学的框架，基本上属于文化哲学的范畴。

(2)即使是科学哲学中科学性最强的那部分，也很难进入科学的范畴。例如，像逻辑实证主义这样的分析性和逻辑性很强的科学哲学，充其量也只不过是“科学的逻辑”或“科学的哲学”。卡尔纳普问道：“如果无论什么陈述，只要它有所断言，就具有经验性质，就属于事实科学，那么留给哲学的还有什么呢？”他回答说：“留下来的不是陈述，也不是理论，也不是体系，而只是一种方法：逻辑分析法。”[③]这就是说，即便是逻辑实证主义者自身也将他们自己的“科学的哲学”排除在科学范畴之外。更进一步说，即使将科学哲学的研究延伸到自然科学中的哲学问题，并且提出类

① 菲利普·弗兰克：《科学的哲学》，许良英译，上海人民出版社，1985年版，第7页。

② 瓦托夫斯基 M W：《科学思想的概念基础——科学哲学导论》，范岱年等译，求实出版社，1982年版，第588页。

③ 洪谦：《逻辑经验主义》，商务印书馆，1989年版，第32页。

似玻尔的“互补原理”那样重要的哲学解释，也并不能改变这种研究的哲学性质。

(3)科学哲学的成果往往只能在人文学科领域得到承认，而在自然科学领域内一般很难获得承认。从历史上看，培根作为一个哲学家而被写进科学史，这可能是极其难得的例外。当然，现在科学哲学的成果或许也有可能偶尔进入 SCI，但是，这样的成果不仅数量极少，而且对于科学界来说似乎重要性也不大，充其量只是“边缘的边缘”。然而，科学哲学的成果对于人文学科领域来说显然并非是“边缘”，甚至可以说能够进入“核心”。无论对于哲学界还是对于整个文化界来说，科学哲学都有着极为重要的地位和影响。对于哲学领域来说，科学哲学史显然在整个哲学史中占有极大的篇幅，似乎永远是最重要的主线之一；对于整个文化领域来说，科学与人文的关系问题似乎永远是说不尽的重要话题。

毫无疑问，科学哲学的双重性决定着科学哲学发展的两个维度：一是科学的维度，其目标是要解决数学和各门自然科学中的哲学问题，或者运用数学或数理逻辑解决各门科学的程序、结构及其科学解释的逻辑等问题。例如，罗素和怀特海的《数学原理》、玻尔对量子力学的解释、认知科学前沿所涉及的诸多哲学问题等，都属于科学性很强的哲学问题。当然，要深入研究这类问题，并非是一般的科学哲学研究者力所能及的，甚至也不是一般的科学哲学家所擅长的。在这方面有成就者，往往就是那种可称为“哲人科学家”的非凡人物，其成就的科学意义甚至往往大于哲学意义。二是人文的维度，其目标是在人文的视野中理解科学，包括理解科学的起源、动力、目的、意义和价值，以及科学与其他文化之间的关系等。这种研究往往不再拘泥于具体科学的细节、方法和程序性的东西，甚至也不再拘泥于数理逻辑的和分析的方法，它最感兴趣的是那种更为宏大的可称为科学观、文化观或者宇宙观的东西。这正是一般意义上的科学哲学家所做的事情，其成就的哲学意义和人文意义显然明显大于科学意义。如果说，科学哲学的科学维度倾向于追求科学的深度的话，那么，科学哲学的人文维度则倾向于追求人文的高度。这也是科学哲学发展的两个重要方向：前者的意义在于，将哲学的思维渗透到科学的进程中去，从而更多地在科学领域中获得意义和价值；后者的意义在于，以观念形态的东西影响科学和整个文化的发展，从而更多地在人文领域获得意义和价值。

然而，尽管科学哲学具有科学性和人文性两个维度，但是，其总的影响力可以说还是在人文领域。究其原因，这不仅同这个学科领域缺少有影响力的“哲人科学家”密切相关，更重要的是，这个学科的性质和定位归根到底还是属于人文学科。

二、世界性与民族性

科学哲学究竟是世界的，还是民族的？这是涉及科学哲学学科性质和定位的第二个重要问题。显然，对这个问题的不同解答，将在很大程度上决定着科学哲学的发展方向。

这个问题从表面上看，似乎也是不言而喻的。然而，从人们的研究取向上看，似乎并没有认真思索和深刻把握这个问题。我的观点是，科学哲学既具有世界性，又具有民族性，这二者之间有着深刻的内在关联。从某种意义上可以说，如同其他人文学科一样，科学哲学越是民族的就越是世界的。

首先，科学哲学具有很强的世界性，是一项国际性的事业，具体体现在以下三个方面。

(1)科学哲学的研究对象是自然科学，而自然科学具有很强的世界性，是一项国际性的事业，因而研究自然科学的科学哲学也应当具有很强的世界性，成为一项国际性的事业。自然科学之所以具有很强的世界性，并且能够成为一项国际性的事业，关键在于它比其他任何文化都具有更强的统一性。乔治·萨顿将这种统一性称为“大自然的统一性、知识的统一性和人类的统一性”三位一体的统一性。[①]显然，这种三位一体的统一性不仅是自然科学世界性的基础，而且也是科学哲学世界性的基础。不仅如此，这种三位一体的统一性本身带有很强的哲学意蕴，也是科学哲学所要探讨的一个永恒主题。

(2)科学哲学本身具有很强的科学性，而科学性很强的部分显然也具有很

① Sarton G，*Sarton on the History of Science*.Cambridge： Harvard University Press，1962，p.15.

强的世界性。例如，以上所提到的科学方法论中关于“归纳逻辑”的研究，关于各门科学的程序、结构及科学解释的逻辑的研究，还有许多具体的关于数学和自然科学的哲学问题(如数学的基础问题、量子力学的解释问题、人工智能所涉及的哲学问题等)的研究，不仅具有很强的科学性，都比较或非常接近数学或自然科学的思维方式，而且也具有很强的世界性。

(3)科学哲学的国际化既同科学在当今世界享有无与伦比的文化地位密切相关，又同科学哲学包含较少的意识形态成分密切相关。在社会现代化进程中，科学的影响越来越大，起着举足轻重的作用，于是，可以说几乎没有一个国家不重视和推崇科学。科学所享有的独特的文化地位，自然也有助于包括科学哲学在内的所有以自然科学为研究对象的相关学科在世界范围的兴起和普及。另外，与别的人文社会科学相比，科学哲学所包含的意识形态成分及其冲突显然较少，这样一来，又非常有利于使其趋于国际化。

其次，科学哲学具有很强的民族性，也是一项民族性的事业，主要体现在以下三个方面。

(1)尽管科学哲学的研究对象是自然科学，但不仅仅是自然科学，而非自然科学部分显然具有很强的民族性。例如，弗兰克强调要“以人的科学来补充物理性质的科学”，其目的不仅是“了解科学本身，而且也了解科学在我们文明中的地位，以及它同伦理、政治和宗教的关系”①。瓦托夫斯基也强调，“科学和哲学之间的关系不仅涉及科学是什么，或科学思想是如何发生的问题，而且也涉及科学思想与其他类型的思想的关系”②。他甚至认为，科学哲学若“不寻求把我们在这一领域的知识与其他领域的知识综合起来，那它就无存在的必要了”③。由此可见，科学哲学所涉及的并非只是单一的自然科学，除了自然科学，还涉及包括伦理、政治、宗教、文学艺术等在内的整个人文文化，而后者显然具有很强的民族性。

---

① 菲利普·弗兰克：《科学的哲学》，许良英译，上海人民出版社，1985 年版，第 7 页。

② 瓦托夫斯基 M W：《科学思想的概念基础——科学哲学导论》，范岱年等译，求实出版社，1982 年版，第 7 页。

③ 瓦托夫斯基 M W：《科学思想的概念基础——科学哲学导论》，范岱年等译，求实出版社，1982 年版，第 7 页。

(2)科学哲学本身具有很强的人文性，而人文性很强的部分显然也具有很强的民族性。尽管科学哲学的研究对象是科学，然而，科学哲学在本质上还是一种哲学，是对科学的哲学研究。显然，哲学本身具有很强的民族性。不同的民族往往有不同的思维方式，不同的世界观、人生观和价值观，因而有不同的哲学。例如，中国哲学就非常不同于西方哲学。我们可以用西方人的思维方式来理解和研究科学，为什么不能用中国人的思维方式来理解和研究科学呢？如果我们真正用中国人的思维方式来理解和研究科学，这就使得科学哲学带上中华民族的特征了。尽管今天我们似乎尚未形成自己的科学哲学，但是，这种可能性显然还是存在的。

(3)尽管科学的内容具有很强的世界性和统一性，但是，科学产生和成长的背景却具有很强的民族性和多元性。正如萨顿所言，“科学的确立在过去是，今天仍是由各种民族、多种国籍、受不同信仰激励和说不同语言的人们共同完成的”[①]。这就是说，仅仅用一种似乎普适的立场来理解科学，特别是理解科学的成长和发展，显然是非常可疑的。科学产生和成长背景的民族性和多元性表明，科学哲学也应当充分体现这种民族性和多元性。

最后，从某种意义上说，科学哲学越是民族的就越是世界的，其理由包括以下三个方面。

(1)科学哲学归根到底是一门人文学科，而人文学科最珍贵之处在于个性，特别是通过民族性向世界展现其独特的思想、理念和精神。在这方面，人文学科同艺术等人文文化具有相似性。可以说，没有个性，也就没有艺术；同样，没有个性，也就没有人文学科。对于艺术来说，越是民族的就越是世界的；同样，对于人文学科来说，从某种意义上也可以说，越是民族的就越是世界的。

(2)其实，当代西方科学哲学向我们展现的也并不是那种无懈可击的一致性，相反，凡是有影响力的流派和人物，都充满着独特的个性。从逻辑实证主义到历史主义，再从历史主义到后现代主义；从石里克、卡尔纳普到波普尔，再到库恩、拉卡托斯、劳丹、夏佩尔、费耶阿本德和罗蒂等，这些

---

① Sarton G，*Sarton on the History of Science*.Cambridge： Harvard University Press，1962，p.15.

流派和人物之所以在当代西方科学哲学中占有一席之地，关键就在于他们展现了独特的思想和个性。尽管这些思想存在着不同程度的缺陷和偏颇性，但是，他们至少都提出了一种新的视角和观念，从而丰富了关于科学哲学的思想。

(3) 中国的科学哲学要真正走向世界，关键在于要拿出具有中国个性和中国气派并且真正属于自己民族创造的东西。世界性并不意味着只是停留于译介、跟踪和研究别人的东西。当然，这一步很重要，但充其量只是学术研究的第一步。世界性更不意味着模仿或照搬别人的术语、概念、思维模式和基本框架，这样做不仅让人瞧不起，而且易于陷入新的教条主义。今天，我们在讨论关于科学哲学的困境和出路问题。其实，西方科学哲学的困境并非一定是中国科学哲学的困境，或许相反，这正是科学哲学中国化的历史机遇。笔者认为，科学哲学中国化或走中国自己的科学哲学道路，才是中国科学哲学发展的真正出路。总之，真正意义上的世界性，就是在世界的舞台上真正有属于我们民族自己创造的东西。从这个意义上说，越是民族的就越是世界的。当然，我们需要学习、研究和借鉴别国的理论和经验，这是发展中国科学哲学的基础，但这绝对不是最高的境界。最高的境界应当是为世界提供属于我们民族自己的新的科学哲学的理论和经验。

三、学术性与现实性

科学哲学究竟是纯粹学术的，还是关照现实的？这是涉及科学哲学学科性质和定位的第三个重要问题。显然，对这个问题的不同解答，将在很大程度上决定着科学哲学的发展方向。

这个问题从表面上看，似乎又是不言而喻的，然而，从人们的研究取向上看，显然也有着很大分歧：有的强调科学哲学的学术性和理论性，但使得科学哲学变成完全脱离实际和现实的“阳春白雪”；有的则强调科学哲学的实践性和现实性，但又使得科学哲学变得既没有“科学”又没有“哲学”。我的观点是，科学哲学应当既具有很强的理论性和学术性，又具有很强的实践性和现实性，关键是要把握好理论与实践、学术与现实的有机结合，特别是要注重从实际出发，从重大的现实问题中去寻找和发展新的科学哲学的理论增长点和学术制高点。从某种意义上可以说，理论的学术价值往往取决于其应对和解决现实问题的能力，也就是说，一个理论应对和解决重大现实问题的能力越强，这个理论的学术价值往往就越高。

首先，科学哲学应当具有很强的理论性和学术性，以深刻、新颖和独到的高水平学术走向世界。当然，也只有高水平的学术，才能走向世界。主要包括以下三个方面。

(1)在科学的维度上提出新思想、新观点、新方法和新论证，并最大限度地在科学领域获得其学术意义和学术价值。尽管在当代科学与哲学之间似乎已经有了较严格的学术区分，然而，这种区分并不是绝对的。在科学领域依然有许多事情需要哲学家参与。这是因为其一，各门科学的理论基础和前沿探索部分非常靠近哲学，并且非常需要哲学思维的帮助，例如，罗素和怀特海关于数学基础问题的探索和霍金关于宇宙学的思考等都属于这类问题；其二，许多交叉科学和技术，如认知科学、人工智能技术等涉及人和文化的问题，也需要哲学家的参与；其三，有些学术问题，如归纳逻辑问题，几乎本身就是科学哲学家的“专利”。因此，尽管在科学的维度上开拓有较大难度，并且往往需要有“哲人科学家”的素养，但是，科学哲学在这方面的前景应当说还是十分广阔的。

(2)在人文的维度上提出新思想、新观点、新方法和新论证，并最大限度地在人文领域获得其学术意义和学术价值。一般说来，在人文的维度上发展并获得承认，是科学哲学的强项。迄今为止，一般的科学哲学和科学哲学家可以说大都是在这个维度上发展并获得承认的。即使像逻辑实证主义这样的科学性较强的学术思想，其影响力说到底还是在哲学和人文领域，并不是在科学领域。至于历史主义学派和后现代主义学术思想，就更是如此了。总的说来，一般的科学哲学家其主要学术定位依然是哲学家，而不是科学家。

(3)在科学与人文综合的维度上提出新思想、新观点、新方法和新论证，并最大限度地在人文领域获得其学术意义和学术价值。值得注意的是，除了科学的维度和人文的维度，科学哲学似乎正在开辟第三个维度，那就是科学与人文综合的维度。弗兰克说，“需要一个关于概念和定律的统一体系，在这体系中，自然科学以及哲学和人文学科都有它们的地位”[①]。这里实质上已经蕴含了这个维度。今天我们在探索的关于科学与人文两种文化的融合问题，则更进一步明确并深化了这个维度。当然，这个维度在本质上并不是属于科学的，应当说还是属于人文的。

其次，科学哲学应当具有很强的实践性和现实性，以解决重大的实践问题和现实问题为己任，特别是以解决中国自身所面临的重大实践问题和现实问题为己任。也正是通过解决中国自身所面临的重大实践问题和现实问题，使得科学哲学体现很强的民族性。主要体现在以下三个方面。

(1)科学哲学在科学的维度上应当更加贴近科学，参与讨论和解决科学自身所面临的重大问题，从而切实推进科学的进步。在这个维度上，从一般的科学哲学走向具体的科学哲学(例如，数学哲学、物理学哲学、化学哲学、生物学哲学等)是必要的。这样做有助于使科学哲学直接参与科学的进程，从而更加直接地影响科学，而不再仅仅停留于对科学做空泛的议论。在文学界，有一个非常庞大的专业队伍，主要的工作就是搞文学评论，并产生很大影响。在音乐、舞蹈、绘画等领域，都有类似的专业和工作。这对于科学哲学来说具有重要的借鉴意义。具体的科学哲学至少可以发挥数学评论、物理学评论、化学评论、生物学评论等作用。当然，有志者还可以进一步介入具体科学领域，发挥“哲人科学家”的作用，从而对具体科学产生重要的影响。

(2)科学哲学在人文的维度上应当更加贴近人文，参与讨论和解决人文自身所面临的重大问题，从而切实推进人文的进步。哲学最重要的意义在于它的世界观意义。人们可以用这种世界观去指导实践和现实。因此，在人文的维度上，科学哲学最重要的意义在于，它能否为人们提供一种正确的科学观、文化观和教育观，人们可以用这种科学观、文化观和教育观指导实践和现实，从而推进科学、文化及其教育的全面进步。从表面上看，科学哲学似乎应对的只是科学观，但事实上，科学作为整个人类文化的重要组成部分，对科学的认识势必涉及对整个文化的认识，当然，也涉及关于科学教育与文化教育的认识，因此，科学哲学不仅涉及科学观，而且也涉及文化观和教育观。从这个意义上说，科学哲学的确可以对现实的科学、文化和教育实践产生巨大

① 菲利普·弗兰克:《科学的哲学》，许良英译，上海人民出版社，1985年版，第7页。

而深刻的影响。当然，科学哲学也可以进一步介入更具体的科学、文化和教育实践中去，帮助推进科学、文化和教育事业的发展。

(3)在科学与人文综合的维度上应当更加关注科学与人文的内在联系，参与讨论和解决科学文化与人文文化、科学精神与人文精神、科学教育与人文教育之间的相互融合问题，从而推进科学与人文的普遍繁荣，经济与社会的全面进步和人自身的全面发展。

最后，科学哲学应当从实际和现实出发，理论联系实际，学术关照现实，从重大的现实问题中去寻找和发展新的理论增长点和学术制高点。

(1)科学哲学的立足点和出发点应当是实际和现实，而不是理论和学术，理论应当联系实际，学术应当关照现实。理论和学术的生命力往往取决于能否应对和解决重大现实问题的能力。如果科学哲学既不能应对和解决科学中的现实问题，从而推进科学的进步，又不能应对和解决人文中的现实问题，从而推进人文的进步，更不能应对和解决科学与人文相互关系中的现实问题，从而促进两种文化的相互融合和共同发展，那么，这样的科学哲学将从根本上失去其存在的意义和价值。

(2)当代西方科学哲学陷入困境在很大程度上就在于理论脱离实际和学术脱离现实，不能应对和解决各类重大现实问题。首先，当代西方科学哲学从逻辑实证主义开始就存在着一种形式主义的倾向。所谓“语言学转向”就是一个典型的例子。事实上，科学的核心应当是思想，而不是语言。语言仅仅是一种工具，是表述思想的形式。将科学哲学归结为语言哲学，变成越来越技术化的语言分析，势必导致科学哲学脱离科学本身，越来越陷入形式主义的泥坑。其次，当代西方科学哲学的立足点和出发点是僵硬的理论与学术，而不是活生生的实践与现实，于是，当理论与学术穷尽了所有逻辑上的可能性之后，就限于穷途末路了。最后，当代西方科学哲学也的确不能应对和解决各类重大现实问题。它的影响主要局限在科学观和方法论方面。尽管这些理论对人们具有较强的启发性，但由于存在着各种偏颇性，无法起到引领时代和指导现实的作用。

(3)中国科学哲学应当在吸取西方科学哲学的经验和教训的基础上，立足中国的国情和现实，走自己的发展道路，特别是从当代中国所面临的重大现实问题中寻找和发展新的理论增长点和学术制高点。这是一条科学哲学的理论与中国的现实相结合的道路，也是一条科学哲学中国化的道路，更是一条中国科学哲学通过真正的富有个性的创造，从而走向世界的道路。这条道路的意义无疑是巨大而深远的。首先，它将改变科学哲学传统的从逻辑到逻辑、从理论到理论、从学术到学术的研究模式，而是将理论与实践、学术与现实紧密结合起来，并且首先从实际出发，从现实中寻找和发展新的理论增长点和学术制高点，从而为科学哲学开辟无限广阔的前景；其次，它还将改变科学哲学全盘西化的研究模式，而是将科学哲学研究牢牢地扎根在中国文化和中国现实的土壤里，在这里生根、开花和结果，从而让科学哲学深深地留下中华文化的印记；最后，这种科学哲学必然既是民族的又是世界的。如果说，某一种经济理论能够对拥有13亿人口的中国产生巨大而积极的影响和作用，这本身就是对世界的突出贡献的话，那么，科学哲学也一样。还有比能推动这样一个伟大国家的进步更有意义和更重要的科学哲学吗？更进一步说，如果中国的科学哲学真能推动中国的进步，那么，这种科学哲学必定对世界具有重要的借鉴意义。这也是我们所说的“越是民族的就越是世界的”这句话更深层的含义。

第四节 科学文化哲学论纲

在传统的科学哲学日趋衰落的今天，一种新的科学哲学正在中国逐渐浮现。这种新的科学哲学不再局限于对科学做传统的知识论、方法论或认识论的研究，而是将科学视为一种文化，从而对其进行哲学探究；它不再满足于在科学的视野中来研究科学，而是试图在整个人类文化的背景中来研究科学文化的本质特征及其与其他文化的内在关联；它不再拘泥于脱离实际的学院哲学的内在逻辑，而是注重于面向现实和解决问题，特别是中国科学文化发展的现实和问题，从重大现实问题中寻找新的理论增长点和学术制高点；它不再沿袭西方科学哲学发展的老路，而是致力于科学哲学的中国化——一句话，从传统的科学哲学到新的科学哲学的转变，已经不再是表面的、细枝末节的转变，而是根本性的范式转变。为了区别于传统的科学哲学，我们不妨将这种新的科学哲学称为“科学文化哲学”。这一节试图以科学哲学的范式转变为主题，就科学文化哲学的架构做一纲领性的阐述。

一、从知识论到文化论

从知识论到文化论，是科学文化哲学的第一个重要纲领，也是科学哲学范式转变的第一层含义。在这里，我们可以看到，传统的科学哲学与科学文化哲学二者完全不同的定位。

传统的科学哲学在本质上是一种知识论——它将科学看作一种知识体系，并将所有的学术研究都会聚到一个关键词，那就是科学知识。我们从传统的科学哲学的各种不同的主题中不难看到这一点。所谓科学与非科学的划界问题，本质上就是科学知识与非科学知识的划界问题；所谓科学的结构问题，本质上就是科学知识的结构问题；所谓科学进步问题，本质上就是科学知识的进步问题；所谓科学合理性问题，本质上就是科学知识的合理性问题；所谓实在论与反实在论问题，本质上就是知识能否与实在相对应及如何对应的问题等，几乎传统的科学哲学的所有主题，都是围绕科学知识展开的，因此，在本质上是一种知识论，或者说是一种科学知识哲学。

逻辑经验主义的科学哲学就是一种最典型的科学知识论或科学知识哲学。它将科学看作并且等同于知识的体系。用石里克的话来说，“每一门科学都是一个知识体系，即真的经验命题的体系；而全部科学，包括日常生活中的命题在内，都是知识的体系，在这以外，再没有一个‘哲学的’真理的领域”[①]。将科学看作并等同于知识体系，即“真的经验命题的体系”，是整个逻辑经验主义科学哲学的基础和出发点。可以说，它的所有命题和推论几乎都没有超越知识论的范畴。

在它那里，因为科学是“真的经验命题的体系”，所以，科学与非科学界限分明，可以用“经验证实原则”加以区分：凡是能被经验证实的，即是科学的；凡是不能被经验证实的，即是非科学的。因为科学是“真的经验命题的体系”，所以，科学的逻辑可以归结为语言的逻辑，可以通过对语言的逻辑分析，澄清各种概念，明确各种概念之间的逻辑上和认识上的联系；因为科

① 洪谦：《逻辑经验主义》，商务印书馆，1989年版，第8～9页。

学是“真的经验命题的体系”，所以，其方法必然是归纳的，其进步模式必然是中国套箱式的累积型的，通过不断积累逐步形成“对世界的逻辑构造”；因为科学是“真的经验命题的体系”，所以，可根据逻辑分析“宣判一切自称超越经验的所谓知识为无意义”[①]。因此，所有形而上学，包括伦理学和美学在内的“全部价值哲学和规范理论”，所做出的“全部断言陈述全都是无意义的”[②]。于是，不仅真正的科学只有一种，而且真正的知识也只有一种，那就是“真的经验命题的体系”。其实，在逻辑经验主义那里，只有自然科学才称得上是“真的经验命题的体系”，因而才是真正的科学和真正的知识。除此之外，像传统的哲学等人文学科所陈述的东西，既不是真正的科学，也不是真正的知识，它们只不过是“用来表达一个人对人生的总态度的”[③]。

由此可见，逻辑经验主义的科学观、哲学观和文化观在本质上就是一种特殊的知识论：科学是由逻辑和经验确定了的知识体系。这是唯一的知识体系。哲学及其他人文学科不是一种知识体系。但哲学可以通过排除形而上学变成一种与知识相关的活动，即变成“那种确定或发现命题意义的活动”，[④]或者说变成一种方法，即“逻辑分析法”，从而成为与形而上学相对立的“科学的哲学”[⑤]。这就是逻辑经验主义的科学哲学的定位。这种定位显然是一种典型的知识论，并不是对科学文化的哲学研究，甚至还谈不上是一种强调主客体相关联的认识论。

尽管逻辑经验主义的科学哲学，受到波普尔的猛烈批判，然而，波普尔的科学哲学也是一种典型的知识论。在波普尔看来，科学知识并不是像逻辑经验主义者所想象的那样，能够被经验和逻辑绝对确定，因为理论不可能被经验证实，相反，只能被经验证伪，因而理论与经验之间的逻辑关系与其说是肯定的关系，倒不如说是否定的关系，于是，波普尔干脆以证伪主义取代证实主义作为科学与非科学之间的划界标准。这样一来，波普尔对科学的理解同逻辑经验主义有着很大的区别：逻辑经验主义将科学看作“真的经验命

---

① 洪谦：《逻辑经验主义》，商务印书馆，1989 年版，第 31～32 页。
② 洪谦：《逻辑经验主义》，商务印书馆，1989 年版，第 13 页。
③ 洪谦：《逻辑经验主义》，商务印书馆，1989 年版，第 33 页。
④ 洪谦：《逻辑经验主义》，商务印书馆，1989 年版，第 9 页。
⑤ 洪谦：《逻辑经验主义》，商务印书馆，1989 年版，第 32～33 页。

题的体系”，而波普尔认为，任何经验命题体系不可能永远“真”，最终还是要被证伪的；逻辑经验主义将科学的方法归结为归纳法，而波普尔将其概括为“试探错误的方法”[①]；逻辑经验主义将科学进步描绘成中国套箱式的累积过程，而波普尔将其描绘成不断“猜想与反驳”的过程。

然而，波普尔向逻辑经验主义挑战的只是对科学知识的理解，并非是科学哲学的知识论框架。很明显，波普尔科学哲学的定位依然是知识论的。我们从他的《猜想与反驳——科学知识的增长》和《客观知识——一个进化论的研究》两部代表作的书名便不难看出其知识论的定位。尽管波普尔在很大程度上改变了逻辑经验主义的科学知识论，甚至消解了自然科学与人文科学的截然区分(他“反对把理解的方法说成是人文科学的特点，说成是我们用以区别人文科学与自然科学的标志”[②]；还强调“解决问题的方法即猜测与反驳的方法，是这两种科学都采用的”[③])，但是，他的科学哲学的主题依然还是“科学知识的增长”、“客观知识”的“进化”及“第三世界客观性和自主性”，这显然都属于知识论的范畴。不仅如此，波普尔关于“三个世界”的划分和对“第三世界”的强调，从某种意义上可以说，还是对知识论研究模式的强化。只不过是逻辑经验主义侧重于关注静态的科学知识，而波普尔则侧重于关注动态的科学知识。

如果说波普尔在很大程度上改变了逻辑经验主义的科学知识观，那么，到了历史主义的科学哲学那里则有了更大的转变。无论是逻辑经验主义者，还是波普尔，他们所理解的科学的基本单元只是单一的孤立的理论或命题，而历史主义的科学哲学家将其理解为理论系列或“大理论”。这个理论系列或“大理论”被他们分别称为“范式”(库恩)、“研究纲领”(拉卡托斯)、“研究传统”(劳丹)、“高层背景理论”(费耶阿本德)等。所谓理论系列或“大理论”，显然已经不再是传统意义的科学理论(知识)。可以说，它既包括特定的科学理论系列，还包括与该理论系列密切相关的方法论和价值论，尤其是价值论似乎在整个理论系列或“大理论”中处于主导地位(至少在库恩那里是如此)。

① 卡尔·波普尔：《猜想与反驳》，傅季重等译，上海译文出版社，1986 年版，第 65 页。
② 卡尔·波普尔：《客观知识》，舒炜光等译，上海译文出版社，1987 年版，第 195 页。
③ 卡尔·波普尔：《客观知识》，舒炜光等译，上海译文出版社，1987 年版，第 196 页。

这样一来，历史主义科学哲学家，特别是库恩和费耶阿本德所理解的科学显然非常不同于逻辑经验主义者的“真的经验命题的体系”，也非常不同于波普尔意义上的“客观知识”，而是负载人的价值的历史的产物。这种理解非常接近于文化的概念。从某种意义上说，历史主义科学哲学家所理解的科学与其说是一种客观的知识体系，倒不如说是一种人创造的文化。

尽管历史主义科学哲学家对科学的理解已经非常接近于文化的概念，但是，他们的科学哲学的定位依然没有超出知识论的范畴。

首先，从哲学渊源看，历史主义的科学哲学是在批判逻辑经验主义和批判理性主义的基础上建立起来的，而逻辑经验主义和批判理性主义的科学哲学都是典型的知识论模式，因而历史主义科学哲学必须深深地涉及知识论的探讨，提出自己的知识论。

其次，从研究主题看，历史主义的科学哲学所探讨的依然是诸如科学与非科学之间的划界问题、科学的结构问题、科学方法论问题、科学的进步问题、科学的合理性问题及实在论与反实在论问题等，无非是历史主义科学哲学家在探讨这些问题时，比逻辑经验主义者和批判理性主义者多了一层历史的语境，并做了不同的回答。但是，这些问题的核心依然是关于科学知识的本性问题。

最后，从研究方法看，尽管历史主义科学哲学家宣称他们运用历史方法论，但事实上他们更多地还是使用了知识论研究最常用的逻辑分析方法，于是得出一个又一个逻辑结构或模式，如“科学革命的结构”、“科学进步模式”或“科学合理性模式”等。这就是说，无论是逻辑经验主义、批判理性主义，还是历史主义的科学哲学，他们的着眼点依然是抽象的逻辑，只不过后者比前者多了一层历史的语境。尽管前者和后者关于科学哲学的基本问题所得出的结论完全不同，但是，他们所遵循的恰恰就是同一种关于知识论的分析哲学的逻辑。例如，逻辑经验主义者认为在科学与非科学之间存在着一条截然分明的界线，而费耶阿本德认为既然这条界线并不存在，所以科学与非科学二者就没有本质区别；逻辑经验主义者和波普尔认为存在着一种永恒不变的科学方法论，而费耶阿本德认为既然不存在唯一可靠的方法，所以就应当“怎么都行”。

由此可见，历史主义的科学哲学在本质上还是一种知识论，更确切地说，是一种扩大的知识论。在它那里，知识不仅包括科学知识，更重要的是，还包括科学史的知识。由于历史主义科学哲学的聚焦点是所谓对科学的“历史的重建”，所以这种哲学的定位实际上就是关于科学史的知识论。

当然，历史主义科学哲学尚且如此，那些比其分析哲学和语言哲学色彩更浓的科学哲学就更属于知识论的范畴了。总的说来，从逻辑经验主义以来所有的西方科学哲学基本上都属于知识论的定位。这种知识论，也可称作波普尔所说的“没有认识主体的认识论”①。正如海德格尔指出的，由于这种知识论遗忘了与存在有关的本体论问题，因而始终是“次要的”与“派生的”②。

总的说来，知识论的科学哲学有以下几个主要特征。

其一，它所关注的是知识，而不是创造知识的人。很明显，逻辑经验主义对“世界的逻辑构造”，没有人的概念；波普尔的“没有认识主体的认识论”，没有人的概念；即使是历史主义科学哲学，依然没有人的概念；当然对于那些以科学语言为研究对象的分析哲学和语言哲学，就更没有人的概念了。因此，人在知识论研究中不仅没有地位，甚至没有踪影。

其二，它的研究方法是对知识的逻辑重建，而不是考察和研究人在怎样的文化背景中如何创造这种知识的。逻辑经验主义试图为静态的科学知识找到一种逻辑结构，波普尔试图为科学知识的增长寻找一种逻辑模式，而历史主义科学哲学家则试图为科学知识的变化发展或进步找到一种逻辑模式。

其三，它看重的是关于科学知识或科学知识史的抽象的逻辑模式，而不是人创造科学知识的鲜活的文化过程。尽管历史主义科学哲学家批判逻辑经验主义和批判理性主义为科学预设了一种超越历史的、永恒不变的方法论规则，然而，他们本身实际上也为科学的发展预设了某种超越历史的、永恒不变的“结构”或“模式”。

科学文化哲学将彻底突破知识论的框架，实现以下几个方面的根本性转变。

---

① 卡尔·波普尔：《客观知识》，舒炜光等译，上海译文出版社，1987 年版，第 114 页。

② Shirley G，*Heidegger and Logic: The Place of Logos in Being and Time*，London: Continuum，2010，p. 12.

首先，它所关注的不再是单一的知识，更重要的是，它将聚焦于创造知识的人，关注人究竟如何能够和事实上是怎样创造知识的。因为在它那里，科学作为人类的一种文化活动，其中心是创造知识的人，而不是被人创造的知识。只有在人那里，才能找到所有知识之根。所以，真正意义上的科学哲学，也应当以人为中心或以人为本，而不是切断知识之根的抽象的知识论，或“没有认识主体的认识论。”

其次，它的研究方法也不再是单一地对知识进行逻辑重建，更重要的是，它试图探寻知识背后的文化背景和文化根源，揭示知识产生和创造过程中，以及内含于知识中的人性。这里所说的文化背景和文化根源是全方位的，既包括理性的和逻辑的因素，又包括非理性的和非逻辑的因素。因为在它那里，科学作为整个人类文化的一部分，因而与其他文化有着深刻的关联；理性作为整个人性的一部分，因而也与其他方面的人性有着深刻的关联。所以，真正意义上的科学哲学，也应当从整个人类文化和整个人性的背景中来理解科学，而不是切断与其他文化和人性的联系，一味地对科学进行逻辑重建。

最后，它所看重的不再是关于科学知识或科学知识史的抽象的逻辑模式，而是人创造科学知识的鲜活的文化过程。因为在它那里，科学作为人类的一种文化活动，既具有历史性，又具有人文性。所以，真正意义上的科学哲学，应当真正将历史主义贯彻到底，充分揭示科学的人文性，特别是丰富的人性，而不是热衷于为科学预设各种各样一劳永逸的逻辑模式，抹杀科学的人文本性，消解科学的人性。事实上，那种一劳永逸的逻辑模式往往只是强加给科学的预设。而理解人在什么样的文化背景中怎样创造科学知识的鲜活的文化过程，往往比僵硬的逻辑模式更能把握科学最深邃的东西，因而更具有启发力。

由此可见，从科学哲学到科学文化哲学的转变，不再是关于科学哲学的细枝末节的转变，而是涉及包括理论、方法论和价值论在内的整个科学哲学的范式转变。

二、从“小哲学”到“大哲学”

从“小哲学”到“大哲学”，是科学文化哲学的第二个重要纲领，是科学哲学范式转变的第二层含义。在这里，我们也可以看到，传统的科学哲学与科学文化哲学二者完全不同的定位。

传统的科学哲学充其量只是一种“小哲学”。所谓“小哲学”，即涉及范围小并且层面浅。它基本上只锁定在知识论或“没有主体的认识论”层面，采用分析(或分析哲学)的方法，研究所谓“科学的逻辑”。尽管历史主义的科学哲学试图突破这种研究模式，但最终并没有走出“小哲学”的思维定式。这种思维定式就是，就科学而研究科学，就知识而研究知识，因而从根本上切断了科学(知识)与人的关联，同其他文化的关联。于是，科学哲学从表面上看是整个哲学领域中的一个不可分割的重要组成部分，实质上却成了该领域的一个“孤岛”。

然而，科学文化哲学不仅面向“大哲学”，而且本身就是一种“大哲学”。所谓“大哲学”，即涉及范围大并且层面深。从广度看，它不仅将科学看作一种文化，而且试图从整个人类文化的背景中来考察和研究科学文化；从深度看，它显然并不满足于研究“科学的逻辑”，而试图探寻比“科学的逻辑”更深层面的东西，那就是可称为科学文化之根或科学文化之魂的东西。

首先，科学文化本身就是一个涉及面十分广阔的概念，要对它进行哲学探究不能不采用“大哲学”的思维方式。

一般说来，科学文化像其他文化一样，大致包括两个层面：一个层面是形而下的；另一个层面是形而上的。在形而下层面上，科学文化又可大致分为三个领域：一是知识领域；二是制度领域；三是器物领域。当然，这种划分或多或少是人为的，只是为了研究的方便。在现实中似乎并不存在泾渭分明的三个领域，也许只是相互联系、相互渗透并且浑然一体的三大要素。确切地说，科学文化是这样一种包括知识、制度和器物在内的统一体：从理论的角度看，科学文化是一种严密的知识体系；从制度的角度看，科学文化又是一种特殊的社会体制；从器物的角度看，科学文化还表现为一种强有力的技术系统。正是在这种从不同角度透视的意义上，我们说科学文化大致可划分为知识、制度、器物三个领域。传统的科学哲学研究的是知识领域，科学社会学研究的是制度领域，而技术哲学研究的则是器物领域。

然而，无论是知识，或是制度，还是器物，都是科学文化中有形的东西，因而都属于形而下层面。除此以外，科学文化中还有某种可称为价值观之类的东西存在着。虽然它们是无形的，但却是科学文化中更为深刻、更为本质的东西，是科学文化之魂。正是这种无形的价值观之类的东西构成了科学文化的形而上层面。人们关于科学精神和价值等方面的研究，事实上应对的就是形而上层面，是关于科学的形而上的探索。当然，关于形而下和形而上的划分或多或少也是人为的，只是为了研究的方便。实际上二者是相互联系、相互渗透，甚至密不可分的。在科学文化中，无论是知识，或是制度，还是器物，可以说都是人依据某种价值观创造出来的，都渗透着某种科学的精神，因而或多或少都是负载价值的。然而，关于形而下和形而上的划分，显然有助于我们看到蕴含在知识、制度和器物深层或背后更深刻的东西，理解科学文化的整体性、丰富性和深刻性。

从科学文化的结构看，我们不难看到，传统的科学哲学与科学文化哲学之间的重大差别在于：前者应对的只是科学文化形而下层面的知识领域，而后者应对的是整个科学文化，因此，从研究领域的角度看，存在着“小哲学”和“大哲学”的重大差别。

其次，科学文化并非是孤立的，它又是整个人类文化不可分割的组成部分。因此，要全面而深刻地研究科学文化，不能只局限于科学文化本身，而应当从整个人类文化的大背景中来考察和研究科学文化，从科学文化与别的文化的内在联系中揭示科学文化的本质。这就需要进一步采用“大哲学”的思维方式。

站在知识论的立场上，将科学仅仅看作一种知识，往往首先看到的是“异”，即科学与其他文化的差异性及其相互对立，因为单单从知识的形式和结构上看，科学与非科学二者的确有着巨大差异。于是，科学与非科学之间的划界问题成了传统的科学哲学首先要解决的问题。正是由于对这种“异”的强调，当逻辑经验主义用逻辑和实证的观念“排除一切形而上学”的同时，也从根本上排除了科学自身的文化性。相反，站在文化论的立场上，将科学看作一种文化，则往往首先看到的是“同”，即科学与其他文化的同一性及其相互联系，因为不管科学与其他文化有多大差异，归根到底都是文化并有着根深蒂固的联系。于是，科学文化哲学强调从整个人类文化的背景中来理解科学，从与其他文化的内在联系中来理解科学。

事实上，当今意义上独立的科学文化并非自古以来就有，严格地说只是在近代以后才逐步形成。在近代以前极其漫长的历史岁月中，科学文化和人文文化基本上一直处在某种浑然一体的状态。在知识领域，科学的因素基本上从属于哲学传统；在器物领域，科学的因素基本上从属于工艺传统。于是，在制度领域，如果存在的话，那么，科学的因素则势必或者从属于哲学传统，或者从属于工艺传统。显然，哲学和工艺这两种传统的历史都非常悠久，可追溯至文明出现之前，但在近代以前一直是分离的。[①]这种分离在很大程度上不仅意味着理论与实践的分离，而且也意味着形而上和形而下两个层面的分离。这就是说，在近代以前科学的各种因素不仅蕴含在人文文化之中，而且它们是散状的，不可能形成统一而独立的科学文化。

文德尔班说："近代自然科学是人文主义的女儿。"[②]的确，近代自然科学不仅从人文文化中分化而来，而且在很长的时期里一直带有人文的"血统"。例如，在启蒙运动期间，自然科学通常仍属于哲学，叫作自然哲学[③]，而自然哲学家还想以"文人"出名。[④]尽管后来随着科学的划时代的进步和发展，科学与哲学的界限被划得越来越清楚，但是迄今为止二者之间依然有着密切的联系。爱因斯坦甚至认为："近来，改造整个理论物理学体系，已经导致承认科学的思辨性质，这已经成为公共的财富。"[⑤]这就是说，即使自近代以来逐渐形成了独立而日益强盛的科学文化，但是直到今天科学文化与人文文化依然有着不可解脱的联系。在知识领域是如此，在制度领域和器物领域更是如此。所谓制度，都是人的制度，不仅需要管理人，而且更需要激励人，因此，制度领域不仅需要体现科学精神，而且更需要体现人文精神。同样，所谓器物，都是为人服务的，不仅需要科学技术，而且还需要人文艺术，可以说，这个领域永远无法切断与工艺传统的联系。

---

① 斯蒂芬•F. 梅森：《自然科学史》，周煦良等译，上海译文出版社，1980 年版，第 1～2 页。

② 文德尔班：《哲学史教程》，罗达仁译，商务印书馆，1987 年版，第 473 页。

③ 托马斯•L. 汉金斯：《科学与启蒙运动》，任定成等译，复旦大学出版社，2000 年版，第 13 页。

④ 托马斯•L. 汉金斯：《科学与启蒙运动》，任定成等译，复旦大学出版社，2000 年版，第 9 页。

⑤ 爱因斯坦：《爱因斯坦文集》第一卷，许良英等译，商务印书馆，1976 年版，第 309 页。

更进一步说，科学文化的形而下层面是如此，科学文化的形而上层面更是如此。正如怀特海所言，人类的科学、美学、伦理学和宗教等活动都可能产生自己的宇宙观，并受其他宇宙观的影响。[①]在追求真善美的最高境界上，许多文化不仅是相通的，而且是相互促进的。因此，既然人类各种文化有着不可分割的联系，并且是相互渗透的，那么，我们就不应当切断这种联系来孤立地考察和研究科学文化，而应当在整个人类文化的背景中来理解科学文化及其与其他文化的联系。

最后，文化是由人创造的，科学文化活动的中心是人。因此，要全面而深刻地研究科学文化，不能只局限于科学文化本身，而应当从科学文化的创造者的高度来考察和研究科学文化，从人的发现与自然的发现的内在联系中揭示科学文化的本质。这显然又需要采用“大哲学”的思维方式。

站在知识论的立场上，将科学仅仅看作一种知识，往往首先关注的是“逻辑”，包括知识与证据之间的逻辑、知识内部的逻辑、产生知识的方法论的逻辑和知识发展演变的逻辑等。相反，站在文化论的立场上，将科学看作一种文化，则往往首先关注的是创造科学文化的人，因为只有人才是科学文化之根：包括科学知识及其“逻辑”在内的整个科学文化都是人的创造物，是人性及其创造力的展现。

因此，科学文化哲学不仅是关于科学的哲学，而且也是关于人的哲学。它不仅关注科学的发现，而且也关注人的发现，因为在它那里，二者是紧密地联系在一起的：没有人的发现，就不可能有科学的发现；反之，没有科学的发现，也就不可能有完整的人的发现。它不仅关注科学发现和创造的认识论和方法论，而且也关注科学发现和创造的本体论和价值论，因为在它那里，后者对于前者来说，更具有根本性的意义：任何认识论和方法论都有赖于人(创造者)之本体及其价值。它不仅关注科学发现和创造过程的理性因素，而且也关注科学发现和创造过程的非理性因素，因为在它那里，二者都是有关人性的不可分割的重要组成部分。正是二者之间的有机结合，才构成活生生的科学发现和创造过程。它不仅关注科学知识的逻辑，而且也关注科学知识内含的丰富人性。其实，在它那里，即使最抽象的逻辑也都是人的创造物。

---

① 怀特海 A N:《科学与近代世界》，何钦译，商务印书馆，1959 年版，第 iii 页。

总之，在科学文化哲学的视野中，人是一个中心概念。所谓科学价值，说到底就是人的价值；所谓科学认识或科学方法，说到底就是人的认识或人的方法；所谓科学知识，说到底也就是人的知识。在知识领域是如此，在制度领域和器物领域更是如此，因为后者的一切不仅都是人创造的，而且更加直接靠近人，是为人服务的，因而更需要以人为本。

诚然，也只有站在人的高度，特别是人的生存论的高度，才能深刻地理解科学文化的统一性。正因为有了人这个中心概念，我们才能将知识领域、制度领域和器物领域三者有机地统一起来。尽管三者的维度有所不同，但是，它们都是人的目的、意义和价值的体现，并都是围绕人关于科学的中心价值展开的。也正因为有了人这个中心概念，我们才能将科学的形而下层面和形而上层面有机地统一起来。事实上，人本身就有形而下和形而上两个层面，科学的形而下和形而上两个层面从根本上说就是从前者那里派生出来的。因此，我们可以从人的统一性看到科学文化的统一性。更进一步说，也只有站在人的高度，特别是人的生存论高度，才能深刻理解整个人类文化的统一性。尽管科学与艺术、道德等文化各不相同，但是，它们也都是人的目的、意义和价值的体现，都是围绕人的生存、发展、自由和解放这些中心价值展开的，都是人性在各个维度的展现。由于各种文化都是人的创造，都充满着丰富的人性，所以它们之间不仅有着深刻的联系，而且还在不断地相互渗透和相互影响着。

当然，人与文化都是社会的和历史的，因而对科学文化的研究也应当是社会的和历史的。尽管历史主义的科学哲学家也声称要采用“历史的方法论”，但是，他们并没有真正将历史主义贯彻到底，而是停留于诸如“范式”、“研究纲领”和“研究传统”等这种抽象的概念及其一个又一个关于科学变化、进步或合理性的逻辑模式。然而，在科学文化哲学的视野里，诸如“范式”、“研究纲领”和“研究传统”等这样的概念应当是具体的而不是抽象的，重要的是，要深刻地揭示一种“范式”、“研究纲领”或“研究传统”的文化内涵和特质，揭示从一种“范式”、“研究纲领”或“研究传统”到另一种“范式”、“研究纲领”或“研究传统”变化的具体的社会、历史和文化的过程，而不是仅仅追求抽象的概念和千篇一律的逻辑模式。

综上所述，科学文化哲学不再是仅仅关于实证知识的知识论，而是既包括知识领域又包括制度领域和器物领域，既包括形而上层面又包括形而下层面的关于整个科学文化的哲学；它不再是就科学文化而研究科学文化，而是从整个人类文化的背景中来考察和研究科学文化及其与其他文化的关联；它不再是“没有主体的认识论”，而是将人（创造者）作为一个中心概念来理解和考察科学文化及其与其他文化的统一性。因此，科学文化哲学不再是仅仅涉及知识论的“小哲学”，而是涉及人和整个人类文化的“大哲学”。

三、让学院哲学面向社会现实

让学院哲学面向社会现实，是科学文化哲学的第三个重要纲领，也是科学哲学范式转变的第三层含义。在这里，我们又可以看到，传统的科学哲学与科学文化哲学二者完全不同的定位。

传统的科学哲学是一种典型的学院哲学，其主要特征是从文献出发和从逻辑出发，而不是从现实出发和从实际出发，结果造成理论与实际严重脱节。这也是分析哲学的一般特征：分析的结果是将学术搞得越来越细、越来越专和越来越技术化，但也越来越脱离现实，甚至越来越脱离科学本身。例如，科学哲学的“语言学转向”就是一个典型。事实上，科学的本质与核心在于其思想，语言仅仅是表达思想的一种形式。将科学哲学转变为语言哲学存在着明显的形式主义倾向：最终势必使得科学哲学不再是关于科学的哲学，而是变成关于语言的哲学。于是，科学哲学的根本意义便被瓦解了。其实，科学作为一种人类的历史的活动，作为一种源远流长的文化，对它的研究，在本质上应是综合的，而不是分析的。可以说，包括科学与非科学之间的划界问题、科学进步与合理性问题、实在论与反实在论问题等在内的重大问题在分析哲学的框架内是难以解决的，至于对科学的形而上层面（例如，科学的精神，也就是科学之魂）的研究，更不能运用分析哲学的方法了。倘若一定要将分析的精神贯彻到底，那么，必然导致科学哲学的瓦解。当代西方科学哲学之所以面临日趋衰落的困境，显然同狭隘的分析哲学的思维方式有关。

当然，当代西方科学哲学所面临的不仅仅是理论本身的困境，更严重的困境在于，理论与现实的脱节。

首先，由于从文献和逻辑出发，传统的科学哲学似乎已经变成一种脱离科学现实的封闭的逻辑体系。不管科学内部有多少门类，不管各门类之间有多大差异，也不管它们将会或已经发生多么深刻的变化，科学哲学家们似乎始终一如既往地在构造、修补或完善他们自己的逻辑，包括科学知识的逻辑、科学方法论的逻辑、科学语言的逻辑和科学历史的逻辑等，殊不知这些逻辑在很大程度上只不过是一种预设，与实际的科学有很大距离。于是，科学哲学越来越变成一种独特的逻辑体系，变成一门自成体系的元科学专业，并且越来越被技术化和专业化，但与此同时，也越来越脱离科学现实。

其次，这种封闭的逻辑体系似乎是与人(创造者)无关的，因而并不能真正起到认识论和方法论的作用，对科学现实缺乏指导意义。很明显，传统的科学哲学关于“没有认识主体的认识论”这种定位是一种严重的误导。真正对科学发现和创造有借鉴意义的，不仅仅是认识论，更重要的是本体论，是认识论和本体论的有机结合，而不是“没有主体的认识论”。一个最浅显的道理就是，没有“人的发现”就不可能有“自然的发现”。在这里，“人的发现”是最重要的，是根本。要是人对科学没有强烈的爱好和兴趣，没有高尚的理想和激情，没有敏锐的直觉和想象力，显然，再好的认识论和方法论也无济于事。“没有主体的认识论”这种定位之所以是一种误导，关键还在于，事实上人们几乎不可能靠这种规范化的认识论或方法论的逻辑规则去做出任何科学发现或创造。真正意义上的科学发现或创造，主要靠的是有洞察力和创造力的活生生的人，而不是死的逻辑规则，正如真正意义上的艺术发现或创造，主要靠的是有洞察力和创造力的活生生的人，而不是死的技艺规则一样。

最后，狭隘的知识论导致狭隘的科学观、文化观及其教育观，而狭隘的科学观、文化观及其教育观不仅难以引领科学、文化及其教育事业的进步，反而不可避免地会对其产生严重的负面影响。逻辑经验主义的观念及其影响就是一个典型的例子。尽管逻辑经验主义作为科学哲学的一个流派早已衰落，但是，其观念对科学、文化及教育事业依然有着根深蒂固的影响。从科学领域重逻辑性和实证性、轻思想性和创造性，到文化领域科学与人文的分离和对立，再到教育领域实施应试教育而不是素质教育，可以说，所有这一切都与逻辑经验主义的观念密切相关。当然，与逻辑经验主义相对立的历史主义科学哲学所蕴含的相对主义和非理性主义的观念，更加难以对科学、文化及教育事业产生积极的影响，因为这种观念对科学与其他文化的理解往往是消极的、解构性的。它在消解科学的客观性、合理性和进步性的同时，实质上也消解了科学乃至整个人类文化的理想和精神。

然而，科学文化哲学与传统的科学哲学走的是完全不同的路线。尽管科学文化哲学在很大程度上依然是一种学院哲学，但它强调面向社会现实，强调从现实出发和从实际出发，而不是从文献出发和从逻辑出发，强调理论与实际的结合，解决社会现实问题，让科学哲学从哲学家的书斋里和从封闭的逻辑体系里解放出来，服务于社会大众。

其一，科学文化哲学不再着眼于从逻辑出发，为科学去构造一个又一个的逻辑体系，相反，它试图真正地把握科学历史和现实的实际过程，探究在历史上究竟有什么样的文化因素通过什么样的方式和途径，在促使或推进科学的产生、成长和发展；在现实中又有什么样的文化因素，通过什么样的方式和途径，在推动着科学的变化和发展。这里所说的文化因素，包括科学的和非科学的、内部的和外部的、认知的和非认知的等。这种实际的文化过程可以说十分错综复杂，随历史而变化，随地域而变化，不可能有统一的逻辑模式。把握科学实际的文化过程，目的就是为社会现实服务，让人们更加全面而深刻地理解科学，从而通过调动一切积极的文化因素，推动科学更加健康而快速发展。

其二，科学文化哲学也不再仅仅锁定在科学认识论和方法论的逻辑范畴，相反，它更关注整个科学发现和创造过程的人的因素和文化因素，而所谓科学认识论和方法论的逻辑只是整个文化因素的一部分。因为在它那里，整个科学发现和创造过程同样也是一个文化过程，不仅涉及认识论和方法论，更重要的是涉及本体论，即洞察力和创造力的源泉——人。而且只有透彻地理解人(创造者)及其所蕴含和展现的全部的人性和文化，才能深刻地把握科学认识论和方法论的精髓，才能真正起到科学认识论和方法论的作用。科学文化哲学强调对本体论的研究，强调本体论与认识论的结合，并将科学发现和创造过程理解为一种文化过程，目的也是为社会现实服务，让学院哲学更加贴近人，贴近科学发现和创造活动，从而对科学进步和人自身的发展真正起到积极的推动作用。

其三，更重要的是，科学文化哲学不仅将从根本上突破并超越传统的科学哲学那种狭隘的逻辑主义和狭隘的知识论定位，而且还将从根本上克服并超越传统的科学哲学所蕴含的各种狭隘、肤浅而陈旧的观念，从而为新时代树立一种更加全面、深刻而新型的观念，特别是实现科学观、文化观及教育观的根本性的转变。传统的科学哲学所蕴含的科学观、文化观及教育观之所以不仅难以引领科学、文化及教育事业的进步，反而不可避免地带来负面影响，关键还是在于狭隘的知识论及其逻辑主义的定位。在狭隘的知识论及其逻辑主义的框架内，人们往往不可避免地得出狭隘的知识论及其逻辑主义的结论。逻辑经验主义是如此，批判理性主义是如此，甚至相对主义和非理性主义也是如此。从表面上看，相对主义和非理性主义是对逻辑主义的反动，但其根源归根到底还是在逻辑主义那里。因为逻辑主义蕴含一种逻辑上的绝对主义或绝对的理性主义，当这种逻辑上的绝对主义或绝对的理性主义遭到强有力的反驳之时，势必走向其反面，即相对主义和非理性主义。狭隘的知识论及其逻辑主义的最大误区和偏颇在于，从根本上抹杀了科学的人性和文化性，因而在此基础上得出的科学观、文化观及教育观也存在着极大的误区和偏颇。

然而，科学文化哲学将从根本上突破狭隘的知识论及逻辑主义的狭隘视野，将科学放到整个人类文化的背景中来考察，全方位地考察和研究科学发现和创造过程中的人的因素和文化因素，从而从根本上纠正在科学观、文化观及教育观上的误区和偏颇。在科学文化哲学的视野中，新型的科学观不仅应当强调科学的逻辑性和实证性，而且更应当强调科学的思想性和创造性，并以后者为主导来引领科学；不仅应当强调科学的技术性和工具性，而且更应当强调科学的精神性和文化性，并以后者为先导来引领科学。于是，新型的文化观不仅应当看到科学与人文之间的重大区别，而且应当看到科学与人文之间的内在联系，从而最大限度地促进这两种文化的融合，以推动其共同繁荣和全面进步。因此，新型的教育观不仅应当强调知识教育，而且应当强调文化教育；不仅应当关注人的技术层面的训练，而且应当关注人的综合素质的提高，从而最大限度地培育一批又一批全面发展的创新型人才。无疑，这种新型的科学观、文化观及教育观正是我们的时代，特别是建设创新型国家的伟大实践所呼唤的。因此，科学哲学的范式转变不仅仅只是为了摆脱自身的理论困境，更重要的是为了顺应时代的潮流，响应现实的召唤。

四、使科学哲学中国化

使科学哲学中国化，是科学文化哲学的第四个重要纲领，也是科学哲学范式转变的第四层含义。在这里，我们再一次看到，传统的科学哲学和科学文化哲学二者完全不同的定位。

迄今为止，我们所从事的科学哲学研究基本上是在西方范式，特别是在英美分析哲学范式中进行的。经过自改革开放以来对西方科学哲学数十年的介绍、跟踪和研究，我们从中学到许多东西，但也为西方科学哲学日趋衰落并陷于困境而感到困惑。未来的路应当如何走？摆在中国学者面前有三条道路：一是继续在原有的范式中摸索，探讨新的逻辑可能性，但这条道路显然会遇到越来越大的困难；二是随西方科学哲学范式的转变而转变，譬如说从分析哲学逐渐过渡到后分析哲学，但这依然是一条追随西方的学术道路；三是不仅从根本上超越传统的科学哲学范式，而且从根本上超越西方哲学的范式，走中国式的科学哲学道路，这就是科学文化哲学所选择的道路。

科学哲学旧范式的衰落是新范式发展的历史机遇，特别是为中国科学哲学开辟自主创新之路提供了极大的机遇。毫无疑问，中国的科学哲学不能一味地追随西方的范式。只要科学哲学还属于哲学，那么，一定要有个性：不仅要有学者的个性，而且要有民族的个性。所谓个性，最重要的就是独创性。中国的科学哲学要真正走向世界，必须有我们民族自己独创的东西。从某种意义上可以说，越是民族的，就越是世界的。因此，科学哲学中国化应当是一个大方向。这也正是科学文化哲学的价值观和努力方向。

当然，科学文化哲学更是使科学哲学中国化的最恰当和最现实的途径之一。一方面，科学文化哲学之魂，与西方文化传统主流相距甚远。尽管诸多西方学者似乎也有不少有关科学文化哲学的思想，在科学哲学中关于文化的因素正越来越被强调，并且所谓后实证主义和后分析哲学正在崛起并扮演越来越重要的角色，但是，应当看到，那种所谓后实证主义和后分析哲学可以说在骨子里并没有真正摆脱实证主义和分析哲学的束缚，离我们所说的科学文化哲学尚有很大距离。也就是说，科学文化哲学之魂并不真正属于西方，西方的主流文化也几乎不可能完全接纳科学文化哲学的范式。因为在现时代西方文化中占有主导地位的依然是分析的和实证的思维和研究范式。在那里，不仅科学哲学、语言哲学，甚至连政治哲学、美学和伦理学等都带有很强的分析色彩，特别是关于形而上层面的研究几乎不可能占有重要地位。

另一方面，科学文化哲学之魂却非常靠近中国的文化传统，甚至从某种意义上可以说，科学文化哲学之魂是非常具有中国特色的。尽管科学文化哲学将吸纳和包容西方科学哲学的许多元素(例如,关于认识论和方法论的许多思考)，但是其灵魂(例如，对人和文化因素的强调，对形而上层面及其生命本体论的关注等)却是非常具有中国特色的，并且吸取了中国哲学之精髓。无疑，这种融合东西方文化并且具有中国特色之魂的科学文化哲学，非常易于被中国文化包容和接受，并在中国文化的土壤里生根、发芽和成长。

事实上，科学文化哲学的开辟，对于中国来说的确在很大程度上具有原创性。从 20 世纪 20 年代的“科玄之战”到 90 年代关于“科学精神与人文精神”的讨论，可以说都属于科学文化哲学的范畴。尽管这两场大讨论都深受西方思潮的影响，但它们都同中国的文化背景紧密地联系在一起，可以说，都是中国人在中国自身特定的文化背景中表达中国人自己的思想，因此，具有很强的中国个性。尽管这些讨论对于真正意义上的科学文化哲学来说似乎还不够专业，也不够成熟，其学术水平有待提高，但它们对中国的影响(无论是对学术还是对现实的影响)却是巨大的。其根本原因在于，这是中国学者在中国的文化背景里，以中国的语言和概念，讨论包括科学文化在内的与中国的前途和命运息息相关的重要问题。这就是说，中国并不是没有科学文化哲学，相反，单就这两场讨论的内容和主题而言，我们便不难看出，事实上，我们所讨论和研究的显然比西方科学哲学更具有文化色彩，因而更加切近真正意义上的科学文化哲学，只不过我们很少有人将其作为科学哲学的新范式去思考和发展，因而似乎还处于非常松散的状态，缺少理论体系，充其量只能算是科学文化哲学的一个开端或雏形。这正是我们需要加倍努力的。

当然，走科学哲学中国化之路绝对不是意味着要切断同西方科学哲学的学术联系、对话和交流，从而走一条自我封闭的道路。相反，它更强调要积极汲取和借鉴西方科学哲学一切有益的经验和各种合理的元素，通过综合创新，开辟一条真正属于我们自己民族的科学哲学道路，从而以高水平的学术走向世界。这里需要注意两个问题。一是中国要发展自己的科学哲学，应当借鉴和吸收西方的各种合理的元素。事实上，尽管我们有着十分悠久的传统文化，但这个文化传统长期缺乏科学的元素和科学哲学的元素。这既是近代科学产生在西方的根源之一，也是我国的科学哲学起步较晚并缺乏根基的根源之一。因此，学习、借鉴及跟踪研究西方科学哲学及其发展趋势，对于发展我国自己的科学哲学来说是十分必要的。二是要使我们的科学哲学以高水平的学术走向世界，必须走我们自己独特的学术道路，特别是吸纳我们民族五千年文化之精华。学习、借鉴及跟踪研究别人，充其量只是学术工作的第一步，接下来应当是有所创造、有所前进，开创属于我们自己的东西。只有这样，才能真正与世界进行高水平的对话和交流。从这个意义上说，科学文化哲学的开辟不仅是使科学哲学中国化的一个契机，而且是中国哲学走向世界的一个契机，因为它为我们提供了一个融通东方与西方、人文与科学及传统与现代的极佳的平台。这是科学文化哲学最重要的理论意义和学术意义。

此外，科学文化哲学还有其更重要的实践意义和现实意义，那就是立足中国，首先应对和解决中国所面临的实践问题和现实问题。我们已经谈到让学院哲学面向社会现实的问题，这里所说的社会现实问题，首先应当是中国的社会现实问题。毫无疑问，中国的科学哲学最重要的主题首先应当是，如何在中国现实的社会文化背景中最大限度地推进中国科学的进步与发展，从而最大限度地促进整个社会的全面进步与发展。要是中国的科学哲学没有也无法应对这个重大的实践问题和现实问题，不能对中国实际的科学进程产生任何影响和作用，那么，这样的科学哲学显然是没有生命力的，需要加以深刻反省的，因为它没有任何实际的意义和作用。科学哲学中国化的主张其最重要的目的之一，就是要从根本上改变这种局面，强调立足中国，首先解决中国的问题，从而对中国实际的科学进程发挥积极的影响和作用。当然，作为一个拥有 13 亿人口并正在朝现代化方向迈进的伟大国家，对中国实际的科学进程发挥积极的影响和作用，本身就是对世界科学事业的一种贡献。因此，从这种意义上说，科学哲学中国化也是使中国科学哲学走向世界的一个契机，因为它不仅有可能对中国实际的科学进程发挥积极的影响和作用，而且有可能向世界提供一种来自中国的关于科学哲学的全新的理论和经验。

事实上，尽管科学作为一种知识，具有很强的世界性和普适性，然而，科学作为一种更宽泛意义上的文化，又具有很强的民族性和地域性。如何在中国现实的社会文化背景中最大限度地推进中国科学的进步与发展，从而最大限度地促进整个社会的全面进步与发展？显然，诸如此类的问题在以往的科学哲学中是几乎不可能找到答案的，因为其一，这类问题已经远远超出了传统科学哲学的逻辑与范畴；其二，即使传统的科学哲学存在着某些我们可以借鉴的理论和经验，但应当看到，这些理论和经验在本质上是“西式的”而不是“中式的”，离中国现实的社会文化背景和国情有很大距离，因而在很大程度上是不适用的。因此，要真正应对和解决中国自己的重大的实践问题和现实问题，中国的科学哲学不仅应当突破知识论的框架，实现从知识论到文化论的范式转变，而且应当从根本上突破西方科学哲学的框架，实现科学哲学中国化。

第五节　科学生存论

科学与生命，既是一个关于科学哲学的问题，又是一个关于生命哲学的问题，确切地说，更是一个关于科学生存论的问题。对这个问题的深入思考和探讨，至少有两个方面的重要意义：其一，不仅有助于我们从新的视角来理解科学及其意义和价值，而且也有助于我们从新的视角来理解科学哲学及其生存论的问题，从而为科学哲学的发展开辟新的方向和途径；其二，不仅有助于我们从新的视角来理解生命及其意义和价值，而且也有助于我们从新的视角来理解生命哲学及其生存论的问题，从而为生命哲学的发展开辟新的方向和途径。这种新的方向和途径，就是科学哲学与生命哲学的融合。如果需要用一个理论术语来表达，我们不妨称之为“科学生存论”。当然，科学生存论研究也可以看作是科学文化哲学的一个重要范例。

一、一个被忽视或曲解的重大问题

人们常常从生存论和生命哲学的高度来看待和理解艺术，将艺术与生命紧密地联系在一起，将艺术的生命等同于艺术家的生命，这个思想无疑是非常深刻的。的确，从某种意义上可以说，艺术生存论是整个艺术哲学的核心，也是生命哲学最精彩的部分。它告诉我们，艺术并不能简单地还原为技术，因为艺术中存在着某种高于技术并且更加切近艺术本质的东西，那就是艺术的生命，这种艺术的生命同艺术家的生命是紧密相连的。如果切断艺术与生命的关联，那么，艺术也就失去了那种称得上艺术之魂的东西，于是，艺术也就不可能真正成为艺术。因此，艺术哲学常常站在生存论和生命哲学的高度来理解艺术，因为没有"生命"的艺术哲学往往是没有生命的。

然而，人们却很少从生存论和生命哲学的高度来看待和理解科学，似乎在科学与生命、科学的生命与科学家的生命之间并没有一种本质的联系。迄今为止，各种元科学研究似乎并没有出现过有关"生命"的范畴，当然更不可能有关于"科学生存论"这样的术语和理论。这不能不说是一个被忽视或曲解的重大问题。

这个问题之所以被忽视或曲解，显然同狭隘的现代西方人本主义文化观密切相关。在现代西方人本主义者看来，只有非理性的生命体验(或情感、意志、本能等)才是最真实的存在，是人的本质，而科学与理性只不过是人类意志的工具。于是，他们往往对艺术与生命和科学与生命二者做截然相反的理解。例如，叔本华将艺术系于人生的幸福，而将科学系于人生的痛苦。他称艺术为"人生的花朵"①，在他看来，"对于美的美感，那种怡悦，大部分是由于我们进入了纯观赏状态(而来的)。在这瞬间，一切欲求，也就是一切愿望和忧虑都消除了"②；"由于我们这时已摆脱了狠心的意志冲动，好比是已从沉重的烟雾中冒出来了似的，是我们所能知道的一切幸福的瞬间中最幸福的(一瞬)"③。而科学只不过是意志的工具，它不仅无法使人摆脱痛苦，相反，"智力愈发达，(痛苦的)程度愈高"，"谁在知识上增加了，就在痛苦上增加了"④。

---

① 叔本华:《作为意志和表象的世界》，石冲白译，商务印书馆，1982年版，第369页。

② 叔本华:《作为意志和表象的世界》，石冲白译，商务印书馆，1982年版，第534～535页。

③ 叔本华:《作为意志和表象的世界》，石冲白译，商务印书馆，1982年版，第535页。

④ 叔本华:《作为意志和表象的世界》，石冲白译，商务印书馆，1982年版，第425页。

尼采对艺术的理解极富有生命哲学的意蕴。他不仅“将他的生命奉献于写作”[①]，进而还将艺术看作“生命的最高使命和生命本来的形而上活动”[②]。他认为，艺术如同一种自然的强力，借日神和酒神这两种状态，“表现在人身上，支配着他，不管他是否愿意，或作为驱向幻觉之迫力，或作为驱向放纵之迫力”[③]。于是，“艺术家的至深本能岂非指向艺术，更确切地说，指向艺术的意义——生命？指向生命的热望？——艺术是生命的伟大兴奋剂”[④]。因此，“只是作为审美现象，人世的生存才有充足理由”[⑤]。相反，“‘理性’反对本能。‘理性’无论如何是摧残生命的危险的力量”[⑥]！“同艺术家相比，科学家的出现确实是生命的某种限制和降级的标志(但也是强大、严格、顽强、意志力的标志)。”[⑦]

海德格尔更是从生存论的高度来理解艺术。他所倡导的“人，诗意地安居”本身就是一种典型的艺术生存论。他说：“诗首先使安居成为安居。诗是真正地让我们安居的东西。”[⑧]因为“诗首先将人的安居带进它的本质，它本真的存在。诗是对安居的本源的承诺”[⑨]。所谓“诗”，代表着一切艺术，也代表着存在和真理本身。他认为，“一切艺术作为所是的真理到来的揭示者，就此而言，本质上都是诗”[⑩]。这就是说，他将诗同人的安居，也就是人的生存的本质紧密地联系在一起，表明没有诗意，也就没有本真的安居和本真的生存。相反，他将现代科学的本质归结为现代技术的本质，又将现代技术的

---

① Nehamas A，*Nietzsche: Life as Literature*，Cambridge: Harvard University Press, 1985, p. 29.

② 尼采：《悲剧的诞生》，周国平译，生活•读书•新知三联书店，1986年版，第2页。

③ 尼采：《悲剧的诞生》，周国平译，生活•读书•新知三联书店，1986年版，第349页。

④ 尼采：《悲剧的诞生》，周国平译，生活•读书•新知三联书店，1986年版，第325页。

⑤ 尼采：《悲剧的诞生》，周国平译，生活•读书•新知三联书店，1986年版，第275页。

⑥ 尼采：《悲剧的诞生》，周国平译，生活•读书•新知三联书店，1986年版，第344页。

⑦ 尼采：《悲剧的诞生》，周国平译，生活•读书•新知三联书店，1986年版，第363页。

⑧ Heidegger M，*Poetry, Language, Thought*，New York: Harper & Row Publishers, Inc, 1975，p. 215.

⑨ Heidegger M，*Poetry, Language, Thought*，New York: Harper & Row Publishers, Inc, 1975，p. 227.

⑩ Heidegger M，*Poetry, Language, Thought*，New York: Harper & Row Publishers, Inc, 1975，p. 72.

本质归结为与生命相对立的“座架”。在“座架”的支配下，当人通过技术活动挑战自然，消灭事物的特性或自身性的时候，人其实首先远离了存在本身，即失去了生命和本质。用他的话来说，即是遮蔽了诗的意义的展现，使人无家可归，“不让人进入一种更加本源的揭示，因而使人无法感受到更加本源的真理的召唤。”[①]

当然，科学生存论的缺失，以及导致科学与生命相分离和对立的观点的根源，显然又同狭隘的实证主义和功利主义的科学观密切相关。

一方面，逻辑实证主义者完全从逻辑和实证的观点来看待和理解科学，其结果是以逻辑主义掩盖了科学的思想性，以实证主义否定了科学的创造性，以客观主义抹杀了科学与人文之间的深刻关联，这样一来，科学变成了与人无关的纯粹的客观事实或外在世界的逻辑，变成了与人无关的纯粹的“真的经验命题”的堆积。[②]于是，当他们在强调所谓认识(科学)和体验(人文)两个世界的截然区分，并且拒斥一切形而上学的同时，也就从根本上切断了科学与生命的关联，从而从根本上解构了科学的生存论意义。

另一方面，功利主义者完全从功利和工具的观点来看待和理解科学，把科学看作一种与人无关的纯粹的外在工具或工具理性，其结果是进一步以功利主义和工具主义消解了科学的文化性、思想性、深刻性和创造性，消解了科学内在的动力、目的、意义和价值，以及科学与其他文化的深刻关联。事实上，功利主义者更进一步强化了所谓的认识(科学)与体验(人文)两个世界的截然区分；似乎科学世界是一个纯粹客观的技术世界，而人文世界则是一个纯粹主观的精神世界。于是，当他们将技术主义加以绝对化的同时，也进一步从根本上切断了科学与生命的关联，从而进一步从根本上解构了科学的生存论意义。

于是，现代西方人本主义者接过关于科学与生命这一话题，并对二者之间的关系做了截然对立的理解。当然，他们对科学与生命问题的曲解，其思想基础也是基于对科学的实证主义和功利主义的理解。

---

① Heidegger M, *The Question Concerning Technology and Other Essays*, New York: Harper & Row Publishers, Inc, 1977, p. 28.

② 洪谦:《逻辑经验主义》，商务印书馆, 1989 年版，第 9 页。

二、在形而上层面的契合

为什么人们关于艺术与生命和关于科学与生命的观点会有如此大的反差？这不仅有观念的根源，而且有学理上的根源。从学理上看，人们对艺术的研究往往非常重视其形而上层面，因而深深地触及艺术的生命和艺术家的生命及其相互之间的关联，也就是说，触及生命哲学和艺术生存论；相反，人们对科学的研究往往局限于其形而下层面，因而无法触及科学的生命和科学家的生命及其相互之间的关联，也就是说，无法触及生命哲学和科学生存论。

事实上，无论是艺术还是科学都具有两个层面，即形而上层面和形而下层面，人们都可以从这两个层面来理解和探讨艺术和科学。

一般说来，艺术与生命的契合在形而上层面，并非在形而下层面。在形而下层面，艺术所遇到的同样是诸如操作、练习、训练、实验、技法、技艺乃至是否有实用和功利价值等方面的问题。换句话说，其实艺术也存在着实证的和功利的层面。在这个层面上，艺术与科学是非常相似的。

波普尔甚至认为，艺术与科学一样，也是为了“解决问题”。例如，音乐家主要是“为解决音乐问题而奋斗”[①]。他说，“音乐家仿佛是在巴赫的创作室里培养出来的”[②]。因此，音乐家的培养方式非常类似于科学家的培养方式。他还强调，“在创作中，音乐家可能像科学家一样通过试错法来学习”。而且，随着创作的不断深入，“他的音乐判断力和鉴赏力也会提高，甚至连他的创造性想象力也会更丰富。但是，这种长进要靠努力、勤奋和献身于创作的精神；靠对别人作品的敏感；靠自我批评”[③]。显然，那种对技术、技艺、技能、技巧以及解决问题的强调，属于艺术的实证的一面。应当看到，与科学生活相类似，在艺术生活（特别是艺术教育）中也存在着一种明显的实证主义的倾向，

① 卡尔·波普尔：《通过知识获得解放》，范景中等译，中国美术学院出版社，1996年版，第288页。

② 卡尔·波普尔：《通过知识获得解放》，范景中等译，中国美术学院出版社，1996年版，第284页。

③ 卡尔·波普尔：《通过知识获得解放》，范景中等译，中国美术学院出版社，1996年版，第284页。

那就是以技术代替艺术的技术主义倾向。

当然，艺术也有功利的一面。科学存在着是否有用的问题，艺术也存在着是否有用的问题。也许，人类最初的那种实用的工艺，既是科学的源头之一，也是艺术的源头之一。即使那种称得上是纯粹艺术的艺术品，人们也往往将它们同价值联系在一起。因此，与科学生活相类似，在艺术生活中也存在着一种明显的功利主义倾向。而且，从某种意义上说，艺术的功利主义可能比科学的功利主义更为严重，因为艺术本身可以直接变为一种生产，通过生产赢得金钱和利润。

毫无疑问，如果从实证主义或功利主义的角度来理解艺术，就很难看到艺术与生命的契合。关键是，元艺术研究者们往往超越艺术的形而下层面，因而也超越实证主义或功利主义这种角度来理解艺术，于是，他们看到了艺术与生命的契合。例如，贡布里希说，纯粹的“工艺技巧、技术能力”，并“不是我们所说的艺术”①。他甚至强调，“实际上没有艺术这种东西，只有艺术家而已”②。艺术的最大奥秘在于，艺术家能将作品创作到如此美好的程度，以致“我们只顾单纯欣赏他的做法几乎忘记问一问他的作品打算做什么用。”③这就是说，艺术的生命是艺术家赋予的，但艺术家只有在超越实证和功利的层面，接近自身生命本真状态时，才能真正赋予艺术以生命。也就是说，只有上升到形而上层面，即在最高的境界上，我们才能发现如尼采所说的，艺术乃是“生命的最高使命和生命本来的形而上活动”，也就是艺术的生命与艺术家的生命的契合。

理解艺术有助于理解科学。我们看到，艺术不仅存在着人们所重视的关于生存论的和生命哲学的形而上层面，而且也存在着人们所忽视的关于实证的和功利的形而下层面。同样，我们也可以看到，科学不仅存在着人们所重视的关于实证的和功利的形而下层面，而且也存在着人们所忽视的关于生存论和生命哲学的形而上层面。

---

① 贡布里希：《艺术与科学》，杨思梁等译. 浙江摄影出版社，1998 年版，第 55 页。

② 贡布里希：《艺术的故事》，范景中译，生活 • 读书 • 新知三联书店，1999 年版，第 15 页。

③ 贡布里希：《艺术与科学》，杨思梁等译. 浙江摄影出版社，1998 年版，第 57 页。

在这方面，爱因斯坦曾经有过精辟的论述。他在“探索的动机”一文中写道:“促使人们去做这种工作的精神状态是同信仰宗教的人或谈恋爱的人的精神状态相类似的；他们每天的努力并非来自深思熟虑的意向或计划，而是直接来自激情。”[①]他认为，艺术和科学有两个最强烈的动机。一是“消极的动机”。所谓消极的动机，即是“逃避”和“摆脱”：逃避日常生活的“粗俗”和“沉闷”，摆脱“欲望的桎梏”；二是“积极的动机”。所谓积极的动机，即是“创造”：要“画出一幅简化的和易领悟的世界图像”，并以此来征服这个世界。[②]他强调，这也是画家、诗人、思辨哲学家和自然科学家共同的动机。尽管他们构造世界的方式有所不同，但是，每一个人都以此“作为他的感情生活的支点”，并从中找到他的“宁静和安定”[③]。由此可见，科学的确也存在着关于生存论和生命哲学的层面，而且在这一层面上，它与艺术、哲学等其他人文文化是相通的。

然而，如果说，元艺术研究(特别是艺术哲学)更多地侧重于对艺术做形而上的研究的话，那么，元科学研究(特别是科学哲学)则往往局限于对科学做形而下的研究。人们之所以看不到科学与生命的契合，关键就在于，他们看不到科学的形而上层面，于是，他们对科学的理解只是形而下的，而不是形而上的，因而触及不到科学的生命和科学家的生命及其二者之间的关联，触及不到科学生存论和生命哲学。尽管现代西方人本主义者反对实证主义和功利主义，但他们对科学的理解依然是实证主义和功利主义的；尽管他们对艺术做了形而上层面的思考，但他们对科学的理解依然停留于形而下层面，于是，在很大程度上造成对科学与生命问题的曲解。

其实，不仅科学是如此，而且包括艺术、道德在内的所有文化均是如此。一旦忽视或拒绝对它们做形而上层面的思考，那么，就会导致后现代主义者所说的对大写的“真”、大写的“善”和大写的“美”的解构。尽管人们难以

---

① 爱因斯坦:《爱因斯坦文集》第一卷，许良英等译，商务印书馆，1976 年版，第 103 页。

② 爱因斯坦:《爱因斯坦文集》第一卷，许良英等译，商务印书馆，1976 年版，第 101 页。

③ 爱因斯坦:《爱因斯坦文集》第一卷，许良英等译，商务印书馆，1976 年版，第 101 页。

对这种大写的“真”、大写的“善”和大写的“美”做形而下的实证的研究，但是，它们恰恰就是科学、艺术和道德等人类文化与人的生命息息相通的灵魂。而对任何一种文化之灵魂的解构，都将切断这种文化与生命之间的关联，甚至可能走向生命的对立面。

三、科学与生命的交融及其意义

一旦我们从生存论和生命哲学的形而上高度来审视科学与生命，上升到科学与生命的最高境界，我们就会发现，科学与生命、科学的生命与科学家的生命之间是完美的契合、交融与合一的。所谓科学的理想，实质上就是伟大的科学家的理想；所谓科学的精神，实质上就是伟大的科学家的精神；所谓科学的生命，实质上就是伟大的科学家的生命。于是，科学与艺术一样，也是“生命的最高使命和生命本来的形而上活动”。在这个意义上，我们或许可以套用贡布里希那句话，“实际上没有科学这种东西，只有科学家而已”，因为科学中的一切，都是由科学家用生命去发现和创造的。没有科学家，就没有科学；没有科学家的生命，就没有科学的生命。对于无数伟大的艺术家来说，他们仿佛就是为艺术而生的，艺术就是他们的生命；同样，对于无数伟大的科学家来说，他们仿佛就是为科学而生的，科学就是他们的生命。正是艺术与生命的完美契合、交融与合一，才有伟大的艺术；也正是科学与生命的完美契合、交融与合一，才有伟大的科学。

科学对于生命的意义在于，将科学融入生命，从根本上改变生命的原生态，让生命从量的时间变成质的时间，从而大大提高生命的意义和价值。

首先，科学给生命带来无限的乐趣和快感。正如爱因斯坦所说的，对于许多人来说，爱好科学的原因在于，“科学给他们以超乎常人的智力上的快感，科学是他们自己的特殊娱乐，他们在这种娱乐中寻求生动活泼的经验和雄心壮志的满足”[①]。显然，这是一种最纯洁、最高尚的乐趣和快感，是生命取之不尽的动力源泉。在这方面，爱因斯坦将艺术与科学相提并论，他认为，“最微妙的、最高尚的乐趣”就是，“对艺术创造和思维的逻辑秩序的

---

① 爱因斯坦：《爱因斯坦文集》第一卷，许良英等译，商务印书馆，1976年版，第100页。

美的乐趣”。[①]

其次，科学给生命带来别样的体验。这是一种智力探险和挑战者的体验，也是一种对最深刻的美的追寻的体验。无疑，艺术与科学有着很大的差别。毕竟艺术家所应对的大多是感性世界，而科学家所应对的大多是理性世界。由此，他们的心灵体验也有很大的差别。如果说，艺术家得到的更多的是在艺术百花园中培育艺术花朵时所享有的那种赏心悦目的感受的话，那么，科学家得到的更多的是在攀登科学高峰时所享有的那种震撼心灵的陶醉。然而，二者也有相似的地方。他们都是对美的追求并被美强烈地吸引。例如，爱因斯坦坦承：“我被自然界向我们显示的数学体系的简单性和美强烈地吸引住了。”[②]他说“我们所能有的最美好的经验是奥秘的经验”，那就是“我们认识到有某种为我们所不能洞察的东西存在，感觉到那种只能以其最原始的形式为我们感受到的最深奥的理性和最灿烂的美”[③]。对这种奥秘的探索常常给生命带来“壮丽的感觉”[④]和“狂喜的惊奇”[⑤]。

再次，科学赋予生命神圣的使命。它使生命超越自我，同人类的前途和命运紧密地联系在一起。爱因斯坦在“悼念玛丽·居里”一文中说，对于像居里夫人这样一位崇高人物来说，“我们不要仅仅满足于回忆她的工作成果对人类已经做出的贡献。第一流人物对于时代和历史进程的意义，在其道德品质方面，也许比单纯的才智成就方面还要大。”[⑥]这说明科学对人类的意义是全方位的，不仅具有重要的才智和功利意义，而且也具有重要的道德意义。于是，科学使生命变得更加高尚和神圣，更加充满使命感。

最后，科学给生命以崇高的境界。这个境界就是不断追求真善美，并在不断追求真善美的过程中获得自由和解放。正如萨顿所说的，“这种追求人类

① 爱因斯坦：《爱因斯坦文集》第三卷，许良英等译，商务印书馆，1979 年版，第 155 页。
② 爱因斯坦：《爱因斯坦文集》第一卷，许良英等译，商务印书馆，1976 年版，第 217 页。
③ 爱因斯坦：《爱因斯坦文集》第三卷，许良英等译，商务印书馆，1979 年版，第 45 页。
④ 爱因斯坦：《爱因斯坦文集》第三卷，许良英等译，商务印书馆，1979 年版，第 348 页。
⑤ 爱因斯坦：《爱因斯坦文集》第一卷，许良英等译，商务印书馆，1976 年版，第 283 页。
⑥ 爱因斯坦：《爱因斯坦文集》第一卷，许良英等译，商务印书馆，1976 年版，第 339 页。

目标的崇高理念”，“给我们的生命注入一种新的意义”[①]。这种“新的意义”是双重的：一方面，为生命树立崇高目标，让生命进一步超越自我，追求更加高远的人生境界；另一方面，这种追求过程本身就是不断获得自由和解放的过程。首先是科学家将自身导向自由和解放，然后科学家用创造性的成果和崇高的精神境界激励人们走向自由和解放。

生命对于科学的意义在于，给科学注入生命，使科学不仅是一项为人类创造物质和精神财富的伟大事业，而且是“生命的最高使命和生命本来的形而上活动”。

首先，生命给科学带来无穷的动力和魅力，从而使科学具有一种最高尚、最纯洁的生命力。尽管科学具有多种意义和价值，因而从事科学的人也会有多种动机和目的，特别是在社会日趋功利化的今天，科学在表面上似乎已被染上某种功利主义的色彩，然而，在科学的深层之所以依然充满无穷的动力和魅力，存在着一种最高尚、最纯洁的生命力，关键在于，无数科学家将科学的生命与自己的生命紧密地联系在一起，而生命的最高目标是超越物质和功利的，例如，对知识和真理的追求。正因为如此，所以如同爱因斯坦所言，“科学是为科学而存在的，就像艺术是为艺术而存在的一样”[②]。

其次，生命赋予科学以崇高的理想和精神。这就是科学的精神，也是科学的生命。科学是一种人类的历史的活动。它具有历史性，也具有人文性。萨顿说，“不管我们的知识怎样抽象化，不管我们怎样致力于消灭主观的因素，但归根到底科学仍然具有强烈的人性”。因为“我们想到的和去做的每一件事情都是与人有关的”[③]。科学精神也应当这样理解。事实上，并不存在那种与人无关的所谓的“科学精神”，相反，所有的科学精神都是人赋予的，即便是对逻辑性和客观性的追求也是人赋予的。正是无数科学家的生命赋予科学理想化的人格，为科学塑造了一种形而上的东西，那就是科学的精

① Sarton G，*Introduction to the History of Science*，Huntington and New York：Robert E. Krieger Publishing Company，1975，p. 31.

② 爱因斯坦：《爱因斯坦文集》第一卷，许良英等译，商务印书馆，1976年版，第285页。

③ 乔治·萨顿：《科学的生命》，刘珺珺译，商务印书馆，1987年版，第151页。

神——科学的灵魂。

再次，生命使科学肩负起神圣的职责和使命，那就是为人类服务和造福于人类。生命不仅赋予科学以崇高的理想和精神，而且还赋予科学以崇高的意义和价值。正如离开人便无法谈论科学的理想和精神一样，离开人也无法谈论科学的意义和价值。科学的意义和价值归根到底取决于人(生命)的意义和价值。爱因斯坦说，“一个人的真正价值首先决定于他在什么程度上和在什么意义上从自我解放出来”；[①]“凡是对人类和人类生活的提高最有贡献的人，应当是最受爱戴的人”[②]。这是一个伟大科学家所具有的最典型的生命哲学和人生价值观，正是这种生命哲学和价值观赋予科学肩负起为人类服务和造福于人类的神圣职责和使命。

最后，生命赋予科学以崇高的境界，激励科学永远向着真善美的崇高目标迈进。如果说，为人类服务和造福于人类更多体现的是科学的外在意义和价值的话，那么，追求真善美的崇高目标则更多体现的是科学的内在意义和价值。科学家的使命不仅赋予了科学的外在意义和价值，而且也赋予了科学的内在意义和价值。萨顿认为，追求真善美等精神层面的东西是生命的最高目的，“无论是否有一个最高的顶点，无论这个顶点最终能否达到，我们都必须朝着这些理想奋勇前进”[③]。这就是他所理解的“科学的生命”。其实，与其说是科学的生命，倒不如是说科学家的生命。确切地说，是科学家的生命赋予科学以这样的生命。

总的说来，科学与生命的交融如此紧密，以致人们往往难以分清究竟是科学塑造了生命，还是生命塑造了科学。当然，从生存论和生命哲学的角度看，科学是生命的一种存在方式。正是无数不同时代的科学家的生命，赋予科学以无穷的动力和魅力、崇高的理想、精神和境界、神圣的职责和使命，从而形成一种具有无限生命力的科学传统；反之，从具有无限生命力的科学传统的角度看，科学又给了不同时代的科学家以无穷的动力和魅力、崇高的理想、精神和境界、神圣的职责和使命，从而激励科学家们选择科学作为自

---

① 爱因斯坦:《爱因斯坦文集》第三卷，许良英等译，商务印书馆，1979 年版，第 35 页。

② 爱因斯坦:《爱因斯坦文集》第三卷，许良英等译，商务印书馆，1979 年版，第 36 页。

③ 乔治 •萨顿:《科学史和新人文主义》，陈恒六等译，华夏出版社，1989 年版，第 9 页。

己的生存方式，将自己的生命与科学的生命紧密地联系在一起，超越自我，去追求更高的人生境界。

四、科学哲学与生命哲学的融合

既然科学既存在形而下层面又存在形而上层面，那么，对科学的哲学研究不仅应当涉及科学的形而下层面，而且还应当触及科学的形而上层面。正如对艺术的哲学研究不仅应当涉及艺术的形而下层面，而且还应当触及艺术的形而上层面一样。

当代西方科学哲学的最大缺陷之一在于，对科学的形而上层面的忽视或拒斥，因而这种科学哲学是没有“生命”的科学哲学，而没有“生命”的科学哲学往往是没有生命的。逻辑实证主义深陷于“实证主义的幻觉”之中，它致力于“将哲学还原为科学”[①]，因此，它将对科学的哲学研究主要定位在可程序化或逻辑化的知识论、方法论和认识论层面，并且从根本上切断了科学与生命之间的内在关联，于是，科学哲学成了一种无“生命之根”的科学哲学。尽管历史主义的科学哲学将研究“科学(知识)的逻辑”拓展到研究科学(知识)发展的合理性问题，从而大大拓宽了“经验科学知识论”的研究，然而，它所关注的依然是一种抽象的“逻辑”。它与逻辑实证主义不同的是，逻辑实证主义关注的是静态的科学知识的逻辑，而历史主义的科学哲学关注的是科学变化发展的逻辑，因而依然触及不到“生命之根”。这样的科学哲学显然触及不到一系列关于科学的根本性的问题。例如，什么是科学最深刻的内在动力，什么是科学的生命，人为什么要从事科学，科学对生命的意义是什么，生命对科学的意义又是什么等。要回答这一系列根本性的问题。科学哲学就有必要重新找回生命之根，找回科学的形而上基础——科学生存论，走与生命哲学相融合的道路。

科学哲学与生命哲学的融合，将开辟一种全新的科学哲学。这种科学哲学将充分体现西方思想和东方智慧、科学哲学与人文哲学、形而下研究与形而上探索的结合，真正将自然的发现与人的发现二者有机地统一起来，变成

---

① Bhaskar R, *Scientific Realism and Human Emancipation*， London and New York: Routledge, 2009, p. xix.

一种以生命为本体的科学哲学。

这种新的科学哲学不仅具有重要的理论意义，而且也具有重要的实践意义。

从理论上看，它将从根本上突破传统的科学哲学的基本框架，大大突破狭隘的逻辑主义、实证主义和形式主义的科学观，将对科学的形而上思考，特别是关于生存论和生命哲学的思考引入科学哲学，从而为科学哲学的发展开辟新的方向和途径。

从实践上看，由此产生一种新的科学观和方法论，那就是将科学与生命融为一体的科学观和方法论。这种科学观和方法论倡导一种可称为“科学人生”的观念。所谓科学人生，就是指科学家将科学视为生命，他们将科学的生命同自己的生命紧密地联系在一起，用生命去探索、发现和创新，并将探索、发现和创新看成自己最高尚、最美好的生命体验，于是，真正的科学乃是科学家的生命结晶，真正的科学家的人生也就是科学人生。这种科学人生的观念，不仅是一种崇高的精神境界，而且对于科学生活来说，显然具有极为重要的方法论意义。或许，以往的科学哲学所总结出来的所有方法论规则，对于现在的和未来的科学家来说，未必都有重要的实践意义，但是，能否树立科学人生的观念，无论对于他们在事业上能否取得成功，还是在生活上能否得到幸福，都是至关重要的。

科学哲学与生命哲学的融合，还将开辟一种全新的生命哲学。这种生命哲学不仅将艺术看作生命的存在方式，看作“生命的最高使命和生命本来的形而上活动”，而且也将科学看作生命的存在方式，看作“生命的最高使命和生命本来的形而上活动”，从而使艺术与科学这两种看来完全不同的生活方式在生存论和生命哲学的高度得到有机的统一。

这种新的生命哲学不仅具有重要的理论意义，而且也具有重要的实践意义。

从理论上看，它将从根本上纠正现代西方人本主义的偏颇，将对科学的形而上思考，特别是关于科学的生存论和生命哲学的思考引入生命哲学，从而为生命哲学的发展开辟新的方向和途径。

从实践上看，由此产生一种新的生命观和生存论。这种新的生命观和生存论强调，人不仅可以选择艺术作为生存方式，而且可以选择科学作为生存方式，也就是说，不仅可以选择“诗意地安居”，而且可以选择“科学地安居”；尽管这两种“安居”（生存）方式形式不同，但在本质上不是对立的，而是一致的，因为二者都是“生命的最高使命和生命本来的形而上活动”，因而科学本身也拥有诗意。因此，这种新的生命哲学不仅在理论上而且在实践上非常有助于科学与艺术（人文）两种文化的融合。

第六章

科学与创新文化

如果说，人文化的科学观和科学哲学的构建侧重于从理论层面实现科学与人文两种文化融合的话，那么，科学与创新文化的关系的研究则侧重于从实践层面实现科学与人文两种文化融合。当然，人文化的科学观和科学哲学同创新文化的理论与实践又有着深刻的关联。一方面，创新文化的理论与实践，需要人文化的科学观和科学哲学来指导；另一方面，创新文化的理论与实践，又有助于人文化的科学观和科学哲学的构建。本章主要研究科学与创新文化的关系问题，目的是以创新文化的理论和实践，推进科学与人文两种文化在科学活动、科学实践和科学生活层面的融合。主要内容包括：①自主创新呼唤创新文化；②创新文化之魂；③创新文化与科学观的转变；④从实证管理到人文激励；⑤科学・文化・生命。

第一节　自主创新呼唤创新文化

走自主创新道路，不仅涉及中国的科技发展战略和产业发展战略，更重要的是涉及整个国家的发展战略。自主创新的目的，就是建设创新型国家。因此，关于自主创新的问题，不仅仅只是科技领域和产业领域需要应对的重大问题，更是整个国家和全社会都要应对的重大问题。如何使走自主创新道路真正成为一种国家意志和民族精神，关键是要在全社会呼唤、培育和营造一种持久而深入人心的创新文化。

所谓创新文化，说到底就是能够最大限度地激励或激发人们去创新的文化。对于科技领域来说，就是能够最大限度地激励或激发人们进行科技创新(特别是重大的原始性创新)的文化。对于产业领域来说，就是能够最大限度地激励或激发人们进行产业和产品创新(特别是重大的核心技术创新)的文化。创新文化的中心价值和核心理念就是“创新”。当然，“创新”本身就包含着“自主”的含义。它不仅将创新看作科技与产业进步的灵魂，而且将创新看作一个国家和民族进步的灵魂。因此，创新文化并不只是某一个领域某一个行业的文化，而是一种体现国家意志和民族精神并贯穿渗透到所有领域和所有行业的全局性的文化。创新文化也可大致分为价值理念、制度、行为和物化形式等多个层面，但它本身并非是实体性的，而是功能性的。也就是说，它只有同具体领域(例如，教育、科技、文艺等)和具体行业(例如，工业、农业、商业、贸易等)有机结合，才能产生功效和作用。然而，这种功效和作用是巨大的，因为它起着“灵魂”的功效和作用，而且也只有在它那里我们才能看到一个国家和民族进步的灵魂。

创新文化的培育和营造，对于走自主创新道路、建设创新型国家，有着不可估量的重要意义。主要体现在以下几个方面。

首先，有助于促进创新型教育，为国家培养大批走自主创新道路的创新型人才。要走自主创新道路，建设创新型国家，关键是要有大批创新型人才，而创新型人才的培育，关键是要依靠创新型教育，因此，从这个意义上说，创新型教育是建设创新型国家关键的关键。如何使我们的教育真正变成创新型教育？关键就是在教育领域大力呼唤、培育和营造创新文化。

应当看到，我们今天的教育离真正意义上的创新型教育和创新型人才的培养尚有较大距离。其根本问题在于，我们现行的教育观似乎并没有将“创新”置于应有的高度，当然，更没有将其放到“灵魂”的位置。于是，我们的教育模式似乎始终难以超越狭隘的知识教育及其“应试教育”的模式。这种教育模式的特点是，将人类各种丰富多彩的文化归结为各种门类的知识，然后以教科书的形式传授给学生。教师的职责就是最大限度地向学生传授书本知识，学生的任务则是最大限度地从教师那里获得书本知识。检验教与学水平高低的标准就是考试。于是，考试成了整个教学过程的“指挥棒”：教师似乎是为学生考分而教，而学生更是为自己的考分而学，因为考分在很大程度上决定着他们未来的命运。这种教育模式的最大缺陷在于，这是一种以知识及其考试为中心的教育，而不是以人及其创造性培养为中心的教育。它的立足点是过去的知识，而不是未来的创造；它只关注如何教与学过去的知识，而忽视对人的全面培养，特别是人的创造性的培养。

在创新文化的视野中，教育应当首先贯彻和体现“创新是一个国家和民族进步的灵魂”这一核心的价值理念，为建设创新型国家培养大批创新型的人才。这就涉及教育观和教育模式的一系列根本性转变，包括从以知识为中心的模式向以人为中心的模式的转变，从“应试教育”向素质教育转变，从机械型学习方式向创新型学习方式转变等。其宗旨是真正将教育的过程变成培养人的过程，让学生在德智体美劳诸方面获得全面发展的同时，成长为高素质的创新型人才。

其次，有助于推动科技创新，增强自主创新能力，为建设创新型国家奠定坚实的科技基础。要走自主创新道路，建设创新型国家，最重要也是最直接相关的领域之一就是科技领域。所谓自主创新和建设创新型国家在很大程度上指的就是我们在科技领域能否自主创新，能否具有较强的自主创新能力。因此，创新文化对于科技领域来说，显得尤为重要。于是，中国科学院在全国率先提出创新文化的理念，其目的就是要通过创新文化的建设来直接推动科技创新。

与教育领域相类似，我们的科技领域离创新文化的要求也尚有较大距离。首先，在价值理念上，“创新”似乎还没有被置于应有的高度，从而真正起到“灵魂”的作用。人们对科学及其科学精神的理解往往难以摆脱狭隘的实证主义和功利主义的框框。在狭隘的实证主义的视野中，科学似乎并不是人的发现和创造，而是与人无关的外在世界的逻辑或纯粹的客观事实；科学精神似乎不是人的精神或科学家的精神，而是与人无关的外在世界的逻辑的精神或纯粹的客观事实的精神。在狭隘的功利主义的视野中，科学本身似乎并不是目的，它只是一种强有力的手段和工具，于是，科学精神似乎也不是人的精神或科学家的精神，而只是一种“工具理性”的精神或功利主义的精神。在这种狭隘的科学观支配下，我们的科研势必造成重实证轻创新、重逻辑轻思想，或者重应用轻理论、重技术轻科学的局面；我们的管理势必造成重数量（量化指标）轻质量（创新性）、重事实（实证依据）轻人文（文化氛围），或者重技术指标轻理论创新，甚至以经济指标来衡量科技水平的局面。这种氛围显然非常不利于世界一流的创新型人才的培养，也非常不利于取得世界一流的原始性创新的重大成果。

在创新文化的视野中，科学不仅具有很强的实证性和逻辑性，而且更具有很强的思想性和创造性，创新应当是科学进步的灵魂；科学不仅具有很强的工具性和功利性，而且还具有很强的文化性和精神性，创新文化应当调动一切可以调动的积极因素来推动科技创新，从而为建设创新型国家提供强有力的科技支撑。

再次，有助于推动产业和产品的自主创新，从而为建设创新型国家提供强有力的经济基础和动力。走自主创新道路，建设创新型国家，不仅需要依靠创新型教育，依靠创新型科技，而且更需要依靠创新型产业和产品，特别是依靠产学研三者创造性的结合，从而使教育和科技变成现实的生产力。因此，创新文化对产业领域也具有特别重要的意义。

如何从根本上改变产学研条块分割的局面，实现创造性的结合？如何从根本上改变科技成果转化率较低的局面？如何提高产业和产品的科技含量，特别是提高高新技术产业在整个国民经济中的比重，从而更多地生产具有高技术含量和高附加值的产品？如何改变产业核心技术自给率低和核心竞争力不强的局面？如何最大限度地克服某些关键领域的对外技术依赖问题？……所有这些问题都需要依靠创新精神来解决，不仅需要依靠科技及其应用的创新，而且需要依靠产业及其产品的创新，更需要依靠二者相互结合方式的创新，从而推动科技和经济二者的良性互动和健康发展。这就是说，产业领域同样需要大力弘扬创新文化，同样需要将“创新”提升到“灵魂”位置。

最后，有助于为走自主创新道路营造良好的精神文化氛围，从而全面推进创新型国家的建设。走自主创新道路，建设创新型国家，并非只是一个或数个领域的事业，而是需要各行各业乃至全社会都来共同参与的伟大事业。一方面，创新型国家本身就意味着全面创新的含义：不仅包括教育、科技和产业等方面的创新，而且还包括文化、制度和观念等方面的创新。另一方面，要使创新真正成为“一个国家和民族进步的灵魂”，就应当在全社会营造有利于创新的精神文化氛围，这就需要在全社会大力弘扬创新文化。

无疑，一个创新型人才的培养、成长及其能否最大限度地发挥作用，不仅取决于其个人素养，而且还取决于外部环境。如果我们的精神文化氛围缺乏创新意识，没有将其放到应有的高度，如果我们的观念还沿袭那种“学而优则仕”及其“官本位”的传统，如果我们的管理缺少人性化和以人为本的精神，那么，显然非常不利于创新型人才的培养和成长，也非常不利于充分发挥他们的作用。创新文化最深刻的意义和作用就是，要为全方位的创新提供良好的精神文化氛围，从而在最大限度地促进创新型人才的培养和成长的同时，也最大限度地激励或激发人们进行教育、科技、文化等创新活动。

第二节　创新文化之魂

每一种文化都有其最深刻、最本质的东西，人们常常将这种最深刻、最本质的东西称为“魂”。要理解和把握一种文化，关键是要理解和把握这种文化之魂，而不能仅仅停留于对其进行实证的理解和把握上，因为实证的理解和把握往往触及不到文化之魂。对于旨在科技领域最大限度地激励或激发人们进行科技创新的创新文化来说，也不应是例外。那么，如何理解和把握创新文化之魂呢？笔者认为，第一，既然这种创新文化的目的是推进科技创新，因而创新文化之魂自然要充分体现科学之魂，即科学精神；第二，这种创新文化又不是科学文化本身，而是一种激励或激发人的创新精神的文化，因而创新文化之魂又必然要充分体现人文之魂，即人文精神；第三，创新文化是一个整体，因而创新文化之魂只有一个而不是两个。因此，创新文化要充分体现科学之魂与人文之魂的有机结合，即科学精神与人文精神的有机结合。本节试图从这三个方面来理解和把握创新文化之魂。

一、创新文化与科学精神

当然，要使创新文化之魂充分体现科学精神，我们还得首先全面而深刻地理解和把握科学精神。应当看到，当代流行的包括逻辑实证主义科学观、功利主义科学观和后现代主义科学观在内的许多科学观都具有很大的偏颇性和狭隘性，并没有全面而深刻地理解和把握科学精神。例如，逻辑实证主义的科学观“屈从于现有科学的权威”[①]，它只强调科学的逻辑性和实证性，而大大忽视了科学的批判性和创新性，于是，当它在强调科学的严谨精神和实证精神的同时，从根本上掩盖或否认了科学的批判精神和创新精神。又如，狭隘的功利主义科学观只看到科学的工具性和功利性，而大大忽视了科学的文化性和精神性，于是，当它将科学的动力、目的、意义和价值都归结为工具的和功利的动力、目的、意义和价值的同时，从根本上掩盖或否认了科学的文化的和精神的动力、目的、意义和价值。再如，后现代主义的科学观只承认科学的历史性和相对性，而否认科学的客观性和真理性，当它在批判和解构客观主义和大写的“真理”的同时，也从根本上解构了科学的崇高性和神圣性，解构了科学的理想和精神。因此，这些科学观不仅没有全面而深刻地理解和把握科学精神，反而在很大程度上曲解或解构了科学精神，也从根本上否认了创新文化的可能性和必要性。要真正全面而深刻地理解和把握科学精神，必须从根本上克服并超越当代流行的各种狭隘的科学观，从而以真正的科学之魂来塑造创新文化之魂。

一旦克服并超越各种狭隘的科学观，我们便不难发现科学精神的丰富性和深刻性，以及与创新文化之魂的紧密关联。

首先，科学作为一项重要的认识活动，直接体现着人类的一种崇高的理想和精神，那就是对真理和知识的追求并为之奋斗。[②]这里所说的真理，的确是一个大写的“真理”，它代表着科学作为一项认识活动所体现的最崇高、最根本的精神，是科学之魂必不可少的核心要素。后现代主义者在批判实证主义科学观的同时，抛弃了这个大写的“真理”，其根本原因正是在于他们同样对“真理”的概念做了狭隘的实证主义理解，而代表科学之魂核心要素的大写的“真理”是不能简单地用实证主义的方法加以理解的。它属于科学的形而上层面，是一种最崇高的理想，一种最根本的信念，一个最重要的精神支

---

① Fuller S, *Kuhn vs. Popper: The Struggle for the Soul of Science*，Cambridge: Icon Books, 2003, p. 23.

② 孟建伟：《科学技术哲学研究》，东方出版社, 1998 年版，第 212 页。

柱，也是一面永远引导或激励人们勇攀科学高峰的旗子。显然，这个大写的“真理”也应当是创新文化之魂必不可少的核心要素，因为它既涉及创新文化的动力，又涉及创新文化的目的，而且，同样可以为创新文化起到“理想”、“信念”、“精神支柱”和“旗子”的作用。

当然，追求大写的“真理”并非是完全抽象的，它由许多更为具体的科学精神组成，其中包括自由探索的精神、勇于批判的精神、大胆创新的精神和严谨求实的精神等。逻辑实证主义的科学观强调科学的逻辑性和实证性，实质上强调的就是严谨求实的精神，然而，应当看到，严谨求实的精神只是科学精神的一个方面。除此之外，科学还具有自由探索的精神、勇于批判的精神和大胆创新的精神等，因为科学不仅具有逻辑性和实证性，而且更具有思想性、批判性和创造性。正如波普尔所说的，“科学：知识通过批判和创造而增长”[①]。对于创新文化来说，不仅要关注科学的逻辑性和实证性，而且更要关注科学的思想性、批判性和创造性，因为后者及其相应的自由探索的精神、勇于批判的精神和大胆创新的精神显然更接近于创新文化之魂。

其次，科学作为一项重要的智力活动，直接体现着人类的一种崇高的理想和精神，那就是促进人类智力的发展，永远朝着“更快、更高、更强”的方向迈进。[②]作为一项智力活动，科学与奥林匹克体育运动具有某种相似性和可比性。所不同的是前者追求的是在智力上的“更快、更高、更强”，而后者追求的是在体力上的“更快、更高、更强”。这种追求“更快、更高、更强”的奥林匹克精神是科学活动的另一个大写的“真理”。它也应当是创新文化之魂必不可少的核心要素，因为它既涉及创新文化的动力，又涉及创新文化的目的，而且也能起到“理想”、“信念”、“精神支柱”和“旗子”的作用。

当然，这种“奥林匹克精神”也并非是完全抽象的，它由许多更为具体的精神所组成，其中包括理想主义的精神、蓬勃向上的精神、顽强拼搏的精神和公平竞争的精神等。[③]应当看到，这里不仅涉及创新文化的动力和目的，而且还涉及创新文化可借鉴的模式和机制。换句话说，奥林匹克运动本身蕴

① 卡尔·波普尔：《客观知识》，舒炜光等译，上海译文出版社，1987年版，第90页。
② 孟建伟：《科学技术哲学研究》，东方出版社，1998年版，第212页。
③ 孟建伟：《科学技术哲学研究》，东方出版社，1998年版，第174～175页。

含着一种成功的创新文化模式和机制。科学活动可以而且应当向奥林匹克运动学习和借鉴诸多关于创新文化的经验。例如，奥林匹克运动之所以能取得巨大成功，关键有两条：一是靠公平竞争；二是靠体育的价值、社会的价值与个人的价值三者之间的高度一致。如果科学活动也能像奥林匹克运动那样，真正做到公平竞争，消除普遍存在的论资排辈、官本位、“马太效应”和科学权威的终身制等现象和做法，让所有科学活动的参与者站在同一个起跑线上，实现科学的价值、社会的价值和个人的价值三者之间的高度一致，那么，科学家和科学工作者的积极性和创造性无疑将会大大提高，科技创新的内在活力就会显著增强。[①]

最后，科学作为一项与人类的前途、命运息息相关的特殊的社会活动，直接体现着人类的一种最崇高的理想和精神，那就是为人类的自由和解放而奋斗。[②]这又是一个大写的“真理”。它代表着科学作为一项社会活动所体现的最崇高、最根本的精神，是科学之魂必不可少的核心要素。当然，它也应当成为创新文化之魂必不可少的核心要素。显然，无论对于科学活动，还是对于创新文化而言，那种“为人类的自由和解放而奋斗”的大写“真理”，都应当成为一种“理想”、“信念”、“精神支柱”和“旗子”。而且，它不仅从最高的境界上揭示了科学的动力、目的、意义和价值，而且还从最高的境界上阐明了创新文化的动力、目的、意义和价值。

理解这个大写“真理”的关键是，从根本上克服并超越狭隘的功利主义科学观。狭隘的功利主义科学观最根本的缺陷在于，只是从“工具”和“功利”的角度来理解科学及它的动力、目的、意义和价值，于是，使科学仅仅降格为一种“工具理性”。事实上，科学远远比狭隘的功利主义所理解的要深远得多、崇高得多：它不仅涉及“工具”和“功利”层面，而且也涉及“文化”和“精神”层面；它不仅涉及人的物质利益，更重要的是它涉及人的自由和解放的维度。

总之，创新文化之魂应当充分体现科学之魂，从科学活动本身的动力、目的、意义和价值中去寻找创新文化的动力、目的、意义和价值，以崇高的

---

① 孟建伟：《科学技术哲学研究》，东方出版社，1998 年版，第 169～171 页。

② 孟建伟：《科学技术哲学研究》，东方出版社，1998 年版，第 213 页。

科学精神作为创新文化的“理想”、“信念”、“旗子”和“精神支柱”，从而最大限度地以科学精神激励或激发科研人员进行科技创新。

二、创新文化与人文精神

当然，我们说创新文化之魂应当充分体现科学之魂，并不意味着创新文化之魂等于科学之魂。因为创新文化并不是科学文化本身，而是一种激励或激发人进行科技创新的文化，因此，创新文化的另一个(也许是更为重要的)落脚点是“如何最大限度地激励或激发人去创新？”显然，在这里不仅仅只涉及科学精神的问题，更重要的还涉及人文精神的问题。也就是说，创新文化之魂不仅应当充分体现科学精神，而且还要充分体现人文精神。

什么是人文精神？简单说来，就是以人为本的文化精神，一切以人为出发点，一切依靠人，一切以人为目的，也常常被称为给人以“终极关怀”的文化精神。这种精神显然既同科学文化有关，又同人文文化有关。因此，“人文精神应当是整个人类文化所体现的最根本的精神，或者说是整个人类文化生活的内在灵魂。它以追求真善美等崇高的价值理想为核心，以人的自由和全面发展为终极目的”[①]。因为科学活动与人文活动一样，也从某种角度体现了对人的“终极关怀”，因此，从这个意义上说，科学精神也是“人文精神的不可分割的重要组成部分”[②]。然而，即便如此，科学精神也只是人文精神的一部分，要最大限度地激励或激发人进行科技创新，光靠科学精神是远远不够的，应当最大限度地挖掘和利用整个人文精神的资源，最大限度地为创造者提供良好的人文氛围，给创造者以人文动力，给创造者以人文关怀，让创造者实现人文价值，一句话，就是最大限度地将科技活动人文化，从而以人文精神推动科技创新。也就是说，我们不仅要以科学精神来塑造创新文化之魂，而且更要以人文精神来塑造创新文化之魂。

首先，要真正树立“科技创新，以人为本”的观念。这里所说的“人”，即是创造者。在科技创新活动中，创造者不仅仅只是“手段”，更重要的是，他们本身就是“目的”。这是人文精神在创新文化中的具体体现，也应是创新

① 孟建伟：《科学技术哲学研究》，东方出版社，1998 年版，第 211 页。

② 孟建伟：《科学技术哲学研究》，东方出版社，1998 年版，第 212 页。

文化之魂必不可少的核心要素。如果说，创新文化是个大舞台，那么，舞台的中心就是创造者。创新文化的一切，都应当围绕这个“中心”展开。

一般说来，在科技创新活动中，人们往往关注的是，如何最大限度地发挥和利用科研人员的聪明才智，用他们的创新性成果服务或奉献于人类社会。在这里，人(创造者)本身似乎并不是“目的”，而只是一种“手段”，真正的目的是“创新性成果”，并且能够“服务或奉献于人类社会”。这种思路当然没有错。然而，这仅仅是问题的一个方面。问题的另一个方面是，怎样才能做到最大限度地激励或激发人的创造性，将人的潜能最大限度地激发出来，并能够发挥到极致，这显然更加触及创新文化的实质和核心。然而，这涉及另一种思考方式，那就是将人(创造者)本身看作目的，而将创造性活动和创新性成果看作一种手段。也就是说，让创造者通过自己的创造性活动和创新性成果，去充分实现创造者自身的人生理想、境界、目标和价值。这样一来，势必使得科技活动更加人文化了，使得创新和挑战过程更加人文化了，让创造者和挑战者们自觉地将科技创新同自己的人生理想、境界、目标和价值紧密地联系在一起，从外在的“要我创新”变成了内在的“我要创新”。能否做到这一点，这对于创新文化来说显然是至关重要的。

其次，要倡导“科学人生”的精神境界和生活方式，将“科学的生命”与科学家的生命紧密地联系在一起，用生命去创新，将创新变成科学家最美好的生命体验。这是人文精神在创新文化中的具体体现，也应是创新文化之魂必不可少的核心要素。既然创新文化是个大舞台，而舞台的中心是作为创造者的科学家，那么，科学家应当尽心尽力地演好这台戏，用自己的生命去创造各种角色。

我们常常谈到“艺术人生”的概念。所谓艺术人生，就是指艺术家将艺术视为生命，他们将艺术的生命和自己的生命紧密地联系在一起，于是，真正的艺术乃是艺术家的生命表达，真正的艺术家的人生也就是艺术人生。这里已经触及关于人文精神的“终极关怀”的概念。其实，科学家与艺术家在精神境界和生活方式方面是极为相似的。而且，只有真正将科学视为生命，将科学的生命和自己的生命紧密地联系在一起的时候，这才是真正的科学家。于是，我们也可以说，真正的创新，那是科学家用生命在创新，真正的科学家的人生也就是科学人生。这显然也是创新文化所要达到的最高境界和最终目的之一。这种“科学人生”的精神境界，犹如生命之火，也就是人文精神之火。这种生命之火，在现实生活中的确是存在的，在伟大的艺术家和科学家当中尤为如此。例如，爱因斯坦曾说，“照亮我的道路，并且不断地给我新的勇气去愉快地正视生活的理想，是善、美和真。要是没有志同道合者之间的亲切感情，要不是全神贯注于客观世界——那个在艺术和科学工作领域里永远达不到的对象，那么在我看来，生活就会是空虚的”①。有了这种生命之火，才能像爱因斯坦那样，“只求满足于生命永恒的奥秘，满足于觉察现存世界的神奇的结构”②，并且会对认识到各种复杂现象的统一性，产生“一种壮丽的感觉”③；对自然规律的和谐会感到“狂喜的惊奇”④。这种生命之火，对于创造者来说，既是最切身的动力，又是最深刻的目的，并且给整个创新过程以最深切的人文关怀，使人最自我又最忘我，尽情发挥自己、燃烧自己，让创造者从中享受到最美好、最深刻的生命体验。这就是从生命本体论角度所理解的创新文化。

最后，要形成“尊重知识，尊重人才”的良好风尚，为科学家营造民主、宽松、和谐、生动、活泼、团结、协作、奋发向上的学术氛围和人文环境。这是人文精神在创新文化中的具体体现，也应是创新文化之魂必不可少的核心要素。显然，创造者的创新，并不仅仅只是为了个人娱乐，更重要的是，他们希望能够通过自己的创造或创新来实现社会价值与个人的人生理想和价值。要使作为创造者的科学家在创新文化的大舞台中演好戏，除了科学家自身尽心尽力，还离不开所有其他人员乃至观众的默契配合，这就涉及学术氛围和人文环境的问题。

科技创新是一项需要高度自由的精神活动。爱因斯坦认为，科学的发展需要两种自由：一种是“内心的自由”，另一种是“外在的自由”。所谓内心的自由，主要是指“思想上不受权威和社会偏见的束缚，也不受一般违背哲理的常规和习惯的束缚”⑤。所谓外在的自由，主要包括两个方面：一是人们

① 爱因斯坦：《爱因斯坦文集》第三卷，许良英等译，商务印书馆，1979年版，第43页。
② 爱因斯坦：《爱因斯坦文集》第三卷，许良英等译，商务印书馆，1979年版，第46页。
③ 爱因斯坦：《爱因斯坦文集》第三卷，许良英等译，商务印书馆，1979年版，第348页。
④ 爱因斯坦：《爱因斯坦文集》第一卷，许良英等译，商务印书馆，1976年版，第283页。
⑤ 爱因斯坦：《爱因斯坦文集》第三卷，许良英等译，商务印书馆，1979年版，第180页。

有发表和交流科学思想的自由；二是人们有足够的生活必需品，并有足够的时间和精力去从事科学活动。[①]尽管“内心的自由”在很大程度上取决于以上所说的“科学人生”的精神境界，然而，这两种自由都同科学外在的学术氛围和人文环境密切相关。

营造良好的学术氛围和人文环境的关键是“尊重知识，尊重人才”。如果真正能够做到“尊重知识，尊重人才”，那么，爱因斯坦所说的自由问题就不可能成为问题。当然，爱因斯坦提出的问题只是最基本的问题，是“科学进步的先决条件”[②]。创新文化的目标显然不仅仅只是解决最基本的问题，而是要最大限度地激励和激发人去创新，把人的潜能最大限度地激发出来，并发挥到极致，这就对科技创新的学术氛围和人文环境提出了很高的要求。不仅要最大限度地做到“尊重知识，尊重人才”，而且要最大限度地为创造者营造民主、宽松、和谐、生动、活泼、团结、协作、奋发向上的学术氛围和人文环境。也就是说，要最大限度地调动一切可以调动的力量，激励和激发人们全身心地投身于科技创新活动，从而通过科技创新在为社会做贡献的同时，也去实现自己的人生理想和价值，使得科学技术的价值、社会的价值和创造者个人的价值三者之间得到最完美、最生动的统一。这正是创新文化的魅力所在！

三、科学精神与人文精神的融合

我们说创新文化之魂既要充分体现科学之魂(即科学精神)，又要充分体现人文之魂(即人文精神)，然而，创新文化是个整体，因而创新文化之魂只有一个而不是两个，因此，创新文化之魂要充分体现科学之魂与人文之魂的融合，即科学精神与人文精神的融合。具体说来，创新文化的各个层面都应当充分体现创新文化之魂，体现科学精神与人文精神的融合。

首先，在创新文化的精神理念和价值层面应当充分体现科学精神与人文精神的融合。既然我们所说的创新文化是科技领域的创新文化，因此，在精神理念和价值层面应当充分体现科学精神，充分尊重科学本身的发展规律，

① 爱因斯坦：《爱因斯坦文集》第三卷，许良英等译，商务印书馆，1979 年版，第 180 页。

② 爱因斯坦：《爱因斯坦文集》第三卷，许良英等译，商务印书馆，1979 年版，第 179 页。

否则，创新文化是空洞的，缺乏针对性。然而，创新文化毕竟不等于科技文化，创新文化的意义在很大程度上恰恰在于它比科技文化附加了更多的人文意义和人文内涵，从而变成一种激励人和激发人的人文动力，因此，在精神理念和价值层面也应当充分体现人文精神，充分尊重如何挖掘人的潜能、激励或激发人的创造性的规律，否则，创新文化便失去了其最本质的意义。

在精神理念和价值层面体现科学精神与人文精神相融合的关键是：其一，深刻理解科学及其科学精神的人文性，从而深刻理解科学精神与人文精神的统一性。应当看到，科学与人文一样，它们都是人类最富有创造性的活动。科学的成长和发展需要有良好的人文环境；科学家也是活生生的人，也需要有包括理想、境界、信念、意志、兴趣和激情等在内的人文动力；而且，科学创造过程本身也需要各种人文因素的积极参与。因此，“科学世界本身也是一个十分丰富的人文世界”①。相应地，“科学精神也并非只是自然科学的精神，而是整个人类文化精神的不可缺少的组成部分。它同艺术精神、道德精神等其他文化精神不仅在追求真、善、美的最高境界上是相通的，而且不可分割地融合在一起。”②其二，理解“自然的发现”与“人的发现”的一致性，科学家对外部世界的探索同科学家对内心世界的追求的一致性。应当看到，“科学在创造物质文明的同时也在创造精神文明；科学在追求知识和真理的同时也在追求人类自身的进步和发展；它像人类其他各项创造性活动一样，充满生机，充满最高尚、最纯洁的生命力，给人类以崇高的理想和精神，永远激励人们超越自我、追求更高的人生境界”③。其三，将科学技术的价值、社会的价值与创造者个人的价值三者完美地统一起来。这三者之间的完美统一，不仅表现为科学精神与人文精神的统一，而且也是创新文化生生不息的动力来源。

显然，这三个方面都不仅涉及科学精神与人文精神能够融合和怎样融合的问题，而且也触及创新文化的精神理念和价值层面最深层的东西，包括创新文化的内涵，创新文化的可能性和必要性，以及创新文化何以能够给科技

① 孟建伟：《科学技术哲学研究》，东方出版社，1998年版，第215页。

② 孟建伟：《科学技术哲学研究》，东方出版社，1998年版，第216页。

③ 孟建伟：《科学技术哲学研究》，东方出版社，1998年版，第215～216页。

创新带来推动力等问题。

其次,在创新文化的制度层面应当充分体现科学精神与人文精神的融合。制度是创新文化的重要环节，也是创新文化的重要杠杆，创新文化的功能在很大程度上是依靠制定恰当的制度来实现的。应当看到，制度往往有两种类型并且发挥着两种不同的功能和效应。一种是实证性的、硬性的和指标性的。比如，定量考核指标和数字化管理等。它只承认某种量化标准和硬性指标，而较少考虑这种标准和指标究竟对创造者来说能起何种作用。另一种是人文性的、软性的和非指标性的。比如，不设任何硬性指标，只求质量不求数量，鼓励攀登科技高峰(即便最终失败)等。这是两种完全不同的管理和制度模式。如果说，前者更多地体现科学精神中的实证严谨的精神的话，那么，后者更多地体现人文精神中的宽容自由的精神。显然，这两种制度都能给人以推动力。如果说，前者偏重设定底线，迫使人们去完成最基本的任务和指标的话，那么，后者则偏重不设任何底线，而激励人们去实现更高的目标。但是，这两种制度都有利有弊：前者有助于促使人们去完成最基本的任务和指标，但这个底线有可能恰恰束缚了人们向着更高目标奋进的积极性和进取心，并且往往给人以消极的压迫力；后者有助于激励人们去实现更高的目标，但也有可能因为没有底线而失去约束力，甚至最后一事无成。如何在实际工作中协调好这两种制度，使其发挥最佳效应，这就牵涉到科学精神与人文精神相融合的问题。

当然，既然是一种激励和激发人的创新文化，而且还要做到最大限度地激励人和激发人，让人的潜能和创造性发挥到极致，那么，其制度层面必然要越来越朝着人文化和人性化方向发展。要让人们在制度层面真正看到科学及其科学精神的人文性，看到“自然的发现”和“人的发现”的一致性，看到科学技术的价值、社会的价值和创造者个人的价值三者之间完美的统一性。

最后，在创新文化的外部环境层面更应当体现科学精神与人文精神的融合。外部环境是创新文化的窗口，是创新文化实实在在可以感觉到的东西。它既包括建筑、标识等物化环境，也包括单位、团队的工作氛围和人际关系等。如果说，制度代表创新文化比较硬性的层面的话，那么，外部环境则代表创新文化比较软性的层面。创新文化的精神理念和价值不仅要通过制度层面体现出来，而且也要通过外部环境层面体现出来。其实，在外部环境层面也往往存在着两种不同的文化氛围和精神气质：一种是实证性的，表现为严谨、求实、理性、客观、规范和可操作性，但往往缺少热情、人情味和人与人心灵之间的沟通，甚至常常让人感到环境过于冷漠、刻板、压抑和非人性化；另一种是人文性的，表现为热情、开放、自由、平等、民主和注重人与人心灵之间的交流、关怀与沟通，但往往缺少严谨、理性、客观和求实的精神，甚至常常让人感到环境过于浮夸和不踏实。这里显然又涉及如何使科学精神与人文精神相融合的问题。

总的说来，在关于如何使科学精神与人文精神相融合的问题上，创新文化建设也许可以参考或借鉴奥林匹克运动模式。一方面，奥林匹克运动显然十分强调过硬的身体素质和心理素质，十分强调过硬的技术、实力和水平，十分强调依靠实力的公平竞争，十分强调通过对自身体能的极限所做的挑战，去攀登体育高峰，这非常接近于科学的精神，特别是实证的精神；另一方面，奥林匹克运动又几乎调动了人文精神的所有资源，最大限度地给运动员提供良好的人文氛围，给运动员以人文动力，给运动员以人文关怀，激励运动员去实现人文价值，从而使体育的价值、社会的价值和运动员个人的价值在奥林匹克运动中得到完美的统一。在这里，我们不难感受到一种创新文化之魂！如果说，体育精神与人文精神的融合是关于奥林匹克运动的创新文化之魂的话，那么，科学精神与人文精神的融合，即是关于科技领域的创新文化之魂。

第三节 创新文化与科学观的转变

所谓创新文化，说到底就是能够最大限度地激励或激发人们去创新的文化。对于科技领域来说，就是能够最大限度地激励或激发人们进行科技创新(特别是重大的原始性创新)的文化。创新文化不仅涉及制度层面和物化形式层面，而且更重要的是涉及精神理念和价值层面。就精神理念和价值层面而言，当代流行的科学观颇值得我们深刻反思。这些流行的科学观包括实证主义科学观、功利主义科学观和后现代主义科学观等。就创新文化这一主题和对当代中国的影响程度而论，我们尤其需要反思的是前两种科学观，即实证主义科学观和功利主义科学观。这两种科学观对当代中国的影响很大，并具有很大的偏颇性，这种偏颇性同创新文化的理念是根本不相容的。要建设一种真正意义上的创新文化以推动科技创新，首先应当突破并超越这两种科学观的狭隘视野，实现科学观的根本性转变。

一、创新文化与实证主义科学观的冲突

（一）实证主义科学观的本质特征

以逻辑实证主义为代表的实证主义科学观有两个最显著的特征：一是实证主义；二是唯科学主义。

其一，逻辑实证主义就是一种很强的实证主义。它的思想渊源可以追溯到奥古斯特·孔德，但其实证色彩要比孔德提出的"实证精神"强得多和严格得多。这种科学观对科学的理解可归结为两个关键词，即"逻辑"和"实证"，故称"逻辑实证主义"或"逻辑实证论"。所谓逻辑，就是"纯粹形式"。石里克对"纯粹形式的本质"做了这样的概括，他认为，"任何认识都是一种表达，一种陈述"[①]。如果所有可能的陈述方式，"实际上表达了同样的知识，正因为如此，就必须有某种共同的东西，这种共同的东西就是它们的逻辑形式"[②]。他强调，"一切知识只是凭借其形式而成为知识；知识通过它的形式来陈述所知的实况"[③]。所谓实证，就是强调知识必须依据经验。任何命题的意义取决于能否被经验证实。用石里克的话来说，"作为合理的、不可辩驳的'实证论'的哲学方向的内核"就是，"每个命题的意义完全依存于给予的证实，是以给予的证实来决定的"[④]。

从逻辑和实证的观念出发，逻辑实证主义者对科学做了既是逻辑主义，又是实证主义，当然归根结底是一种很强的严格的实证主义的理解。在他们看来，所谓科学理论，实质上就是"对世界的逻辑构造"，其意义的唯一基础和源泉是中立的观察语言或观察陈述；所谓科学方法，实质上就是依据归纳

① 洪谦：《逻辑经验主义》，商务印书馆，1989 年版，第 7 页。
② 洪谦：《逻辑经验主义》，商务印书馆，1989 年版，第 8 页。
③ 洪谦：《逻辑经验主义》，商务印书馆，1989 年版，第 8 页。
④ 洪谦：《现代西方哲学论著选辑》（上），商务印书馆，1993 年版，第 437 页。

逻辑的归纳法，其目标是得到概率越来越高，也就是越来越被经验证实的理论；所谓科学进步，实质上就是“真的经验命题”按“中国套箱式”的方式不断积累、扩大或归并的过程。

其二，逻辑实证主义又是一种很强的唯科学主义。实证主义和唯科学主义两者有着颇深的渊源。从孔德开始，实证哲学就“以逻辑性和科学性的一贯优势而著称”[①]，强调将自然科学的实证方法运用于人文和社会科学，使其达到在“科学上与逻辑上的全面系统化”[②]。如果说，孔德虽然强调“实证方法的统一”，但他并“不企求真正科学上的统一”[③]的话，那么，到了逻辑实证主义者那里，情况则并非如此。他们不仅以逻辑和实证的观念来审视人文和社会科学，而且强调以自然科学(特别是物理学)的标准来统一所有科学。

在逻辑主义和实证主义的支配下，逻辑实证主义的科学观、哲学观和文化观都带有浓厚的唯科学主义(特别是物理主义)的色彩。在他们看来，就科学而言，真正的科学只有一种，那就是自然科学。所谓人文和社会科学根本称不上是真正意义上的科学，只是“文化生活的体验方法”[④]，因为它们既不够“逻辑”，也不够“实证”，更不能成为像物理学那样的硬科学。就哲学而言，传统的哲学包含形而上学、心理学和逻辑学三部分，因而不是“科学的哲学”。要实现“哲学的转变”，必须将心理学移交给实验科学，并将形而上学从哲学中彻底清除出去，从而将其转变为“科学的哲学”，即科学的逻辑。就整个文化而言，可区分为两个截然不同的世界：一个是认识(科学)世界，另一个是体验(人文)世界。前者是逻辑的和实证的，因而在认识上是有意义的；后者则是非逻辑的和非实证的，因而在认识上是无意义的。

(二)实证主义科学观对创新文化的制约

尽管逻辑实证主义的观念在科学哲学上受到历史主义的猛烈批判，但是，它对科技界、管理界、教育界乃至全社会的影响依然是根深蒂固的。人们对

---

① 奥古斯特·孔德：《论实证精神》，黄建华译，商务印书馆，1996 年版，第 1 页。
② 奥古斯特·孔德：《论实证精神》，黄建华译，商务印书馆，1996 年版，第 17 页。
③ 奥古斯特·孔德：《论实证精神》，黄建华译，商务印书馆，1996 年版，第 17 页。
④ 洪谦：《维也纳学派哲学》，商务印书馆，1989 年版，第 132 页。

科学及其科学精神的理解往往难以逃脱逻辑实证主义的框框。在他们看来，科学似乎不是人的发现或创造，而是与人无关的外在世界的逻辑或纯粹的客观事实；科学精神似乎不是人的精神或科学家的精神，而是与人无关的外在世界的逻辑的精神或纯粹的客观事实的精神，于是，他们往往将科学精神与人文精神截然区分开来并且对立起来，认为前者关注的是逻辑和实证，与人和文化无关，因而与人文无关；而后者关注的是人和文化，与逻辑和实证无关，因而与科学无关。这种观念显然同我们所说的创新文化是背道而驰的。如果以这种观念为主导，那么，正如前面所说的，我们的科研领域就会导致重实证轻创新、重逻辑轻思想的局面；我们的管理领域就会导致重数量(量化指标)轻质量(独创性或创新性)、重事实(实证依据)轻人文(文化氛围)的局面；我们的教育领域就会导致重逻辑证明的训练轻想象力和创造力的培养，重单纯的知识灌输轻兴趣和文化修养的培养的局面。为什么我国的科研领域总是缺乏堪称世界一流的原始性创新的重大成果？为什么我们的科研管理领域总是难以改变那种对事不对人、机械刻板缺乏生机活力的管理模式？为什么我们的教育领域总是难以实现从刻板的“应试教育”到充满活力的素质教育的转变？总而言之，为什么我们的科技界、管理界和教育界总是缺乏我们所理解的那种创新文化？毫无疑问，说到底都同逻辑实证主义的观念密切相关。

(三)实证主义科学观同创新文化理念的冲突

逻辑实证主义的观念有着很大的偏颇性，这种偏颇性同创新文化的理念是根本不相容的。其冲突表现在如下几个方面。

首先，以实证主义否定科学的创造性。逻辑实证主义者似乎对科学的发现范围和科学的辩护范围做了截然分明的区分，然后，他们的关注点往往只是科学的辩护范围，而不是科学的发现范围。于是，他们所看到的科学往往只是科学的证实或实证过程，而不是科学的发现或创新过程；他们所看到的科学精神往往只是关于实证依据的精确性、确凿性和确定性，而不是强调使科学有所发现、有所创造和有所前进。当然，应当肯定，实证性的确是科学最重要的特征之一，因而实证精神也的确是科学精神最重要的因素之一，因为实证性和实证精神意味着科学依据的严格性，表明任何理论和假设都必须接受严格的检验，都必须有充分的实证依据，否则，就不可能成为真正意义上的科学。但是，仅仅强调实证性和实证精神是远远不够的，除实证性以外，科学还有另一个最重要的特征，那就是批判性和创新性，因而除了实证精神以外，批判精神和创新精神也是科学精神最重要的因素之一，而且，从某种意义上可以说，同实证精神相比，批判精神和创新精神往往显得更为重要，因为没有批判精神和创新精神，就不可能有新的理论或新的假说，科学将永远停留在一个水平上。逻辑实证主义的偏颇性就在于，当它将“经验证实原则”宣布为科学最根本的原则的同时，实质上以科学的一个伟大特征（即实证性）掩盖并取代了另一个伟大特征（即科学的批判性和创新性），以科学的实证精神掩盖并取代了科学的批判精神和创新精神，从而取消了创新文化的可能性和必要性。

其次，以逻辑主义掩盖科学的思想性。由于逻辑实证主义者的关注点只是科学的辩护范围，而不是科学的发现范围，于是，他们所看到的科学往往只是科学表层的逻辑，而不是科学深层的思想；他们所看到的科学精神往往只是关于逻辑的一致性、严格性和严密性，而不是思想的深刻性、批判性和创造性。怪不得波普尔批判逻辑实证主义的科学观似乎只是追求平庸的真理，而不是追求深刻的真理。当然，应当肯定，逻辑性的确也是科学最重要的特征之一，因而逻辑上的严谨精神的确也是科学精神最重要的因素之一。任何理论在逻辑上都要求是自洽的、一致的和严谨的，否则，就谈不上是真正意义上的科学。但是，仅仅强调逻辑性及其严谨精神还是远远不够的，除了逻辑性以外，科学还有另一个最重要特征，那就是思想性及其思想的深刻性。后者显然也同批判精神和创新精神密切相关。而且，从某种意义上说，思想性比逻辑性显得更为重要，因为思想是内容，逻辑则是形式。科学的核心应当是思想，逻辑是对思想的论证，是为思想服务的。逻辑实证主义的偏颇性在于，它不仅以实证主义掩盖了科学的思想性，以及批判精神和创新精神，而且还以逻辑主义遮蔽了科学的思想性，以及批判精神和创新精神，从而进一步取消了创新文化的可能性和必要性。

最后，以客观主义抹杀科学与人文之间的深刻关联。逻辑实证主义本质上是一种双重的客观主义：一方面，它以实证主义来强调科学的客观性；另一方面，它又以逻辑主义来强化科学的客观性。于是，它给科学塑造了一种绝对的客观主义的形象，并以此将人类文化分割为两个截然不同的世界，即科学世界与人文世界，似乎表明前者是纯粹客观的，而后者则是纯粹主观的。当然，强调科学的客观性无疑是很有必要的。离开客观性，就不可能有真正意义上的科学。事实上，科学也的确比人文文化更强调客观性。但是，无论对科学的客观性有多么严格的要求，都不能否认科学更是一种人所创造的文化，即它与人文文化一样，也具有人文性。逻辑实证主义的偏颇性在于，它在强调科学的客观性的同时，实质上对科学做了客观主义的理解，即倾向于将科学理解为纯粹的客观事实或外在世界的逻辑，用瓦托夫斯基的话来说，科学就被当作某种“超出人类或高于人类的本质”，成为一种脱离人类母体的“自我存在的实体”①，从而否认了科学的文化性和人文性，当然，也从根本上否认了创新文化的可能性和必要性。

二、创新文化与功利主义科学观的冲突

（一）功利主义科学观的本质特征

自培根以来的功利主义科学观也有两个最显著的特征：一是工具主义；二是唯技术主义。

其一，功利主义科学观是一种很强的工具主义科学观。这种科学观对科学的理解也可归结为两个关键词，那就是“工具”和“功利”。我们从培根关于“知识就是力量”的名言中就能强烈地感受到工具主义和功利主义的气息。在培根那里，科学本身并不是目的，它只是一种强有力的手段和工具。科学的真正目的应当是，“把新的发现和新的力量惠赠给人类生活”②。用约翰·齐曼的话来说，“把科学简单地看作是达到基于‘非科学’理由选择的目的的手段”③，这是工具主义科学观的一大特征。工具主义科学观的另一大特征是，将科学的社会功能和社会价值简单地归结为功利性的工具功能和工具价值，从而大大抹杀了科学的诸如思想、文化和精神等其他方面的社会功能和社会价值。简言之，工具主义科学观就是这样一种过于简单化和狭隘化的

---

① 瓦托夫斯基 M W：《科学思想的概念基础——科学哲学导论》，范岱年等译，求实出版社，1982年版，第29页。

② 培根：《新工具》，许宝骙译，商务印书馆，1984年版，第58页。

③ 约翰·齐曼：《元科学导论》，刘珺珺等译，湖南人民出版社，1988年版，第164页。

科学观，它强调科学的本质就是服务于某种功利目的的一种工具，因此，科学最根本的价值就是服务于某种功利的工具价值。

其二，功利主义科学观也是一种很强的唯技术主义的科学观。工具主义与唯技术主义是一脉相承的。因为强调科学的工具性和工具价值，其实质就是强调科学的技术性和技术价值。既然工具主义将科学的本质看作一种工具并将科学的根本价值看作工具价值，那么势必导致唯技术主义。唯技术主义与唯科学主义既有联系又有区别。如果说唯科学主义者将人类文化切割成认识(科学)与体验(人文)两个截然不同的世界，并认为前者在认识上是有意义的，而后者在认识上是无意义的话，那么，唯技术主义者则进一步强化了这两个世界的截然区分，并强调前者在技术上是有意义的，而后者在技术上则是无意义的。因此，从这种意义上说，唯技术主义也是一种唯科学主义。但是，唯技术主义毕竟不等于唯科学主义。事实上，唯技术主义又将上述认识(科学)世界切割成技术与非技术两个截然不同的世界，它所真正接纳并推崇的只是认识(科学)世界中的技术世界，而并非是整个认识(科学)世界。培根理想中的“能够导致真正的知识和实用的结果”的“新的理智世界”，实质上就是以科学为名义的技术世界。[①]尽管培根的观念由来已久，但迄今为止功利主义科学观似乎并没有超越培根的范畴。

(二)功利主义科学观对创新文化的制约

像逻辑实证主义的科学观一样，功利主义的科学观对当代科学界、管理界、教育界乃至全社会的影响也是相当巨大的。如果说逻辑实证主义的科学观主要以逻辑主义和实证主义影响人们对科学的性质的理解的话，那么，功利主义的科学观主要以工具主义和功利主义将这种影响进一步延伸到对科学的动力、目的、意义和价值的理解，其影响之大，正如约翰·齐曼所说，这种观念“在我们社会中传播非常广泛并且居于统治地位，因此遮蔽了关于科

① 亚·沃尔夫：《十六、十七世纪科学、技术和哲学史》，周昌忠等译，商务印书馆，1985年版，第707页。

学社会功能的其他观点"[①]。当然，功利主义科学观在引导科学服务于社会和借助社会的力量来推动科学的发展等方面都有着极为重要的意义和作用，但是，在许多方面同我们所说的创新文化还是背道而驰的。如果以这种观念为主导，那么，正如前面所说的，我们的科研领域就会出现重应用轻理论、重技术轻科学的局面；我们的管理领域就会出现重技术指标轻理论创新，甚至以经济指标来衡量科学技术水平的局面；我们的教育领域就会出现重工科、轻理科，更加排斥文科的局面。更令人担忧的是，功利主义科学观不仅可能导致整个科学事业过度功利化，而且也可能对整个社会的过度功利化起推波助澜的作用。为什么我们的科研领域缺乏堪称世界一流的创新人才？为什么我们的管理领域难以营造适应世界一流创新人才成长的氛围？为什么我们的教育领域难以培养世界一流的创新人才？这一切不能不说同功利主义科学观及其整个社会的过度功利化倾向密切相关。

（三）功利主义科学观同创新文化理念的冲突

功利主义科学观有着很大的偏颇性，这种偏颇性同创新文化的理念是根本不相容的。其冲突表现在如下几个方面。

首先，使科学趋于肤浅化和平庸化。功利主义科学观与实证主义科学观有着很深的关联。实证主义科学观非常强调科学的实证性和经验性，功利主义科学观也非常强调科学的实证性和经验性。所不同的是，前者是从认识的角度来讨论科学的实证性和经验性，目的是探讨科学的真理性问题；而后者则是从工具的角度来谈论科学的实证性和经验性，目的是探讨科学的有用性问题。如果说前者可称为一种认识理性的话，那么，后者则可称为一种工具理性。当然，工具理性有其积极的一面，那就是有利于促使科学面向社会，推动理论与实际相结合，从而使科学服务于社会的同时，也使科学找到新的增长点。然而，工具理性其偏颇性也是十分明显的，其中之一就是使科学趋于肤浅化和平庸化。因为功利主义科学观所关注的科学并不是其深层而是其浅层，并不是其中心而是其边缘，并不是其内部而是其外部，简言之，它所关注的只是理论是否实用，而不是使其有所突破、有所创新，甚至也不关注

① 约翰·齐曼：《元科学导论》，刘珺珺等译，湖南人民出版社，1988年版，第163～164页。

其是否正确，具有真理性。如果说逻辑实证主义的科学观以逻辑主义和实证主义掩盖了科学的思想性、深刻性和创造性的话，那么，功利主义的科学观则以工具主义和技术主义进一步消解了科学的思想性、深刻性和创造性。因此，从这种意义上说，功利主义科学观是一种比实证主义科学观更为肤浅和平庸的科学观。若以这种观念为主导，必将取消和否定创新文化的可能性和必要性。

其次，消解科学内在的动力、目的、意义和价值。功利主义科学观的立足点显然是在科学的外部，而不是在科学的内部，于是，它往往强调科学、技术与社会之间的联系，并从科学的外部寻找科学的动力、目的、意义和价值。这种观念当然有其积极的一面，那就是打破并超越“为科学而科学”的狭隘视野，将科学放在宏大的社会背景中来思考科学的动力、目的、意义和价值问题，从而使科学在推动社会进步的同时，也使科学获得来自社会的巨大推动力。但是，这仅仅是问题的一个方面。功利主义科学观的偏颇性在于，它在强调科学外在的动力、目的、意义和价值的同时，从根本上抹杀了科学内在的动力、目的、意义和价值。事实上，科学作为一种认识活动，它像其他文化活动一样，也有其自身的目的、意义和价值(例如，对知识和真理的追求等)，因而也有其自身内在的动力(例如，好奇心、对知识的渴望和追寻内心世界的自由等)。这种动力在本质上是非功利的，然而，与外在的功利驱使相比，它往往给科学以更为直接、更为深刻和更为持久的推动力，并使科学家的生命与“科学的生命”融为一体。所谓创新文化，其最深刻的含义之一就是要最大限度地挖掘和利用这种内在的动力，从而激励科学家们自觉地进行科技创新。因此，功利主义科学观抹杀科学内在的动力、目的、意义和价值，也就是从科学活动内部取消和否定了创新文化的可能性和必要性。

最后，抹杀科学与社会之间在文化和精神层面的互动关系。功利主义科学观不仅抹杀科学内在的动力、目的、意义和价值，而且对科学外在的动力、目的、意义和价值也做了极为片面的理解。它将科学与社会之间的关系仅仅锁定在技术和经济层面，而看不到二者之间在文化和精神层面的深刻联系。事实上，科学对于社会的目的、意义和价值是双重的：既有技术和经济方面的目的、意义和价值，又有文化和精神方面的目的、意义和价值；反过来，社会给予科学的推动力也是双重的：既有来自技术和经济方面的推动力，又有来自文化和精神方面的推动力。功利主义科学观的偏颇性就在于，它只强调科学与社会之间在技术和经济层面的互动关系，而抹杀了科学与社会之间在文化和精神层面的互动关系。当然，强调技术和经济层面的互动关系，无论对于科学还是社会而言，也许永远都是至关重要的，但是，抹杀文化和精神层面的互动关系，必然导致科学与社会之间的关系过于功利化、肤浅化和平庸化，从而使科学与社会都缺失一种来自文化和精神层面的巨大资源和推动力。所谓创新文化，其最深刻的含义之一，就是要从外部为科学活动营造这样一种良好的社会文化氛围，以最大限度地激励或激发人们去进行科技创新。因此，功利主义科学观抹杀科学与社会之间在文化和精神层面的互动关系，实质上又从科学活动外部取消和否定了创新文化的可能性和必要性。

三、创新文化呼唤科学观的转变

(一)要营造真正的创新文化，必须突破并超越实证主义和功利主义的狭隘观念

综上所述，当代流行的实证主义和功利主义科学观有着很大的偏颇性，这种偏颇性同我们需要营造和建设的创新文化从根本上是相冲突的。一方面，狭隘的实证主义科学观不仅以逻辑主义和实证主义掩盖和消解了科学的思想性、深刻性和创造性，而且还以唯科学主义的客观主义掩盖和消解了科学的人文根基，切断了科学与人文文化之间的深刻关联，从而也从根本上否定了创新文化的可能性和必要性。另一方面，狭隘的功利主义科学观则不仅以工具主义和技术主义进一步掩盖和消解了科学的思想性、深刻性和创造性，而且还以唯技术主义的功利主义掩盖和消解了科学自身的动力、目的、意义和价值，并且切断了科学与社会之间在文化和精神层面的互动关系，从而也从根本上否定了创新文化的可能性和必要性。因此，创新文化建设首先就在科学观上面临着双重的冲突。要营造和建设一种真正能够最大限度地激励或激发人们进行科技创新(特别是重大的原始性创新)的创新文化，必须突破并超越实证主义和功利主义的狭隘观念，实现科学观的转变。

（二）从片面强调实证性和逻辑性的实证主义科学观，向强调以实证性和逻辑性为基础、以思想性和创造性为主导的新的科学观转变

当然，所谓科学观的转变，并不是说要彻底否定实证主义科学观。毫无疑问，实证主义科学观对科学的实证性和逻辑性的强调，不仅是重要的，而且是必要的。实证性和逻辑性也许的确是科学区别于其他文化最基本和最重要的特征。如果不讲究严格的实证性和逻辑性，科学也许还会永远埋没在思辨哲学或工匠技术的传统中，不可能形成真正意义上的近现代科学传统，也就不可能有真正意义上的近现代科学。因此，当人们要在科学与其他文化之间做出明确区别，建立严格的科学学术规范和评价标准时，强调科学的实证性和逻辑性，显得尤为重要。还有，实证主义科学观所包含的实证精神，的确也是一种极为重要的科学精神，这种精神所强调的就是人们常常称颂的严谨求实的精神。它要求任何自然科学理论都须做到逻辑严谨无误并经受住严格检验，从而使其成为“硬”科学。所以，新的科学观应当保留实证主义科学观的积极因素。

但是，实证主义科学观在强调科学的实证性与逻辑性的同时，将其推至狭隘的实证主义和逻辑主义，这就走到了错误的一端。事实上，尽管实证性与逻辑性是科学区别于其他文化的最基本和最重要的特征，然而，这并不是科学的全部特征。正如上一章所阐述的，除了实证性与逻辑性以外，科学还具有与其他文化相类似的最基本和最重要的特征，那就是思想性和创造性，而且对科学本身而言，后者往往比前者显得更为重要，更具有根本性的意义。因为从某种意义上说，前者更多触及的是科学的表层和形式，而后者则更多触及科学的深层和灵魂。

所谓科学观的转变，其最深刻的含义之一就是，从单一强调科学的实证性和逻辑性的实证主义科学观，向既强调科学的实证性和逻辑性，又强调科学的思想性和创造性，并以前者为基础、以后者为主导的新的更加全面的科学观转变。这种新的科学观将吸取实证主义科学观的合理因素，同样高度重视科学的实证性和逻辑性，以保证科学的客观性、严谨性和严格性，这是科学之所以成为科学的基础。但是，它认为就科学而言，思想性和创造性是首要的、第一位的，实证性和逻辑性是其次的、第二位的；前

者是科学的灵魂，是科学最本质的东西，后者则是科学的形式，是对前者的论证或检验，是为前者服务的。思想性和创造性将永远在科学中起主导作用。新的科学观不仅强调科学与人文两种文化之间关于实证性和逻辑性方面的明显区别，而且更重要的是强调二者之间关于思想性和创造性方面的深刻联系。因此，它反对逻辑实证主义者将认识(科学)世界和体验(人文)世界截然分离开来并且对立起来的做法，以及其唯科学主义的主张，强调科学的产生和发展需要良好的人文背景、人文根基和人文动力，要最大限度地挖掘和利用科学内外一切有利于其成长的人文因素，来推动科学健康的发展。

(三)从片面强调工具性和功利性的功利主义科学观，向强调以工具性和功利性为基础、以文化性和精神性为先导的新的科学观转变

当然，所谓科学观的转变，更不是说要全盘否定功利主义科学观。毫无疑问，无论从历史还是从现实的角度看，无论是对于促进科学进步，还是对于推动社会发展而言，功利主义科学观对于科学的工具性和技术性的强调，都有着极为重要的意义和作用。正如上一章所阐述的，应当看到，一方面，让科学最大限度地服务于经济和社会、为人类造福，将永远是科学最伟大、最崇高和最神圣的目标和使命之一；另一方面，经济和社会对科学的不断增长的技术上的需要，也将永远是科学最现实、最巨大和最强有力的动力之一。因此，功利主义科学观对于我们深刻理解和把握科学与社会之间在经济和技术层面的互动关系，是颇有积极意义的。应当充分肯定功利主义科学观的积极因素。

但是，功利主义科学观在强调科学的工具性和功利性的同时，将其推至狭隘的工具主义和功利主义，这就走到了错误的一端。事实上，尽管工具性和功利性是科学(也许也是其区别于其他文化的)最基本和最重要的特征，然而，这并不是科学的全部特征。除了工具性与功利性以外，科学还具有其他(并与其他文化相类似的)最基本和最重要的特征，那就是文化性和精神性，而且就科学本身而言，前者更属于科学的外在的特征，而后者更属于科学的内在的特征；前者更多地涉及科学的外围或边缘，而后者更多地触及科学的深层或核心。

所谓科学观的转变，其最深刻的含义之一，就是从单一强调科学的工具性和功利性的功利主义科学观，向既强调科学的工具性和功利性，又强调科学的文化性和精神性，并以前者为基础、以后者为先导的新的更加全面的科学观转变。这种新的科学观将吸取功利主义科学观的合理因素，同样高度重视科学的工具性和功利性，强调以最大的努力促进科学与社会之间在经济和技术层面的互动关系，从而最大限度地推动科学与社会的进步与发展，这是科学与社会之间关系最根本的基础。但是，它认为科学首先是一种独特的文化和精神创造，其次才能够体现它的工具性和功利性；正是这种文化性和精神性，构成科学内在的动力、目的、意义和价值，构成科学的理想和精神，构成“科学的生命”；正是这种文化性和精神性，使得科学与社会之间的互动关系不仅仅局限在技术上和经济上，而且还深刻地体现在文化上和精神上。因此，它反对狭隘的功利主义者将科学完全功利化和将科学与社会的关系完全功利化的做法，以及唯技术主义的主张，强调科学既有工具性和功利性的一面，更有文化性和精神性的一面，应当始终在二者之间保持必要的张力；过度的功利化并不有利于科学的健全发展，反而可能导致科学的肤浅化和平庸化，特别是在功利主义浪潮日趋迅猛之时，更应当强调科学的文化性和精神性，以科学的崇高理想和精神为先导，引导或引领科学，激励人们努力攀登科学高峰。

同样，科学与社会之间的关系既有工具性和功利性的一面，又有文化性和精神性的一面，应当始终在二者之间保持必要的张力；过度的功利化，不仅不利于科学的健全发展，而且也不利于社会的健全发展。因此，一方面，社会不仅需要充分挖掘和利用科学的技术资源和经济资源来建设高度的物质文明，而且需要充分挖掘和利用科学的文化资源和精神资源来建设高度的精神文明；另一方面，科学不仅需要充分借助和依靠来自社会的巨大的技术和经济的力量来推动科学进步，而且需要充分借助和依靠来自社会的巨大的文化和精神的力量来推动科学进步。特别是在功利主义浪潮日趋迅猛之时，强调科学与社会之间在文化和精神层面的互动关系，以人类崇高的理想和精神为先导，引导或引领科学与社会，显得尤为重要。需要特别指出的是，历史和现实表明，科学的成长与发展，不仅有赖于社会的经济和物质文明的发展水平，而且取决于社会的文化和精神文明的高度。要在一片文化和精神文明相对贫瘠的土地上，将科学培育成参天大树，显然是极为困难的。

总之，创新文化呼唤科学观的转变。只有从根本上克服并超越狭隘的实证主义和功利主义科学观，树立上述新的更加全面的科学观，才能真正地深化创新文化建设，切实推进科技创新活动。

第四节　从实证管理到人文激励

有人说，小科学时代产生大科学家，而大科学时代只产生小科学家。显然，这种说法未免过于绝对并有些偏颇，但它的确提出了一个令人深思和反思的重大问题，即为什么在科学体制化程度不高、科研人员和经费不多并缺乏严格管理的小科学时代，却产生了那么多出类拔萃的大科学家，而在科学体制化程度很高、科研队伍和投入巨大并进行严格管理的大科学时代，却反而难以出现同样一流的大科学家呢？这当然不能完全归咎于当今的科研管理制度，因为还有其他诸如历史机遇、价值观念和研究方式的不同等多方面的因素。然而，就当今科研管理制度而言，的确也颇有值得反思的地方。特别是，很有必要对当今流行并占有主导地位的科研管理观予以深刻的反思。

一、实证管理：局限与偏颇

当今流行并占有主导地位的科研管理观从根本上说是实证主义和功利主义的，当然，归根到底还是实证主义的，大致可以用“实证管理”这个关键词来概括。

所谓实证管理，就是用实证方法和精神对科研活动进行管理。在这里，实证一词包含孔德所说的“真实”、“有用”、“肯定”、“精确”和“建设性”等含义[①]，也包含石里克所说的“给予的证实”的含义。实证的方法本来属于科学方法论范畴，体现着科学对客观性、确定性和真理性的追求。如果说，

① 奥古斯特·孔德：《论实证精神》，黄建华译，商务印书馆，1996 年版，第 29～30 页。

实证科学强调,“每个命题的意义完全依存于给予的证实,是以给予的证实来决定的”[①],那么,实证管理同样强调,每项科研成果及其意义完全取决于给予的证实,是以给予的证实来决定的。二者都强调实证的经验依据,只不过前者依靠的是观察和实验的数据;后者则依靠诸如论文数量、引用次数、影响因子、SCI 和 EI 索引、项目及经费强度、获奖等级等数据。质言之,实证管理就是试图将实证科学的实证方法和精神引入科研管理,从而使其实证化和科学化,并最大限度地保证其对科研人员做到客观、公正和公平。

当然,实证管理的确有其不可忽视的合理性和优点,主要体现在以下三个方面。

一是科学性。实证管理确实在很大程度上反映了科研管理的科学性的一面。实证管理最值得肯定的地方也就是,它试图用科学的方法来解决科研的评价问题,而且在有些方面做得非常成功。例如,用引用率来评价科研成果,就是最出色和最成功的地方。尽管高引用率的论文或著作未必就是高水平的论文或著作,但它一定是有影响力的论文或著作。高引用率至少标志着来自学术同行的高关注度。而高关注度则在很大程度上意味着高认可度。也许,再也没有比之更有效的方法能客观地衡量学术成果的影响力了。

二是公平性。实证管理在追求科研管理的科学性的同时,也在追求科研管理的公平性。尽管它所设定的科研评价指标体系往往过于粗糙,有失公平和合理性,但是,它的确体现了在客观的指标体系和数据面前人人平等的精神。这在某种程度上可以抵御“马太效应”和“官本位”等不良现象的侵袭。正如尽管“应试教育”有诸多问题,但它的确也体现了在客观的分数面前人人平等的精神,而这种精神又在某种程度上维护了教育的公平性。

三是可操作性。实证管理在追求科研管理的科学性和公平性的同时,还在追求科研管理的确定性和可操作性,那就是用定量化的方法来保证科研管理的确定性和可操作性。尽管这种定量化的方法饱受争议,但它的确最大限度地保证了科研管理的可操作性,并且如果定量得当,就会在某种程度上确保科研管理的科学性和公平性。

然而,实证管理也有其很大的局限和偏颇,因而颇有值得反思的地方。

① 洪谦:《现代西方哲学论著选辑》(上),商务印书馆,1993 年版,第 437 页。

概括地说，主要有以下几个方面的问题。

首先，实证管理充其量只是关于科研成果及其项目的管理，而不是关于整个科研活动的管理。确切地说，它只关注科研活动的最终成果，而不关注科研活动的创造过程；只关注人所创造的各种实证数据，而不关注创造各种实证数据的人；只关注科研活动形而下的逻辑、实证和功利的层面，而不关注科研活动形而上的思想、文化和精神的层面；只关注科研活动能做什么和已做了什么，而不关注人从事科研活动的动力、目的、意义和价值是什么……一句话，这是一种以成果和项目为中心或以成果和项目为本的科研管理，而不是以人为中心或以人为本的科研管理。本来，在整个科研活动中，人是最核心和最关键的要素。有了极富有创造力的人，才会有极富有创造力的科研成果。这些科研成果的产生，不仅在很大程度上取决于人的激情、直觉、想象力和创造力，还在很大程度上取决于人的思想、文化和精神的高度，取决于人从事科研活动的动力、目的、意义和价值。因此，科研管理首先应当关注人，特别是关注人的创造力，以及什么样的人才会有这样的创造力和什么样的环境才能激发人的创造力，从而培养和造就大批富有创造力的人才，调动和激发一切可以调动和激发的有利于创造的积极因素去促进和推动科研活动的发展；然后才是关于科研成果及其项目的评价和管理，以最大限度地做到合理、公平和公正。实证管理的最大局限和偏颇就是，将整个科研活动的管理最终仅仅简单地归结为关于科研成果及其项目的评价和管理，从而使科研管理变得过于狭隘和非人性化，大大忽视了以人为本的精神。

其次，即便就科研成果及其项目的评价和管理而言，实证管理的科学性、公平性和公正性也并非是没有疑问的。尽管实证管理关于科研管理科学化的理念及其对客观性、公平性和公正性的追求值得充分肯定，可是，问题在于：科学化是否可以等同于实证化或定量化？用实证的或定量的方法究竟能否确保科研管理的客观性、公平性和公正性？答案显然并非是肯定的。因为所谓科学的方法至少意味着，不仅需要提供“实证的”或“定量的”数据，而且需要对这些“实证的”或“定量的”数据进行合乎理性的分析和研究。在这里，实证管理的最大局限和偏颇在于，它几乎撇开理性的分析，试图光靠实证的数量来衡量科研的质量，但事实上数量是无论如何难以最终代替质量的。例如，论文的数量绝对不等于学术的质量。一篇高水平的论文往往胜过无数平庸之作。还有，虽然科学研究需要项目及资金的支持，但是，项目及资金强度也绝对不等于科研水平。真正的水平要看其最终成果究竟有何学术价值或应用价值。因此，从根本上说，科研活动首先追求的是质，是原创性，是科学的制高点和至深处，是其重大的理论意义和实践意义；其次才是量，看你对科学和人类有多少实质性的贡献。那种没有质的量对科研活动来说，是没有任何意义的。所以，实证管理对质的相对忽视而对量的过度强调，不仅有悖于科学精神，而且导致不良后果，那就是科研活动过度形式化、平面化和庸俗化。

最后，实证管理基本上属于约束型的管理，而不是属于激励型的管理。一般说来，管理有两种职能：一是约束；二是激励。这两种职能对于健全的管理来说，都是必要的。一个科研单位要是没有约束，就会变成一盘散沙；反之，要是没有激励，就会变成一潭死水。关键是，在二者之间要把握一个度。在这里，实证管理的最大局限和偏颇在于，把任何管理都应有的约束和激励的双重职能变成单一的约束职能。它将焦点会聚于考核，试图用精心设计和面面俱到的指标体系来规范和约束从事科研活动的人和人所从事的科研活动。尽管这种以考核及其指标体系为导向的“应试管理”并非完全没有任何激励作用，但是它极有可能将本该充满生机活力的创造活动变成类似计件工那样机械刻板的作业过程，其负面的压抑作用是不言而喻的。如果说，“应试教育”将考试及其考分变成整个教育活动的指挥棒，其后果是在很大程度上压抑了人在学习中的积极性、主动性和创造性，甚至最终使人丧失许多成才机会的话，那么同样，“应试管理”则将考核及其指标变成整个科研活动的指挥棒，其后果是在很大程度上压抑了人在科研中的积极性、主动性和创造性，甚至最终使人丧失许多创新和成功的机会。

二、从科学观的转变到科研管理观的转变

实证管理之所以能在当今科研管理领域流行并占有主导地位，并非是偶然的，而是有其深刻的根源和背景的。其中，最深刻的根源和背景之一在于，在当今流行并占有主导地位的科学观是实证主义和功利主义的，当然，归根结底还是实证主义的。实证主义科学观是实证主义科研管理观的重要根源。

实证管理的所有局限和偏颇，几乎都可以在实证主义科学观那里找到根源。

实证主义的科学观把科学看作一种“真的经验命题的体系”，把科学的进步看作“真的经验命题的体系”的量的累积，于是，实证主义的科研管理观非常强调论文(特别是SCI和EI索引论文)及其被引用的数量，似乎以此便能证实其对“真的经验命题的体系”的累积所做出的贡献；功利主义科学观把科学看作一种实现外在目标的手段，把科学的意义和价值简单地归结为工具和功利的意义和价值，于是，功利主义的科研管理观非常强调项目的数量及其资金强度，似乎以此便能证实其社会的意义和价值，特别是工具和功利的意义和价值。随着科学与社会的功利化导向的不断强化，在科研评价体系中，对项目数量及其资金强度的要求甚至高于对科研成果的要求。当然，功利主义的科研管理观在本质上还是属于实证主义的，更确切地说，属于另一种形式的实证主义：它试图从项目数量及其资金强度等指标这一角度，来证实人的科研能力、水平及其所创造的意义和价值。

实证管理之所以只关注科研成果及其项目，而不关注整个科研活动，特别是不关注科研活动的创造过程，其根源在于，实证主义科学观往往只是把科学看作一种纯粹的知识，而不是把它当作一项创造性的活动，于是，它所关注的只是科学的辩护和证实过程，而不关注科学的发现和创造过程。很显然，这种以知识及其证实为本而不是以人及其创造为本的科学观同以成果及其项目为本而不是以人及其创造为本的科研管理观是一脉相承的。

实证管理之所以更多地关注科研的量，而不是更多地关注科研的质，这在实证主义科学观那里也可以找到根源。实证主义科学观强调，一个理论只有被确实的证据证实，才能被认为是真的。怎样才能称为证实？主要依靠量，依靠高概率，即在高概率的意义上能够得到确证。这显然可以理解为就是实证管理的理论依据。不仅如此，实证主义科学观同样具有将科学过度形式化、平面化和庸俗化的倾向。它所追求的往往只是平庸的真理，而不是深刻的真理。但是，正如波普尔所说的“在自然科学(区别于数学)中我们所寻求的是具有高度解释力的真理，这意味着寻求的是逻辑上非概然的真理”[①]。

① 卡尔·波普尔：《猜想与反驳》，傅季重等译，上海译文出版社，1986年版，第328页。

实证管理之所以重实证数据轻人文激励，多刻板僵化少生动活泼，更是同实证主义科学观息息相关。在实证主义科学观的视野中，科学与人文是两个截然不同的世界：前者是认识世界，在认识上是有意义的；后者则是体验世界，在认识上是无意义的。于是，当实证主义者在“拒斥一切形而上学”的同时，也从根本上否定了科学的人文本性、人文意义和人文价值，否定了科学世界和人文世界之间的深刻关联。这不能不说是为何导致实证管理的重要根源，也是科研管理领域为何缺少人文激励和人文关怀的重要根源。

由此可见，实证管理及其实证主义的科研管理观有其深刻的科学观根源。有什么样的科学观，就会有什么样的科研管理观。因此，要从根本上克服和超越实证管理的局限和偏颇，实现科研管理观的转变，就必须首先从根本上克服和超越实证主义科学观的局限和偏颇，实现科学观的转变。

值得注意的是，随着包括科学哲学在内的元科学研究的不断深入，对科学的理解也在不断深入，特别是一种新的科学观正在逐步形成。这种新的科学观颇具人性和文化的意蕴，可称为人文化的科学观。它站在人性和文化的高度来理解科学，将科学理解为是人所创造的一种最富有创造性的文化，从而从根本上突破并超越包括实证主义和功利主义科学观在内的各种科学观的狭隘视野，为更加全面而深刻地理解科学奠定基础。概括地说，这种科学观有以下三个要点，这三个要点可以用三个关键词来表征。

第一个关键词是“人”。它强调，科学是由人创造的；人是整个科学活动的中心，一切科学活动应当以人为本。这是新的科学观最根本的出发点和归宿，体现其以人为中心和以人为本的根本特征。这三句话看似简单，却从最深处揭示了它同当代流行的各种科学观的最根本的区别。在实证主义科学观的视野中，几乎没有人。它所看到的只是人所创造的科研成果，即所谓“真的经验命题体系”，而不是创造这些“真的经验命题体系”的人。功利主义科学观在强调科学的功利价值和工具价值的同时，实质上也将创造科学的人功利化了，变成了一种“工具”。新的科学观试图从根本上超越上述科学观的狭隘视野，恢复人在科学中的中心位置和本体论的优先地位。

第二个关键词是“创造”。它强调，科学是人的创造；创造或创新是科学的生命；科学的本质首先是创造或创新，其次才是辩护或证实。这是新的科学观的聚焦点和着力点，表明不仅要研究科学的辩护或证实的逻辑，更重要的是，还要研究科学的创造或创新的过程。这也同当代流行的各种科学观有着根本的区别。实证主义科学观将对科学的研究仅仅锁定在辩护或证实的范畴，并把科学简单地理解为凝固不变的“真的经验命题体系”，而无视科学的创造或创新的本质及其过程。功利主义科学观更是关注科学的最终成果及其有用性，而不是科学的创造或创新的过程。这种科学观在本质上是一种科学价值观。它强调的是科学外在的功利和工具价值，而无视科学内在的文化和精神价值，当然也无视创造或创新对科学和人本身的意义和价值。新的科学观试图从根本上突破这种科学观的局限，在恢复人的中心位置和本体论的优先地位的基础上，突出强调科学的创造性及其意义和价值。

第三个关键词是“文化”。它强调，科学是人创造的文化。它包括形而下和形而上两个层面，是这两个层面的有机统一。前者是技术的、实证的、数学的和逻辑的等有形的东西，是科学之“体”；而后者则是精神、理念、理想和价值观等无形的东西，是科学之“魂”。于是，科学也有两个层面的动力、目的、意义和价值。这是新的科学观的宽度和深度，表明不仅要研究科学的形而下层面，更重要的是，还要研究科学的形而上层面，包括全方位地揭示科学的动力、目的、意义和价值。这也同当代流行的各种科学观有着根本的区别。实证主义和功利主义科学观都局限于从形而下的层面来理解科学：前者将科学理解为实证的“真的经验命题的体系”；后者则将科学理解为外在世界的工具，从而从根本上否认了科学的形而上的精神世界，也从根本上否认了科学的人文的动力、目的、意义和价值。新的科学观试图从根本上纠正上述狭隘科学观的偏颇，在强调科学的人性和创造性的同时，进一步突出强调科学的文化本性。

当然，新的科学观并非要否认科学的知识性、实证性和功利性，而是反对对科学做过度狭隘的知识论的实证主义和功利主义的理解，强调既要看到科学的知识性、实证性和功利性，更要看到科学的人性、创造性和文化性，并将后者置于更为根本的地位，从而实现科学观的根本转变，即从以知识为本的科学观向以人为本的科学观的转变。

显然，这种新的科学观有着十分重大而深远的意义。它不仅有助于从根本上突破并超越包括实证主义和功利主义在内的各种狭隘的科学观，站在人、创造和文化的高度来理解科学，从而揭示科学的人文本性，而且有助于从根本上突破并超越包括实证主义和功利主义在内的各种狭隘的科研管理观，站在人、创造和文化的高度来理解科研管理，从而使科学回归其人文本性。

三、人文激励：理念与价值

科学观的转变呼唤科研管理观的转变。如果说，建立在实证主义科学观基础上的科研管理观可概括为“实证管理”的话，那么，建立在新的人文化科学观基础上的科研管理观则可概括为“人文激励”。“人文激励”不仅蕴含着一种新的管理理念与境界，而且还蕴含着一种新的管理模式。它要从根本上克服和纠正实证管理的局限与偏颇，在强调科学的知识性、实证性和功利性的同时，更关注科学的人性、创造性和文化性，从而促使科研管理的人文化，让以人为本、创造精神和创新文化三者真正成为科研管理的主旋律，会聚成巨大的激励力量，激励人们去勇攀科学高峰。具体说来，“人文激励”包括以下三层内涵。

1. 以人为本的本体论

以人为本是科研管理本体论最核心的理念和价值。尽管以人为本的概念几乎众所周知，但在科研管理领域似乎非常难以落实。这显然同实证主义的科研管理观密切相关。在那里，往往只看重成果、项目及其数量，而看不到人；只强调知识的力量，而看不到人的力量。这又同对以人为本的“人”缺乏明确界定和深度研究密切相关。在科研管理领域，以人为本的“人”究竟应当指谁？有何深层含义？这都是需要明确界定和深度研究的。当然，这还同科研管理体制密切相关。要是在行政化或企业化超强的体制内，往往可能演变为以“官”为本或以“老板”为本，因而恐怕很难真正落实到以研究者或创造者为本。

人文化的科研管理观并非要否认科学的知识性、实证性和功利性，而是强调仅仅关注科学的知识性、实证性和功利性是远远不够的；还有比实证性或功利性的知识更为重要和更为根本的东西，那就是创造知识的人。是人在不断创造和更新知识，并赋予知识以实证性和功利性，给知识以日益增长的巨大力量。人是科研活动之本体，科学的知识性、实证性和功利性说到底还是科学的人性，知识的力量说到底还是人的力量。因此，科研管理观应当有一种根本性的转变，即从以知识为本向以人为本的科研管理观的转变。

当然，在科研管理领域，以人为本的“人”不应当是抽象的，而应当是具体的、非常明确的，主要指创造者，即从事科研活动的科学家和科技工作者，正如在教育管理领域，应当以教师为本；在医疗管理领域，应当以医生为本一样。否则，“以人为本”只是一个空洞的口号！

除了对“人”的明确界定之外，还需要对“人”的含义进行深度研究。显然，作为科研领域创造者的人并不是一般类型的人。他们不仅需要有基本的物质生活保障，更需要有丰富的精神世界，包括不竭的创新动力、崇高的精神境界和爱因斯坦所说的“内在”和“外在”的自由。可以说，那些真正意义上的科学家就是为科学而生的。科学不仅是他们的生存方式，更是他们的生命。他们在攀登世界科学高峰的同时，也在攀登人类思想和精神的高峰。他们不仅是科学的精英，更是人类的精英，其专业水平、思想境界和精神追求都可能远高于普通人甚至一般的管理者。如何对这些人进行管理？显然，最好的方式与其说是管理，倒不如说是激励。这种激励不仅是物质上的，更是精神上的，其最高境界是终极关怀，从而最大限度地激励人们去攀登世界科学高峰，并在攀登世界科学高峰的同时，也最大限度地获得自由、解放和幸福。

2. 崇尚创新的价值论

崇尚创新是新的科研管理价值论最核心的理念和价值。尽管崇尚创新的概念也几乎成为共识，但在实证主义科研管理观的支配下似乎也非常难以成为现实。因为在那里对科研的考察，往往注重的是数量，而不是质量；注重的是形式，而不是内容；注重的是外表，而不是灵魂，于是，往往不可避免地导致过度形式化、平面化和庸俗化的后果。

人文化的科研管理观并非要否认实证方法和数据的重要作用，而是强调要使数量服从于质量，形式服从于内容，外表服从于灵魂，所有的实证方法和数据都要服从于最核心的理念和价值，那就是看其最终成果是否有所创新。要是没有任何创新，那么，再多的论文、项目和资金都无济于事。

无疑，将创新看作科研管理价值论最核心的理念和价值并非是任意的，因为创新本来就是科研活动最深刻的本性和灵魂。实证主义者将科学的本性归结为实证性，这是一种严重的误导。其实，科学首先是一种创造或创新，其次才是一种证实或证明。前者永远是第一位的，是先导；后者则是第二位的，是为前者服务的。没有前者，后者便变得毫无意义。正如约翰·齐曼所说的，独创性即创新性是所有“科学的基本特征”,因而理应当作“重要的规范”。它同有条理的怀疑主义一起，构成“创造性和批判性的张力”，从而为科学进步提供认识动力。[①]当然，相较于批判性，创造性显然更具有原动力的意义。“它迫使科学家们要有不同形式的‘创造性的’行为和‘富有想象力’的思想”[②]，而批判性则更多地表现为对创造性的某种制约。

将创新看作科研管理价值论最核心的理念和价值，不仅符合科研活动最深刻的本性，而且也符合创造者最深刻的本性，因而符合以人为本的精神。创新是一个极富有人文意义的概念。它不仅是科研活动的灵魂，更是创造者的灵魂；不仅是科研活动的最高境界，而且也是创造者人生的最高境界。创造者在创新的过程中，不仅在攀登世界科学的高峰，而且也在攀登人生境界的高峰。他们不仅在为人类创造着新的科研成果，而且也在为自己创造着新的人生意义和价值，从而在实现科学的价值、人类的价值和创造者自我价值的同时，最大限度地获得自由、解放和幸福。这正是人文激励最深刻的内涵和意蕴！

3. 创新文化的环境论

创新文化是新的科研管理环境论最核心的理念和价值。以人(创造者)为本和崇尚创新的理念和价值能否真正落到实处，不仅在很大程度上取决于科研管理观的转变，而且在很大程度上取决于包括体制和人们的行为在内的科研环境。要是在行政化或企业化超强的环境内，人们普遍追求的是行政职位及相关利益，而不是科技创新及其精神价值，那就非常难以实现以创造者为本和崇尚创新的理念和价值。关键是，必须在科技领域乃至全社会营造一种创新文化，即最大限度地激励人们去创新的文化，从而使以人(创造者)为本

① 约翰·齐曼:《元科学导论》，刘珺珺等译，湖南人民出版社，1988年版，第126页。

② 约翰·齐曼:《元科学导论》，刘珺珺等译，湖南人民出版社，1988年版，第125页。

和崇尚创新的理念和价值深入人心，渗透到包括科技政策的制定，体制和机制的改革与完善在内的各个环节中去，变成科技领域所有工作人员乃至全社会的意志和精神。

如何营造创新文化？奥林匹克运动对科学活动有着诸多启示和借鉴意义。可以说，奥林匹克运动蕴含着一种创新文化的典型模式。在那里，它比其他任何创造领域都更能体现以人为本和崇尚创新的理念和价值。在那里，以人为本的“人”就是运动员。他们为人类肩负着奥林匹克运动的“光荣与梦想”，而永远朝着“更快、更高、更强”的方向迈进。“成绩只能说明过去，未来一切从零开始”，则生动地体现了崇尚创新的精神。在体制和机制上，奥林匹克运动有着极为严格的设计和规定，包括运动员、教练员、裁判员和体育官员各个系列职能的截然区分；最大限度地保证运动员之间的公平竞争；给优胜者和新纪录创造者以极高的荣誉并载入史册，同时，又不失“重在参与”的宽容精神和“团结、友谊、进步”的和谐精神等。总之，在那里，我们能清晰地看到一种最大限度地激励人们去勇攀体育高峰的文化，一种催人奋进和蓬勃向上的文化，一种公平竞争的文化，一种宽容和谐的文化。这种激励可真正称得上是一种人文激励。它不仅来自体育领域，而且来自全社会。

相比之下，在科研领域，以人为本和崇尚创新的理念和价值并没有那么明晰：例如，官本位的现象还比较严重；创新的概念往往为实证化的论文和项目的数量，以及资金多少所取代。在体制和机制上，也没能做到像奥林匹克运动那样，运动员、教练员、裁判员和体育官员各个系列的截然区分，有的既当“运动员”，又当“裁判员”，还当“体育官员”，还存在较为严重的“马太效应”现象，因而难以真正体现公平竞争的精神。而面面俱到的烦琐的考核指标，既不能体现勇于创新的英雄主义精神，又缺乏允许失败的宽容精神，而且，往往易于分散科研人员的时间和精力，使人们在追求面面俱到的指标中疲于奔命，可能失去宝贵的创新机遇。其实，科学追求的是有所发现、有所创造和有所前进，正如奥林匹克运动追求“更快、更高、更强”一样，那些低水平的没有创新意义的论文和项目对于科学进步来说是没有意义的。与其追求低水平的面面俱到的论文和项目的数量和指标，倒不如索性将“创新”作为唯一的标准，即主要看其在理论上有何重要突破，或者有重要的技术创新和应用价值，从而让科研人员放下包袱去追求更高的科研目标和人生境界，正如让奥林匹克运动员在其最擅长的领域和项目中专心致志地去追求更高的竞技目标和人生境界一样。当然，在最大限度地激励人们去取得成功的同时，也要对其失败给以最大限度的宽容。

总之，新的科研管理观不仅主张将以人(创造者)为本和崇尚创新当作科研管理最核心的价值理念，而且强调要将这种价值理念真正融于科研体制和机制中，变成整个科研领域乃至全社会的意志和精神，从而形成一种最大限度地激励人们创新的文化，让人们在激励中去创新，在创新中获得自由、解放和幸福。

第五节　科学·文化·生命

一般说来，在人文艺术领域，人们往往非常关注个体生命的生存处境和心灵体验，关注艺术生活的人文化，以致艺术哲学在本质上就是一种生命哲学、诗性哲学或人文哲学。

的确，人文化的艺术生活对于艺术家的创造或创新来说，是至关重要的。正是这种丰富多彩的人文化的艺术生活，在很大程度上孕育着艺术家的理想、境界和信念，点燃着艺术家的情感、意志和激情，激发着艺术家的灵感、直觉和想象，激励着艺术家去创造更多更好的作品。从某种意义上可以说，人文化的艺术生活不仅是艺术创造的源泉，更是艺术家创造力的源泉。要是没有人文化的艺术生活，即既没有宽容、自由和个性化的创作空间，又没有灵性、诗意和刻骨铭心的心灵体验，要让艺术家创造令世界感动的作品，那是极为困难的。从这个意义上说，人文化的艺术生活即是艺术家的生存方式。没有这种生存方式，就没有真正意义上的艺术家和艺术本身。

然而，在科学领域，人们往往很少关注个体生命的生存处境和心灵体验，很少关注科学生活的人文化，以致科学哲学在本质上就是一种实证哲学、逻辑哲学或分析哲学，几乎没有任何生命哲学、诗性哲学或人文哲学的气息。理论是如此，实践更是如此。科学生活的人文缺失，已是当代科学实践所要反思的一个重要问题。科学生活人文缺失的根源是什么？科学是否也具有其人文本性？应当树立什么样的科学观、科学哲学观和科学价值观才能促使科学生活回归其人文本性？这是本节所要思考的一系列问题。

一、知识论的缺陷

科学生活的人文缺失，显然同当代流行的并占有统治地位的知识论的科学观和科学哲学密切相关。

所谓知识论的科学观，就是用知识论的观点来理解科学，将科学看作一种与生命个体无关的纯粹客观的知识，而不是用文化论的观点来理解科学，将科学看作一种由无数生命个体创造的文化，知识只是这种文化的结晶。于是，它所关注的往往只是科学的实证性、逻辑性和分析性，而大大忽视了科学的思想性、创造性和人文性。因此，建立在这种科学观基础之上的科学哲学必然是一种实证哲学、逻辑哲学或分析哲学，必然同生命哲学、诗性哲学或人文哲学无关，因而也必然同人文化的科学生活或科学生活的人文化这一主题无关。

逻辑实证主义不仅是这种知识论的科学观的典型，而且也是这种知识论的科学哲学的典型。在逻辑实证主义者的视野中，科学不仅是一种知识体系，而且是唯一的知识体系。在这方面，石里克曾经有过经典的表述，他说：

> 每一门科学(我们用这个词是指它的内容,而不是指人们为取得这个内容而做的实际活动)都是一个知识体系,即真的经验命题的体系；而全部科学，包括日常生活中的命题在内，都是知识的体系，在这以外，再没有一个‘哲学的’真理的领域。①

这段话包含以下三层含义：其一，科学这个词指的是“它的内容”即科学知识，而不是指产生这些科学知识的“实际活动”，即与此相关的人和文化；其二，所有科学都是知识体系，即“真的经验命题的体系”；其三，除了科学

① 洪谦：《现代西方哲学论著选辑》（上册），商务印书馆，1993年版，第414页。

这个“真的经验命题的体系”之外，再也没有别的所谓“哲学的”真理领域了。这三层含义基本上为逻辑实证主义的科学观和科学哲学奠定了知识论的基础。

第一层含义表明，逻辑实证主义者所关注的只是科学的“内容”，即科学知识，而不是产生这些科学知识的“实际活动”，即与此相关的人和文化。这是对科学这个概念所做的一种预设和限定。这种预设和限定，是逻辑实证主义的知识论的科学观和科学哲学的基点和出发点，决定着知识论的科学观和科学哲学的基本取向和架构。

第二层含义表明，在逻辑实证主义者看来，所有科学不仅是知识体系，而且是“真的经验命题的体系”。这不仅是对科学及其本质所做的一种预设和限定，而且也是对知识及其本质所做的一种预设和限定。通过这种预设和限定，逻辑实证主义者将科学归结为知识体系，然后，又将知识体系归结为“真的经验命题的体系”。这样一来，对科学的理解最终变成了对“真的经验命题的体系”的理解；科学哲学最终变成了关于“真的经验命题的体系”的哲学，于是，逻辑实证主义应运而生。因为要保证经验命题及其体系的“真”，主要靠两条：一是靠“实证”；二是靠“逻辑”。用石里克的话来说，“作为合理的、不可辩驳的‘实证论’的哲学方向的内核”就是，“每个命题的意义完全依存于给予的证实，是以给予的证实来决定的”。此外，还要“给实证论加上一个可以辨别的形容词，即称为逻辑的或者逻辑司蒂的实证论。”①

第三层含义表明，只有科学才是“真的经验命题的体系”，而哲学并不属于这一体系。这是从科学与哲学的分野这个角度，对科学与哲学及其相互关系所做的进一步预设和限定，强调“哲学不是一种知识的体系，而是一种活动的体系”②。哲学即“那种确定或发现命题意义的活动。哲学使命题得到澄清，科学使命题得到证实。科学研究的是命题的真理性，哲学研究的是命题的真正意义”③。这样一来，逻辑实证主义者不仅预设和限定了科学的性质、任务和界限，而且也预设和限定了哲学的性质、任务和界限。在他们那里，

① 洪谦：《现代西方哲学论著选辑》（上册），商务印书馆，1993年版，第437页。
② 洪谦：《现代西方哲学论著选辑》（上册），商务印书馆，1993年版，第414页。
③ 洪谦：《现代西方哲学论著选辑》（上册），商务印书馆，1993年版，第414页。

科学与哲学二者有着本质的区别，这种区别是知识论意义上的，即科学是“知识的体系”，而哲学则不是，它只是“活动的体系”。然而，二者之间又有着紧密的联系，这种联系也是知识论意义上的，即“科学研究的是命题的真理性，哲学研究的是命题的真正意义”。也就是说，在他们那里，不仅科学观是知识论的，而且哲学观也是知识论的。尽管哲学不是“知识的体系”，然而，它必须围绕“知识的体系”而“活动”，即澄清命题的意义。换句话说，虽然哲学不是科学知识，但它必须是“科学逻辑”。所谓“哲学的转变”，其实就是以“科学逻辑”代替形而上学。因为在他们看来，在形而上学中，包括“全部价值哲学和规范理论”在内的“全部断言陈述全都是无意义的”[①]。

尽管逻辑实证主义曾经遭到猛烈的批判，但是，它的知识论的科学观和科学哲学观至今尚有根深蒂固的影响，以致科学哲学的主流和总的定位依然是知识论的逻辑哲学或分析哲学，依然还是将科学仅仅看作波普尔所说的“客观知识”或“第三世界”，依然还是将科学哲学仅仅当作波普尔所说的“没有认识主体的认识论”。

当然，要理解科学，首先需要理解作为科学成果的知识体系及其本质。科学成果是科学之所以成为科学的伟大标志。离开科学成果来理解科学，正如离开艺术成果来理解艺术一样，显然是不得要领的。然而，应当看到，知识毕竟只是科学的成果，而不是完整意义上的科学（文化活动）本身，因而知识论充其量只是科学成果论，而不是完整意义上的科学（文化活动）论。因此，从知识和知识论的角度来理解整个科学和科学哲学，其局限、缺失和偏颇是不言而喻的。

知识论的科学观和科学哲学的最大问题在于：它不是从文化论的广阔视野中来理解科学及其知识，即将科学看作人类的历史的文化活动、人创造的文化，将科学知识看作文化与生命的结晶，而是从知识论的狭隘视野中来理解科学及其知识，即切断科学的文化之根和生命之根来理解科学，切断知识的文化之根和生命之根来理解知识，于是，知识变成了科学最根本的东西，而创造科学及其知识的人、文化和生命变成了可以忽略不计的东西。殊不知离开文化之根和生命之根的科学，只是一种没有文化和生命的科学；离开文

① 洪谦：《逻辑经验主义》，商务印书馆，1989 年版，第 13 页。

化之根和生命之根的知识，只是一种没有文化和生命的知识；而离开文化之根和生命之根的科学哲学，也只是一种没有文化和生命的科学哲学。因此，从根本上说，这是一种以知识为中心或以知识为本的科学观和科学哲学，而不是以人为中心或以人为本的科学观和科学哲学。

这种科学观和科学哲学的后果是，科学与文化的分离，科学与生命的分离，科学世界与人文世界的分离。于是，科学与人文似乎是两个截然不同的世界：艺术同人、文化和生命息息相关，它源于生活并且离不开活生生的生活，以致艺术即人文、生命和生活；相反，科学似乎同人、文化和生命无关，它并非来自生活，并且可以脱离活生生的生活，以致科学即逻辑、实证和“真的经验命题的体系”。这样一来，科学仿佛变成了脱离人和文化母体的客观存在，变成了脱离生命的逻辑抽象；科学家似乎只是关于逻辑和实证的机器，没有内在的精神世界，也不需要有这种精神世界；哲学家不需要关注作为科学命脉的人、文化和生命，只需要关注其命题有否意义。由此可见，这种知识论的科学观和科学哲学，是导致科学生活人文缺失的重要根源。

二、工具论的偏颇

科学生活的人文缺失，也同当代流行的并占有统治地位的工具论的科学观和科学价值观密切相关。

所谓工具论的科学观，就是用工具论的观点来理解科学，将科学看作一种与生命个体无关的纯粹外在的工具，而不是用文化论的观点来理解科学，将科学看作对大多数生命个体有着深切意义的文化，工具性只是这种文化的诸多功能和价值之一。于是，它所关注的往往只是科学的技术价值、经济价值和功利价值，而大大忽视了科学的思想价值、精神价值和人文价值。这种科学观和科学价值观在培根那里就已经有了比较完备的形态。

工具论和知识论是两种既相互联系又相互区别的科学观。我们从培根的“知识就是力量”的名言中，不难看出二者的相互联系：工具论者首先将科学归结为知识；然后，看到知识作为工具的力量。因此，从某种意义上说，工具论也是一种知识论，或者更确切地说，是以知识论为基础的。没有知识论，工具论便无从谈起。

然而，工具论并不满足于知识论。二者的根本区别在于，知识论的科学观往往蕴含“为科学而科学”或“为知识而知识”的价值观，它所追求的是科学或知识的真理性；而工具论的科学观则往往蕴含“为效用而科学”或“为效用而知识”的价值观，它所追求的是科学或知识的有用性。也就是说，前者往往将科学或知识本身当作目的，而后者则往往将科学或知识看作服务于外在效用的工具或手段。从这个意义上说，这两种科学观不仅有所区别，而且甚至是相互对立的。

培根早就对那种“为科学而科学”的价值观不以为然。他认为，即使“有人以诚实的爱情为科学而追求科学”，其目的还在于“五花八门的思辨和学说”；又即使“偶然有人确以诚意来追求真理”，也并不是“那种足以导致事功的新保证和原理的新光亮的真理”[①]。他认为，过去的科学之所以进步极小，关键是目标没有摆正。“科学的真正的、合法的目标”只有一个，那就是“把新的发现和新的力量惠赠给人类生活。”[②]在他那里，目标与方法是统一的：工具论既是一种目的论，又是一种方法论。他将把科学作为一种“新工具”惠赠给人类生活；与此同时，他又要为科学寻找一种“新工具”作为方法论推进科学的进步，从而摆脱那种使科学停滞不前的“雇佣化的和论道式的”研究方式。

的确，这种工具论的科学观和科学价值观对于克服经院哲学那种脱离实际、空洞教条的“论道式的”学术毛病，让科学面向社会现实，解决实际问题，从而在使科学造福于人类的同时，也使科学从社会获得毋庸置疑的合法性和巨大的推动力，有着不可估量的重大意义。从某种意义上可以说，正是这种工具论的科学观和科学价值观，指引科学从崎岖小径很快走上了康庄大道。在当代，科学之所以在全社会占有无与伦比的崇高地位，显然在很大程度上取决于它作为“新工具”的巨大的社会功能和社会价值，让人们越来越切实感受到知识的力量。简言之，工具论的科学观和科学价值观的意义在于，一方面，它有助于使科学成为推动社会进步的伟大力量；另一方面，它又有助于使社会成为推动科学进步的伟大力量。

---

① 培根：《新工具》，许宝骙译，商务印书馆，1984 年版，第 59 页。

② 培根：《新工具》，许宝骙译，商务印书馆，1984 年版，第 58 页。

然而，应当看到，工具论的科学观和科学价值观只强调科学的外在目的、意义和价值，而大大忽视了科学的内在目的、意义和价值；只强调科学的技术、经济和功利的目的、意义和价值，而大大忽视了科学的思想、精神和人文的目的、意义和价值，因而其局限、缺失和偏颇也是不言而喻的。

工具论的科学观和科学价值观的最大问题在于：它同样不是从文化论的广阔视野中来理解科学及其价值，即将科学看作人类的历史的文化活动，看作人创造的文化。这种文化既有其内在的目的、意义和价值，又有其外在的目的、意义和价值，而工具性只是诸多外在的目的、意义和价值之一；相反，只是从工具论的狭隘视野中来理解科学及其价值，将科学仅仅归结为服从外在的目的、意义和价值的手段和工具，从而不仅从根本上抹杀了科学自身内在的目的、意义和价值，而且也从根本上抹杀了科学外在的其他诸如思想、精神和人文等多方面的目的、意义和价值。如果说，在知识论的科学观和科学哲学那里，似乎还保留着某些“为科学而科学”、“为知识而知识”的文化气息和文化色彩的话，那么，在工具论的科学观和科学价值观那里，连这些文化气息和文化色彩也已经荡然无存。

这种科学观和科学价值观的后果是，进一步加剧科学与文化的分离、科学与生命的分离、科学世界与人文世界的分离。如果说，知识论的科学观和科学哲学倾向于将科学归结为与人、文化和生命无关的“真的经验命题的体系”的话，那么，工具论的科学观和科学价值观则更进一步将科学归结为与人、文化和生命无关的外在世界的工具。如果说，前者从知识的角度将人类文化切割成科学(认识)与人文(体验)两个截然不同的世界的话，那么，后者则从工具的角度进一步强化了这两个世界的区分：似乎科学世界是一个纯粹客观的技术世界，而人文世界则是一个纯粹主观的精神世界。他们的共同点是：二者都从根本上切断了科学的文化之根和生命之根；不同点是：前者基本上将科学看作知识理性的世界，而后者则基本上将科学看作工具理性的世界。这样一来，科学仿佛变成脱离人和文化的客观存在，变成了脱离生命的逻辑工具；在这个工具理性的世界中，不仅知识是一种工具，而且创造知识的人也变成了一种工具。于是，培根所说的科学“雇佣化的”毛病不仅难以克服，反而被大大强化了。由此可见，这种工具论的科学观和科学价值观，也是导致科学生活人文缺失的重要根源。

三、科学的人文本性

为什么对艺术和科学的理解有如此之大的反差呢？关键是，人们对科学的理解，往往从科学的最终成果及其效用出发来理解，于是，得出知识论和工具论的结论。其实，艺术也有其最终成果并且也有其工具价值，然而，人们往往并不局限于从其最终成果及其效用的角度来理解艺术，而更多地将艺术理解为人的一种生存方式或生活方式。这就是对艺术和科学的理解有如此之大反差的重要根源。

如果超越知识论和工具论的狭隘视野，同样将科学看作人的一种生存方式或生活方式，从科学的文化之根和生命之根出发来理解科学，那么，我们就会惊奇地发现，如同艺术一样，科学也有其深刻的人文本性。因此，科学生活的人文化对科学来说是何等重要，以致它就是科学的生命。

人为什么要从事科学？其动因是什么？许多西方学者往往归因于好奇心。例如，萨顿说，作为"人类最深刻的品性之一"的好奇心，"也许是科学知识的主要动力"。因此，"需要称之为技术(发明)之母，而好奇心则是科学之母"[①]。虽然这种概括已触及了科学的人性，但未免过于简单和浅显。

爱因斯坦曾经对"探索的动机"做过较为全面而深刻的阐述。他认为，在科学的殿堂里有两类人：一类是为了娱乐，从中寻求"超乎常人的智力上的快感"，"生动活泼的经验和雄心壮志的满足"；另一类人则是出于"纯粹功利的目的"[②]。然而，这两类人还不是科学的中坚力量。光靠他们，科学就根本不会存在，好比只有蔓草就不会有森林。因为对于他们来说，是否搞科学而最终成为科学家，完全取决于机会和环境。只要有机会，他们也会去干别的任何事情，如成为工程师、官吏或商人。因此，这两类人待在科学的殿堂似乎还不够格，天使还要把他们赶出去。[③]

那么，科学的中坚力量是哪些人呢？爱因斯坦说，他们大多是"相当怪癖、沉默寡言和孤独的人"，而且这些人极富有个性，"彼此之间很不一样"，

---

① Sarton G，*A History of Science*. London：Oxford University Press, 1953, p. 16.

② 爱因斯坦：《爱因斯坦文集》第一卷，许良英等译，商务印书馆，1976年版，第100页。

③ 爱因斯坦：《爱因斯坦文集》第一卷，许良英等译，商务印书馆，1976年版，第100～101页。

而不像前两类人往往“彼此相似”[①]。他们对科学怀有两种动机。

一种是“消极的动机”：“把人们引向艺术和科学的最强烈的动机之一，是要逃避日常生活中令人厌恶的粗俗和使人绝望的沉闷，是要摆脱人们自己反复无常的欲望的桎梏。”[②]他认为，“一个修养有素的人总是渴望逃避个人生活而进入客观知觉和思维的世界”。这种逃避好像城里人渴望离开“喧嚣拥挤的环境，而到高山上去享受幽静的生活”，“陶醉于那似乎是为永恒而设计的宁静景色”[③]。

另一种是“积极的动机”：“人们总想以最适当的方式来画出一幅简化的和易领悟的世界图像；于是他就试图用他的这种世界体系来代替经验的世界，并来征服它。”[④]在爱因斯坦看来，“这就是画家、诗人、思辨哲学家和自然科学家所做的，他们都按自己的方式去做”。每一个人“都把世界体系及其构成作为他的感情生活的支点，以便由此找到他在个人经验的狭小范围里所不能找到的宁静和安定”[⑤]。

从爱因斯坦的阐述中，我们不难领悟科学的人文本性及科学生活人文化的最深刻的含义。

其一，科学同艺术一样，从根本上说也是人的一种生存方式或生活方式。尽管有许多人搞科学纯粹取决于机会和环境，但是，他们只不过是森林中的“蔓草”，并不能代表科学。对于那些伟大的科学家来说，科学是他们唯一的不能不选择的生存方式或生活方式。他们仿佛就是为科学而生的，科学就是他们的生命；正如艺术是那些伟大的艺术家唯一的不能不选择的生存方式或生活方式一样，他们仿佛就是为艺术而生的，艺术就是他们的生命。正是由于一代又一代的伟大科学家义无反顾地选择科学作为自己的生存方式或生活方式，科学才会变成“茂密的森林”，而不仅仅只有“蔓草”。

其二，选择科学的生存方式或生活方式，如同选择艺术的生存方式或生活方式，在本质上是一种精神的和文化的选择，而不是一种物质的和功利的

① 爱因斯坦：《爱因斯坦文集》第一卷，许良英等译，商务印书馆，1976年版，第101页。
② 爱因斯坦：《爱因斯坦文集》第一卷，许良英等译，商务印书馆，1976年版，第101页。
③ 爱因斯坦：《爱因斯坦文集》第一卷，许良英等译，商务印书馆，1976年版，第101页。
④ 爱因斯坦：《爱因斯坦文集》第一卷，许良英等译，商务印书馆，1976年版，第101页。
⑤ 爱因斯坦：《爱因斯坦文集》第一卷，许良英等译，商务印书馆，1976年版，第101页。

选择。尽管科学具有巨大的工具价值和功利价值，但是，那些伟大科学家的内心世界是非常人文的。科学对于他们来说，就是令人陶醉的宁静的精神家园，在那里，他们以科学独有的方式尽情地描绘着“世界图像”，正如艺术家也将艺术看作自己的精神家园，在那里，他们以艺术独有的方式尽情地描绘着“世界图像”一样。在这里，我们不难理解爱因斯坦所说的“科学是为科学而存在的，就像艺术是为艺术而存在的一样”[①]其深刻的人文意蕴。

其三，科学的生存方式或生活方式，如同艺术的生存方式或生活方式，其人文意义并非是肤浅的，而是深刻的，都直达生命之根。那些伟大的科学家们并不满足于将科学当作自己特殊的娱乐，从而从中得到“智力上的快感”、“生动活泼的经验”和“雄心壮志的满足”，而是将科学当作自己的生命。于是，爱因斯坦说：“促使人们去做这种工作的精神状态是同信仰宗教的人或谈恋爱的人的精神状态相类似的；他们每天的努力并非来自深思熟虑的意向或计划，而是直接来自激情。”[②]这让我们再一次想起尼采的话：“艺术是生命的最高使命和生命本来的形而上活动。”[③]“艺术家的至深本能岂非指向艺术，更确切地说，指向艺术的意义——生命？指向生命的热望？——艺术是生命的伟大兴奋剂。”[④]其实，科学何尝不是如此呢？！

那些为建造科学殿堂做出杰出贡献的科学大师和那些为建造艺术殿堂做出杰出贡献的艺术大师一样，其最深刻的动机和目的是内在的而不是外在的，是人文的而不是功利的，都直接源于生命，源于生命的至深本能与崇高的理想、精神和境界，那就是不满生活的平庸、粗俗和喧闹，而渴望为生命找到一个高尚、宁静和自由的精神家园，在那里去尽情描绘一幅幅“简化的和易领悟的世界图像”，从中领悟其“先定的和谐”。渴望看到这种“先定的和谐”，是科学家生命的最高使命，也是他们来自生命深处的“无穷的毅力和耐心的源泉”[⑤]。

爱因斯坦说，在造诣较深的科学家中间几乎每一个人都有自己的“宗教

① 爱因斯坦：《爱因斯坦文集》第一卷，许良英等译，商务印书馆，1976年版，第285页。
② 爱因斯坦：《爱因斯坦文集》第一卷，许良英等译，商务印书馆，1976年版，第103页。
③ 尼采：《悲剧的诞生》，周国平译，生活·读书·新知三联书店，1986年版，第2页。
④ 尼采：《悲剧的诞生》，周国平译，生活·读书·新知三联书店，1986年版，第325页。
⑤ 爱因斯坦：《爱因斯坦文集》第一卷，许良英等译，商务印书馆，1976年版，第103页。

感情”。这种“宗教感情所采取的形式是对自然规律的和谐所感到的狂喜的惊奇，因为这种和谐显示出这样一种高超的理性，同它相比，人类一切有系统的思想和行动都只是它的一种微不足道的反映”。于是，“只要他能够从自私欲望的束缚中摆脱出来，这种感情就成了他生活和工作的指导原则”①。由此可见，科学对于那些为建造科学殿堂做出杰出贡献的科学大师，如同艺术对于那些为建造艺术殿堂做出杰出贡献的艺术大师一样，其最深刻的意义和价值也是内在的而不是外在的，是人文的而不是功利的，都直接指向生命，指向生命的热望，直达生命的形而上层面，从而实现科学的生命同科学家生命的融合。

他认为，这种“宇宙宗教感情是科学研究的最强有力、最高尚的动机”②。而“艺术和科学的最重要的功能”就是，“在能够接受这种感情的人中间，把这种感情激发起来，并且使它保持蓬勃的生气”③。由此可见，不仅“艺术是生命的伟大兴奋剂”，科学同样也是生命的伟大兴奋剂。

总之，正是在生命的最深处，我们看到了科学最深刻的人文动力和目的，看到了科学最深刻的人文意义和价值；也正是在生命的最深处，我们看到了科学的生命同科学家的生命的融合，看到了科学的意义和价值同科学家的意义和价值的融合。

四、科学生活的人文复归

虽然从生存论、文化论和生命哲学的观点来理解科学也只是一个视角和维度，并不能以此来替代别的视角和维度，如对科学的知识论和工具论的理解，但是，应当看到，这是理解科学的一个新的视角和维度，而且是一个十分重要的视角和维度，它比别的诸如知识论和工具论的视角和维度要深刻得多，并更具有根本性的意义。因为这个视角和维度关注的是科学的文化之根和生命之根，关注的是科学内在的生命，关注的是科学的殿堂何以能够得以建造、确立和完善的根基，而知识论和工具论的视角和维度则往往从根本上

① 爱因斯坦:《爱因斯坦文集》第一卷，许良英等译，商务印书馆，1976年版，第283页。
② 爱因斯坦:《爱因斯坦文集》第一卷，许良英等译，商务印书馆，1976年版，第282页。
③ 爱因斯坦:《爱因斯坦文集》第一卷，许良英等译，商务印书馆，1976年版，第281页。

切断了科学的文化之根和生命之根，对科学的理解仅仅分别停留于其外在的形式和外在的价值层面。殊不知要是没有一代又一代的科学大师献身科学，以科学作为自己的生存方式，将自己的生命融于科学的生命，那么，科学就根本不可能存在，也不可能发展，因而知识论和工具论也无从谈起。

这种理解科学的新视角和新维度，有着十分重要的理论意义和实践意义：

从理论上看，其一，有助于突破并超越知识论的科学观和科学哲学的狭隘视野，将对科学的理解从知识延伸、拓展至整个科学文化，特别是深入探究科学及其知识的文化之根和生命之根，从而揭示科学的人文根源和人文本性，揭示隐藏在规范认识论、方法论和理论知识深层的生存论、文化论和生命哲学的意蕴。这种新视角和新维度蕴含着一种新的科学哲学观。它并不是要否定知识论的科学哲学，更不是要取消对科学知识的研究，相反，为了更加全面而深刻地理解科学及其知识，这种新的科学哲学观强调，既要重视对科学的外在形式的研究，更要重视对科学的内在生命的研究，特别是研究二者之间的深刻关联，揭示科学及其知识的文化之根和生命之根，从而构建一种新的科学哲学，实现生存论和知识论之间的有机结合。

其二，有助于突破并超越工具论的科学观和科学价值观的狭隘视野，将对科学的理解从有用的知识和工具延伸、拓展至整个科学文化，对科学的价值理解从工具价值延伸、拓展至整个科学文化的价值，特别是深入研究科学及其知识的文化之根和生命之根，从而揭示科学的人文根源和人文本性，揭示被科学的外在动力、目的、意义和价值掩盖的科学的内在动力、目的、意义和价值。这种新视角和新维度蕴含一种新的科学价值观。它并不是要否定工具论的科学价值观，更不是要忽视科学的工具价值，相反，为了更加全面而深刻地理解科学的价值，也为了更好实现科学的工具价值，这种新的科学价值观强调，既要重视研究科学的外在价值，又要重视研究科学的内在价值，特别是研究二者之间的深刻关联，揭示科学及其价值的文化之根和生命之根，从而构建一种新的科学价值观，实现生存论、文化论和生命哲学同认识论、方法论和工具论的有机结合。

从实践上看，这种新视角和新维度揭示了一个非常重要的现实问题，那就是科学生活的人文化问题。既然科学有其文化之根和生命之根，有其人文本性，那么，科学生活就应当最大限度地切近其文化之根和生命之根，切近其人文本性，因而应当最大限度地加以人文化。然而，事实上，由于受狭隘的知识论和工具论科学观的影响，也由于受科学的越来越专业化、职业化和体制化的影响，加上科学与人文两种文化的分离等多种因素，科学生活的人文化似乎已经变成了一个问题。正如萨顿早就指出的，“因为科学的进步已驱使大部分科学家更远更远地离开他们内心的堡垒，离开他们的天堂”。这样一来，“从广义来说，很多科学家已经不再是科学家”[①]。

显然，这是狭隘的知识论和工具论科学观的价值取向及其后果。无疑，这种价值取向对推动科学和经济的发展有着不可估量的重要作用，但是，其负面影响也是显而易见的，那就是使得科学生活脱离了文化之根和生命之根，变得越来越外在化和空心化，越来越离开人的内心世界，离开人的活生生的生命，以致这个时代难以造就出类拔萃的科学大师，特别是难以造就出像牛顿、爱因斯坦那样的划时代的颇有哲学家色彩的伟大科学家。于是，有人说，“小科学时代出大科学家，而大科学时代出小科学家”。尽管这种说法未免有些言过其实，但的确从某个角度提出了一个令人反思的问题。为什么存在这样的反差？究其根源，显然同当代科学生活的人文缺失密切相关。

---

① Sarton G，*A Guide to the History of Science*，Waltham：The Chronica Botanica Company，1952，p. 7.

第七章

科学教育与人文教育的融合

科学与人文两种文化的分离和对立最主要的根源之一在于，科学教育与人文教育的分离。因此，要实现科学与人文两种文化的融合，就需实现科学教育与人文教育的融合。而要实现科学教育与人文教育的融合，不仅要构建一种科学与人文相融合的人文化的科学观和科学哲学，而且还要构建一种科学与人文相融合的教育观和教育哲学，从而在推动科学教育与人文教育相融合的同时，推进科学与人文两种文化在教育理论和教育实践层面的融合。当然，人文化的科学观和科学哲学又同科学与人文相融合的教育观和教育哲学密切相关。人文化的科学观和科学哲学，必然要呼唤科学与人文相融合的教育观和教育哲学。而科学与人文相融合的教育观和教育哲学，必然要呼唤从知识教育向文化教育的转变，必然要强调在教育中更加凸显人文精神，更加凸显生命，更加凸显创新，更加凸显幸福，从而在教育层面推动科学教育与人文教育相融合的同时，又有助于推进人文化的科学观和科学哲学的构建。本章的主要内容有：①科学教育与人文教育分离的根源；②从知识教育到文化教育；③教育与人文精神；④教育与生命；⑤教育与幸福。

第一节 科学教育与人文教育分离的根源

无疑，科学的高度专门化和专业化与教育的高度专门化和专业化密切相关。一方面，科学的高度专门化和专业化的发展，有力地推动了教育的高度专门化和专业化的发展；另一方面，教育的高度专门化和专业化的发展，又大大强化了科学与人文的高度专门化和专业化，并给以规范性、合法性和神圣性。于是，科学教育与人文教育便拉开了距离，造成相互分离的局面。

一、狭隘的教育和教育观的根源

科学教育与人文教育相互分离更为深刻的根源，应当归咎于狭隘的科学观和人文观。也就是说，是狭隘的科学观和人文观导致了狭隘的教育观，于是，造成科学教育与人文教育相互分离的局面。因为教育(包括科学教育与人文教育)观念的形成,在很大程度上取决于人们对科学与人文及其相互关系的理解，即取决于人们的科学观与人文观。从这种意义上说，同教育观相比，人们的科学观与人文观往往更具有根本性的意义。要转变狭隘的教育观，首先须转变狭隘的科学观与人文观。如果我们对科学与人文及其相互关系的理解从根本上说是狭隘的，那么，我们关于教育(包括科学教育与人文教育)的观念就很难做到不狭隘。当然，我们说科学观与人文观比教育观更具有根本性的意义，并不意味着教育观对科学观与人文观不起作用。相反，狭隘的教育观念及其在教育实践中的应用，必然使得科学观与人文观更加狭隘化，而且，更加直接地促成科学与人文两种文化的分离和对立。因此，要实现科学与人文两种文化的真正融合，不仅有必要彻底转变狭隘的科学观与人文观，而且还有必要彻底转变狭隘的教育观。

事实上，科学观与人文观往往同教育观是紧密地联系在一起的。可以说，有什么样的科学观与人文观，往往就有什么样的教育观。因此，对于科学教育与人文教育相分离的教育观的根源，我们还得到导致科学文化与人文文化相分离的科学观与人文观中去寻找。

在当代，有两种科学观深深地影响人们对科学的理解：一种是实证主义的科学观；另一种是功利主义的科学观。与这两种科学观相呼应，也有两种文化观(人文观)深深地影响着人们对人文的理解：一种是现代西方人本主义的文化观(人文观)；另一种是现代新儒家的文化观(人文观)。现在看来，这两种科学观和两种人文观不仅是导致科学文化与人文文化相互分离和对立的重要根源，而且也是导致科学教育与人文教育相分离的重要根源。

二、狭隘的科学观对教育和教育观的影响

实证主义科学观和功利主义科学观对现代教育和教育观，产生着根深蒂固和举足轻重的影响。

首先，实证主义的科学观对现代教育和教育观的影响尤为突出。

以逻辑实证主义为代表的实证主义者关于科学世界与人文世界、认识与体验、事实与价值、语言的表述与表达之间的截然区分，以及对所谓“形而上学”的拒斥，无不对现代教育和教育观产生重大影响。在逻辑实证主义者的视野里，科学以认识世界为目的，它表述的是经验事实，并通过数学计算和经验证实的方法，建立起各种世界秩序的体系，因而在认识上是有意义的；而一切诗歌、艺术等非科学文化则以体验世界为目的，其依据是价值判断，采用的是表达性语言。这种语言虽有丰富的想象与兴奋的情绪，并能以此感染别人，但是，并没有表述任何经验事实，因而在认识上是无意义的。[①]在这里，逻辑实证主义者不仅表明了一种鲜明的科学观，而且也表明了一种鲜明的人文观。在这种狭隘的实证主义科学观和人文观的影响下，势必形成一种狭隘的实证主义科学教育观与人文教育观，从而导致科学教育与人文教育的彻底分离。

实证主义对现代教育和教育观的影响是多方面的，并且是根深蒂固的。最主要的影响包括以下几个方面。

其一，促使教育过于专门化和过早专业化。爱因斯坦批评的教育制度的“过早专业化”和弗兰克批评的“过于专门化的科学家的教育制度”其根源，还是同实证主义的科学观密切相关。因为用胡塞尔的话来说，在实证主义那里，“科学观念被实证地简化为纯粹事实的科学”[②]。因此，物理学当然只需关注物理学的“事实”，化学只需关注化学的“事实”，生物学也只需关注生物学的“事实”……这样一来，不仅自然科学与人文学科之间的联系被切断

---

① 孟建伟：《论科学的人文价值》，中国社会科学出版社，2000年版，第47～48页。

② 埃德蒙德·胡塞尔：《欧洲科学危机和超验现象学》，张庆熊译，上海译文出版社，1988年版，第5页。

了，而且，甚至各门学科下面的各分支学科之间的联系也可能被切断。这就是导致教育过于专门化和过早专业化的一个重要根源。在实证主义教育观的支配下，原先只具有相对意义的关于学科门类和专业的划分，变成了绝对的截然分明的界线，学生们从大学开始就被锁定在某一个门类和某一个专业的范围内(我国不少地区甚至在中学时就将学生分为文科和理科两类)。这种过于专门化和过早专业化的教育，从表面上看，似乎有利于竞争，但事实上却严重影响了大多数学生在文化上的全面而自由的发展。

其二，促使教育过于实证化和技术化，而忽视人文性和创造性。实证主义科学观的一个重要特点就是，强调科学的实证性，强调科学的证实或辩护过程，而忽视科学的人文性，忽视科学的发现或创造过程。在逻辑实证主义那里，科学似乎变成了“观察陈述”和“经验命题”的堆积；科学方法论则变成了“狭义的逻辑，即形式主义的算法或半算法系统”，成了“半机械的、内容十分贫乏的东西”[①]；而科学发展过程变成了“中国套箱式”的“真的经验命题”的积累过程。这样一来，科学似乎是一项纯粹客观的事业，成了一种超越人类历史和文化母体的“事物”，是由“理性机器”生产出来的产品：它与人的思想和精神活动并没有多大关系，与人的价值观念并没有多大关系，因而与人的创造精神并没有多大关系。这就是导致教育过于实证化和技术化的一个重要根源，更进一步说，也是导致我们今天所说的“应试教育”的一个重要根源。

在实证主义教育观的支配下，人们将科学教育理解为关于科学证实或辩护过程的教育，理解为关于纯粹技术性的逻辑推演和数学证明的教育，因而教育的重要手段就是无穷无尽的考试，以及围绕考试的教学和为了应试的练习。当然，不能将“应试教育”与“素质教育”完全对立起来。因为“应试教育”在某种意义上说也在培养学生的某些方面的素质和能力，例如，逻辑推演和数学计算方面的素质和能力。但是，它的缺陷和偏颇是十分明显的：与实证主义科学观相呼应，它所重视的只是培养科学证实或辩护方面的素质和能力，而大大忽视了培养科学发现或创造方面的素质和能力；只重视关于科学的实证性和技术性方面的教育，而大大忽视了关于科学的人文性和创造

① 江天骥：《当代西方科学哲学》，中国社会科学出版社，1984 年版，第 57 页。

性方面的教育。显然，这种教育模式不仅是片面的，而且方向不对头。因为如果将科学活动分解为发现和创造、证实和辩护两个方面，那么，科学活动的中心任务首先应当是发现和创造，其次才是证实和辩护，因而科学教育也应当首先关注培养学生在科学发现和创造方面的素质和能力，然后才关注培养学生在科学证实和辩护方面的素质和能力。当然，科学发现和创造与科学证实和辩护的过程二者往往是不可分割地联系在一起的。这就是说，在科学证实和辩护方面的训练也会有助于科学发现和创造，但是实证主义教育观的偏颇性和危害性是不言而喻的。至少，它不仅没有充分关注培养学生的创造精神，反而有可能大大扼杀这种精神。

应当看到，实证主义科学观对教育的影响是极其深远的。由于实证主义与科学主义密切相关，而科学主义自近代以来在文化观和教育观中长期占有统治地位，所以，实证主义不仅深刻地影响自然科学的教育，而且也深刻地影响人文科学与社会科学的教育，结果导致不仅自然科学教育缺乏人文性，而且甚至连人文科学与社会科学的教育也缺乏人文性。例如，一个非常值得关注的现象是，不仅理工科教育普遍存在着过于实证化、技术化和“应试教育”的问题，而且文科教育也同样普遍存在着过于实证化、技术化和“应试教育”的问题。可见，实证主义科学观对现代教育的影响的确是根深蒂固的。

其次，功利主义的科学观对现代教育和教育观的影响也是非常突出的。

功利主义科学观有两个最显著的特点。一是工具主义。这种科学观注重的是科学的工具价值、技术价值和功利价值，并从科学的效用这个角度来评价科学。用约翰·齐曼的话来说，“这种观点从根本上说是把科学看作一种实现目标的手段，而不是获得知识”[①]。二是科技主义。所谓科技主义，是一个与科学主义既相互联系又相互区别的概念。它们都十分突出地强调科学的特殊性和重要性，强调科学在整个文化中的至高无上的地位，都同实证主义的观点有着紧密的关联。然而，科学主义主要是从认识的角度和文化的角度来强调科学的特殊性和重要性；而科技主义则主要是从技术的角度、技术的社会功能或社会价值的角度来强调科学的特殊性和重要性。因此，从某种意义上说，科技主义实质上就是一种技术主义。

① 约翰·齐曼：《元科学导论》，刘珺珺等译，湖南人民出版社，1988 年版，第 163 页。

功利主义科学观对现代教育和教育观的影响也是多方面的和根深蒂固的。其主要影响包括以下几个方面。

其一，不仅进一步强化科学教育与人文教育的分离，而且还有可能进一步导致科学教育与技术教育的分离，从而形成重视工科、轻视理科、漠视文科这样一种教育结构和局面。一方面，功利主义科学观与实证主义科学观有着紧密的联系。如果说，逻辑实证主义的科学主义的科学观从认识的角度将整个人类文化切割成认识(科学)与体验(人文)两个截然不同的世界的话，那么，功利主义的科技主义的科学观则从技术的角度进一步强化了这两个世界的截然区分：似乎科学世界是一个纯粹客观的技术世界，而人文世界则是一个纯粹主观的精神世界。这种观念反映到教育上来，势必进一步导致科学教育与人文教育的分离。另一方面，由于功利主义科学观的工具主义倾向，它所看重的事实上并不是科学理论，而是可应用的技术，并用效用这个角度来评价科学，于是，科学世界本身似乎又被划分为两个层面：一是抽象的理论；二是实用的技术。它所特别关注和感兴趣的是后者，而不是前者。这种观念反映到教育上来，有可能进一步导致科学教育与技术教育的分离，从而形成重视工科、轻视理科、漠视文科这样一种教育结构和局面。

其二，使教育更进一步技术化、功利化和平庸化，越来越失去其人文意义。功利主义科学观的技术导向和功利导向，必然引导教育更进一步走向技术化和功利化。如果说，实证主义科学观往往只关注现有的科学理论的证实与辩护的逻辑，而不关注科学的发现与创造过程的话，那么，功利主义科学观则往往连对现有的科学理论的证实与辩护的逻辑也不感兴趣，它所关注的只是纯粹有用的技术。这种观念反映到教育上来，必然导致教育的过于经验化、平面化，甚至庸俗化。如果说，实证主义所主张的实证精神，还体现着对知识的客观性、确定性、严密性和精确性的追求的话，那么，功利主义则进一步将这种实证精神狭隘化了，变成了一种对单纯技术的客观性、确定性、严密性和精确性的追求，这样一来，不仅使教育更加远离人文，而且也使教育逐渐远离科学，从而远离对人的充分培养和教育这个主题。

当然，如同功利主义科学观一样，功利主义教育观也有其合理性。例如，它有助于将教育、技术和社会紧密地联系在一起，在通过技术推动社会进步的同时，也使教育从社会需要中获得巨大的动力和支持，从而推动教育的巨大发展。的确，功利主义教育观还有着广泛的社会基础。从大的方面说，国家与社会需要大量实用型的专门技术人才；从小的方面讲，在技术型社会里，个人需要有技术专长，才有利于求职、就业和生存。因此，将人培养成为具有专门技术的对社会有用的人，并不是功利主义教育观的过错。功利主义教育观的缺陷和偏颇在于：第一，它对“有用”做了过于狭隘的、肤浅的理解，只强调技术的有用性，而忽视了比技术更深层的知识的有用性。这种知识也许对人的素质和能力更起着决定性的作用；第二，它将“有用”看作是唯一的目的，而大大忽视了人的自身发展。事实上，人不仅仅只是手段，更重要的是，人也是目的。因此，教育不仅要关注人对社会的有用性，更要关注人自身的全面而自由的发展。而且，纯粹为了“有用”的教育往往是极其肤浅的，它触及不到知识的深层和人的心灵；而一旦上升到人自身的全面而自由的发展这个境界，真正触及知识的深层和人的心灵，就会变成无穷的想象力和创造力，就会充分体现人的有用性。

三、狭隘的人文观对教育和教育观的影响

与实证主义科学观和功利主义科学观相比，现代西方人本主义的人文观和现代新儒家的人文观的影响似乎要小一些。这也许同科学主义思潮长期占有支配地位有关，也同社会的功利化倾向有关。然而，这两种人文观对现代教育和教育观的影响，也是巨大而深刻的。

首先，现代西方人本主义的人文观对现代教育和教育观的影响不可低估。

现代西方人本主义的人文观有两个最显著的特征。一是反科学主义或反科技主义。它也把科学归结为“实证主义”和“功利主义”，并将其置于人文精神的对立面予以批判。二是非理性主义。与科学主义或科技主义的立场截然相反：它强调只有非理性的生命体验、情感、意志、本能等才是最真实的存在，是人的本质，而科学与理性只不过是人类意志的工具，并无实在的意义。也就是说，人本主义者同样将认识(科学)与体验(人文)归为两个截然不同的世界，但与科学主义者或科技主义者持截然相反的立场：后者强调的是，只有科学世界在认识上或技术上是有意义的，而人文世界在认识上或技术上

是无意义的；而前者则强调，只有体验(人文)世界才是真正的存在，认识(科学)世界不但并无实在的意义，反而同人和人文精神是相对立的。[①]

这种人文观反映到教育上来的直接后果如下。

其一，进一步扩大科学教育与人文教育的距离。也许，这种人文观对于克服实证主义和功利主义对教育的负面影响，提高人文教育在整个教育中的地位，会起到某种促进作用，但它不但不利于科学文化与人文文化、科学教育与人文教育之间的融合，反而进一步加剧了科学文化与人文文化、科学教育与人文教育之间的分离和对立。很明显，像C.P.斯诺所描绘的“两种文化”的对立，显然不仅同实证主义、功利主义的科学观和教育观密切相关，而且也同现代西方人本主义的人文观和教育观密切相关。于是，形成“两个极端的集团”，尽管“他们的聪明程度不相上下，种族一样，社会出身无多大差别，并且收入也相近”，但是遗憾的是，“他们几乎完全停止相互交往，而且在智力、道德或心理氛围方面如此缺乏共同性，以致他们宁可去横渡一个海洋，也不愿走一条从奔灵顿馆或南肯辛顿到切尔西的道路”[②]。

其二，导致人的单向度的片面发展。尽管现代西方人本主义者以“人”的名义提出他们的人文观，但这个“人”并非是一个完整的人，而只是一个非理性的人。在这种狭隘的人文观和教育观的支配下，势必导致人的单向度的片面发展。如果说，在实证主义和功利主义的科学观和教育观支配下培养出来的人，往往是缺乏人文素养的过于机械的理性的人或技术的人的话，那么，在现代西方人本主义人文观和教育观支配下培养出来的人，则往往是缺乏科学素养的过于情感化的非理性的人。正如C.P.斯诺所描绘的，对于前者来说，他们同传统文化的联系非常薄弱，就像蜻蜓点水触碰一下而已。他们对大多数文人如获至宝的书籍不感兴趣。对于小说、历史、诗歌和戏剧，他们几乎什么都不感兴趣。这样一来，“他们的想象力受到严重限制，而且使自己变得非常贫乏”[③]。对于后者来说，也许更为贫乏：他们将传统文化等同于整个“文化”，仿佛自然规律和秩序并不存在；仿佛对自然规律和秩序的探索，

① 孟建伟：《论科学的人文价值》，中国社会科学出版社，2000年版，第71～72页。

② Snow C P, *The Two Cultures*, Cambridge: Cambridge University Press, 1964, p. 2.

③ Snow C P, *The Two Cultures*, Cambridge: Cambridge University Press, 1964, pp. 12～14.

并没有多大意义；仿佛物理世界的科学大厦的构建，并“不是人类心灵最美丽和最奇妙的集体的作品”。然而，他们“对这座大厦一无所知”[①]。

其次，现代新儒家的人文观对现代教育和教育观的影响，也颇值得关注。

现代新儒家的人文观也有两个最显著的特征。一是反科学主义或反科技主义。关于这一点，它与现代西方人本主义人文观颇为一致：他们都把科学归结为“实证主义”和“功利主义”，并将它置于人文精神的对立面予以批判。二是泛道德主义。这一点与现代西方人本主义的人文观有所不同。如果说，现代西方人本主义将人及其生命的本质同“艺术的形而上”关联起来，并将艺术精神等同于人文精神的话，那么，现代新儒家则用“道德的形而上”来解说人及其生命的本质，并将儒家的道德精神等同于人文精神。[②]在他们看来，科学属于事实世界，科学真理是事实世界的真理，只专注于向外、只专注于用，只能作为“新外王”的手段。相反，人文的含义就是“人生”和“文化”，它属于价值世界，它所得到的真理是价值世界的真理，即玄学真理，是“内圣”之学。因此，现代新儒家关于科学世界与人文世界的划分要比其他任何流派更加绝对、更加泾渭分明。于是，当他们竭力推崇“儒家精神”，强调用人文涵盖科学，批判科学有悖于人及其人文精神的同时，便更进一步加剧了科学文化与人文文化的分离和对立。[③]

这种人文观对教育的直接后果包括如下几个方面。

其一，进一步扩大科学教育与人文教育的距离，并通过抬高人文(特别是儒家道德)教育的地位，以此来贬低甚至扼杀科学教育。虽然现代新儒家的人文观和教育观也许对当今中国的教育影响不大，但是，它的前身即儒家思想由于在中国历史上长期处于统治地位，所以，曾经对中国的教育产生过非常巨大而深远的影响，也许直到今天在许多方面还仍然是根深蒂固的。尽管儒家的人文观和教育观博大精深，迄今为止还有许多值得研究和借鉴的地方，但是，也有非常值得深刻反思的地方，其中之一就是对科学技术及其对科学技术教育的轻视或鄙视。在这样一种人文观和教育观的支配下，结果在中国

---

① Snow C P, *The Two Cultures*, Cambridge: Cambridge University Press, 1964, p. 14.

② 孟建伟：《论科学的人文价值》，中国社会科学出版社，2000 年版，第 89 页。

③ 孟建伟：《论科学的人文价值》，中国社会科学出版社，2000 年版，第 102 页。

历史上形成了一种重人文轻科学技术的教育传统，这不能不说是到了近代以后我国的科学技术逐渐落后于西方，而且后来大大落后于西方的重要根源之一。欧洲早在文艺复兴时期在“人的发现”和“自然的发现”的同时，已经升起了近代科学的曙光，随后迎来了一个“科学的时代”。可是，在中国却是另一番景象：到了明清以后，封建统治者推崇的是朱熹所注的四书五经，仍然按八股文取士，将人们导向注疏、考据、潜心古籍，特别是儒家经典的独木桥，从而使得学术脱离生产，脱离实际，脱离对自然界的观察研究，走上厚古薄今的歧途。[①]

其二，导致人的片面发展。从表面上看，现代新儒家似乎在强调，一切文化都具有道德意义和道德价值，文化与道德是不可分割的。例如，唐君毅说：“一切文化活动之所以能存在，皆依于一道德自我，为之支持。一切文化活动，皆不自觉的，或超自觉的，表现一道德价值。”他强调，“道德自我是一，是本，是涵摄一切文化理想的。文化活动是多，是末，是成就文明之现实的。”[②]但是，实质上他们强调的是“一”和“本”，而不是“多”和“末”，于是，他们不仅将道德与科学分离开来并且对立起来，而且也将道德与其他一切文化分离开来并且对立起来了。在他们的心目中，似乎只有把握“一”和“本”的道德学家才有可能成为“圣人”，而科学家、艺术家和其他文化人不仅不可能成为“圣人”，而且品位不高，只能干些属于“多”和“末”的杂活。在这种观念的支配下，必定导致人的某种畸形发展。

综上所述，狭隘的科学观和人文观的确是狭隘的教育观的重要根源。如果我们对科学与人文的理解，从根本上说是实证主义的或功利主义的，抑或是现代西方人本主义的或现代新儒家的，那么，要实现科学教育与人文教育的融合，几乎是不可能的。当然，狭隘的科学观与人文观不仅仅只有以上四种。例如，正在兴起的后现代主义观念也蕴含着一种狭隘的科学观与人文观。用这种观念来指导教育，显然也并不有利于科学教育与人文教育的融合。此外，我们还应当看到，导致科学教育与人文教育相分离的原因是多方面的，除了观念上的原因，还有以上所说的科学高度专门化和专

---

① 杜石然等：《中国科学技术史稿》（下册），科学出版社，1982 年版，第 332 页。

② 黄克剑等：《唐君毅集》，群言出版社，1993 年版，第 75 页。

业化的原因，制度上的原因和经济与社会的原因等。特别是，经济与社会对教育的功利化要求又为功利主义科学观和教育观提供了强有力的支持。但是，要实现科学教育与人文教育的融合，其关键还是要转变狭隘的教育观。而要转变狭隘的教育观，首先须转变狭隘的科学观和人文观。只有从根源上克服并超越狭隘的科学观与人文观，树立一种有利于两种文化融合的全新的科学观与人文观，才能真正克服并超越狭隘的教育观，从而促进科学教育与人文教育的融合。

第二节　从知识教育到文化教育

如何通过从根源上克服并超越狭隘的科学观与人文观，树立一种有利于两种文化相融合的全新的科学观与人文观，来克服并超越狭隘的教育观，从而真正实现科学教育与人文教育的融合？关键是，要树立一种人文化的科学观，真正将科学看作一种文化，而不仅仅是一种知识，并通过文化的观念将科学与人文紧密地联系在一起。也就是说，我们的科学观要实现从知识论到文化论的转变，并在此基础上，我们的教育观也要实现从知识教育到文化教育的转变。

中国教育界乃至全社会关于“应试教育与素质教育”的讨论已有多年。这场讨论之所以如此热烈、广泛而持久，关键是在一定程度上触及了中国教育乃至中华民族的前途和命运。然而，“应试教育与素质教育”这一话题似乎还没有完全切入问题之实质和根本。问题的实质和根本在于，我们现在所实施的教育基本上属于知识教育，而不是文化教育，这才是“应试教育”而不是“素质教育”的根源。因此，要真正实现从“应试教育”向“素质教育”的转变，最根本的途径和方法也应当是逐步实现从知识教育到文化教育的转变。

一、知识教育：问题与困境

所谓知识教育，从根本上说就是以知识为中心而不是以人为中心，或者说以知识为本而不是以人为本的教育。其主要特点如下。

1. 将知识作为教育的唯一内容

知识教育所关注的往往只是人类现有的知识，而不是包括知识在内的整个文化。换句话说，它往往只是从知识的角度来理解人类的各种文化，不仅将数学和自然科学作为一种知识体系来传授，而且将人文和社会科学也作为一种知识体系来传授，更有甚者，还将文学艺术当作一种知识体系来传授。当然，这里所说的知识，既包括理论知识，又包括实践知识，还包括掌握和运用知识的方法、技术、技巧和技能等。传授的方法和手段主要依靠教科书。教科书可以被看作应对不同年级学生水平的某一门知识的总汇。好的教科书不仅应当浓缩历史上创造的各种知识的精华，而且还应当将其最大限度地逻辑化和系统化，变成一种严密的知识体系。这样做的目的就是，最大限度地将历史上创造的各种知识较为全面而系统地传授给学生。可见，教科书在知识教育中扮演着十分重要的角色。从某种意义上说，以知识为中心的教育实质上就是以教科书为中心的教育。

2. 教师的职责就是最大限度地向学生传授知识

教科书在知识教育中的中心地位在于，它以类似法律的形式规定了所要传授的知识的内容、范例、水准和范围。而如何将教科书规定的知识传授给学生，关键还要靠教师。教师与学生的关系常常被比作一桶水和一杯水的关系，这显然只是从知识的拥有量这个角度而言的，但这一比喻却在很大程度上反映了知识教育的一个本质特征，既教育的过程类似“灌输”与“被灌输”的过程。在这里，教师起着主导作用。要给学生一杯水，教师必须有一桶水。教育的好坏首先取决于：其一，教师自身有没有“水”，即有没有足够的知识；其二，教师会不会有效地“灌输”，即有没有好的方法将知识传授给学生。因此，从这个意义上说，知识教育又是以教师为中心的教育。

3. 学生的任务就是最大限度地从老师和课本那里获得知识，从而把自己培养成为将来对社会有用的人

在知识教育中，要使学生最大限度地获得知识，绝非是件容易的事，因为它既有很大的量的要求，又有很高的质的要求。从量的方面看，需要横跨多种不同的学科，并做到齐头并进。从质的方面看，不仅需要掌握各种知识点，而且需要融会贯通；不仅需要了解知识的原理，而且需要会分析、计算、推演和论证，当然，更需要能够熟练地运用。因此，尽管学生属于“被灌输”的一方，但这个过程也绝不是纯粹机械的，必须充分调动学生对学习的主动性、积极性和进取性。教师如何将教科书规定的内容最有效地传授给学生，并做到保质和保量，最好的方式似乎有两个：一是课堂；二是考试。课堂教育显然是知识教育最有效的方式之一，一个教师可以同时应对许多学生，并且组成一个有效的学习共同体。而考试则充当着知识教育最有效的“指挥棒”。它既起着督促学生努力学习的作用，又起着检查学生学习质量的作用，甚至在很大程度上还决定学生的前途和命运。因此，从这种意义上说，知识教育又是以课堂和考试为中心的教育。

从以上特点我们不难看出，知识教育和应试教育有着密切关联，可以说知识教育是应试教育的重要根源。只要我们将教育定位在狭隘的知识教育范畴，那么，应试教育似乎不可避免。因为应试既是知识教育的重要手段，又是知识教育的重要杠杆。如何将人类已有的知识最大限度地传授给学生？应试或许是不可或缺并无法替代的重要方法。因此，应试教育问题，在很大程度上出在狭隘的知识教育定位上。

当然，知识教育本身并没有错，可以说，它永远是我们整个文化教育不可或缺的十分重要的组成部分或环节。但是，如果以知识教育取代整个文化教育，使得我们整个文化教育最后只剩下知识教育这一个环节，那么，问题就变得非常严重了。其实，应试教育的问题也出在这里：当知识教育取代整个文化教育，变成总的教育模式的时候，应试教育的问题也就变得异常突出了。本节所批判的知识教育主要是针对这种总的教育模式而言的。这种知识教育模式至少存在以下几个方面的问题。

其一，知识与文化的分离。只看到知识，而看不到创造知识的人及其蕴含知识的整个文化。事实上，某一种知识充其量只是某一种文化的一个重要组成部分。对于数学自然科学来说，知识更多地表现为那些当下获得普遍承认的重大理论成果；对于人文社会科学来说，知识更多地表现为迄今为止历史上曾经有过的那些伟大的理论创造；对于文学艺术来说，知识则更多地表现为训练和创作的方法、技巧、技术等通过人们长期实践总结出来的那些重要的带有规律性的东西。可见，不能将各种文化只归结为单一的知识。应当看到，知识是部分，文化是整体；知识是文化的结晶，文化还包含着创造知识的源泉；知识往往归于静态的逻辑，而文化还包含着动态的历史过程；在知识中往往看不到人及其作用，文化则永远将人及其创造性置于中心地位。因此，完整而健全的教育不应当只是一种知识教育，而应当是一种包括知识在内的文化教育。从这个意义上说，知识教育的最大缺陷就是，从根本上切断了知识与相应文化的紧密联系，将脱离活生生文化母体的僵硬的知识作为教育的唯一内容，从而难以使人获得全面而充分的培养和教育。

其二，教书与育人的分离。教师只重视书本知识的精心传授，而忽视对人的充分培育。教书与育人的分离其根本原因还在于，知识教育的狭隘定位，在于知识与文化的分离。既然知识是教育的唯一内容，而教科书又是各种知识的依据，那么，教师的职责和义务就是教书而不是育人；既然知识是一种脱离文化母体的独立存在，是一种与人无关的外在世界的逻辑，那么，教师的职责和义务就是客观地传授它，而不是非要将教书与育人二者紧密地联系在一起。于是，长此以往，教师似乎不再是“人类灵魂的工程师”，将教育的过程变成心灵与心灵之间的对话和交流过程，而是灌输知识的机械师，只是不遗余力地向学生灌输知识。教师应对的似乎不再是一个个活生生的人，而是一个个接受知识的“容器”。传授知识的过程，仿佛同内心世界无关，同理想、信念、激情和人生体验无关。这样一来，不仅知识失去了文化的内涵，课堂失去了文化的内涵，而且甚至连教师自身也失去了文化的内涵。从这个意义上说，知识教育的最大缺陷在于，从根本上切断了教书和育人二者之间的内在联系，将本应当有的活生生的教育过程变得非人性化，从而不仅使教育失去了人文魅力，而且大大消解了教育的育人功能。

其三，读书与做人的分离。学生只关注书本知识的学习和考试，而忽视人的综合素质的提高。知识教育的狭隘定位及其知识与文化的分离，不仅导致教师教书与育人二者之间的分离，而且也导致学生读书与做人二者之间的分离。既然知识是教育的唯一内容，而教科书又是各种知识的依据，那么，学生的任务就是读书而不是做人；既然知识是一种脱离文化母体的独立存在，是一种与人无关的外在世界的逻辑，那么，学生的任务就是学习这些客观知识，而不是非要将读书和做人二者紧密地联系起来。于是，读书与人们的文化修养失去了联系，与人们的生命体验和个人成长失去了联系，学校所培养的往往是人们常说的没有文化的大学生、研究生和博士生。学生们从小到大学到的只是干巴巴的知识和抽象的逻辑，而不知道这些知识有什么文化内涵，它们对人生有何意义，人为什么要学习这些知识及人怎样才能真正地学到知识，从而有所创造或创新。到头来，虽然学生们听了无数堂课，做了无数次练习，经历了无数场考试，在头脑里填满了许多许多的知识，但是，他们的内心深处却是空洞的，缺乏理想，缺乏激情，缺乏直觉和想象力，甚至还缺乏对学习知识的兴趣。从这个意义上说，知识教育的最大缺陷在于，从根本上切断了读书和做人二者之间的内在联系，将本应当有的生动活泼的学习过程变得机械化和格式化，从而不仅使学习失去了人文意蕴，而且大大影响了学生们的全面而自由的发展。

由此可见，知识教育模式存在着诸多问题。随着这种教育模式被不断强化和体制化，整个教育就会面临某种困境。从近的看，难以走出应试教育的困境，无法实施真正意义上的素质教育，因为在知识教育框架内，应试教育是不可避免的，而所谓的素质教育只能停留于形式。从远的说，这种教育模式非常不利于培养全面发展的优秀人才，特别是非常不利于培养高素质的创新型人才，从而非常不利于我们的创新型国家的建设。从某种意义上说，这种教育模式不仅难以最大限度地挖掘人的潜能，培养和激发人的创造性，反而可能由于教育方式不当，特别是考试指挥棒的不恰当的运用，因而在不同程度上遮蔽了人的潜能，消解和扼杀了人的创造性。

二、从科学观的转变到教育观的转变

当然，知识教育的观念并非是没有依据的。可以说，它深受当代最为流行的两种科学观的影响：一种是实证主义科学观；另一种是功利主义科学观。

以逻辑实证主义为代表的实证主义的科学观就是一种最典型的知识论。它将科学看作是知识体系。石里克明确指出，每一门科学“都是一个知识体系，即真的经验命题的体系；而全部科学，包括日常生活中的命题在内，都是知识的体系，在这以外，再没有一个‘哲学的’真理的领域”[①]。这就是说，科学不仅是“知识的体系”，而且是唯一的“真的经验命题的体系”。

① 洪谦：《逻辑经验主义》，商务印书馆，1989年版，第8～9页。

如何保证其“真”？在逻辑实证主义那里，主要靠两条：一是靠逻辑；二是靠经验（实证）。

所谓逻辑，即是纯粹的形式。石里克认为，“任何认识都是一种表达，一种陈述”。如果所有可能的陈述“实际上表达了同样的知识”，那么，这些陈述中必定“有某种共同的东西，这种共同的东西就是它们的逻辑形式”。一切知识都是凭借其逻辑形式才成为知识的。[①]因此，符合逻辑是一切知识的先决条件。这是其一。其二，既然知识体系即是“真的经验命题的体系”，那么，在这个体系中的所有命题都必须接受经验的严格检验。凡是能被经验证实的，就是科学的；凡是不能被经验证实的，就是非科学的。这就是逻辑实证主义的“经验证实原则”。于是，逻辑实证主义用逻辑主义和实证主义为人们塑造了科学即知识、知识即真理的形象，而那些不符合其逻辑和实证标准的命题则被统统归为形而上学范畴。卡尔纳普断言：在“包括全部价值哲学和规范理论”在内的整个形而上学领域里，“全部断言陈述全都是无意义的”[②]。因此，必须予以彻底消除。

很显然，逻辑实证主义的逻辑主义和实证主义,以及科学即知识、知识即真理的观念，为当代知识教育（特别是科学知识教育）奠定了理论基础。我们的教育之所以充满很强的逻辑主义和实证主义色彩，之所以如此强调计算、分析、推理、论证、证明，以及题海战术和高频率的考试等，这无疑同逻辑实证主义的科学观密切相关。由于科学在当今时代所享有的独特的文化地位，于是，科学观对教育的影响尤为巨大，于是，这种科学观不仅影响科学教育，而且还影响人文教育，其结果是不但科学教育单一强调逻辑性和实证性，缺乏人文性，而且连人文教育也单一强调逻辑性和实证性，缺乏人文性。

功利主义与实证主义的科学观，是两种既相互联系又相互区别的科学观。首先，二者都是知识论，都从知识的角度来理解科学，但对知识的意义和价值的理解则有所不同：在逻辑实证主义那里，科学即知识，知识即真理，也就是说，追求知识就是追求真理，这本身就是目的。然而，功利主义的科学

---

① 洪谦：《逻辑经验主义》，商务印书馆，1989年版，第7～8页。

② 洪谦：《逻辑经验主义》，商务印书馆，1989年版，第13页。

观则“从根本上说是把科学看作一种实现目标的手段，而不是获得知识”[①]，也就是说，追求知识本身只是手段，而不是目的。其次，二者都有很强的逻辑主义和实证主义色彩，从某种意义上说，功利主义科学观也是一种实证主义的科学观，但侧重点有所不同：逻辑实证主义侧重于知识的理论层面，强调以逻辑和实证保证知识的真理性；而功利主义则侧重于知识的技术层面，强调以逻辑和实证保证知识的有效性。自从培根提出“知识就是力量”从而唱出功利主义的调子以来，功利主义的科学观不仅对科学和社会有着巨大影响，而且对教育也日益产生着巨大影响。

如果说，逻辑实证主义的科学观为知识教育奠定了理论基础的话，那么，功利主义的科学观则大大强化了这个基础。关键在于，功利主义的科学观不仅将知识从理论层面拓展到技术层面，从而大大丰富了知识的内涵，而且更重要的是，赋予知识以特别重要的功利意义和功利价值，那就是效用。这无疑为知识教育提供了另一种强有力的合法性，表明知识教育不仅将人培养成为有知识的人，而且更重要的是将人培养成为有用的人。

应当承认，逻辑实证主义和功利主义这两种科学观有其合理性。的确，逻辑实证主义对科学的逻辑性和实证性的强调，功利主义对科学的工具性和功利性的强调，都从不同的角度揭示了科学的本质特征，并对科学教育具有重要意义。然而，这两种科学观的最大缺陷和偏颇恰恰也在这里：逻辑实证主义在强调科学的逻辑性和实证性的同时，则以逻辑主义和实证主义掩盖和抹杀了科学的另一个本质特征，即思想性和创造性；功利主义在强调科学的工具性和功利性的同时，则以工具主义和功利主义掩盖和抹杀了科学的另一个本质特征，即文化性和精神性。二者共同的问题在于：对科学的狭隘的理解，即只是将科学理解为僵硬的、凝固不变的知识，而不是理解为包括知识在内的活生生的、极富有创造性的文化。从这种狭隘的科学观出发，于是，只看到科学的逻辑性和实证性，看不到科学的思想性和创造性；只看到科学的工具性和功利性，看不到科学的文化性和精神性。建立在这种狭隘科学观之上的教育观必然也是狭隘的，即只注重对学生进行逻辑性和实证性的知识教育，而忽视对他们进行思想性和创造性的创新教育；只注重科学的工具价值

① 约翰·齐曼：《元科学导论》，刘珺珺等译，湖南人民出版社，1988年版，第163页。

和功利价值，将学生培养成为“有用”的人，而忽视科学的文化价值和精神价值，将他们真正培养成为全面发展的人。

因此，要培养大批高素质的创新型人才、建设创新型国家，不仅需要克服并超越狭隘的教育观，实现教育观的转变，而且更需要克服并超越狭隘的科学观，实现科学观的转变。当然，所谓科学观的转变，并不意味着要彻底否定逻辑实证主义和功利主义的科学观，而是要在吸取二者合理因素的基础上实现科学观的重大转变。其最深刻的含义在于，正如在上一章所说的，从单一强调科学的实证性和逻辑性的实证主义科学观，向既强调科学的实证性和逻辑性，又强调科学的思想性和创造性，并以前者为基础、以后者为主导的新的更加全面的科学观转变；从单一强调科学的工具性和功利性的功利主义科学观，向既强调科学的工具性和功利性，又强调科学的文化性和精神性，并以前者为基础、以后者为先导的新的更加全面的科学观转变。

这种新的科学观同实证主义和功利主义科学观的根本区别在于：它不再只是从知识论的角度来理解科学，即将科学仅仅理解为一种凝固不变的知识体系，而是从文化论的视野来理解科学，即将科学理解为人类过去是、现在是、将来还是在不断创造着的文化。其要点包括以下几个方面。

1. 科学知识与科学文化是部分与整体的关系

确切地说，科学知识是科学文化的不可分割的重要组成部分。一般说来，科学文化大致包括两个层面：一是形而下层面；二是形而上层面。在形而下层面，又可大致分为三大领域，即知识(理论)领域、制度领域和器物(技术)领域。除此之外，科学文化还有某种可称为精神、理念、价值观之类的东西存在着。这些东西虽则无形，但却是科学文化中更为深刻、更为本质的东西，在很大程度上决定着知识、制度和器物三大领域的产生和发展，可以说是科学文化之魂。这就是科学文化的形而上层面。逻辑实证主义和功利主义的科学观所应对的，充其量只是科学文化形而下层面的两大领域，即知识(理论)领域和器物(技术)领域，而远不是整个科学文化。

2. 科学文化的中心是人，是一代又一代极富有创造性的科学家

他们在长期的科学实践中以自己的聪明才智创造了各种各样的科学知识

乃至整个科学的文化传统。这些伟大的科学家及他们所传承的精神乃是整个科学文化之核心，也是整个科学文化的生命之根。后代人若要真正学习科学，所要学习的不仅仅是现有的科学知识，更重要的是，还要学习与这些知识不可分割地联系在一起的整个科学文化传统，特别是那些伟大科学家的人格及精神。逻辑实证主义和功利主义的科学观对科学所做的知识论的理解，显然不仅没有切入科学文化之核心，从而对科学做了边缘化的理解，而且又从根本上切断了科学文化的生命之根，从而使得活生生的科学成果变成了僵硬的教条化的知识。

3. 科学知识是人创造的，而人又具有时代性和历史性，因此，科学知识也往往不可避免地带有时代的和历史的印记

也就是说，它的真理性和有效性往往是相对的，而不是绝对的。正因为如此，所以，科学需要大力提倡怀疑精神、批判精神和创新精神，如波普尔所言："科学：知识通过批判和创造而增长。"[①]逻辑实证主义和功利主义的科学观将科学知识的真理性和有效性加以绝对化，显然是同科学所蕴含的怀疑精神、批判精神和创新精神相违背的，也非常不利于这种精神的培养。

由此可见，这种科学观的转变并非是细枝末节的转变，而是涉及从知识论小视野到文化论大视野，从以知识为中心到以人为中心，从一成不变的知识观到强调怀疑、批判和创新精神等一系列观念的根本性转变。

无疑，这种科学观的转变具有非常重大的现实意义。其一，有助于更加全面而深刻地理解科学，从而真正树立一种有助于推动科技创新的、以人为本的创新型科学观。其二，科学与人文两种文化有着深刻的内在关联。对科学的全面而深刻的理解，必然也有助于对人文的全面而深刻的理解，因而也有助于真正树立一种能够推动人文创新的、以人为本的创新型人文观。其三，对科学与人文的全面而深刻的理解，必然有助于对科学教育和人文教育的全面而深刻的理解，因而有助于真正树立一种以培养大批高素质创新型人才为己任的、以人为本的创新型的教育观。也就是说，科学观的转变不仅有助于

---

① 卡尔·波普尔：《客观知识》，舒炜光等译，上海译文出版社，1987年版，第90页。

推动人文观的转变，而且有助于推动教育观的转变。建立在新的科学观基础上的新的教育观，将呼唤从知识教育到文化教育的转变。

三、文化教育：出路与希望

强调文化教育，并不意味着要完全排斥知识教育，相反，在文化教育中，也许“知识教育”依然是重点，但是，这里所说的“知识教育”已经不再是那种切断其文化命脉的机械、教条、刻板的知识教育，而是变成一种极富有文化内涵、充满文化精神而生机勃勃的知识教育。也就是说，这种“知识教育”已经不再是纯粹的知识教育，而是浸透了浓厚文化气息的知识教育，是整个文化教育的不可分割的重要组成部分。

所谓文化教育，从根本上说就是这样一种教育，这种教育的关注点不再仅仅是知识，而是包括知识在内的整个文化；不再以知识为中心、以知识为本，而是以人为中心、以人为本；不再仅仅局限于让学生学习和掌握现有的知识，从而成为旧知识的接受者，而是让学生受到包括知识在内的整个文化的全面熏陶，从而不仅成为旧知识的接受者，而且更是成为新知识的创造者。其主要特点包括如下几个方面。

1. 将教育内容从知识扩大到整个文化

如果说，知识教育的哲学基础是狭隘的知识论的话，那么，文化教育的哲学基础则是广阔的文化论。这种文化论强调，只有根植于深厚的文化土壤中的知识，才是鲜活的；一旦切断了与之相连的文化命脉，这样的知识往往会变得枯燥、空洞和抽象，甚至教条。因此，文化教育强调的是，不仅要给学生以鲜活的知识，更重要的是，要给学生以创造知识的整个文化。

怀特海在《教育的目的》一书中指出，“我们要造就的是既有文化又掌握专门知识的人才。专业知识为他们奠定起步的基础，而文化则像哲学和艺术一样将他们引向深奥高远之境”[①]。这个观点比较接近文化教育的观点，需要说明的是，在文化教育的视野中，文化与知识二者不是截然分离的两种东西，而是不可分割地联系在一起的，确切地说，知识是文化不可分割的重要组成

① 怀特海：《教育的目的》，徐汝舟译，生活·读书·新知三联书店，2002 年版，第 1 页。

部分。因此，学习科学，不仅要学习科学知识，而且更要学习科学文化；不仅要学习形而下层面实证的知识，而且更要学习形而上层面的东西，包括科学的理想、信念、精神、境界、价值观和人生观等；不仅要学习书本上的科学，而且更要学习从事科学的活生生的人及其科学生活，特别是切身体悟人究竟如何创造科学及其科学对人自身的意义等。总的说来，科学教育要让学生感受整个科学文化的熏陶，从中逐步学到从事科学所需要的一切，从而真正全方位地提高自身素质。科学教育是如此，人文教育更是如此。人文教育也要让学生感受整个人文文化的熏陶，从中逐步学到从事人文所需要的一切，从而全方位地提高自身的素质。

2. 教师不仅是知识的传授者，更是文化的传播者，其职责不仅是教书，更是育人

从知识教育到文化教育的转变，教师所担当的角色也面临重大转变，即不能再是只会一味教书的教书匠，而应当是既会教书更会育人并将二者有机结合起来的真正意义上的教育者。这种角色的转变对每一个教师来说，是一种挑战。首先，要让学生有文化，教师自身首先必须有文化。教师不仅要将知识传授给学生，而且更重要的是还要以自己气质、修养和人格魅力感染和影响学生，真正做到言传身教。严格地说，理想化的教师，不再是一个单纯的教书匠，而最好就是一个非常具有人格魅力的科学家、艺术家或哲学家，他本身就是一部活生生的教材。其次，在知识教育中，教师只需精通课本，而在文化教育中，教师则应精通课本所连带的整个文化，包括知识史、文化史及它们的创造史；在知识教育中，教师只需讲透课本中的知识及其逻辑，而在文化教育中，教师还需沉浸到创造者的内心世界中，讲出创造过程的动机及整个心路历程。当然，关键是，教师应有自己的思想、自己的认识和自己的体验，这样才能使人心服口服。最后，知识教育的对象往往变成接受知识的“容器”，而文化教育的对象则是活生生的人。因此，教师不仅要教给学生知识，更重要的是，要用文化培育人：让学生在浓浓的文化氛围中，体验到在科学与人文的海洋里遨游、探索和创新的乐趣，体悟到真正意义上的科学精神与人文精神，在激发起对科学、对人文和对一切创造性事物的热爱的同时，也激发起对自然、对生活和对生命的热爱，从而引导学生逐步树立起崇高的理想、境界，以及人生观和价值观，从而以自己的聪明、才智和特长去实现更高的人生价值。

3. 学生受益的不仅是知识的增长，更是文化的熏陶

他们的任务不仅是要学会读书，更重要的是要学会做人。在文化教育的视野中，一个人的成才需要全方位的素质和修养，不能单靠知识一个方面，尤其不能光靠那种脱离其文化命脉的死的知识。具体说来，学习科学的人，不能仅仅只学科学知识，而要学习整个科学文化；学习人文的人，也不能仅仅只学人文知识，更要学习整个人文文化。由于那种极富有创造或创新精神的人是整个科学文化或人文文化的中心，因而在他们身上不同程度地体现着科学文化或人文文化的精髓，因此，学习科学或人文最好的方式就是向伟大的科学家或伟大的艺术家、哲学家等人物学习，不仅学习他们如何创造，更重要的是，学习他们如何生活、如何做人，包括他们的理想信念、精神境界、道德情操、人格魅力、生活方式，以及世界观、人生观和价值观等，从而让学生真正懂得人为什么要毕生追求真善美的东西，反之，毕生追求真善美的东西对人自身又有何意义。

从以上分析我们不难看出，文化教育为我们摆脱现行知识教育及其应试教育之困境，指明了一条可供选择的出路，从中我们也能看到一种值得我们用心去实践它的前景和希望。我们的理由如下。

其一，文化教育本身就是一种极佳的素质教育模式，其目的就是真正培养全面发展的人。它的最大优点就是，让素质教育内在化，融入学生的整个学习生活，从而变成实实在在的自然而然的过程。于是，无论是科学教育还是人文教育，都既是一种智育教育，又是一种德育教育，还是一种美育教育，甚至有助于德智体美劳诸方面都得到发展。因为真正意义上的文化教育最终势必要改变以教科书、教师、课堂和考试为中心的那种“死读书，读死书”的局面，而更加注重面向自然，面向生活，面向实践，让学生更多地用心灵去感受和认识自然，感受和认识生活，在实践中增长他们的才干的同时，也促进他们的身心健康成长，从而真正将读书与学习做人，特别是与学习做一个全面发展的、有创造性的并且感到无比幸福的人紧密地联系在一起。

其二，文化教育不仅是一种极佳的素质教育模式，更是一种极佳的创新教育模式，其目的就是为建设创新型国家培养高素质的创新型人才。创新是一切文化进步的灵魂，也是一切创造者的灵魂。文化教育所进行的素质教育绝不是散状的，而是始终围绕“创新”这个“灵魂”展开的。所以，它不满足于教给学生现有的知识，而是试图将学生真正引入科学与人文的殿堂，让他们去感受、体验和理解各种激动人心的不断创新的过程，以及创新过程所需要的一切，从中把握科学与人文之魂及其创造者之魂。也就是说，文化教育不满足于知识论或认识论层面的教育，而要将教育拓展到本体论层面，即从人的素质和灵魂深处解决创新不足的问题。因此，它不仅重视关于逻辑、推理、证明、演算等智力因素方面的教育，而且也重视关于兴趣、爱好、直觉、想象等非智力因素方面的教育，当然更重视关于理想、信念、境界、人格等人生价值观方面的教育，并将这三者有机地结合在一起，构成一种独特的创新教育。

其三，文化教育既是一个理论模式，更是一个实践模式，具有很强的可操作性。首先，知识教育与文化教育并非是一种截然的对立关系，而是某种包容关系，也就是说，文化教育并不是要完全否定知识教育，而只是力图将知识作为文化的不可分割的重要组成部分来传授，并且最大限度地使知识教育渗透并充满文化精神。因此，我们可以通过逐步加大并渗透文化含量的方法，来循序渐进地实现从知识教育向文化教育的转变。其次，随着从知识教育向文化教育的转变，在很大程度上也就解决了从应试教育向素质教育转变的问题。因为随着知识教育中的文化含量的逐步加大和渗透，考试的内容和形式也会逐步变化，将变得更加重视人的素质，更加人性化，甚至考试本身也变成了素质教育的重要环节。当然，更重要的是，文化教育还将为素质教育提供无比巨大的空间和切切实实的内容，从而使其真正落实到实处，从概念变得现实。

第三节 教育与人文精神

中国教育界关于素质教育和学术界关于人文精神的讨论已有多年。这对于推动中国教育和文化事业的进步，显然具有十分重要的现实意义。如何将这两场讨论引向深入并更富有成效？笔者认为，有必要将二者结合起来加以讨论，特别是弄清教育与人文精神之间究竟有着什么样的内在关联。本节是二者结合的一种尝试：试图从人文精神的视角来探讨关于教育的目的、方法和内容等一系列问题，从而深层理解和揭示教育(特别是素质教育)的本质、宗旨和使命。

一、教育目的与人文精神

什么是人文精神？所谓人文精神，一般说来，应当是整个人类文化所体现的最根本的精神，或者说是整个人类文化生活的内在的灵魂。它以追求真善美等崇高的价值理想为核心，以人的全面发展、自由、解放和幸福为终极目的。①

教育与人文精神有何关联？二者之间的深刻关联在于：一是教育本身就是一种文化，是一种带有文化普及、文化传播、文化传承和文化创新等诸多功能的特殊文化，是人类文化或文化生活的不可分割的重要组成部分，因而理应体现整个人类文化最根本的精神或整个人类文化生活的内在灵魂；二是教育又不是一般意义上的文化，而是最具有人文意义的文化。教育活动的中心就是人和文化。它以文化来培育人，又通过对人的培育来推动文化的进步和发展，并以前者为重点。

教育之所以比其他文化更具有人文意义，关键在于如下几个方面。其一，其他文化，如科学、艺术或技术等往往是单一的或单方面的，因而其人文意义也往往是单一的或单方面的；而教育则是综合的或全方位的，几乎涵盖整个人类文化，因而其人文意义也是综合的或全方位的。其二，尽管每一种文化都有其人文意义，但没有一种文化能像教育那样明确地将人置于首位，专门把培养人作为自己的最终目的。其三，其他文化的人文意义往往是隐含的，是有待挖掘的；而教育恰恰就是挖掘各种文化的人文意义的文化，从而以综合的或全方位的文化培育全面发展的人。因此，教育应当比其他文化更具有人文精神，事实上，也只有教育才能最大限度地体现整个人类文化最根本的

① 孟建伟：《科学技术哲学研究》，东方出版社，1998年版，第211页。

精神，或人类文化生活的内在灵魂。

当然，以上所说的教育还只是应然的教育，而不是实然的教育，可以说，现实的教育同人文精神尚有较大距离，因此，有必要站在人文精神的高度对其予以思考和反思。

首先，我们需要思考和反思的是关于教育的目的问题，包括教育的目的究竟应当是什么？现实的教育同这种目的有何偏差和距离？如何最大限度地纠正或缩小这种偏差和距离，使实然的教育同应然的目的趋于一致？显然，关于教育的目的问题，是整个教育最核心和最根本的问题。它在很大程度上决定着我们的教育理念、教育方法和教育内容，也在很大程度上决定着我们的教育水平、教育质量和教育成效。

人文精神蕴含着极其深刻的目的论意义。它可以用人们通常所说的八个字来概括，那就是“以人为本”和“终极关怀”。所谓“以人为本”，在这里可以理解为：人是一切文化事业之根本。一切文化事业都是由人来开创、推动和发展的，因而都必须依靠人，依靠人的主动性、积极性和创造性，这是其一。其二，人不仅仅只是开创、推动和发展一切文化事业的手段，更重要的是，人本身就是一切文化事业最根本的目的。一切文化事业及其进步和发展都是为了人，为了人的一切。所谓“终极关怀”，是指对人的最深切的关怀，也可以理解为一切文化事业的“终极目的”，即为了“人的全面发展、自由、解放和幸福”。当然，“以人为本”和“终极关怀”二者是密切相关的：前者是后者的基础，后者是前者的升华。要是没有“以人为本”的理念，“终极关怀”便无从谈起；反之，要是没有“终极关怀”的理念，“以人为本”便失去了其最深刻的意义。

需要特别指出的是，“以人为本”和“终极关怀”所对应的人，不应当是任意想象的抽象的人，而应当是活生生的“现实的人”。人既需要有高品质的物质生活，又需要有高品位的精神生活，更需要二者之间的有机统一。因此，真正意义上的“以人为本”，既要高度重视人的物质生活，又要充分关注人的精神生活，更要注意二者之间的有机统一；真正意义上的“终极关怀”，既要关怀人的物质生活层面的生存、发展、自由、解放和幸福，又要关怀人的精神生活层面的生存、发展、自由、解放和幸福，更要关注二者之间的有机统一。

显然，从人文精神的视角来反思和思考教育的目的，有着很强的针对性，其现实意义在于如下几个方面。

第一，有助于更加全面而深刻地理解教育的目的应当是什么。教育作为整个人类文化不可分割的重要组成部分，理应体现包括“以人为本”和“终极关怀”在内的人文精神，理应以追求真善美等崇高的价值理想为核心，以人的全面发展、自由、解放和幸福为终极目的。在人文精神的视野中，教育的目的应当是一切为了人，为了人的一切，不仅是为了人的全面发展，更是为了人的自由、解放和幸福。在这里，“人的全面发展”是基础。没有“人的全面发展”，很难谈得上有真正意义上的“人的自由、解放和幸福”；而“人的自由、解放和幸福”则具有更深层次的目的论意义。“人的全面发展”并不是为了发展而发展，最终还是为了“人的自由、解放和幸福”。当然，对二者的关系仅仅做这样的理解还是远远不够的。更重要的是，还要看到二者之间的统一性和不可分割性。无论是“人的全面发展”，还是“人的自由、解放和幸福”，都是极为漫长并永无止境的过程。教育的伟大使命在于，如何使这二者变成同一个过程，即使人在走向“全面发展”的过程中同时也获得“自由、解放和幸福”；或者使人在走向“自由、解放和幸福”的过程中同时也获得“全面发展”。

第二，有助于深层揭示和深刻反省现实的教育同这种理想目的之间有多大偏差和距离。如果我们仅仅从教育的技术层面来看当今普遍实行的知识教育和应试教育，显然很难看出问题所在，特别是触及不到最核心的问题。然而，如果站在人文精神的高度来看知识教育和应试教育，那么，问题就变得非常清楚了。知识教育最核心的问题就在于，它是一种以知识为本，而不是以人为本的教育，于是，在很大程度上偏离了人文精神及其所蕴含的目的论意义。在这种以知识为本的教育模式中，自然很难真正关注人，关注人的全面发展，关注人的自由、解放和幸福，因而很难真正给人以终极关怀。而建立在知识教育基础之上的应试教育，则问题更为严重。它将以知识为本的教育进一步蜕变成以考试为本的教育，于是，在那里，考试及其考分变成了目的，而人则变成了实现这种目的的“工具”，从而从根本上颠倒了教育的目的与工具之间的关系。

第三，有助于进一步认清和找准教育改革的方向和突破口，从而从根本上走出现行教育的困境。单纯从教育的技术层面看，不仅难以看出现行教育的问题所在，而且更难以看准教育改革的方向和突破口。然而，站在人文精神的高度看，教育改革的方向和突破口就变得非常清晰了。教育改革的方向就是，如何最大限度地使实然的教育与应然的目标趋于一致，让教育真正体现以人为本和终极关怀的精神。因此，有必要对现行的教育模式进行重大改革。改革的突破口应当是，如何将以知识为本的教育逐步转变成以人为本的教育，即逐步实现从知识教育到文化教育的转变。如果说知识教育是应试教育的根基和平台的话，那么，文化教育将成为素质教育的根基和平台。于是，从知识教育到文化教育的转变，同时也将是从应试教育到素质教育的转变。总的说来，教育改革的着眼点首先应当是，逐步建立一种真正以人为本的教育模式，从而将教育的过程真正变成培养和关怀人的过程。通过包括知识在内的全面的文化教育，不仅最大限度地提高人的整体素质，促进人的全面发展，而且同时也最大限度地使人获得自由、解放和幸福。

二、教育方法与人文精神

人文精神不仅蕴含极其深刻的目的论意义，从而为教育及其改革指明应然的方向和目标，而且还蕴含极其深刻的方法论意义，从而为教育及其改革提供应然的理念和方法。站在人文精神的高度，我们不仅能够看到实然的教育和应然的教育之间在目的论层面的偏差和距离，而且还能够看到实然的教育和应然的教育之间在方法论层面的偏差和距离，从而认清现行教育的问题所在，在方法论层面找到摆脱困境之出路。

现行教育在方法论层面最根本的问题在于，知识论和认识论同本体论和价值论的分离和脱节。它所关注的只是狭隘的知识论和认识论，聚焦于什么是与人无关的“客观知识”，人如何客观地认识并获得这种知识，而大大忽视了与知识论和认识论密切相关的本体论和价值论，并不关注什么是人，人同知识有何关联，什么样的人才能真正认识并获得知识，追求知识对人又有何意义和价值。因此，这种方法论的本质和核心即是，没有价值主体的知识论、“没有认识主体的认识论”①和没有生命主体的方法论。

① 卡尔·波普尔：《客观知识》，舒炜光等译，上海译文出版社，1987年版，第114页。

于是，人文精神不仅呼唤教育目的论的转变，而且也呼唤教育方法论的转变。新的教育方法论的本质和核心就是，要从根本上改变这种知识论和认识论同本体论和价值论相分离和脱节的局面，实现二者之间的有机结合，并将这种结合建立在“以人为本”和“终极关怀”的基础之上。具体包括如下几个方面。

第一，在专业化教育的同时更加关注人的综合素质和全面发展，并将前者建立在后者的基础之上。专业化是现行教育的一大特点。纵观整个学校教育的全过程，从某种意义上可以说，就是不断为专业化做准备和不断专业化的过程。无疑，专业化是教育方法论的一个十分重要的维度。要把一个人培养成才并在日后有所作为，专业化显然是一个十分重要的途径。然而，专业化并非是唯一的维度。除了专业化以外，教育方法论还应有另一个不可忽视的更为重要的维度，那就是关注人的综合素质和全面发展。因此，专业化本身并没有错。但是，当这个维度过于膨胀，变成过早专业化和过度专业化的时候，问题就变得非常严重了。

专业化维度过于膨胀的后果在于如下几个方面。其一，势必大大忽视和削弱对人的综合素质和全面发展关注的维度，从而导致人的片面发展。幼儿园小学化和小学中学化使孩子们过早地失去了童趣、童心和童真，中学文理分科使学生们过早地失去了同人类另一半文化的接触，而大学和研究生期间的过度专业化则将人们引入越来越狭窄的“牛角尖”。这种教育方式的危险在于，正如爱因斯坦所言，或许只能成为“一种有用的机器”，而不是“一个和谐发展的人”[①]。其二，不仅不利于人的全面发展，而且最终也不利于专业上的发展。无疑，每一个专业并非是孤立的，而是整个人类文化的一个分支，它与其他专业、知识和文化有着不可分割的联系。同样，一个人的专业素质也不是孤立的，而是整个人的综合素质的有机组成部分，它与人的其他能力、知识、文化和素养等有着深刻的关联。因此，健全的专业教育不仅不应当排斥对人的综合素质和全面发展的关注，反而应当大大加强这种关注，并将专业化建立在对人的综合素质和全面发展深切关注的基础之上，从而在提高人的综合素质、促进其全面发展的同时，也为专

① 爱因斯坦：《爱因斯坦文集》第三卷，许良英等译，商务印书馆，1979年版，第310页。

业化教育奠定牢固的基础。

第二，在知识化教育的同时更加关注人的心灵世界，并将前者建立在后者的基础之上。与专业化密切相关，知识化也是现行教育的一大特点。所谓知识化，就是将教育的内容单纯归结为知识，将教育的方法单纯归结为传授知识的方法，将教育的过程单纯变为传授知识的过程。无疑，知识化也是教育方法论的一个十分重要的维度。知识是人类文化的结晶，有着巨大的认识和实践意义与价值，因而全面而系统地掌握已有的知识本身就是教育的目的之一。应当肯定，学校教育的最大功绩之一就是，通过知识化的教育，让学生在相对短暂的时间内最大限度地学习和领略到整个人类文化的主要成就，这是别的教育形式所无法比拟的。然而，知识化并非是唯一的维度。除了知识化以外，教育方法论还应有另一个不可忽视的更为重要的维度，那就是关注人的心灵世界。因此，知识化本身并没有错，但是，当这个维度过于膨胀，变成过度知识化，而人的心灵世界遭到严重忽视乃至遭到严重压抑的时候，问题就变得非常严重了。

知识化维度过于膨胀的后果在于如下几个方面。其一，势必大大忽视和削弱对人的心灵世界关注的维度，从而导致教育的过度形式化、外在化和空心化。“世界的发现”和“人的发现”应当是健全的教育所包括的两大主题。如果说，对知识的追求代表着“世界的发现”这一主题的话，那么，对人的心灵世界的关注则代表着“人的发现”这一主题。知识化维度的过度膨胀势必造成这两大主题失去平衡，使得教育变得越来越离开人的心灵世界，失去其最深刻的内涵。其二，不仅不利于“人的发现”和心灵世界的成长，而且最终也不利于“世界的发现”和对知识的追求。事实上，“世界的发现”和对知识的追求同“人的发现”和心灵世界的成长二者是紧密联系在一起的：后者在很大程度上得益于前者；而前者又在很大程度上取决于后者。在某种意义上可以说，只有伟大的心灵，才会有伟大的发现、伟大的创造和伟大的杰作。因此，健全的知识教育不仅不应当排斥对人的心灵世界的关注，反而应当大大加强这种关注，并将知识化建立在对人的心灵世界的深切关注之上，从而在促进人的心灵世界成长的同时，也为知识化教育奠定牢固的基础。

第三，在实证化教育的同时更加关注人的创新能力的培养，并将前者建立在后者的基础之上。与专业化和知识化密切相关，实证化也是现行教育的一大特点。所谓实证化，就是将知识看作是各种真的逻辑或经验命题体系，又将每个体系还原为无数知识点。教育的方法就是通过知识点的不断积累，从而使人最大限度地掌握整个知识体系。因此，这种方法在本质上是辩护性的，而不是批判性的；是接受性的，而不是创新性的。其导向是最大限度地让人接受已有的知识，而不是创造新的知识；它所培养的是人的辩护或论证能力，而不是人的发现或创新能力。无疑，实证化也是教育方法论的一个十分重要的维度。实证性的确是当代知识(特别是科学和技术知识)的重要特征。要掌握实证化的知识，在很大程度上就需要依靠实证化的教育方法来保证。从某种意义上可以说，当代教育的最伟大的成就之一，正是大大推进和发展了实证化这个维度，从而使得教育真正走向现代化。然而，实证化并非是唯一的维度。除了实证化这个维度以外，教育方法论还应有另一个不可忽视的更为重要的维度，那就是关注人的创新能力的培养。因此，实证化本身并没有错，但是，当实证化维度过于膨胀，变成过度实证化，而人的创新能力遭到严重忽视乃至遭到严重压抑的时候，问题就变得非常严重了。

实证化维度过于膨胀的后果在于两个方面。其一，势必大大忽视和削弱对人的创新能力的培养这一维度，从而严重影响创新型人才的培养。知识既具有实证性，更具有创新性。如果说，前者更多地属于辩护或论证范畴的话，那么，后者则更多地属于发现或创新的范畴。同样，健全的知识教育应当既具有实证性，更具有创新性。如果说，前者更多地应对的是人的辩护、论证和接受的能力的话，那么，后者则更多地应对的是人的批判、发现和创新的能力。实证化维度的过度膨胀势必使二者失去平衡，使知识教育变得过度实证化、技术化和机械化，从而使人越来越缺少想象力、批判力和创造力，越来越远离“世界的发现”和“人的发现”这两大主题。其二，不仅不利于人的创新能力的培养，而且最终也不利于整个认知能力的提高。事实上，知识的发现过程和辩护过程二者是密切相关的；相应地，人的发现与创新能力和辩护与论证能力二者也是密切相关的。没有严谨的辩护和论证能力就难以有富有成效的发现和创新；反之，没有敏锐的发现和创新能力就难以有富有想象的辩护和论证。因此，健全的教育不仅不应当忽视对人的创新能力的培养，反而应当大大加强这种培养，并将实证化建立在对人的创新能力的培养的基础之上，从而在大力促进和提高人的创新能力的同时，也为实证化教育奠定牢固的基础。

三、教育内容与人文精神

人文精神不仅蕴含极其深刻的目的论和方法论意义，从而为教育及其改革指明应然的目标和方法，而且还蕴含极其深刻的内容论意义，从而为教育及其改革指明应然的内容。如果说，目的论在很大程度上需要依靠方法论来保证，那么，方法论则在很大程度上需要依靠切切实实的教育内容来保证。因此，从这个意义上说，教育内容应当是三者的落脚点。教育能否真正体现人文精神，在很大程度上取决于教育内容能否真正体现人文精神。站在人文精神的高度，我们不仅能够看到实然的教育和应然的教育之间在目的论和方法论层面的偏差和距离，而且还能够看到实然的教育和应然的教育之间在内容论层面的偏差和距离，从而进一步认清现行教育的问题所在，在教育内容层面找到摆脱困境之出路。

现行教育在教育内容论层面最根本的问题在于，专业掩盖了文化，知识遮蔽了人性，整个教育内容重实证性，缺乏人文性。不仅科学教育内容缺乏人文性，而且人文教育内容也缺乏人文性，缺乏鲜活的人文精神。

于是，人文精神不仅呼唤教育目的论和方法论的转变，而且还呼唤教育内容论的转变。新的教育内容论的本质和核心就是，要从根本上改变专业与文化、知识与人性相分离和脱节的局面，实现二者之间的有机结合，并将这种结合建立在“以人为本”和“终极关怀”的基础之上。具体包括如下几个方面。

第一，不仅要学习专业技术，更要领悟支撑专业技术的整个文化，包括专业文化和整个人类文化。前者可以通过专业文化教育来实施，后者则可以通过恰当的通识教育来完成。

所谓专业文化教育，是一种狭义的文化教育。其立足点不是整个人类文化，而是其中的某一个分支或专业文化，如数学文化、物理学文化、化学文化或文学文化、历史学文化、哲学文化等，当然，还可分得更细更专一些。在专业文化教育的视野中，教育内容不应当仅仅局限于专业技术层面，而应当拓宽至整个专业文化：不仅要学习专业技术，更要学习专业精神；不仅要学习如何推导论证，更要学习如何批判创新；不仅要向书本学习，更要向创造者学习，学习他们丰富多彩的人生和经验；不仅要学习理论，更要学习方法论和价值论；不仅要面向课本、课堂和老师，更要面向自然、生活和实践；等等。

所谓通识教育，就是一种广义的文化教育。其立足点不是某一个分支或专业文化，而是整个人类文化。也就是说，它将教育内容从专业文化进一步扩大到整个人类文化，从而让人们领略到人类文化的丰富性和多样性，并且深刻认识每一个分支或专业文化在整个人类文化中的地位，以及各个分支或专业文化之间的相互关系，特别是认识科学与人文两种文化之间的深刻关联。如果说，专业文化教育的宗旨是，通过完整的专业文化教育来培养人的专业文化素质，促使其在专业领域获得全面发展的话，那么，通识教育的宗旨就是，通过完整的人类文化教育来培养人的综合文化素质，从而为其获得真正意义上的全面发展打下必要的基础。

当然，无论是对狭义的还是广义的文化教育的强调，并非是要淡化或弱化专业技术教育，相反，前者将通过真正意义上的文化素质教育，为后者奠定深厚的文化基础，使其变得更为扎实，更加富有成效。

第二，不仅要学习知识及其逻辑，更要挖掘知识及其逻辑背后的人性，从而让人们在发现“世界的逻辑构造”的同时，也发现完满而丰富的人性。

文化同人性有着某种奇妙的关联：某一个专业或分支文化仿佛对应着人性中的某一个向度；反之，人性中的某一个向度又仿佛对应着某一个专业或分支文化。正是完满而丰富的人性创造着完整而多彩的人类文化；也正是完整而多彩的人类文化哺育着完满而丰富的人性。因此，从这个意义上说，文化教育同时又是一种人性教育。也正是由于是一种人性教育，文化教育显得如此重要而且必要。

当然，人性教育还不能完全等同于文化教育。如果说，文化教育侧重于将文化作为教育内容的话，那么，人性教育则侧重于将文化背后的人性作为教育内容。由此可见，人性教育比文化教育具有更深的意蕴，而且更加贴近于人的全面发展。

这种人性教育的特点是：其一，它不是一种空洞而抽象的人性教育，而是强调人性同知识及其逻辑的联系，同文化的联系，要在知识及其逻辑的背后找到人性，在文化的背后找到人性；其二，它试图将“世界的发现”和“人的发现”二者有机地统一起来，让人们在学习包括知识及其逻辑在内的整个文化的过程中，同时也感受到完满而丰富的人性。

无疑，对人性教育的强调，也并非是要淡化或弱化知识及其逻辑教育，相反，前者将通过真正意义上的完整的人性教育，使后者变得更加人性化，更加充满活力和创造力。

第三，不仅要学习和感悟包括知识和技术在内的文化及其人性，更要学习和感悟蕴含在文化和人性深处的人文精神，从而让人们在学习和感悟文化和人性的同时，也学习和感悟到崇高的人文精神。

在人文精神的视野中，教育的内容不能仅仅局限于知识和技术，更重要的是，应当拓展至支撑知识和技术的完整而多彩的人类文化；也不能仅仅就文化而学习文化，更重要的是，要挖掘整个文化背后的完满而丰富的人性；还不能仅仅停留于宽广的文化和人性，更重要的是，要揭示蕴含在文化和人性深处的人文精神。也就是说，教育的内容应当有一个灵魂，那就是人文精神。

当然，这里涉及如何理解人文精神的问题。在学术界存在着一种将科学精神与人文精神分离开来并且对立起来的观点，这是很成问题的。其实，科学也是人创造的文化，也有其深邃的人文本性，只不过这种人文本性往往被越来越抽象的结果掩盖了。①健全的科学教育不仅不应当抹杀其人文本性，相反，应当最大限度地挖掘其文化和人性的特征，揭示其所蕴含的人文精神。应当看到，科学精神“并非只是自然科学的精神，而是整个人类文化精神的不可缺少的组成部分。它同艺术精神、道德精神等其他文化精神不仅在追求真、善、美的最高境界上是相通的，而且不可分割地融合在一起”②。因此，“离开人文精神的‘科学精神’并不是真正意义上的科学精神，而离开科学精神的‘人文精神’也只是一种残缺的人文精神”③。

---

① Sarton G，*Sarton on the History of Science*，Cambridge: Harvard University Press，1962，p.16.

② 孟建伟：《科学技术哲学研究》，东方出版社, 1998 年版，第 216 页。

③ 孟建伟：《科学技术哲学研究》，东方出版社, 1998 年版，第 216 页。

将人文精神作为教育的内容有着极其深远的意义：其一，不仅使教育内容更加贴近文化，贴近人性，而且赋予其活的灵魂，从而使教育更具有“终极关怀”的意义，引导人们在追求知识、追求文化和追求自身的全面发展的同时，从中也体验到追求真善美的崇高境界，并从灵魂深处获得自由、解放和幸福；其二，使教育真正成为挖掘各种文化的人文意义和人文精神的文化，同时也是最具有人文意义和人文精神的文化。

总之，在人文精神的视野中，不仅要重视形而下的专业教育、知识教育和技术教育，而且更要重视形而上的理想教育、精神教育和灵魂教育。对后者的强调，也并非是要淡化或弱化前者，相反，后者将通过理想的指引、境界的提高和激情的点燃，使前者得到强化和升华，从而将教育的过程真正变成培养全面发展的人的过程。

第四节　教育与生命

当今教育存在着一种实证化、功利化、技术化和模式化的倾向：教育活动的中心似乎只是实证化和功利化的知识，而不是活生生的人；教育的过程仿佛是过度技术化和模式化的生产流程，而不是对人的全面而充分的培养。于是，一方面，我们惊喜地目睹教育的巨大发展和进步：教育的规模在日益扩大，知识量和信息量在不断增加，基础设施在大大改善并正在走向现代化，越来越多高学历的毕业生正在走向社会，加入现代化建设的行列；另一方面，我们也看到，教育似乎正在变得越来越外在化和空心化，越来越离开人的内心世界，离开人的活生生的生命。这显然不利于人的全面发展和健康成长，也有悖于教育的本性、宗旨和使命。

虽然关于应试教育和素质教育的讨论已经深深地触及了教育的过度外在化和空心化问题，但似乎还没有完全切入问题的实质和核心。问题的实质和核心是，我们的教育能否真正切入并融入人的活生生的生命。只有真正切入并融入生命的教育，才能体现教育的生命，才有可能成为一种真正意义上的素质教育，才有可能从根本上避免或纠正教育的过度外在化和空心化问题。

因此，我们有必要对教育与生命的关系问题，也就是对教育的生命本体论问题做一些深度研究和思考。这一节试图从教育内容、教育者和受教育者三个角度来探讨教育与生命的契合问题。

一、教育内容要切入生命

教育能否真正切入并融入人的生命，首先取决于教育的内容是否真正具有生命力，是否真正切入科学与人文之魂，切入科学与人文之精神，也就是切入科学与人文之生命。

科学与人文是人类最高尚和最富有创造性的两种文化，因而也是人类教育的永恒主题。当然，这里所说的科学与人文两种文化是广义的，诸如技术和工艺等层面也应分别属于这两种文化。如何将这两种人类最富有创造性的文化通过教育传授给学生？这需要从两种文化的结构说起。

尽管从表面看科学与人文是两种非常不同的文化，但在本质上却有着十分相似的结构。一般说来，无论是科学还是人文，大致都可以分为两个层面：一是形而下的，也可以说是外在的；二是形而上的，也可以说是内在的。如果说，前者倾向于外部世界的实证的和功利的层面的话，那么，后者则倾向于内心世界的思想的和精神的层面。这显然不难理解，因为文化是人创造的，而人的创造活动本身就可大致分为两个层面：一个是面向外部世界的，形而下的；另一个则是面向内心世界的，形而上的。当然，这两个层面的划分只是粗略的和相对的，而不是精确的和绝对的。也就是说，在二者之间并不存在截然分明的界限，而是相互联系、相互渗透和相互贯通的。也正是二者之间相互联系、相互渗透和相互贯通，才使得人和文化保持积极的进取精神和旺盛的生命力，才能让我们领悟到人和文化的活生生的生命及其二者之间的深刻关联。

要全面而深刻地理解科学与人文两种文化，必须从根本上克服并超越当代流行的各种狭隘的科学观和文化观，特别是实证主义和功利主义的科学观，现代西方人本主义和现代新儒家的文化观，还有正在兴起的后现代主义的文化观。

狭隘的实证主义和功利主义科学观的最大缺陷和偏颇在于，它们只对科学做了狭隘的实证主义或功利主义的理解，因此，只看到其实证的或功利的一面，即形而下层面；而看不到其思想的和精神的一面，即形而上层面。于是，当它们强调科学世界与人文世界的截然区分，并竭力拒斥“形而上学”的同时，实质上也从根本上否认了科学的人文意义和人文价值，切断了科学的形而下和形而上两个层面之间的内在关联，从而切断了科学的生命。

尽管现代西方人本主义和现代新儒家的文化观同实证主义和功利主义的科学观的立场截然相反，但是，前者同样对科学做了狭隘的实证主义或功利主义的理解。在他们的视野中，似乎科学世界是完全形而下的，而人文世界则是纯粹形而上的，因此，只有人文世界才是真实的生命存在，而科学世界不但没有实在的意义，反而同人和人的生命是相对立的。于是，当它们将科学置于人文的对立面予以批判的同时，实质上也从根本上否认了科学与人文之间的深刻关联，切断了包括科学在内的所有文化的形而下和形而上两个层面之间的内在关联，因而不仅切断了科学的生命，而且也切断了人文的生命。

还有，正在兴起的后现代主义的文化观也存在着严重的缺陷和偏颇：它在本质上是解构性的，而不是建设性的。它在批判科学主义和人本主义的同时，也从根本上解构了所谓大写的“真”、大写的“善”和大写的“美”，解构了科学精神与人文精神，解构了科学与人文的生命，甚至解构了人和文化本身。

一旦克服并超越上述各种狭隘的科学观和文化观，我们对科学与人文两种文化就会有全新的理解，特别是从根本上突破传统的对科学世界与人文世界所做的所谓事实与价值、认识与体验、外在与内在、形而下与形而上之间那种截然对立的僵硬的思维方式。

事实上，科学作为一种文化，既有实证的和功利的一面，更有思想的和精神的一面，它本身就体现着关于事实与价值、认识与体验、外在与内在、形而下与形而上之间有机的统一。正是形而下与形而上这两个层面的高度有机的统一，科学文化才像一个生命有机体，展现着蓬勃的生命力。

的确，科学活动具有很强的实证性和功利性，至少其最终成果需要有很强的实证依据，并且最好具有很强的应用价值，于是，需要大量的实验、论证、数学推导和演算等，这在很大程度上属于形而下的技术层面的东西，是人们容易看到的。但是，科学绝对不是可以简单地依靠实证和功利这两个“齿轮”运作的机器，而是由无数具有极高品位和素养的人(科学家)所参与的极富有创造性的活动。这些人带着什么样的理想、信念和观念，怀着什么样的探索动机，经历了什么样的心路历程和心灵体验，最终碰到并抓住了什么样的历史机遇，这在很大程度上属于形而上的精神层面的东西，它与人们通常所说的世界观、人生观和价值观密切相关，是人们不易觉察的。

爱因斯坦说，指引他的道路，不断地给他注入新的勇气，去愉快地追求“生活的理想，是善、美和真”[①]。他认为，凡是造诣较深的科学家都对科学怀着一种“宗教感情”。这种宗教感情表现为“对自然规律的和谐所感到的狂喜的惊奇”，因为这种和谐凸显“一种高超的理性”。只要他能够摆脱“自私欲望的束缚”，于是，“这种感情就成了他生活和工作的指导原则”[②]。在他看来，自然科学家同画家、诗人、思辨哲学家有类似的“探索的动机”：人们总是试图“以最适当的方式来画出一幅简化的和易领悟的世界图像”，并用“这种世界体系来代替经验的世界”，只不过各自采用的方式不同。[③]探索的过程同时也是“感情和思想的一种净化”，于是，人们才能感受到“那些最微妙的、最高尚的乐趣：对艺术创造和思维的逻辑秩序的美的乐趣”[④]。很显然，爱因斯坦在这里所描述的是关于科学的形而上层面的东西，正是在形而上层面的最深处，我们深切地感悟到科学家的生命和科学的生命及其二者之间的同一性。

同样，人文作为一种文化，也有形而上和形而下两个层面。我们不妨以艺术为例。尼采说，“艺术是生命的最高使命和生命本来的形而上活动”[⑤]。海德格尔说，一切艺术“在本质上都是诗”[⑥]，而“诗是真正地让我们安居的东西”[⑦]。这显然都是从形而上层面来理解艺术。其实，艺术也存在着技术性很强的实证的和功利的层面。在这个形而下层面上，艺术强调的是实验、技

① 爱因斯坦：《爱因斯坦文集》第三卷，许良英等译，商务印书馆，1979年版，第43页。

② 爱因斯坦：《爱因斯坦文集》第一卷，许良英等译，商务印书馆，1976年版，第283页。

③ 爱因斯坦：《爱因斯坦文集》第一卷，许良英等译，商务印书馆，1976年版，第101页。

④ 爱因斯坦：《爱因斯坦文集》第三卷，许良英等译，商务印书馆，1979年版，第155页。

⑤ 尼采：《悲剧的诞生》，周国平译，生活·读书·新知三联书店，1986年版，第2页。

⑥ Heidegger M, *Poetry, language, Thought*，New York：Harper & Row Publishers, Inc. 1975，p. 72.

⑦ Heidegger M, *Poetry, language, Thought*，New York：Harper & Row Publishers, Inc. 1975，p. 215.

法、技艺和功用等，这与科学非常相似。要是没有形而下层面，艺术就不可能成为艺术。

总的说来，无论是科学还是人文，都有形而下和形而上两个层面，前者是体，后者是魂。如果说，前者在很大程度上追求的是技术层面上的精湛和高超的话，那么，后者则在很大程度上追求的是精神层面上的深奥和高远。然而，这两个层面和两种价值取向又是相辅相成、浑然一体和不可分割的。没有体的魂只是空洞而抽象的魂，因而不可能有活的生命；反之，没有魂的体则只是死亡而僵硬的体，同样没有生命。正是这种体和魂高度有机的结合，才使得科学与人文成为活生生的生命有机体，充满着丰富的人性和不竭的创造力，因而充满着蓬勃而旺盛的生命力。

所谓生命，有两层含义：其一，它是活的东西；其二，它是有灵魂的东西。所谓教育要切入科学与人文的生命，也有两层含义：其一，教育要切入活生生的科学与人文文化；其二，教育要切入科学与人文的灵魂。当今教育所存在的实证化、功利化、技术化和模式化的倾向其最大的缺陷和偏颇之一就是，只重视科学与人文的形而下层面，而忽视其形而上层面，当然更不可能关注二者之间的有机结合，于是在教育内容上往往只有体而没有魂，也就是说，没有从根本上真正切入活生生的科学与人文文化，切入科学与人文之魂。

二、教育者要切入生命

要对教育做生命哲学的探讨，必须涉及三种生命：一是以上所说的关于科学与人文的生命，实质上也就是科学家、艺术家、哲学家等关于科学与人文文化创造者的生命；二是关于教育者即教师的生命；三是关于受教育者即学生的生命。从生命哲学的最深刻的意义上说，教育的过程实质上就是这三种生命之间不断交流、不断对话和不断融合的过程。正是这三种生命的不断交流、对话和融合，构成“教育的生命”。在这个过程中，教育者是关键，是联结三者之间的纽带和桥梁，起着主导作用。也正是在这个意义上，人们常说，“教师是人类灵魂的工程师”。而要真正肩负起“人类灵魂的工程师”的崇高使命和神圣职责，这显然不仅仅只是一个关于教育技术的问题，更重要的是，这是一个关于生命哲学的问题。

首先，教育者应真正切入教育内容之生命，也就是切入科学与人文文化之生命，这是关于教育的生命本体论的第一层含义。

在教育所涉及的三种生命当中，关于教育内容的生命，即科学与人文文化之生命或许是最难以把握和切入的，因为一般说来，在整个教育过程中，似乎只有教育者和受教育者两种生命出席，而代表科学与人文文化之生命的科学家、艺术家、哲学家等创造者的生命是隐匿的，往往并不在场。人们在课堂上所学的往往只局限于按某种教学大纲精心编制的教科书，连科学家、艺术家、哲学家等创造者们所创造的原始性文献或作品都很少涉猎。因此，事实上我们充其量是在用第二手材料进行教学。

当然，教科书有其突出的优点，在整个教育过程中也许是永远不可或缺的。它的优点在于：浓缩了人类知识的精华，并对其做了分门别类的整理、概括和总结，最终以近于公理化的逻辑体系呈现给大家，似乎让人们能够一步一个台阶地进入知识的殿堂。要是没有教科书，整个教育有可能出现无序状态，难以找到范围、目标、步骤、方法和方向。然而，应当看到，教科书也有其明显的缺陷，其根本缺陷在于它的过度简约化、逻辑化和体系化，以致将人类活生生的科学与人文文化最终简约为抽象的知识，简约为一个个封闭的逻辑体系，变得远离时代，远离社会，特别是远离创造者的生命。因此，教科书充其量只能充当寻求知识的“地图”或“向导”，而不是人们所需要的一切。

作为人类灵魂工程师的教育者，不仅应当教给学生以教科书所规定的知识及其逻辑、证明、演算、实验、技巧等一切技术层面的东西，更重要的是，要给学生活的知识，特别是揭示被教科书及其逻辑体系所掩盖的科学与人文之魂和生命。这就要求教育者要进一步贴近科学，贴近人文，贴近科学家、艺术家、哲学家等创造者的内心世界，包括大量阅读、聆听、观看和研究其第一手的资料、文献或作品。当然，即使大量接触第一手的材料，人们也往往难以把握创造者之魂，对于科学尤为如此。因为正如爱因斯坦所说的，读者往往只能看到抽象的逻辑结论，但“体验不到探索和发现的喜悦，感觉不到思想形成的生动过程”[①]。当然，要真正切入科学与人文之生命，最好的方

① 爱因斯坦：《爱因斯坦文集》第一卷，许良英等译，商务印书馆，1976 年版，第 79 页。

式无疑是教育者直接投身于科研或创作等创造性活动，从而将自己变成一个真正意义上的创造者，而不再是一个单纯的教书匠。这也是当今之大学所强调的教学与科研并重最深刻的意蕴之一。

其次，教育者应真正切入受教育者之生命，也就是切入学生之生命，这是关于教育的生命本体论的第二层含义。

我们说，教育者要尽可能将自己变成一个真正意义上的创造者，从而有助于真正切入科学与人文之生命，然而，并不意味着创造者可以取代教育者的角色。教育者的角色之所以难以被取代，关键是，教育者担当着“教育”这一特殊的使命。而要实现这一使命，教育者不仅需要切入科学与人文之生命，而且更需要切入受教育者之生命。正是使教育深深地切入受教育者之生命，从而塑造受教育者之灵魂这个意义上，教师(也只有教师)才被赋予“人类灵魂的工程师”之称号。

要真正切入受教育者之生命从而塑造受教育者之灵魂，我们的教育就应当赋予更多的“生命教育”的意蕴：真正将受教育者看作是一个活生生的人，而不是一个简单机械地接受知识的“容器”；要对人给以全面而充分的培养和教育，而不仅仅局限于知识和技术层面；要关注丰富而完满的人性及其培育，包括兴趣和爱好的培养，理想和激情的点燃，世界观、人生观和价值观的养成，情感和情操的熏陶，个性和潜力的挖掘，以及想象力和创造力的培育等，而不是将人看作无个性的人，并只关注对其进行智力方面的培养和训练……一句话，教育者首先应当面对的是人及其生命，然后再对不同的人及其生命，进行富有人性化的教育。这并不是要否认知识教育、技术教育及其智力教育，应当肯定，知识教育、技术教育及其智力教育永远是整个教育中最重要的内容和环节之一。然而，为了更好地履行教育的使命，为了人的全面发展，也为了使知识教育、技术教育及其智力教育更加完善并富有成效，我们才强调要将其融于“生命教育”并使其更加人性化的问题，从而从根本上纠正教育的过度外在化和空心化问题。

最后，教育者更应真正切入教育者自身之生命，这是关于教育的生命本体论的第三层含义。

教育者要真正切入科学与人文之生命，关键是，首先得真正切入教育者自身之生命，因为要真正切入科学与人文之生命，不仅仅只是一个形而下的技术层面的问题，更重要的是，还是一个形而上的生命哲学的问题。科学与人文之生命，在很大程度上是要靠人们用生命去洞察、感悟和把握的。要是教育者自身对科学与人文并不感兴趣，也没有较高的理想、境界和追求，将自己的生命游离于科学与人文之外，显然是难以切入科学与人文之生命的。只有将自己的生命真正投入科学与人文的事业中，从而将自己的人生变成如"科学人生"、"艺术人生"或"哲学人生"的时候，人们才有可能真正体悟到科学与人文之生命及其对人自身的意义。

当然，教育者作为"人类灵魂的工程师"，不仅要有"科学人生"、"艺术人生"或"哲学人生"的精神境界，更要有"教育人生"的精神境界。所谓"教育人生"，就是将自己的生命投入教育事业中去，或者说把教育事业看作是自己的生命，从中去实现人生的意义和价值。而要达到"教育人生"的精神境界，显然同样不只是一个形而下的技术层面的问题，更是一个形而上的生命哲学的问题。教育者要真正切入受教育者之生命，关键是，教育者首先得真正切入自身的生命，即用生命去"教书"和"育人"，不仅教会学生专门的知识和技术，更重要的是，同学生展开生命与生命之间的交流和对话，不断提高他们的思想和精神境界，培育和激发他们的创造力。要是教育者对教育缺乏神圣感和使命感，对学生缺乏爱、热忱和责任心，将自己的生命游离于教育过程之外，显然，这样的教育就不可能真正切入学生的生命，最终势必还是外在化和空心化的教育。

三、受教育者要切入生命

我们说，正是教育者、教育内容和受教育者这三种生命的不断交流、对话和融合，构成"教育的生命"。这里包含两层含义：其一，对于"教育的生命"来说，三种生命缺一不可；其二，只有三种生命的不断交流、对话和融合，才构成"教育的生命"。这就是说，即使教育者切入了科学与人文的生命，并用自己的生命去从事教育，还是不够的，关键在于，受教育者能否同样用自己的生命去从事学习，并且切入科学与人文的生命。由于教育以学生为本，它的最终目的就是为了使受教育者获得全面而自由的发展，所以，受教育者的生命在整个"教育的生命"中占有特别重要的本体论地位。要是没有受教育者之生命的积极参与，整个教育活动将失去其最根本的意义。因此，受教育者用生命去学习，如同教育者用生命去教育一样，也是关于教育的生命哲学的一大主题。

受教育者怎样才能做到用生命去学习？这里涉及两个相互关联的最基本的问题：一是学什么和怎样学的问题；二是为什么要学和学有何意义的问题。

关于学什么和怎样学的问题，从表面看似乎是一个极其简单、不成问题的问题，然而，事实上我们的教和学往往就在这个最基本的问题上出现了问题。应试教育就是一个突出的例子。与应试教育相应的是应试学习，而应试学习实质上已经设定了一种学什么和怎样学的学习模式，那就是以书本知识及其考试为中心的学习模式。这种学习模式的最大缺陷和偏颇之一就是，使学习过于外在化和空心化，与生命脱节。它所关注的往往只是关于科学与人文的知识外壳，而从根本上忽视了关于科学与人文的内在生命；它只重视外在的专业性和技术性的训练，而从根本上忽视了学习者自身生命的参与。

爱因斯坦说："用专业知识教育人是不够的。通过专业教育，他可以成为一种有用的机器，但是不能成为一个和谐发展的人。"因此，他强调"要使学生对价值有所理解并且产生热烈的感情，那是最基本的。他必须获得对美和道德上的善有鲜明的辨别力"[①]。而"这些宝贵的东西，是通过同教育者亲身接触，而不是——至少主要的不是——通过教科书传授给年青一代的"[②]。他强调，"使青年人发展批判的独立思考，对于有价值的教育也是生命攸关的，由于太多和太杂的学科(学分制)造成的青年人的过重负担，大大地危害了这种独立思考的发展"[③]。而且，"过分强调竞争制度，以及依据直接用途而过早专门化，这就会扼杀包括专业知识在内的一切文化生活所依存的那种精神"[④]。显然，爱因斯坦的这番话对当今的应试教育可以说依然是一针见血的，非常有助于我们加深对教育者应当教什么和怎么教，以及受教育者应当学什么和怎么学问题的认识，表明专业知识教育和学习只

① 爱因斯坦：《爱因斯坦文集》第三卷，许良英等译，商务印书馆，1979年版，第310页。
② 爱因斯坦：《爱因斯坦文集》第三卷，许良英等译，商务印书馆，1979年版，第310页。
③ 爱因斯坦：《爱因斯坦文集》第三卷，许良英等译，商务印书馆，1979年版，第310页。
④ 爱因斯坦：《爱因斯坦文集》第三卷，许良英等译，商务印书馆，1979年版，第310页。

是整个教育和学习生活的一部分，除此以外，更重要的是，要使学生培养成为“一个和谐发展的人”，特别是要“对价值有所理解并且产生热烈的感情”；要深刻领悟“包括专业知识在内的一切文化生活所依存的那种精神”，特别是“发展批判的独立思考”的能力。正如杜威犀利指出的，哲学作为一种灵魂的教育，它需要“重新关联于人类的生命”[①]。

由此可见，学习的观念是十分广阔而深刻的。就广度而言，受教育者所要学习的绝不仅仅只是专业知识，而更重要的是学习如何做人，做“一个和谐发展的人”。一般说来，只有做“一个和谐发展的人”，才会具有无限的创造力。就深度而言，受教育者更不能仅仅满足于专业知识的学习，而要直接切入“包括专业知识在内的一切文化生活所依存的那种精神”，也就是直达科学与人文之生命，深入怀特海所说的那种“深奥高远之境”。因此，学习的方式也不能仅仅局限于技术性的、应试的和外在的层面，更重要的是，要将自身的生命投入其中，用生命去学习，用生命去体验那种“深奥高远之境”。其实，这个“深奥高远之境”既是科学与人文之境界，又是个人生命之境界，是这两种境界的融合。随着这两种境界的不断融合，我们的学习就不可能外在化和空心化了，变成了我们的生命不可分割的重要组成部分。

关于为什么要学和学有何意义的问题，也是一个看似极其简单但事实上我们并没有把握好的最基本的问题。与应试教育相对应的应试学习，不仅设定了一种关于学什么和怎样学的学习模式，而且也蕴含着一种关于为什么要学和学有何意义的价值导向，那就是为考试而学，以成绩来证明自己。如果说当代流行的实证主义和功利主义的教育观对狭隘的实证主义和功利主义的强调，已经使我们的教育和学习变得过于实证化、功利化、技术化和模式化的话，那么，应试教育和应试学习则在很大程度上更进一步加剧了我们的教育和学习的外在化和空心化，因为对许多人来说，学习的目的最终居然变成为了考试，而不是追求知识本身。

要纠正学习的外在化和空心化的倾向，不仅需要从根本上解决好学什么和怎样学的问题，而且还需要从根本上解决好为什么要学和学有何意义的问题。这里所说的“根本”，指的是生命本体论意义上的根本。也就是说，不仅

---

① Kitcher P, *The Ethical Project*，Cambridge: Harvard University Press, 2011, p. 3.

在学什么和怎么学的问题上要切入生命之根本，不能仅仅停留于学技术层面的外在的东西，更不能外在地即脱离自身生命地去学，而且在为什么要学和学有何意义的问题上也要切入生命之根本，既要关注学习对人的外在功利的意义，更要重视学习对人的内在生命的意义，包括心灵世界的丰富、精神境界的提高、自由幸福的获得、人生价值的实现等。显然，在生命哲学的视野中，这两个问题是密切相关的：一旦受教育者真正触及科学与人文之生命，并用生命去学习，那么，自然就会产生一种崇高感、使命感和幸福感，就会深切体会到生命的意义和价值，同时也会深切感到生命是如此美好；同样，如果受教育者真正切身感受到学习对生命的意义，那么，自然就会有更远大的理想、更饱满的热情和更强有力的精神动力去钻研各种专业知识和领悟"包括专业知识在内的一切文化生活所依存的那种精神"，去用心体验那种"深奥高远之境"，并将自己的生命融入其中。要是离开生命之根本，将学习的意义仅仅局限于外在的功利层面，那么，我们的学习就会失去根本的目标和方向，失去内在的动力和精神支柱。通过这样的学习，我们充其量也只能成为如爱因斯坦所说的"一种有用的机器"，而不是"一个和谐发展的人"。

总的说来，关于教育的生命哲学的探索不仅具有重要的理论意义，而且具有重要的实践意义。从理论上看，有助于克服并超越狭隘的实证主义和功利主义的教育观，将对教育的研究从技术的和经验的层面拓展并上升到生命哲学的层面，从而加深对教育的本性、宗旨和使命的认识；从实践上看，有助于从根本上纠正教育的过度外在化和空心化倾向，从而将以人为本、素质教育和创新教育的理念落到实处。

第五节　教育与幸福

随着关于素质教育讨论的不断深入，特别是同以人为本观念的紧密结合，教育学中的一些最根本性的问题重新引起人们的关注和思考，并逐渐变成热点问题。关于教育与幸福的关系问题就是其中之一。在教育与幸福之间究竟有何关联？这个问题以往为何被忽视？什么是幸福教育？它是否可能而且必要？教育对幸福究竟意味着什么？幸福对教育又究竟意味着什么？等等，这些都是健全的教育学不可回避的重要问题。

一、教育与幸福的分离

关于教育与幸福的关系问题的理解，首先在很大程度上取决于人们对教育的理解。可以说，有什么样的教育观，就有什么样的关于教育与幸福的关系论。从实证主义和功利主义的角度来理解教育，在教育与幸福之间似乎并没有多大关联。然而，站在以人为本的高度来理解教育，我们不仅能看到教育与幸福之间的深刻关联，而且自然会想到一种非常美好的教育理念，那就是关于幸福教育的理念。

关于教育与幸福的关系问题为何一直被忽视，这显然同当代流行的并占有强势地位的实证主义和功利主义的教育观密切相关。

实证主义教育观是一种建立在实证主义科学观基础上的教育观。实证主义科学观对科学做了实证主义的理解。它将科学的内容简单地归结为实证的知识，即“真的经验命题的体系”；将科学的方法简单地归结为实证的方法，即经验证实的方法；将科学的精神简单地归结为实证的精神，即用实证性来保证科学的客观性、真理性和确定性。因此，它所关注的只是科学的形而下的实证和逻辑的层面，而忽视了科学的形而上的文化和精神的层面。于是，当实证主义者在竭力“排拒形而上学”的同时，也从根本上抹杀了科学的人文本性、科学中的人性及科学与幸福之间的关联。

同理，实证主义教育观对教育也做了实证主义的理解。它将教育的内容简单地归结为实证的知识，当然，在这里知识的范畴已经扩大了，不仅包括自然科学，而且还包括人文社会科学；将教育的方法简单地归结为实证的方法，主要锁定在知识的辩护和证明范围，而不是知识的发现和创新范围；将教育的精神简单地归结为实证的精神，即通过实证知识的积累和实证方法的训练，使受教育者最大限度地掌握人类已有的知识。因此，它所关注的只是教育的形而下的实证和逻辑的层面，而大大忽视了教育的形而上的文化和精神的层面。于是，当教育越来越变成单纯实证性的知识教育和应试教育的同时，教育也就越来越失去其人文本性，失去其人性和与幸福之间的关联。

功利主义教育观是一种建立在功利主义科学观基础上的教育观。功利主义科学观对科学做了功利主义的理解。它将科学简单地看作一种工具，看作一种“达到基于‘非科学’理由选择的目的的手段”[①]。这种科学观同实证主义科学观密切相关，因为实证一词本身就带有真实、有用、肯定和精确的含义。[②]二者的区别在于：在实证主义那里，获得知识本身就是目的；而在功利主义那里，获得知识则变成了手段。因此，功利主义科学观本质上是一种科学价值观，而且是一种颇为片面的科学价值观：它只关注科学的形而下的功利和工具价值，而大大忽视了科学的形而上的文化和精神价值。功利主义科学观的后果是，不仅可能导致科学仅仅变为一种工具，而且最终可能导致从事科学的人也仅仅变为一种工具。于是，当功利主义者一味外在地强调“知识就是力量”的同时，也从根本上进一步抹杀了科学的人文本性、科学中的人性及科学与幸福之间的关联。

同理，功利主义教育观对教育也做了功利主义的理解。同实证主义教育观一样，功利主义教育观也将教育简单地归结为实证的知识教育。所不同的是，前者强调的是知识的真理性，后者则强调的是知识的工具性，其目的是通过有用的知识教育培养有用的人。因此，功利主义教育观本质上是一种教育价值观，而且是一种颇为片面的教育价值观：它只关注教育的形而下的功利和工具价值，而大大忽视了教育的形而上的文化和精神价值。功利主义教育观的后果是，不仅可能导致知识仅仅变为一种工具，而且最终可能导致受教育者也仅仅变为一种工具。于是，当教育越来越变成单纯功利性的知识教育和应试教育的同时，教育也就进一步失去其人文本性，失去其人性和与幸福之间的关联。

由此可见，实证主义和功利主义教育观在本质上都是以知识为本，而不是以人为本的教育观。他们的聚焦点是实证的或功利的知识，而不是活生生的人，因此，关于人的幸福问题根本不在他们的视野当中。这就是关于教育与幸福的关系问题为何一直被忽视的重要根源。

然而，如果真正站在以人为本的高度来理解教育，那么，教育观将会发

① 约翰·齐曼：《元科学导论》，刘珺珺等译，湖南人民出版社，1988年版，第164页。

② 奥古斯特·孔德：《论实证精神》，黄建华译，商务印书馆，1996年版，第29～30页。

生根本性的转变，即从以知识为本的教育观向以人为本的教育观转变。在新的教育观的视野中，教育的中心应当是活生生的人，而不应当是僵硬刻板的知识；人不仅需要获得全面而丰富的知识，更需要具有完整而丰满的人性。只有这样，才会有无限的想象力、创造力和生命活力，因而才能真正有效地掌握知识；人不仅仅只是一种工具，更重要的是，人本身就是目的。因此，教育不仅要将他们训练成有用之人，更重要的是，要将他们培育成幸福之人。只有这样，才会充分发挥其无穷的想象力、创造力和生命活力，因而才能真正自觉而有效地服务于社会。

这样一来，关于教育与人性、教育与幸福之间的关系问题不仅重新进入了教育学的视野，而且还将成为教育学中最核心、最深刻并最具根本意义的重大问题，因为“完整而丰满的人性”说到底就是人的全面发展，而幸福则是人的最终极的价值。由此可见，站在以人为本的高度看，教育与人性、教育与幸福之间不仅密切相关，而且从某种意义上说，所有的教育都应当是人性教育和幸福教育，当然，归根结底还是幸福教育，因为人性教育本身也应当是一种幸福教育，其过程和目的也是为了人的幸福。任何教育如果其过程不能给人带来幸福，或者其结果也不能给人带来幸福，那么，这种教育显然是有问题的，是颇值得反思的。受实证主义和功利主义教育观支配的知识教育及其应试教育最令人质疑的地方就在于：其一，由于其教育过程同人性和生命严重脱节，远离了教育的人文本性，因而难以真正给人带来幸福；其二，由于其教育结果不仅容易导致人的片面发展，而且难以培养高素质的创新型人才，所以最终又难以真正给人带来幸福。

因此，关于教育与幸福关系问题的讨论，特别是关于幸福教育理念的提出，有很强的现实针对性。它站在人的最终极的价值这个高度，呼唤教育观和教育方式的转变，其目的是不仅使其教育过程让人最大限度地获得幸福，而且使其教育结果也让人最大限度地获得幸福。

二、教育对幸福的意义

关于教育与幸福的关系问题的理解，在很大程度上还取决于人们对幸福的理解。如果对幸福的理解仅仅停留在肤浅的层面上，例如，做享乐主义的理解，即将幸福仅仅理解为转瞬即逝的快乐，那么，的确很难理解教育与幸福之间有多深的关联，因为教育不可能像娱乐和游戏那样时时刻刻给人带来快乐的体验。然而，如果对幸福做更为深刻的理解，例如，像亚里士多德所说的，“幸福就是合乎德性的实现活动”①，那么，显然在教育与幸福之间的深刻关联便不言而喻了。

究竟什么是幸福？所谓幸福，简单说来，可以理解为人们对物质生活和精神生活状况的满足。在这里，“物质生活和精神生活状况”是客观的，而“满足”感即幸福感则是主观的。幸福就是客观的物质生活和精神生活状况的改善或进步和主观的满足感二者之间的有机统一。没有客观的物质生活和精神生活状况的改善或进步，幸福自然无从谈起；反之，没有主观的满足感，即便物质生活和精神生活的状况有了较大改善或进步，也谈不上真正获得了幸福。对幸福的这一界定不仅高度概括和综合了实现论和快乐论两种观点，而且大大拓宽并加深了对幸福的理解。因为这里所说的“物质生活和精神生活”是全方位的，当然包括“合乎德性的实现活动”，而“满足”感或幸福感的主要表现形式就是快乐。然而，这里所说的“快乐”，不是短暂的而是长久的，不是肤浅的而是深刻的。

从最美好和最深刻的意义上说，幸福实际上是和自由与解放同等程度并密切相关的概念，甚至比自由与解放更具有终极意义。所谓自由和解放，说到底就是指人们在物质生活和精神生活上获得自由和解放，这同以上所说的幸福的含义非常接近。其实，人们在物质生活和精神生活上获得自由和解放本身仍不是最终目的，其最终目的还是为了在物质生活和精神生活上获得满足即幸福。因此，我们说，幸福是人的最终极的价值。也正是从这个最美好和最深刻的意义上来理解幸福，我们不难看到，不仅在教育与幸福之间有着深刻的关联，而且所有的教育在本质上都应当是幸福教育。

什么是幸福教育？所谓幸福教育，就是一种将幸福视为最核心和最终极的价值理念的教育。幸福教育是一种目的论：不仅要让人们在教育过程中获得幸福，而且更要让人们终生充满幸福。幸福教育又是一种方法论：将本体论

---

① 亚里士多德：《尼各马科伦理学》，苗力田译，中国社会科学出版社，1999 年版，第 15 页。

与幸福论同认识论与技术论有机地结合起来，并将生命本体的幸福置于优先地位，从而让人们真正从灵魂深处来感受和获得教育。例如，古希腊哲人苏格拉底就试图通过哲学的幸福教育，让普通人充分意识到："你幸福的秘密就掌握在你手中。在这个世界对你所做的事情中，没有什么能让你不幸福。"[①]因此，幸福教育就是这样一种目的论和方法论的有机统一，即让人们最大限度地既在教育中真切感受幸福，又在幸福中切实获得教育。在那里，教育是人的幸福的源泉和保障，而人的幸福则是教育的目的和动力。教育与幸福之间的关系如此密切和重要，以致从某种意义上可以说，教育即幸福。

当然，迄今为止，幸福教育还是一种非常理想化的教育理念和模式。它是否可能而且必要？这在很大程度上取决于以下两个密切相关的问题，即教育对幸福究竟意味着什么？反之，幸福对教育又究竟意味着什么？

教育对幸福究竟意味着什么？这是一个关于教育的目的论和价值论的问题。在幸福教育的视野中，教育对人的幸福有着多重意义。

首先，教育将为人的物质生活的幸福奠定必要的基础。

我们谈论"人"，不应当是任意想象的抽象的人，而应当是"现实的人"："生产物质生活本身"是他们"第一个历史活动"[②]。因此，谈论"人的幸福"，也不应当是空洞而抽象的，首先应当是人通过"生产物质生活本身"在物质生活上所获得的幸福。教育同物质生活的关系及其重要性，几乎众所周知。"生产物质生活本身"在很大程度上依靠知识、技术和技能，而知识、技术和技能的获得在很大程度上又依靠教育。这也正是实证主义和功利主义的教育观之所以在当代能够流行并处于强势地位的根本原因。

需要强调的是，在幸福教育的视野中，教育不仅关注知识、技术和技能，更关注人的全面发展；不仅关注人的谋生、就业和功利，更关注人的自由、解放和幸福；不仅关注将幸福的理念贯穿于教育的全过程，更关注将幸福的理念贯穿于劳动的全过程，其目的是使"生产物质生活本身"的劳动成为"真正自由的劳动"，成为吸引人的活动，成为个人的自我实现，"给每一个人提

---

① Bartlett A J, *Badiou and Plato: An Education by Truths*，Edinburgh: Edinburgh University Press, 2011, p. 164.

② 马克思，恩格斯：《马克思恩格斯选集》第 1 卷，人民出版社，1995 年版，第 79 页。

供全面发展和表现自己全部的即体力的和脑力的能力的机会”[1]，让“他们在这个过程中更新他们所创造的财富世界，同样地也更新他们自身”[2]。

其次，教育将为人的精神生活的幸福打开广阔的空间。

人既有物质生活层面的需求，又有精神生活层面的需求，于是，人既要从事“生产物质生活本身”的活动，又要从事生产精神生活本身的活动。与这两个层面的需求相呼应，人的幸福也可分为两个层面：一是物质生活的幸福；二是精神生活的幸福。相对于物质生活的幸福来说，精神生活的幸福则属于更高层次的幸福。当然，物质生活和精神生活两个层面的幸福是密切相关、相辅相成的：从某种意义上可以说，前者是后者的基础和支撑；后者则是前者的深化和升华。

怀特海对“教育的目的”做了这样的阐述，他说：“我们要造就的是既有文化又掌握专门知识的人才。专业知识为他们奠定起步的基础，而文化则像哲学和艺术一样将他们引向深奥高远之境。”[3]在这里，已经涉及教育对人的物质生活和精神生活的双重意义。教育对于人的幸福的意义是全方位的。如果说，教育对于人的物质生活层面的幸福有着不可估量的重要意义的话，那么，教育对于人的精神生活层面的幸福的意义则更大并更加难以估量。这是实证主义和功利主义教育观所难以看到的。从长远的观点看，教育对精神生活层面幸福的意义至少包括两个方面。

其一，教育在培养一批又一批既有文化又掌握专门知识的人才的同时，也在不断改善和优化从事“生产物质生活本身”的劳动者的素质、生产方式和管理水平，使物质生产劳动越来越依靠知识和文化，越来越注重人的创造能力和创新精神，越来越关注人的精神世界，包括潜能的发挥和自我实现的理想，于是，物质生产劳动将越来越趋向于人性化和人文化，从而让越来越多从事物质生产的劳动者在创造物质财富的同时也深切感受到精神生活的幸福。

---

① 马克思，恩格斯：《马克思恩格斯选集》第 3 卷，人民出版社，1995 年版，第 644 页。

② 马克思，恩格斯：《马克思恩格斯全集》第 46 卷(下)，人民出版社，1980 年版，第 226 页。

③ 怀特海：《教育的目的》，徐汝舟译，生活·读书·新知三联书店，2002 年版，第 1 页。

其二，教育在造就一批又一批既有文化又掌握专门知识的人才的同时，不仅不断改善和优化“生产物质生活本身”的“第一个历史活动”，而且也在不断改善和优化整个人类的历史活动，使其越来越依靠知识和文化，越来越注重人的创造能力和创新精神，越来越关注人的精神世界的广度和深度，使越来越多的人专门从事精神和文化领域的生产，从而让他们在不断推进人类文明的同时也深切感受到精神生活的幸福。

最后，教育的过程本身就是体验幸福的过程，并使人在体验幸福的过程中领悟幸福的真谛。

教育对人的幸福的意义，不仅在于未来，更重要的是在于现在；不仅要给人奠定物质生活和精神生活的基础，更重要的是要使人在教育的过程中真切感受到幸福的体验。从这个意义上说，教育在本质上不仅要展现人类生活的理想，更重要的是要展现人类理想的生活，让人们在这种理想的生活中学会如何追求幸福，如何感受幸福和如何幸福地生活。

这种理想的生活具有以下几个特征。一是很强的理想性。教育生活本身就是一种理想生活。它需要高于现实，引领社会，着眼未来，为未来社会造就一代又一代高素质的新人，因此，自然要体现很强的理想性，让未来生活的理想首先体现在现实的教育生活之中。这种理想的核心就是，最大限度地使人获得全面发展、自由、解放和幸福。二是浓厚的文化性。教育生活本身也是一种文化生活。它将包括科学生活、道德生活、艺术生活等在内的整个人类文化生活融为一体，让人置身于浓厚的文化熏陶之中，从而用完整的文化哺育、培养和塑造全面发展的人，使人从文化生活中获得自由、解放和幸福。三是崇高的精神性。教育生活本身又是一种精神生活。它让人在浓厚的文化氛围中，在不断发现外在的客观世界的同时，也不断发现内在的精神世界；在不断增长知识和才干的同时，也不断提高自身的精神境界，从而在使人获得全面发展的同时，也从心灵深处获得自由、解放和幸福。

总之，教育不仅给人以高品位的理想生活、文化生活和精神生活，而且给人以高品位的幸福及其体验。这种幸福及其体验对于整个人生有着极为重要而深远的意义。从某种意义上可以说，人的一生能否获得幸福，在很大程度上取决于其教育生活能否获得幸福；而人的一生所获得幸福的高度和深度，又在很大程度上取决于其教育生活所获得幸福的高度和深度。这正是幸福教育最深刻的意义和价值所在！

三、幸福对教育的意义

幸福对教育究竟意味着什么？这是一个关于教育的本体论和方法论的问题。在幸福教育的视野中，关注人的幸福对教育同样有着多重意义。

首先，关注人的幸福必然要关注人性和生命，从而有助于促使教育更加人性化，并使真正意义上的生命教育成为可能。

当今的教育之所以存在着一种同活生生的人性和生命相脱节的过分形式化和外在化的倾向，其根本原因就在于，没有真正把握开启“生命之门”最关键的“钥匙”。这把“钥匙”就是关注人的幸福。这不仅是一种同本体论相结合的方法论，而且也是所有方法论中最重要和最根本的方法论。因为人的幸福不仅是生命本体最重要和最根本的价值，而且也是包括教育活动在内的一切创造性活动最重要和最根本的动力。可以说，人性和生命中一切积极的因素和向上的力量，都同人的幸福有着密切的关联。

幸福教育的方法论意义在于，它将以关注人的幸福作为教育的切入点，或者说，用关注人的幸福这把“钥匙”开启“生命之门”，从而使教育贴近人性，切入生命，将教育的过程真正变成培养人的过程：不仅培养人的学习和掌握知识的能力，而且更重要的是，培养完整而丰满的人性，特别是通过挖掘和激发人的兴趣、理想、激情、直觉力、想象力和创造力等等在人性和生命中一切积极的因素和向上的力量来培养完整而丰满的人性。因此，从这个意义上说，幸福教育也就是以幸福为导向的人性教育。它试图通过关注人的幸福，将外在知识的教育同内在人性的培养二者有机地结合起来，从而通过对幸福的关注推进教育的人性化，又以人性化的教育给人以幸福。

更进一步说，幸福教育不仅是一种以幸福为导向的人性教育，更是一种以幸福为导向的生命教育。它对人的幸福的关注并不是浅层的，而是深刻的，直达生命最深处。它要通过对人的至深幸福的关注，从根本上打破传统的身心二分的教育观念，将智力教育同心灵教育二者有机地结合起来，让人们不仅用头脑来接受教育，更是用心灵来感悟教育，从而通过对人的至深幸福的关注，使教育直达人的心灵世界，又以直达心灵世界的教育给人以至深幸福。

其次，关注人的幸福必然要关注文化及其精神，从而有助于提升教育的精神高度，并使真正意义上的文化教育成为可能。

人性与文化是密切相关的两个概念。包括科学、道德、艺术等等在内的人类所有的文化都是人所创造的，都充满着人性。从某种意义上可以说，文化是人性的一面镜子。每一种文化都反映并代表着人性的一个维度。正是完整而丰满的人性孕育着人类完整而丰富多彩的文化，也正是人性中各个维度之间浑然一体的有机联系决定着人类各种文化之间的统一性和不可分割性。因此，人性教育与文化教育也是密切相关的。以幸福为导向的人性教育在很大程度上需要依靠以幸福为导向的文化教育来实现，那就是，以完整而丰富的文化培育和塑造完整而丰满的人性，以全面繁荣而富有创造力的文化培养和造就全面发展而富有创造力的人。

可见，幸福教育必然要呼唤真正意义上的文化教育，这不仅是因为每一种文化反映并代表着人性的一个维度，更是因为每一种文化本身就是一种理想的生活方式，因此，健全的文化教育过程，不仅是不断培育完整而丰满的人性的过程，更是不断开拓理想的生活方式和幸福空间，从而导向自由、解放和幸福的过程。

不仅人性与文化是密切相关的，而且人的生命与文化精神也是密切相关的。这里所说的生命，显然不是形而下的，而是形而上的，实质上就是指人的精神世界。包括科学精神、道德精神、艺术精神等在内的每一种文化精神，并非是凭空产生或存在的，说到底都是人的生命理想的表达，特别是一代又一代伟大科学家、哲学家、艺术家等创造者的生命理想的表达。正是他们的生命理想孕育着人类不断发展的各种文化的精神，也正是各种生命理想的内在联系决定着人类各种文化精神之间的统一性和不可分割性。因此，生命教育与文化精神教育也是密切相关的。以幸福为导向的生命教育在很大程度上需要依靠以幸福为导向的文化精神教育来实现，那就是，以丰富的文化精神丰富人的精神世界，以崇高的文化精神提升人的生命理想的高度和幸福的高度。

可见，幸福教育将不仅通过宽阔的文化教育以不断开拓人的理想的生活方式和幸福空间，而且还将通过崇高的精神教育以不断提升人的生命理想的高度和幸福的高度，从而从根本上纠正教育同活生生的人性和生命相脱节的过分形式化和外在化的倾向，让人们在发现外在的客观世界的同时，也在发现内在的精神世界；在攀登知识世界的高峰的同时，也在攀登心灵世界的高峰。

最后，关注人的幸福必然要关注创造和创新，从而有助于促使教育更加富有灵性，并使真正意义上的创新教育成为可能。

人的幸福既同人性和生命密切相关，又同文化和精神密切相关，更同创造和创新密切相关。事实上，幸福并不仅仅在于能够享受人类已有的财富，从而安逸地生活，更重要的是在于能够为人类创造新的成果，从而奉献于社会。创造和创新属于自我实现的范畴，是人的最高层次的需要，因而满足这种需要也是最高层次的幸福。创造和创新对人的幸福有着极为深远而深刻的意义。其一，使人超越自我，将有限的生命投入到无限的追求真善美的崇高理想和事业中去，从而“在我们共同创造的不朽事物中得到了永生”[①]。其二，将创造者的价值、创造的价值和社会的价值三者融为一体，从而“使人类的生活趋于高尚，把它从单纯的生理上的生存的境界提高，并且把个人导向自由”[②]。其三，经历最美好的生命体验，包括爱因斯坦所说的，“奥秘的经验”并从中感受到“最深奥的理性和最灿烂的美”[③]；“最微妙的、最高尚的乐趣”，即“对艺术创造和思维的逻辑秩序的美的乐趣”[④]；有所发现和有所创造之后所产生的那种“壮丽的感觉”[⑤]和“狂喜的惊奇”[⑥]；等等。可见，创造者在为社会创造物质和精神财富的同时，也在为自身创造着最美好和最高境界上的生命意义和幸福人生。

因此，幸福教育必然不仅要呼唤人性和生命教育，还要呼唤文化和精神教育，更要呼唤创造和创新教育。当然，这三者不仅是相关的，而且是不可

① 爱因斯坦：《爱因斯坦文集》第三卷，许良英等译，商务印书馆，1979 年版，第 47 页。
② 爱因斯坦：《爱因斯坦文集》第三卷，许良英等译，商务印书馆，1979 年版，第 149 页。
③ 爱因斯坦：《爱因斯坦文集》第三卷，许良英等译，商务印书馆，1979 年版，第 45 页。
④ 爱因斯坦：《爱因斯坦文集》第三卷，许良英等译，商务印书馆，1979 年版，第 155 页。
⑤ 爱因斯坦：《爱因斯坦文集》第三卷，许良英等译，商务印书馆，1979 年版，第 348 页。
⑥ 爱因斯坦：《爱因斯坦文集》第一卷，许良英等译，商务印书馆，1976 年版，第 283 页。

分割地联系在一起的。无论是人性和生命教育，还是文化和精神教育，其目的也是使人更具创造和创新能力、素质和精神；而创造和创新的主题又为人性和生命教育与文化和精神教育，注入极其深刻的内涵，并使其得到深化和升华。幸福教育的指向就是，要将这三者更加紧密地结合在一起，并建立在幸福论的基础之上。特别是，通过人性和生命教育，以塑造创造者应有的健全人格和心灵世界；通过文化和精神教育，以培育创造者应有的文化素质和精神境界；通过这两种教育的交汇，进而激发创造者应有的理想、兴趣、激情，以及直觉力、想象力和创造力等，从而激励人们用生命去创造和创新，并从创造和创新的过程中获得最大的幸福。

爱因斯坦在"论教育"一文中指出，"发展独立思考和独立判断的一般能力，应当始终放在首位，而不应当把获得专业知识放在首位"①。他赞成对教育下这样一个定义："如果一个人忘掉了他在学校里所学到的每一样东西，那么留下来的就是教育。"②这个留下来的东西究竟是什么呢？最重要的就是：人的和谐发展，以及无穷的创造力和无限的幸福。这正是幸福教育最深刻的意蕴和内涵所在！

总之，科学观、人文观和教育观是紧密地联系在一起的。科学与人文两种文化的分离和对立，不仅同狭隘的科学观与狭隘的人文观密切相关，而且同狭隘的教育观密切相关。因此，要真正实现科学与人文两种文化的融合，不仅需要从根本上克服并超越狭隘的科学观与狭隘的人文观，而且需要从根本上克服并超越狭隘的教育观，实现科学教育与人文教育的有机结合，让一代又一代的学生在完整而健全的教育中成长为全面而自由发展的新人。

---

① 爱因斯坦：《爱因斯坦文集》第三卷，许良英等译，商务印书馆，1979 年版，第 147 页。

② 爱因斯坦：《爱因斯坦文集》第三卷，许良英等译，商务印书馆，1979 年版，第 146 页。

参考文献

阿伦·布洛克：《西方人文主义传统》，董乐山译，生活·读书·新知三联书店，1997年版。
埃德蒙德·胡塞尔：《欧洲科学危机和超验现象学》，张庆熊译，上海译文出版社，1988年版。
艾黎·福尔：《世界艺术史》（上），张泽乾等译，长江文艺出版社，1995年版。
艾伦·G. 狄博斯：《文艺复兴时期的人与自然》，周雁翎译，复旦大学出版社，2000年版。
爱因斯坦：《爱因斯坦文集》第三卷，许良英等译，商务印书馆，1979年版。
爱因斯坦：《爱因斯坦文集》第一卷，许良英等译，商务印书馆，1976年版。
奥古斯特·孔德：《论实证精神》，黄建华译，商务印书馆，1996年版。
保罗·费耶阿本德：《反对方法》，周昌忠译，上海译文出版社，1992年版。
鲍桑葵：《美学史》，张今译，商务印书馆，1985年版。
彼得·多默：《1945年以来的设计》，梁梅译，四川人民出版社，1998年版。
丹纳：《艺术哲学》，傅雷译，安徽文艺出版社，1998年版。
丹尼尔·贝尔：《资本主义文化矛盾》，赵一凡等译，生活·读书·新知三联书店，1989年版。
丹尼斯·哈伊：《意大利文艺复兴的历史背景》，李玉成译，生活·读书·新知三联书店，1988年版。
丹皮尔W C：《科学史》，李珩译，商务印书馆，1975年版。
狄拉克：《数学和物理学的关系》，《自然科学哲学问题丛刊》，1982年第2期。
杜石然等：《中国科学技术史稿》（下册），科学出版社，1982年版。
杜小真：《福柯集》，上海远东出版社，2000年版。
恩斯特·贝勒尔：《尼采、海德格尔与德里达》，李朝晖译，社会科学文献出版社，2001年版。
恩斯特·卡西尔：《人论》，甘阳译，上海译文出版社，1985年版。
范明生：《西方美学通史》第一卷，上海文艺出版社，1999年版。
方成：《精神分析与后现代批评话语》，中国社会科学出版社，2001年版。
菲利普·弗兰克：《科学的哲学》，许良英译，上海人民出版社，1985年版。
格罗塞：《艺术的起源》，蔡慕晖译，商务印书馆，1984年版。

贡布里希：《艺术的故事》，范景中译，生活·读书·新知三联书店，1999年版。
贡布里希：《艺术与科学》，杨思梁等译，浙江摄影出版社，1998年版。
黑格尔：《美学》第一卷，朱光潜译，商务印书馆，1979年版。
黑格尔：《哲学史讲演录》第4卷，贺麟、王太庆译，商务印书馆，1978年版。
洪谦：《逻辑经验主义》，商务印书馆，1989年版。
洪谦：《维也纳学派哲学》，商务印书馆，1989年版。
洪谦：《现代西方哲学论著选辑》（上），商务印书馆，1993年版。
怀特海 A N：《教育的目的》，徐汝舟译，生活·读书·新知三联书店，2002年版。
怀特海 A N：《科学与近代世界》，何钦译，商务印书馆，1959年版。
黄克剑等：《唐君毅集》，群言出版社，1993年版。
吉尔·德勒兹：《尼采与哲学》，周颖等译，社会科学文献出版社，2001年版。
吉尔·德勒兹：《哲学与权力的谈判——德勒兹访谈录》，刘汉全译，商务印书馆，2000年版。
加林：《意大利人文主义》，李玉成译，生活·读书·新知三联书店，1998年版。
江天骥：《当代西方科学哲学》，中国社会科学出版社，1984年版。
经济合作与发展组织：《以知识为基础的经济》，杨宏进等译，机械工业出版社，1997年版。
卡尔·波普尔：《猜想与反驳》，傅季重等译，上海译文出版社，1986年版。
卡尔·波普尔：《客观知识》，舒炜光等译，上海译文出版社，1987年版。
卡尔·波普尔：《通过知识获得解放》，范景中等译，中国美术学院出版社，1996年版。
劳丹 L：《历史方法论：一种立场和宣言》，《自然科学哲学问题》，1986年第4期。
李维武：《中国人文精神之阐扬——徐复观新儒学论著辑要》，中国广播电视出版社，1996年版。
李政道："科学和艺术——一个硬币的两面"，《中国大学人文启思录》第3卷，华中理工大学出版社，1999年版。
理查德·罗蒂：《后哲学文化》，黄勇编译，上海译文出版社，2004年版。
梁漱溟：《东西方文化及其哲学》，商务印书馆，1999年版。
梁思成：《凝动的音乐》，百花文艺出版社，1998年版。
刘北成：《福柯思想肖像》，上海人民出版社，2001年版。
刘小枫：《人类困境中的审美精神》，魏育青等译，东方出版中心，1994年版。
卢梭：《论科学与艺术》，何兆武译，商务印书馆，1963年版。
鲁道夫·阿恩海姆：《视觉思维》，滕守尧译，四川人民出版社，1998年版。
鲁道夫·阿恩海姆：《艺术与视知觉》，滕守尧等译，中国社会科学出版社，1984年版。
罗宾·乔治·科林伍德：《艺术原理》，王至元等译，中国社会科学出版社，1985年版。
罗伯特·金·默顿：《十七世纪英格兰的科学、技术与社会》，范岱年等译，商务印书馆，2000年版。
罗素：《人类的知识》，张金言译，商务印书馆，1983年版。
马丁·约翰逊：《艺术与科学思维》，傅尚逵等译，工人出版社，1988年版。
马克·爱德蒙森：《文学对抗哲学——从柏拉图到德里达》，王柏华等译，中央编译出版社，

2000 年版。
马克・第亚尼：《非物质社会》，滕守尧译，四川人民出版社，1998 年版。
马克思，恩格斯：《马克思恩格斯全集》第 1 卷，人民出版社，1956 年版。
马克思，恩格斯：《马克思恩格斯全集》第 2 卷，人民出版社，1957 年版。
马克思，恩格斯：《马克思恩格斯全集》第 3 卷，人民出版社，1960 年版。
马克思，恩格斯：《马克思恩格斯全集》第 19 卷，人民出版社，1963 年版。
马克思，恩格斯：《马克思恩格斯全集》第 42 卷，人民出版社，1979 年版。
马克思，恩格斯：《马克思恩格斯全集》第 46 卷（下），人民出版社，1980 年版。
马克思，恩格斯：《马克思恩格斯选集》第 1 卷，人民出版社，1995 年版。
马克思，恩格斯：《马克思恩格斯选集》第 3 卷，人民出版社，1995 年版。
马克思：《资本论》(法文版)第 1 卷，中国社会科学出版社，1983 年版。
孟建伟：《科学技术哲学研究》，东方出版社，1998 年版。
孟建伟：《论科学的人文价值》，中国社会科学出版社，2000 年版。
米歇尔・福柯：《词与物——人文科学考古学》，莫伟民译，上海三联书店，2001 年版。
米歇尔・福柯：《疯癫与文明》，刘北成等译，生活・读书・新知三联书店，1999 年版。
米歇尔・福柯：《规训与惩罚》，刘北成等译，生活・读书・新知三联书店，1999 年版。
米歇尔・福柯：《权力的眼睛——福柯访谈录》，严锋译，上海人民出版社，1997 年版。
米歇尔・福柯：《性经验史》，佘碧平译，上海人民出版社，2000 年版。
莫里茨・石里克：《自然哲学》，陈维杭译，商务印书馆，1984 年版。
尼采：《悲剧的诞生》，周国平译，生活・读书・新知三联书店，1986 年版。
培根：《新工具》，许宝揆译，商务印书馆，1984 年版。
乔治・萨顿：《科学的生命》，刘珺珺译，商务印书馆，1987 年版。
乔治・萨顿：《科学史和新人文主义》，陈恒六等译，华夏出版社，1989 年版。
让・皮亚杰：《人文科学认识论》，郑文彬译，中央编译出版社，1999 年版。
萨特：《存在与虚无》，陈宣良译，生活・读书・新知三联书店，1987 年版。
叔本华：《作为意志和表象的世界》，石冲白译，商务印书馆，1982 年版。
斯蒂芬・F．梅森：《自然科学史》，周煦良等译，上海译文出版社，1980 年版。
斯蒂芬・贝利，菲利普・加纳：《20 世纪风格与设计》，罗筠筠译，四川人民出版社，2000 年版。
斯蒂文・贝斯特，道格拉斯・凯尔纳：《后现代理论——批评性的质疑》，张志斌译，中央编译出版社，1999 年版。
唐君毅：《文化意识宇宙的探索》，中国广播电视出版社，1992 年版。
滕大春：《外国教育通史》第四卷，山东教育出版社，1992 年版。
滕守尧：《审美心理描述》，四川人民出版社，1998 年版。
托马斯・L．汉金斯：《科学与启蒙运动》，任定成等译，复旦大学出版社，2000 年版。
托马斯・S. 库恩：《必要的张力》，纪树立等译，福建人民出版社，1981 年版。
瓦托夫斯基 M W：《科学思想的概念基础——科学哲学导论》，范岱年等译，求实出版社，1982 年版。
王晓明：《人文精神寻思录》，文汇出版社，1996 年版。

王一川：《审美体验论》，百花文艺出版社，1992 年版。
威廉·弗莱明：《艺术和思想》，吴江译，上海人民美术出版社，2000 年版。
文德尔班：《哲学史教程》，罗达仁译，商务印书馆，1993 年版。
希拉里·普特南：《理性、真理与历史》，童世骏等译，上海译文出版社，1997 年版。
徐利治：《数学方法论选讲》，华中工学院出版社，1983 年版。
雅各布·布克哈特：《意大利文艺复兴时期的文化》，何新译，商务印书馆，1979 年版。
雅克·德里达：《论文字学》，汪堂家译，上海译文出版社，1999 年版。
雅克·德里达：《声音与现象》，杜小真译，商务印书馆，1999 年版。
雅克·德里达：《文学行动》，赵兴国等译，中国社会科学出版社，1998 年版。
雅克·德里达：《一种疯狂守护着思想——德里达访谈录》，何佩群译，上海人民出版社，1997 年版。
亚·沃尔夫：《十八世纪科学、技术和哲学史》，周昌忠等译，商务印书馆，1991 年版。
亚·沃尔夫：《十六、十七世纪科学、技术和哲学史》，周昌忠等译，商务印书馆，1985 年版。
亚里士多德：《尼各马科伦理学》，苗力田译，中国社会科学出版社，1999 年版。
亚里士多德：《形而上学》，吴寿彭译，商务印书馆，1959 年版。
杨振宁：《杨振宁文集》（下），华东师范大学出版社，1998 年版。
伊·拉卡托斯：《科学研究纲领方法论》，兰征译，上海译文出版社，1986 年版。
伊东俊太郎等：《科学技术史词典》，樊洪业等编译，光明日报出版社，1986 年版。
约翰·洛西：《科学哲学历史导论》，邱仁宗等译，华中工学院出版社，1982 年版。
约翰·齐曼：《元科学导论》，刘珺珺等译，湖南人民出版社，1988 年版。
詹姆斯·W. 麦卡里斯特：《美与科学革命》，李为译，吉林人民出版社，2000 年版。
张椿年：《从信仰到理性——意大利人文主义研究》，浙江人民出版社，1993 年版。
张君劢、丁文江等：《科学与人生观》，山东人民出版社，1997 年版。
赵敦华：《西方哲学简史》，北京大学出版社，2001 年版。
赵敦华：《现代西方哲学新编》，北京大学出版社，2001 年版。
中国社会科学院哲学研究所“国家创新体系”研究小组：“国家创新体系与人文社会科学”，《中国社会科学文摘》2000 年第 1 期。
朱谦之：《文化哲学》，商务印书馆，1990 年版。
Agassi J, *A Philospher's Apprentice: In Karl Popper's Workshop*, Amsterdam: Rodopi, 2008.
Agassi J, *Popper and His Popular Critics: Thomas Kuhn, Paul Feyerabend and Imre Lakatos*, London and New York: Springer, 2014.
Agassi J, *Science and its History: A Reassessment of the Historiography of Science*, London and New York: Springer, 2008.
Agassi J, *The Very Idea of Modern Science*, New York and London: Springer, 2013.
Applebaum W, *The Scientific Revolution and the Foundations of Modern Science*, London: Greenwood Press, 2005.
Aston M, *The Panorama of the Renaissance*, London: Thames and Hudson Ltd. , 1996.

Babich B E, Cohen R S, *Nietzsche, Epistemology, and Philosophy of Science*, New York: Springer, 1999.

Babich B E, Cohen R S, *Nietzsche, Theories of Knowledge, and Critical Theory*, New York: Springer, 1999.

Badiou A, *Being and Event 2: Logics of Worlds*, New York: Continuum, 2009.

Badiou A, *Conditions*, New York: Continuum, 2008.

Badiou A, *Infinite Thought: Truth and the Return to Philosophy*, London: Continuum, 2004.

Badiou A, *Philosophy and the Event*, Cambridge: Polity, 2013.

Badiou A, *The Concept of Model: An Introduction to the Materialist Epistemology of Mathematics*, Melbourne: Re. Press, 2007.

Badiou A, *What is Philosophy?* New York: Atropos Press, 2015.

Bartlett A J, *Badiou and Plato: An Education by Truths*, Edinburgh: Edinburgh University Press, 2011.

Bhaskar R, *Plato Etc. : The Problems of Philosophy and Their Resolution*, London and New York: Routledge, 2010.

Bhaskar R, *Reclaiming Reality: A Critical Introduction to Contemptory Philosophy*, London and New York: Routledge, 2011.

Bhaskar R, *Scientific Realism and Human Emancipation*, London and New York: Routledge, 2009.

Bloor D, *Knowledge and Social Imagery*, Chicago: The University of Chicago Press, 1991.

Brown J R, *Who Rules in Science? An Opinionated Guide to the Wars*, Cambridge: Harvard University Press, 2001.

Carafoli E, Danieli G A, Longo G O, *The Two Cultures: Shared Problems*, Italia: Springer, 2009.

Chandrasekhar S, *Truth and Beauty*, Chicago: The University of Chicago Press, 1987.

Charyton C, *Creativity and Innovation Among Science and Art: A Discussion of the Two Cultures*, London: Springer, 2015.

Clark M, *Nietzsche on Truth and Philosophy*, Cambridge: Cambridge University Press, 1990.

Comte A, *The Positive Philosophy of Auguste Comte, Vol.* 1, Kitchener: Batoche Books, 2000.

Comte A, *The Positive Philosophy of Auguste Comte, Vol.* 2, Kitchener: Batoche Books, 2000.

DeAngelis W J, *Ludwig Wittgenstein: A Cultural Point of View*, Hampshire: Ashgate, 2007.

Doyle T, *Nietzsche on Epistemology and Metaphysics*, Edinburgh: Edinburgh University Press, 2009.

Dreyfus H L, Rabinow P, *Michel Foucault: Beyond Structuralism and Hermeneutics*, Chicago: The University of Chicago Press, 1983.

Feyerabend P, *Farewell to Reason*, London, New York: Verso, 1987.

Fuller S, *Key Concepts in Philosophy, Science and Culture*, Trowbridge: Cromwell Press, 2007.

Fuller S, *Kuhn vs. Popper: The Struggle for the Soul of Science*, Cambridge: Icon Books, 2003.

Gadamer H, *Truth and method*, London: Sheed and Ward Ltd. , 1975.

Gaukroger S, *Descartes' System of Natural Philosophy*, Cambridge: Cambridge University Press,

2002.

Gaukroger S, *Francis Bacon and the Transformation of Early-Modern Philosophy*, Cambridge: Cambridge University Press, 2004.

Gaukroger S, *The Collapse of Mechanism and the Rise of Sensibility: Science and the Shaping of Modernity 1680-1760*, Oxford: Clarendon Press, 2010.

Gaukroger S, *The Emergence of a Scientific Culture: Science and the Shape of Modernity 1210-1685*, Oxford: Clarendon Press, 2006.

Gironi F, *Naturalizing Badiou: Mathematical Ontology and Structual Realism*, New York: Palgrave Macmillan, 2015.

Goodman A H, Heath D, Lindee M S, *Genetic Nature/Culture: Anthropology and Science Beyond the Two-Culture Divide*, Berkeley: University of California Press, 2003.

Gutting G, *Continental Philosophy of Science*, Oxford: Blackwell, 2005.

Habermas J, *Knowledge and Human Interests*, Boston: Beacon Press, 1972.

Hacking I, *The Social Construction of what* ? Cambridge: Harvard University Press, 1999.

Hallward P, *Badiou: A Subject to Truth*, Minneapolis: University of Minnesota Press, 2003.

Hallward P, *Think Again: Alain Badiou and the Future of Philosophy*, London: Continuum, 2004.

Heidegger M, *Poetry, Language, Thought*, New York: Harper & Row Publishers, Inc. , 1975.

Heidegger M, *The Question Concerning Technology and Other Essays*, New York: Harper & Row, 1977.

Helmholtz H, *Science and Culture*, Chicago and London: The University Press of Chicago, 1995.

Hewlett N, *Badiou, Balibar, Rancière: Re-thinking Emancipation*, New York: Continuum, 2007.

Higgins K M, *Comic Relief: Nietzsche's Gay Science*, New York: Oxford University Press, 2000.

Horkheimer M, *Critique of Instrumental Reason*, New York : The Seabury Press, 1974.

Kaufmann W, *Nietzsche: Philosopher, Psychologist, Antichrist, Fourth Edition*, Princeton and Oxford: Princeton University Press, 2013, p. 395.

Kitcher P, *Life After Faith: The Case for Secular Humanism*, New Haven and London: Yale University Press, 2014.

Kitcher P, *Science, Truth, and Democracy*, Oxford: Oxford University Press, 2001.

Kitcher P, *The Ethical Project*, Cambridge: Harvard University Press, 2011.

Kitcher P, *Vaulting Ambition: Sociobiology and the Quest for Human Nature*, Cambridge: The MIT Press, 1985.

Kuhn T S, *The Structure of Scientific Revolutions*, Chicago: The University of Chicago Press, 1962.

Labinger J A, Collins H, *The One Culture? A Conversation about Science*, Chicago and London: The University of Chicago University, 2001.

Latour B, *An Inquiry into Modes of Existence*, Cambridge: Harvard University Press, 2013.

Latour B, *Aramis or the Love of Technology*, Cambridge: Harvard University Press, 1996.

Latour B, *Politics of Nature*, Cambridge: Harvard University Press, 2004.

Laudan L, *Progress and Its Problems*, Berkeley and Los Angeles, California: University of

California Press, 1977.

Laudan L, *Science and Values*, Berkeley and Los Angeles, California: University of California Press, 1984.

Leavis F R, *Two Cultures? The Significance of C. P. Snow*, Cambridge: Cambridge University Press, 2013.

Marcuse H, Industrialization and Capitalism in the Work of Max Weber, in *Negations: Essays in Critical Theory*. Boston: Beacon Press, 1968.

Marcuse H, *The Aesthetic Dimension*, Boston: Beacon Press, 1978.

Margolis J, *Culture and Cultural Entities: Toward a New Unity of Science*, London: Springer, 2009.

Marks J, *Deleuze and Science*, Edinburgh: Edinburgh University Press, 2006.

Moore G, *Nietzsche, Biology, and Metaphor*, Cambridge: Cambridge University Press, 2002.

Nehamas A, *Nietzsche: Life as Literature,* Cambridge: Harvard University Press, 1985.

Pfeifer G, *The New Materialism*, New York and London: Routledge, 2015.

Pluth E, *Badiou: A Philosophy of the New*, Cambridge: Polity, 2010.

Putnam H, *The Collapse of the Fact/Value Dichotomy and Other Essays*, Cambridge: Harvard University Press, 2002.

Putnam H, *Naturalism, Realism, and Normativity*, Cambridge: Harvard University Press, 2016.

Putnam H, *Philosophy in an Age of Science: Physics, Mathematics, and Skepticism*, Cambridge: Harvard University Press, 2012.

Putnam H, *Realism and Reason*, Cambridge: Cambridge University Press, 1983.

Putnam H, *Reason, Truth and History*, Cambridge: Cambridge University Press, 1981.

Ravetz J R, *Scientific Knowledge and its Social Problems*, New Brunswick: Transaction Publishers, 1996.

Ray M K, *Daughts of Alchemy: Women and Scientific Culture in Early Modern Italy*, Cambridge: Harvard University Press, 2015.

Reginster B, *The Affirmation of Life: Nietzsche on Overcoming Nihilism*, Cambridge: Harvard University Press, 2006.

Rorty R, *Consequences of Pragmatism*, Minneapolis: University of Minnesota Press, 1982.

Russell B, *A History of Western Philosophy*, New York: Simon and Schuster, 1972.

Sarton G, *A Guide to the History of Science*, Waltham: the Chronica Botanica Company, 1952.

Sarton G, *A History of Science, Ancient Science through The Golden Age of Greece*, London: Oxford University Press, 1953.

Sarton G, *A History of science, Hellenistic Science and Culture in The Last Three Centuries BC*, Cambridge: Harvard University Press, 1959.

Sarton G, *Introduction to the History of Science*, Huntington, New York: Robert E. Krieger Publishing Company, 1975.

Sarton G, *Sarton on the History of Science*, Cambridge: Harvard University Press, 1962.

Sarton G, *The Study of the History of Science*, Cambridge: Harvard University Press, 1936.

Shapere D, *Reason and the Search for Knowledge*, Dordrecht: D. Reidel Publishing Company, 1984.

Shapin S, *The Scientific Life: A Moral History of a Late Modern Vocation*, Chicago and London: The University of Chicago Press, 2008.

Shirley G, *Heidegger and Logic: The Place of Logos in Being and Time*, London: Continuum, 2010.

Snow C P, *The Two Cultures*, Cambridge: Cambridge University Press, 1964.

Solomon R C, *Living with Nietzsche: What the Great 'Immoralist' Has to Teach Us*, Oxford: Oxford University Press, 2003.

Sorgner S L, *Metaphysics Without Truth: On the Importance of Consistency Within Nietzsche's Philosophy*, Wiscosin: Marquette University Press, 2007.

Todorov T, *Imperfect Garden: The Legacy of Humanism*, Princeton and Oxford: Princeton University Press, 2002.

Valleriani M, *Galileo Engineer*, London and New York: Springer, 2010.

Wilshire B, *Fashionable Nihilism: A Critique of Analytic Philosophy*, Albany: State University of New York Press, 2002.

Young J, *Friedrich Nietzsche: A Philosophical Biography*, Cambridge: Cambridge University Press, 2010.

Zilsel E, *The Social Origins of Modern Science*, Dordrecht: Springer, 2003.

索 引

H

J

K

L

M

Q

R

S

T

W

X

Y

Z

后 记

本书是在国家社会科学基金项目“论科学与人文两种文化的融合”(项目编号：00BZX018)最终成果的基础上扩充、修改和完善而完成的。从 2000 年 6 月该项目立项起，到 2017 年 3 月出版，经历了约 17 个年头。自 2003 年结项以来，笔者总是感到项目成果尚未最终解决关于两种文化的融合问题，故一直没有打算将成果出版。尔后，随着中国科学院“科学文化哲学研究”项目和“创新文化建设”系列课题，以及教育哲学有关论题研究的进展，逐渐形成并构建了一种人文化的科学观和科学哲学，以及同这种人文化的科学观和科学哲学密切相关的关于创新文化的理念，还有同这种人文化的科学观和科学哲学密切相关的教育观和教育哲学，从而在理论与实践两个方面阐明了实现两种文化融合的途径。于是，笔者便对该项目的最终成果进行了扩充、修改和完善，这才有了本书的出版计划。

本书的完成还得益于大量前期成果的积累。与导论相关的如下：①“技术的人文维度”，载《哲学动态》2002 年第 5 期；②“科学与人文的深刻关联”，载《自然辩证法研究》2002 年第 6 期；③“科学对文化和精神文明发展的意义”，载《新视野》2002 年第 4 期；④“两种文化的融合与人的全面而自由发展”，载《北京行政学院学报》2002 年第 6 期；⑤“两种文化的融合与科教兴国战略”，载《光明日报》(学术版)(2005-02-01)。

第一章和第二章的基本内容涵盖：①“两种文化的分离和对立及其根源”，载《山东社会科学》2004 年第 5 期；②“科学与人文主义——论西方人文主义的三种形式”，载《自然辩证法通讯》2005 年第 3 期；③“论科学人文主义”，载《自然辩证法通讯》2006年第2期；④“后现代主义视野中人文与科学”，载《中外人文精神研究》第四辑，中国大百科全书出版社，2001年版。

第三章的基本内容来源：①“科学与艺术的关联”，载《北京行政学院学报》2002年第1期；②“新的人文视野中科学的价值”，载《光明日报》（学术版）(2002-07-30)；③“科学与人文的价值关联”，载《北京行政学院学报》2003年第4期；④“人文科学的科学性与人文性”，载《中国人民大学学报》2003年第5期；⑤“科学与人文的精神关联”，载《杭州师范大学学报》（社会科学版）2003年第6期。

第四章的相关成果是：①“从科学哲学走向科学文化哲学”，载《自然辩证法研究》2003年第6期；②“在真与美之间架起桥梁——科学美学的使命”，载《学术界》2003年第4期；③“在真与善之间架起桥梁——科学伦理学的历史使命”，载《新视野》2003年第5期；④“科学美学的构建”，载《光明日报》（学术版）(2004-02-10)；⑤“科学史与人文史的融合——萨顿的科学史观及其超越”，载《自然辩证法通讯》2004年第3期。

第五章的基本内容包括：①“关于科学哲学的性质和定位问题——兼论中国科学哲学的发展方向”，载《北京师范大学学报》（社会科学版）2005年第6期；②“科学生存论研究”，载《齐鲁学刊》2006年第2期；③“科学哲学的范式转变——科学文化哲学论纲”，载《社会科学战线》2007年第1期；④“论科学文化”，载《中国科学基金》2009年第2期；⑤“论文化及其价值”，载《新视野》2012年第2期。

第六章的基本内容包括：①“论创新文化之魂”，载《新视野》2005年第4期；②“创新文化与科学观的转变”，载《中国人民大学学报》2005年第4期；③“自主创新呼唤创新文化”，载《理论视野》2006年第6期；④“科学·文化·生命——论科学生活的人文复归”，载《社会科学战线》2008年第5期；⑤“从实证管理到人文激励——论科研管理观的转变”，载《山东社会科学》2010年第4期。

第七章的基本内容包括：①“试析科学教育与人文教育分离的根源——从科学观与人文观的角度看”，载《教育研究》2004年第1期；②“从知识教育到文化教育——论教育观的转变”，载《教育研究》2007年第1期；③“教育与生命——关于教育的生命哲学的思考”，载《教育研究》2007

年第 9 期；④“教育与人文精神”，载《教育研究》2008 年第 9 期；⑤“教育与幸福——关于幸福教育的哲学思考”，载《教育研究》2010 年第 2 期。

这些前期成果被引用共 836 次，被下载共 34 386 次，被《新华文摘》、《中国社会科学文摘》、《高等学校文科学术文摘》和《人大复印报刊资料》转载或论点摘编共 37 篇(次)。其中，被《新华文摘》全文(长篇)转载 6 篇，论点摘编 5 篇；被《中国社会科学文摘》全文(长篇)转载 5 篇，论点摘编 1 篇；被《高等学校文科学术文摘》论点摘编 1 篇；被《人大复印报刊资料》全文转载 16 篇，论点摘编 3 篇。还被《光明日报》、《中国哲学年鉴》、《北京社会科学年鉴》、《中国学术年鉴》、《科学导报》、《中国教育报》、《教育文摘周报》、《素质教育大参考》、《教育导报》、《今日教育》、《教育时报》、《教育研究与评论》等转载或论点摘编共 10 余篇(次)。论文“科学哲学的范式转变——科学文化哲学论纲”，入选人民出版社 2009 年 10 月出版的《新华文摘•精华本》(哲学卷)。“两种文化的融合与科教兴国战略”一文入选国家社会科学基金项目《成果要报》2003 年第 11 期。一些成果已通过《科学与人文》、《科学文化哲学研究》等课程、系列演讲和视频对社会产生了较大影响。

在本书即将出版之际，我要衷心感谢全国哲学社会科学规划领导小组和全国哲学社会科学规划办公室，不仅给了我国家社会科学基金项目立项的机会，而且给了我入选 2016 年度《国家哲学社会科学成果文库》的机会；深深感谢上述各种学术刊物、主编和责任编辑，正是这些前期成果的发表给本书奠定了坚实的基础；深深感谢评审本书的各位匿名专家的中肯意见，使本书更加完善；还要深深感谢科学出版社的鼎力相助，特别是要感谢责任编辑邹聪女士的大力支持和辛勤付出。在本书的形成过程中，中国社会科学院哲学研究所郝苑副研究员提出了许多宝贵的意见，并帮我查找了新近的文献资料，在此深表谢意。最后，我要深深感谢我的两位老朋友：加拿大多伦多大学哲学系 James Robert Brown 教授和新加坡国立大学亚洲研究所 Arun Bala 高级研究员，他们非常热心地帮我修订了英文书名和英文目录。

孟建伟
2016 年 11 月 12 日
于北京雁栖湖